新塑性加工技術シリーズ　9

鍛　　　　　　造

── 目指すは高機能ネットシェイプ ──

日本塑性加工学会 編

コロナ社

刊行のことば

ものづくりの重要な基盤である塑性加工技術は，わが国ではいまや成熟し，新たな展開への時代を迎えている．

当学会編の「塑性加工技術シリーズ」全19巻は1990年に刊行され，わが国で初めて塑性加工の全分野を網羅し体系立てられたシリーズの専門書として，好評を博してきた．しかし，塑性加工の基礎は変わらないまでも，この四半世紀の間，周辺技術の発展に伴い塑性加工技術も進歩を遂げ，内容の見直しが必要となってきた．そこで，当学会では2014年より新塑性加工技術シリーズ出版部会を立ち上げ，本学会の会員を中心とした各分野の専門家からなる専門出版部会で本シリーズの改編に取り組むことになった．改編にあたって，各巻とも基本的には旧シリーズの特長を引き継ぎ，その後の発展と最新データを盛り込む方針としている．

新シリーズが，塑性加工とその関連分野に携わる技術者・研究者に，旧シリーズにも増して有益な技術書として活用されることを念じている．

2016年4月

日本塑性加工学会　第51期会長　真　鍋　健　一

（首都大学東京教授　工博）

■「鍛造」 専門部会

部 会 長　北 村 憲 彦（名古屋工業大学）

副部会長　松 本 　 良（大阪大学）

■ 執筆者

石川 孝司（中部大学）　1，2，3 章
五十川 幸宏（元 大同大学）　4 章
吉田 佳典（岐阜大学）　5 章
長田 卓（株式会社神戸製鋼所）　5 章
加田 修（新日鐵住金株式会社）　5 章
篠﨑 吉太郎（元 産業技術総合研究所）　6 章
新藤 節夫（元 理研鍛造株式会社）　6 章
丸茂 洋一（群馬精工株式会社）　6 章
間 政博（トヨタ自動車株式会社）　6，11 章
棚瀬 幸彦（旭サナック株式会社）　7 章
北村 憲彦（名古屋工業大学）　8 章
小見山 忍（日本パーカライジング株式会社）　8 章
池田 修啓（大同化学工業株式会社）　8 章
小野 宗憲（元 大同大学）　9 章
阿部 行雄（日立金属株式会社）　9 章
角南 不二夫（株式会社ヤマナカゴーキン）　9 章
村井 映介（株式会社ニチダイ）　9 章
安藤 弘行（株式会社ケイ＆ケイ）　10 章
井村 隆昭（アイダエンジニアリング株式会社）　10 章
河本 基一郎（コマツ産機株式会社）　10 章
松本 良（大阪大学）　10 章

藤　川　真一郎（日産自動車株式会社）　12章
金　　　秀　英（株式会社ヤマナカゴーキン）　12章

執筆協力者

岡　田　淳　一（群馬精工株式会社）　6章
吉　川　亮　治（群馬精工株式会社）　6章

（2018年7月現在，執筆順）

小坂田　宏　造	篠　﨑　吉太郎
小　野　宗　憲	高　橋　昭　夫
川　﨑　稔　夫	高　橋　裕　男
工　藤　英　明	松　原　茂　夫
坂　口　英　雄	古　澤　貞　良
澤　辺　　　弘	吉　田　勝　彦

（五十音順）

まえがき

本書は新塑性加工技術シリーズ『鍛造－目指すは高機能ネットシェイプ－』と題して，先の塑性加工技術シリーズ『鍛造－目指すはネットシェイプ－』からさらに一歩先を睨むことにしたものである．もはや時代の要請は単なる高精度な形を創成する鍛造から脱皮し，高精度で高機能な製品を創出し，ネットプロパティの領域をも目指そうという執筆者一同の気持ちを副題に込めた．

『鍛造』では，生産に鍛造を選択し，順に設計して，製造し，検査するという一連の流れに沿って章立てされていた．これに対して本書では，はじめに鍛造の概要を説明したあとに，鍛造の力学に関する章を配置した．これは，昨今のコンピュータ支援技術（CAE）などを使う技術者が増えていることから，工程検討や型設計段階において多くの力学的な用語が登場するようになり，教科書としては早めに読者が用語に触れるほうが便利だと考えたからである．

つぎに，『鍛造』刊行から約20年の間に進歩した，閉そく鍛造，分流法，温間鍛造などについて実用例を追加しており，これらに関する説明を増やし，最近の板鍛造についても記述した．また，この間に非調質鋼や非鉄金属の使用も増加したので，『鍛造』より記述を増やした．

さらに目覚ましい進歩を遂げたといえるものは，鍛造を支えるつぎの周辺技術である1）CAE技術，2）サーボプレス，3）環境対応型の潤滑剤である．いまや，コンピュータ支援を前提にしたCAE技術なしで型設計や工程設計は考えられない．また従来の単一モーションのプレス機械は，コンピュータ制御と相性のよいサーボモーターで駆動され，複雑なモーションで動き，精度向上にも一役買っている．一方で，冷間鍛造におけるリン酸塩被膜のない潤滑剤の開発と実用化は画期的であり，熱間鍛造における非黒鉛化の動向も進んでいる．これらの現状に対しては，今回新しく 8，10，12 章を設け対応した．

このように，執筆者一同は先達が『鍛造』で築いた思いを継承し，さらにこれまでの進歩を加えて，それらを具体的に書き留めた．本書がこれから鍛造に取り組もうとする技術者にとっても道標となり，中堅の技術者にとっては，より合理的な解決案や，より高精度で高機能な鍛造品を生み出すために役立つことを願っている．

最後に，お忙しい中，鍛造分科会の方々はじめ鍛造に関わる多くの方々には，丁寧に本稿を執筆され仕上げていただいたことに感謝申し上げる．また，多くの貴重な図表データや最新の写真などをご提供いただいた企業にも深く感謝申し上げる．あわせて，このような機会をいただいた一般社団法人日本塑性加工学会，ならびに出版の労をお取りいただいた株式会社コロナ社に厚く御礼申し上げる．

2018 年 8 月

「鍛造」 専門部会長　　北村　憲彦

目　　　次

1.　総　　　論

2.　鍛造の技術・生産システム

3. 鍛造の力学

4. 鍛造品の設計および品質

5．素材材料の選択

6．鍛造工程の設計

7. ビレットの準備

8. 潤　　滑

9. 型の設計・製作・保守

10. 鍛造機械および周辺装置

11.　後工程，後処理および検査

12.　鍛造のコンピュータシミュレーション

1 総　　　論

1.1 「鍛造」とはなにか

JIS[1)†]によれば，「鍛造」とは「工具，金型などを用いて固体材料の一部または全体を圧縮または打撃することによって成形および鍛錬を行うこと」とある．用途から見ると，「機械，構造物，器具部品で強度または剛性を必要とされるような厚肉あるいは棒状，ブロック状のものを成形する技術の総称」である．鍛造は，方法も用途もこのように広く漠然としており，また6000年以上の歴史をもつ技術であるため，その範囲はきわめて広範，内容は非常に多岐である．現行の諸鍛造法の分類・命名は，次節に示すようにさまざまなカテゴリーで行われている．

1.2 いろいろな鍛造法

1.2.1 作業温度による分類

〔1〕 熱　間　鍛　造

材料を加熱し，再結晶温度以上，固相線温度未満の温度範囲で行う鍛造[1)]．加熱によって材料は軟らかく（低変形抵抗）かつ粘り強く（高変形能）なるので，室温では硬く，もろい材料の加工，大寸法製品の加工，大変形，複雑形状への加工が可能になる（**図 1.1**）．この大変形と熱による活性化によって，粗

† 肩付き数字は，章末の引用・参考文献番号を表す．

図 1.1　金型による鋼熱間鍛造品の例（トヨタ自動車株式会社提供）

大粒組織や偏析の微細化，拡散さらに再結晶，変態による組織変化のため材料の変形能が向上するばかりでなく，鍛造品や焼結品内の気泡は押しつぶされて健全となり，異なる材料は圧着されて複合材料となる．

一方，加熱による材料表面の酸化，型表面のだれ，摩耗，材料と型の熱膨張と冷却収縮などのために熱間鍛造品の寸法精度（IT 12～16）と表面状態は，後述の冷間鍛造品に比べて劣り，型寿命は比較的短い（2 000～5 000 個程度）．職場の環境も，熱放射，スケールや潤滑剤の飛散，さらに潤滑剤の燃焼，騒音，振動のため十分な対策のないときは良好とはいえない．

〔2〕 冷　間　鍛　造

積極的に材料を加熱しないで，室温または室温に近い温度で行う鍛造[1)]．材料の材質は変形させやすい成分・組織で，欠陥のない表面をもつことが必要であり，高い寸法精度も要求される．材料の加工硬化によって型に大きな負荷が加わり型を破壊する危険がある一方，材料はもろくなってきて，ときには変形中に割れる．加工物に残留応力を発生し，後加工・処理の際の寸法変化の原因となる．

しかしながら，冷間鍛造品は寸法精度（IT 7～11）と表面状態が良好のため，後仕上げがまったく不要か，研削だけですむ場合も多い．型寿命は数千個から数十万個以上に及ぶ．加工硬化による加工物の降伏点の上昇，被削性の改善が利用される場合もある（**図 1.2**）．

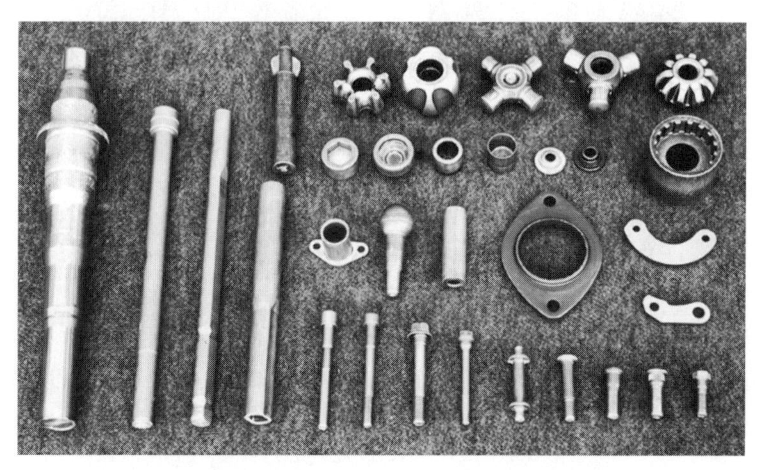

図 1.2 鋼冷間鍛造品の例（トヨタ自動車株式会社提供）

〔3〕 温 間 鍛 造

通常の熱間鍛造と冷間鍛造との中間の温度で行う鍛造[1]．上述の熱間および冷間鍛造の長所を兼ねもたせることを狙った比較的新しい方法であるが，型材料と潤滑剤に適当なものがないため，両鍛造の短所が現れてしまうことがある（製品精度 IT 9～12，型寿命数千～2 万個）．そこで，温間あるいは熱間鍛造品を冷間鍛造によって仕上げる複合鍛造工程も，しばしばとられるようになった（**図 1.3**）．

〔4〕 恒 温 鍛 造

耐熱性を要求される部品に使われるニッケル合金，チタン合金などは，加工がむずかしく，特定の温度の超塑性状態で成形する必要がある．そのために，冷却，昇温を防ぐように加熱金型を用いてゆっくり鍛造するのが恒温鍛造である．

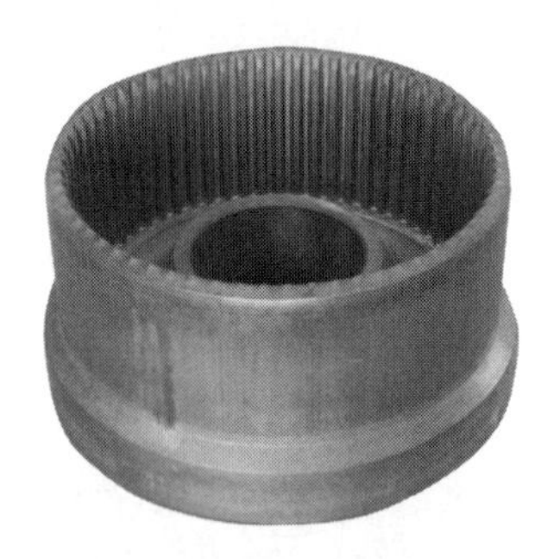

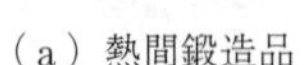

（a）熱間鍛造品　　　（b）旋削後冷間鍛造品

図 1.3　鋼の熱間–冷間複合鍛造品の例：S 30 C，ビスカスカップリングコンテナ（トヨタ自動車株式会社提供）

〔5〕 溶湯または液–固相鍛造

合金材料の液相と固相の共存する温度域において，型によって加圧成形する鍛造．鋳造のように複雑な形状を作ることができるとともに，ある程度の鍛錬効果が期待できる．わが国ではアルミニウム合金などに応用例がある（**図 1.4**）．

（a）乗用車ホイール（トヨタ自動車株式会社提供）

（b）ステアリングナックル（日産自動車株式会社提供）

図 1.4　アルミニウム合金の溶湯鍛造品の例

1.2.2　変形形態による分類[2)]

〔1〕 直 接 圧 縮 鍛 造

素材の全体または部分を型によって加圧する方向に縮め，それと直角方向に寸法を広げる加工で，加圧方向が素材の軸方向のものに，「据込み」，「ヘッディング」，「つば出し」（**図 1.5**）作業などがある．一方，素材の軸と直角方向に加圧する作業に「広げ」，「伸ばし」（**図 1.6**）がある．

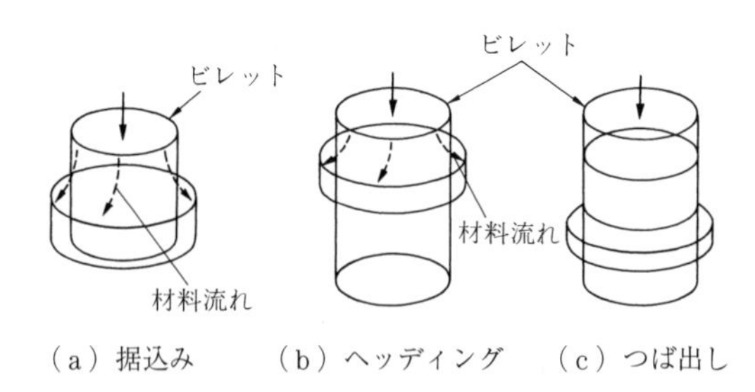

図 1.5　軸方向直接圧縮による鍛造作業の例

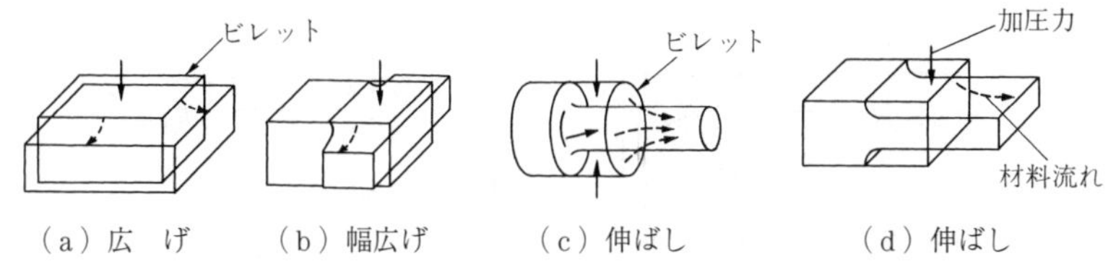

図 1.6　横方向直接圧縮による鍛造作業の例

〔2〕 間接圧縮鍛造

型の加圧によって，加圧方向と直角または斜め方向の材料拘束工具面から横方向の反力を受け，それによって材料が加圧方向に伸ばされる加工で，種々の「押出し」（**図 1.7**）作業がこれに属する．これらは一次加工の長尺材押出しと区別するため，「押出し鍛造」とも呼ばれることがある．

〔3〕 直接–間接組合せ圧縮鍛造

一作業中に両者が組み合わさって行われる作業で，ばりを出す「型鍛造」，「押出し–据込み」，「ギャザリング」（**図 1.8**）などがその例である．

1.2.3　変形動態による分類[2)]

〔1〕 同一場所 1 回加圧鍛造

最も単純なもので，図 1.5，図 1.8（a），（b）の作業のように，素材から一

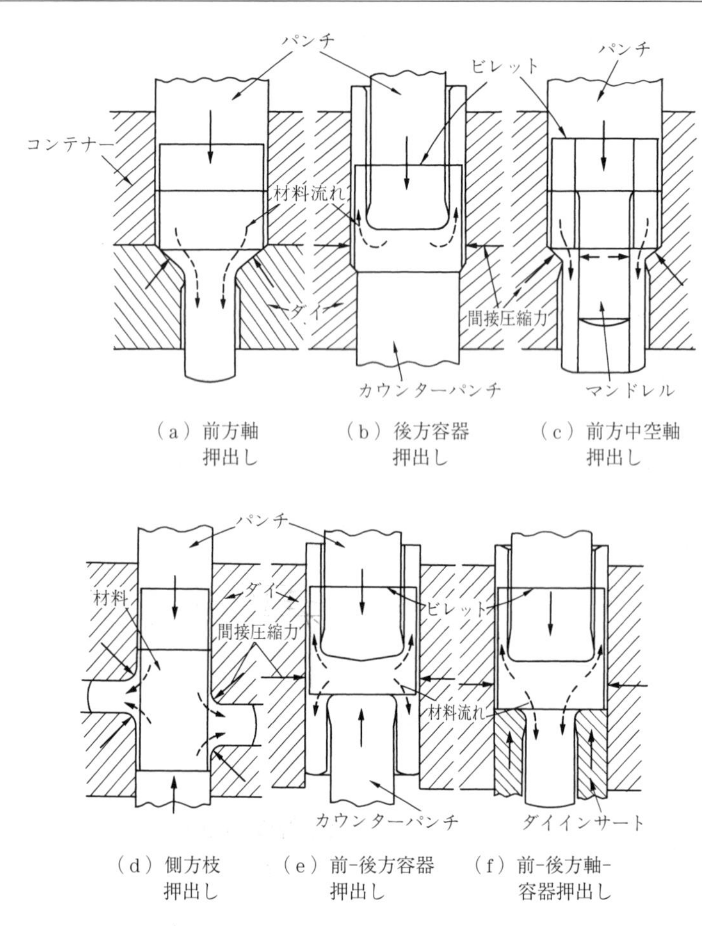

図 1.7　間接圧縮による鍛造作業の例

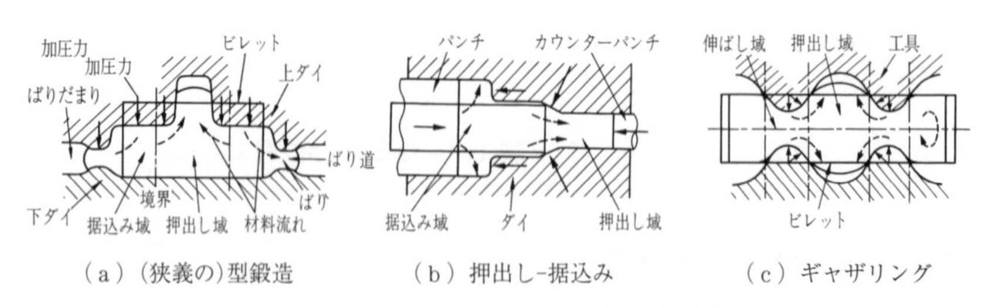

図 1.8　直接-間接組合せ圧縮による鍛造作業の例

度に目的とする鍛造品ができる場合である．

〔2〕 同一場所繰返し加圧鍛造

ハンマー鍛造における同一型による繰返し打撃はこの例である．冷間鍛造では加工を中断し，中間焼なまし，再潤滑処理の後，同じ部分を別の型でさらに加圧成形することがある．いずれも加圧力またはエネルギーが型や機械の制限値を超すか，変形量が素材材料の変形能を超して材料割れを起こす場合に行われる．

〔3〕 異場所断続加工鍛造

素材の一方向寸法が長いため，加工荷重による制限あるいは座屈発生による限界のために，全体を一度に成形できない場合，局部を順々に断続的に加圧してゆく作業である．素材の軸または長さ方向に加圧部分が移動していく例が**図1.9**（a）の「二度打ちヘッディング」，図（b）の「伸ばし」作業であり，円周方向に移動する例は図（c）の「穴広げ」作業に見られる．図（d）は「ロータリースエージング」または「ラジアルフォージング」と呼ばれる作業で，素材は加圧ごとに軸方向移動と円周方向回転が与えられる．いずれも形態としては直接圧縮である．

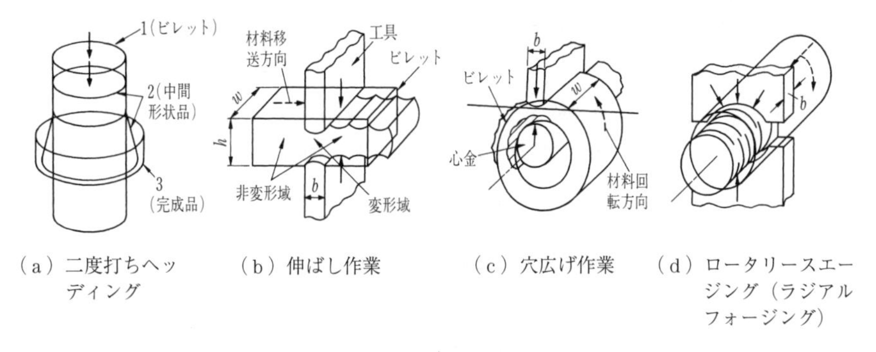

（a）二度打ちヘッディング　（b）伸ばし作業　（c）穴広げ作業　（d）ロータリースエージング（ラジアルフォージング）

図1.9　素材異場所断続加圧による鍛造作業の例

〔4〕 異場所連続加圧鍛造

上記〔3〕と同じく局部を順々に加圧する作業であるが，加圧部分の移行が連続的に行われる．図1.7（a），（b）のような長い素材の押出し（鍛造）では，素材のある長さが順々に間接圧縮によって成形され，**図 1.10**（a）の「ロール鍛造」ではやはり軸方向に順々に直接圧縮されている．図（b）の「リングローリング」と図（c）の「揺動鍛造」では円周方向へ，図（d）の「クロスローリング」では軸プラス円周方向（＝らせん方向）へ加圧域が移行する．なお，図（b），（c）は一工程中，素材同一局部は繰返し加圧もされる．

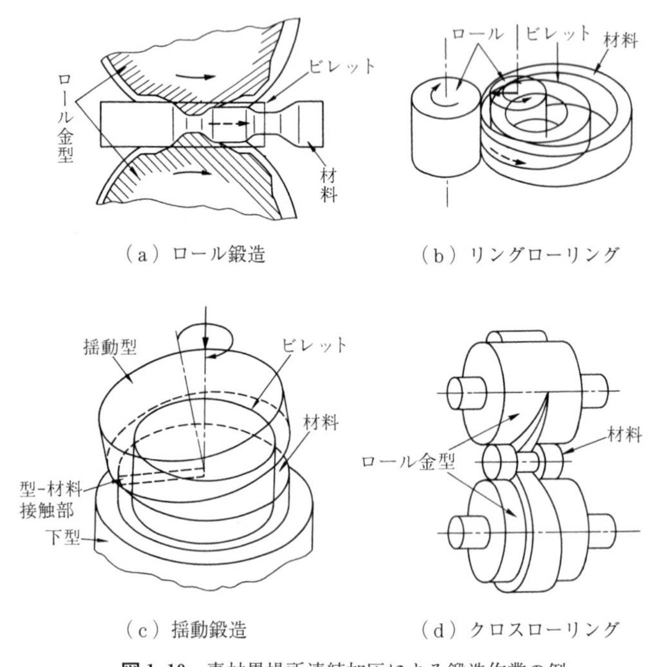

（a）ロール鍛造　　（b）リングローリング

（c）揺動鍛造　　（d）クロスローリング

図 1.10　素材異場所連続加圧による鍛造作業の例

1.2.4　金型形式または運動方式による分類 [2)]

〔1〕 自 由 鍛 造

表面形状が平面あるいは単純曲面をした汎用金型を用い，素材または金型を移動，回転させてあちこちを断続的に加圧する作業で，同一金型セットによりいろいろな形の鍛造品が自由に成形でき，大・中形品の多品種極少量生産に適する．「開放型鍛造」の呼び名もある．図 1.9（b）～（d）はその例であるが，本書ではこの作業は取り扱わない.

〔2〕 型 鍛 造

鍛造品の表面形状・寸法に合わせた型をもつ工具すなわち「金型」によって,素材表面の大部分を加圧あるいは拘束して成形する大量生産に向いた鍛造の総称であるが[1],慣習的には図1.8(a)の横方向に余剰材料をばりとして出す金型を用いる作業を「型鍛造」と呼んでいる.そして,それ以外の金型による作業を「押出し(鍛造)」(図1.7),「閉そく鍛造」(**図1.11**(a)),「密閉鍛造」(図(b)),「圧印」(図(c)),「背圧鍛造」(図(d))などと呼ぶ.

閉そく鍛造は,素材を金型内に閉じ込めた後,別の金型によって成形する作業名で,図1.7の「側方枝押出し」も閉そく鍛造の一種とみることができる.

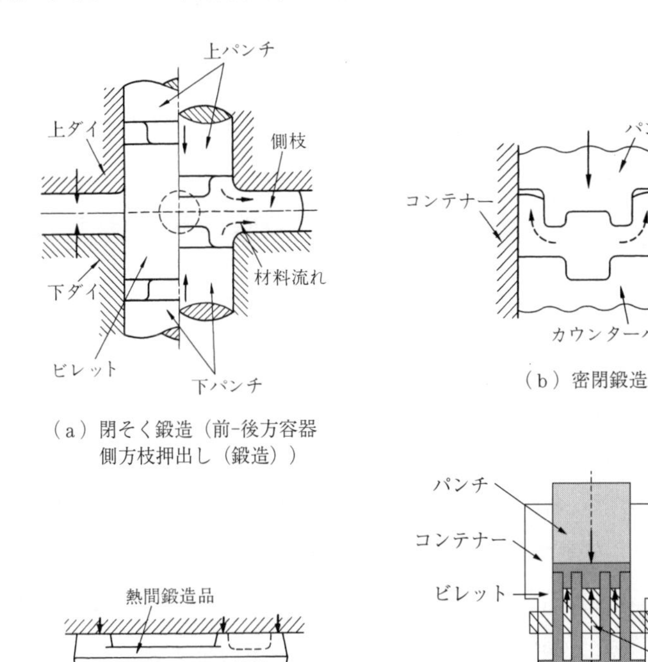

(a)閉そく鍛造(前-後方容器側方枝押出し(鍛造))

(b)密閉鍛造

(c)平面圧印

(d)背圧鍛造

図1.11 金型による鍛造作業のほかのいくつかの例

「圧印」は表面を平滑にしたり，厚さを精密に仕上げたり，でこぼこを付けたりするために行う軽度の鍛造作業である[1]．「背圧鍛造」は出口部から対向金型により背圧を加えながら押出す方法で，押出し部の長さを同一にできる．

なお金型のうち，素材の外形を成形するものを「ダイ」，外形を拘束して保つものを「コンテナー」，内形を成形またはダイ穴にはまるものを「パンチ」，内形を拘束して保つものを「マンドレル」と呼んで区別する場合がある．

〔3〕 回 転 鍛 造

回転もしくは揺動する金型を用いる鍛造を一括して回転鍛造，もしくは転造と呼ぶことがある．

1.2.5　加工用機械形式による分類[2]

加工エネルギーによって制御されるハンマー，加工荷重によって制御される液圧プレス，加工ストロークによって制御される機械プレス，加工トルクによって制御されるロールなど，加工に用いられる機械の形式によって「ドロップフォージング」，「プレス鍛造」，「アプセッター鍛造」，「ロール鍛造」などと作業を分類する場合もある．特にラム速度が $10\ \mathrm{m \cdot s^{-1}}$ を超すハンマーを用いるものは「高エネルギー速度鍛造」と呼ばれる．

1.2.6　素材形態による分類

一般に溶製材の線材，棒材，管材を素材とする鍛造が多く，これらの鍛造には素材形態による呼び名はない．一方，板材を素材とする鍛造には「板鍛造」（3.5 節）の呼び名が使われている．また粉末を焼結した素材または予備成形品の鍛造には「焼結鍛造」の呼び名が使われている．他にも，1.2.1〔5〕で紹介した「溶湯鍛造」の呼び名も素材形態を表している．

これら溶製材以外の鍛造は実用上のデータが不十分なので本書では取り扱わない．

1.3 鍛 造 の 役 割

1.3.1 鍛 造 の 歴 史

手でつかんだ石の塊りを工具とする自由冷間鍛造は，人類がエジプトやメソポタミアで金，銀，銅など自然産の金属を使い始めた紀元前4000年以上も前に，われわれの先祖の生活に入り込んだ．このときは装飾品，礼拝対象物，武具などがおもな製品であった．その後，るつぼ溶解で青銅を作り，前3500年ごろに鉄が使われ始めると，熱間鍛造が主流となったようである．鉄の場合，内部の溶けた不純物を絞り出す精練が成形に先立つ鍛造の大きな役割であった．鉄の工業的冷間鍛造の萌芽は18世紀中ごろのねじ素材ヘッディングに見られる．

ロータリースエージングに用いられたとみられる半円溝付き青銅製金敷は紀元前1000年くらいのものがフランスで，型に打ち込まれて作られたとみられる前700年くらいのエレクトロン製の貨幣が地中海エジナで，前300～100年の間の鉄製あぶみがオーストリアで見つけられている[3)～5)]．

機械については紀元前・後のローマ帝国時代には奴隷による人力ハンマーがあった．12世紀ごろから家庭実用品，農機具，公共物金具などに鉄製鍛造品が使われ始めると，14世紀には英国で足踏みばねハンマー（**図1.12**（a））が流行する一方，種々の水車カムを用いたハンマー（図（b），（c））が各地で現れ改良されていった[3),6)]．15世紀には鉛紋章圧印用手動ねじプレス，18世紀末のWatt，Bramahによる蒸気ハンマーと水圧プレスが鍛造に用いられた．

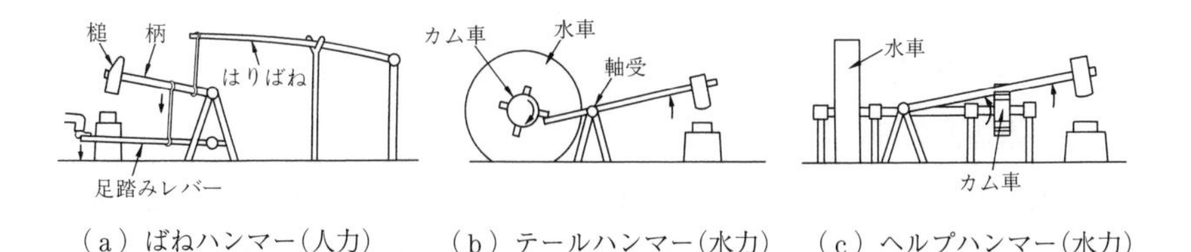

（a）ばねハンマー(人力)　（b）テールハンマー(水力)　（c）ヘルプハンマー(水力)

図1.12　中世時代の鍛造ハンマー

20 世紀に入ると電動機を動力源とする機械プレス，油圧プレスおよびねじ（スクリュー）プレスが全盛となり，型鍛造も始まっている．

わが国でも弥生時代（前 300〜後 300 年）の出土品中に，国産とみられる鉄製武器，工具，農機具などの鍛造品がある．470 年ごろには大陸からの渡来人がもち込んだ材料を使って多くの鉄製品を作ったと言われる．日本の歴史には世界に誇りうる鍛造品として，平安末期に完成の域に達した日本刀と甲冑（かっちゅう）がある[3),7)]．16 世紀にポルトガルからもたらされた火縄銃は，わが国近世の鍛造量産技術の進歩をうながした．わが国の鍛造の機械化は，幕末から明治の初めに輸入された蒸気駆動のハンマーや圧印プレスによって開始された．

以後，1945 年（第二次大戦終了）までのわが国の鍛造は兵器，航空機，軍艦などの部品を中心に発達した[7)]．軽合金の鍛造も 1935 年に始まっている．この時代の技術の流れの一つは重厚長大化であり，発電プラント，オイルタンカー，ジェット旅客機など巨大化による効率上昇，一体化による強度向上を狙って鍛造品も大型化した．今日までの鋼の鍛造品重量の世界記録は，わが国で 1980 年代後半に 600 t の鋼塊から作られた発電機用ローター素形材である．フランスには航空機部品鍛造用として能力 650 MN のプレスがあり，日本でも 500 MN 油圧プレスが 2013 年秋に稼働している[8)]．これらで作られる軽合金鍛造品には長さ 6 m を超すものもある．

戦後のもう一つの大きな流れは，自動車用鍛造品を中心とする大量生産化と自動化ならびに鋼の冷間鍛造，ついで温間鍛造の出現によって促進された鍛造品の精密化であり，鍛造品はわれわれの日常生活の中においても，強度と剛性を必要とする品物や部品または素形材として広く定着するようになった．

1.3.2 今日の鍛造

〔1〕 鍛造品の種類と量

鋼の熱間自由鍛造品は，わが国では統計上「鍛鋼品」と呼ばれている．船舶のディーゼルエンジン・減速機部品，伝導軸，鉄道の車軸，大歯車，鉄鋼業における圧延機ロール，カップリング，スピンドル，クレーンフック，工作機械・金属加工機の軸・歯車類，化学工業の反応塔，熱交換器ほか，発電所における機械軸類，ローター，原子炉圧力容器用ノズル・熱交換器水室など，重量約 1 kg から 600 t までの少量生産品がおもな例である．わが国の 2015 年年産量は 64 万 t[10] であった．

「鍛工品」の生産量の推移[9] を**図 1.13** に示す．自動車産業とともに増加してきたことがわかる．鋼の熱間型鍛造品の約 6 割は大量生産の自動車エンジン・伝導・操向関係品であり，産業機械器具，土木・建設機械部門がこれに次ぐ．1 個の重さは数 g から 1 t の範囲にまたがる．図 1.1 には鍛工品の例が示されており，わが国鍛工品の年産量は 2015 年に 215 万 t であり，ここ数年大きな変化はない．

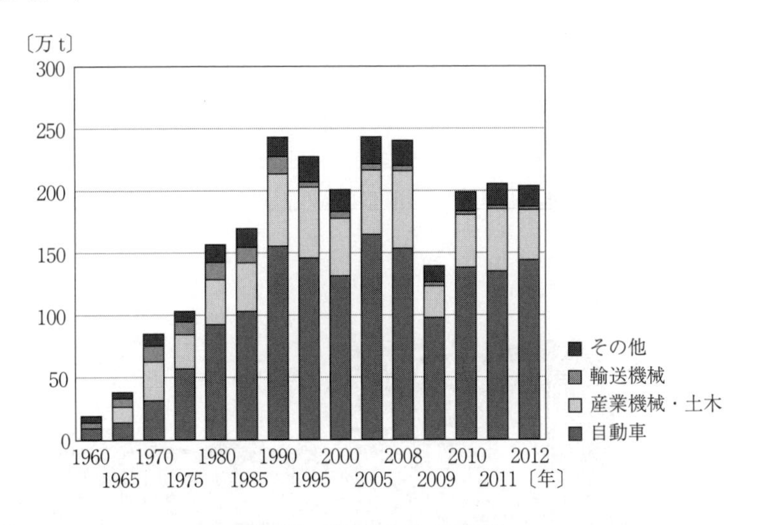

図 1.13 鍛工品生産量の推移

鋼の冷・温間鍛造品は 1 個当たりの重さは 1 g から 30 kg にわたっており，その全年産量は統計にとられていないが，250 万 t 程度といわれ，かなりの部分は，ボルト，ナット，軸受用球・ころが占めている．そのほか主として自動車に用いられる異形状品（図 1.2）である．**図 1.14** は，トヨタ自動車において 1 800～2 000 cc エンジンの乗用車に積まれている異形状品の重さと種類の変遷を示すものである．航空機ジェットエンジンに用いられている非鉄鍛造品

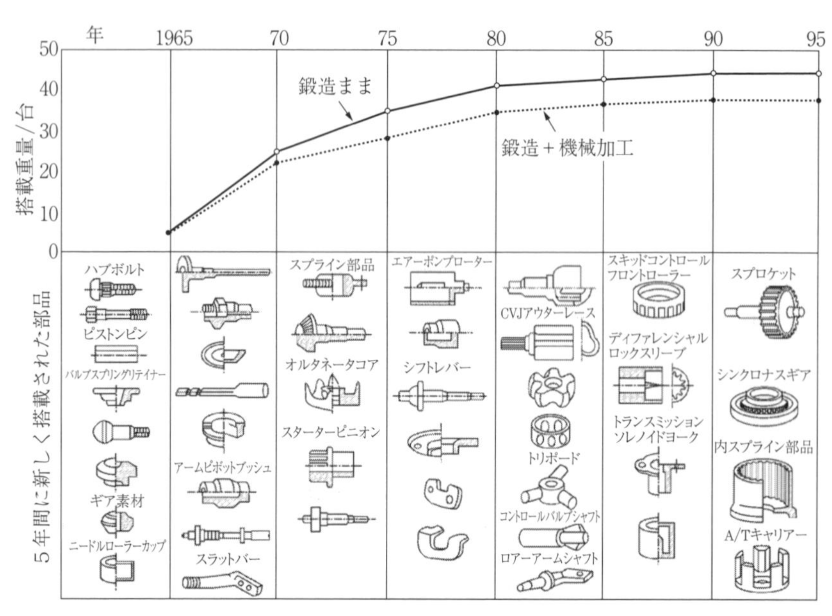

図 1.14　わが国乗用車搭載の鋼冷・温間鍛造品の推移（トヨタ自動車株式会社提供）

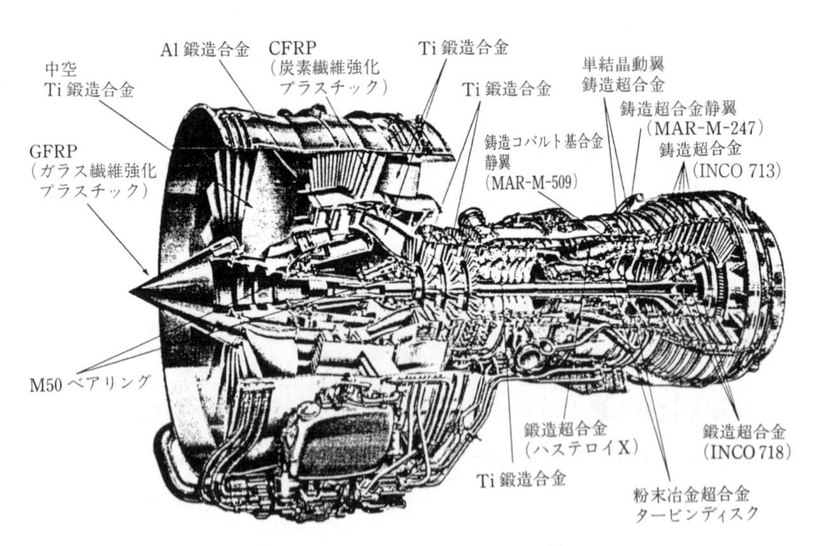

図 1.15　エ ン ジ ン 断 面 図[11)]

の部位を**図 1.15**[11]に示してある．わが国の非鉄鍛造品は自動車関係を中心とするアルミニウム合金鍛造品であり，2015 年の生産量は年産 4.1 万 t で，冷・熱間鍛造品は 1：2 である．

〔2〕 技 術 の 現 状[10]

鍛造品は，国内・外の鍛造品どうし，さらに鋳造品，粉末焼結品，板材成形品，切削品など他の素形材や完成品との間の激しい価格競争を強いられており，そのため生産コストの低減，省人化と付加価値の増大とを目指して厳しい努力が続けられている．付加価値増大の重要な鍵は，鍛造後の仕上げ切削がわずかですむか，せいぜい研削仕上げですむような鍛造品を作ることで，これらはそれぞれニアネットシェイプ（準仕上り形状）鍛造およびネットシェイプ（仕上り形状）鍛造と呼ばれ，今日の努力目標となっている．

縦型プレスも進化しており，高剛性プレスやサーボプレスの利用が増加している．軽量化を目的とした板鍛造，中空鍛造や背圧鍛造などで従来にない部材の製造が実現できている．

このような鍛造作業を高能率で行うため，長い棒・線材から切断およびいくつかの順次成形を経て仕上げ，鍛造品に至らせる自動多段鍛造（**図 1.16**）が

（a）自動車用ハブ（S53C，約 2 kg），熱間鍛造

（b）トランスミッション用シャフト（SCM420，約 2 kg），冷間鍛造

図 1.16 フォーマーによる自動多段鍛造工程例（株式会社阪村機械製作所提供）

普及している．これはトランスファー機構をもった1台の機械（**図1.17**），あるいはロボットで結合された何台かのプレス（**図1.18**）によって実施されている．鍛造後のねじ転造，熱処理など次工程とも直接接続する例も多くなった．アンダーカットをもつ複雑形状品のニアネットシェイプまたはネットシェイプ品を作るために閉そく鍛造（図1.11（a）），背圧鍛造（図1.11（b）），分流鍛造がある．さらに熱・温間鍛造と冷間鍛造を組み合わせる複合鍛造（図1.3）も普及している．

図1.17　6工程の高速ナットフォーマーの圧造工具および送り装置部分（株式会社阪村機械製作所提供）

図1.18　ロボットを用いた自動多段熱間鍛造（トヨタ自動車株式会社提供）

これら鍛造工程そのもの以外の周辺技術も，またそれぞれ開発が行われた．これらは例えば，鍛造と後加工・処理とに適した素材材料，材料から素材を作る精密切断設備，素材の省エネルギー・低酸化加熱炉，金型用材料，金型加工・熱処理・表面被覆技術と設備，クリーンな潤滑剤および潤滑装置，高機能・高精度・高剛性鍛造機械と短時間段取替え装置，材料や鍛造品の自動検査・選別装置などハードウェアの改良・進歩のほか，計算機を用いた鍛造プロセスのシミュレーションやシーケンス計画，金型の設計・製作，鍛造機械設計・制御などソフトウェアの開発である．

1.4 鍛 造 の 特 徴

鍛造のもつ長所を伸ばし，短所を補いながら他の加工法との組合せ，複合化が，今後の努力の戦略目標である．

〔1〕 大 変 形 可 能

材料中には鍛造の際，主として1，2または3軸方向の圧縮応力が生じ，材料の変形能が高まるため大変形を与えることができる．これはまた素材の寸法・形状にある程度の自由度があることを意味する．

〔2〕 材質改善可能

上記の理由から，鍛造や粉末焼結によるもろい組織の材料を鍛練し熱処理と合わせて強靱(じん)にしたり，軟質材料を加工硬化させて強化し，被削性を改善できるばかりでなく，異材料を圧接して複合材を作ることができる．

〔3〕 鍛流線形成による強靱化

すでに圧延，押出し，鍛練鍛造など一次塑性加工によって繊維組織をもたせた材料を素材とする鍛造においては，一般にその繊維が鍛造品の表面に沿って通る鍛流線を形成するので，鍛造品使用の際に表面に生じる引張応力に対して強靱となる．この強靱性こそ，鍛造が他の競合加工方法に対してつねに優位を示す長所である．

〔4〕 大 量 生 産 性

金型を用いる鍛造によって完成品またはそれに近い寸法・形状と表面状態をもつ鍛造品を，1分間に小物で数百個，大物でも数個くらいの速度で作ることができる．

〔5〕 多種少量生産への対応

汎用工具を使用する自由鍛造によって多種少量生産に対応でき，またアンダーカットのある複雑形状も成形できる．局部加圧であるから加工荷重も低くてすみ，大形品を小容量の機械で加工しうる．

〔6〕 **工具・機械に対する大負荷**

素材と工具間の面圧は最も低いときでも材料の変形抵抗に等しく，型鍛造や押出しにおいてはその数倍にも達する．これと大変形・高摩擦，また，熱・温間鍛造の際の素材加熱による潤滑膜切れや工具面過熱が合わさって，工具表面のだれや摩耗，焼付き，さらに工具割れを引き起こしやすい．それゆえ，金型や機械は高価となり，少量生産には困難がある．対策として，新しい潤滑剤や鍛造材料，金型材料の開発が望まれる．

〔7〕 **素 材 費 高 価**

鍛造用素材材料における変形能はある程度以上なくてはならない．特に冷間鍛造用材料は高変形能・低変形抵抗・良焼入れ性が要求されるばかりでなく，仕上げ切削・研削を省けるようにするには素材に高い寸法精度と表面品質も必要とされ，材料単価が高くなる．複雑な形状の鍛造品の単純形状素材からの成形には，ばりとして捨てられる材料の体積がかなり多くなることもある．また，後仕上げを必要とするときは，材料の鍛造性と被削性を両立させるような材料が必要となる．

〔8〕 **環 境 不 快**

鍛造の多くの作業は危険・不快感を伴いやすく，特にハンマー，機械プレスによる作業では騒音・振動対策に費用がかかる．

〔9〕 **段取替え長時間**

金型を用いる作業の自動化のための高生産性設備，作業環境改善のための設備などは作業段取替えにかなりの時間がかかるため，多種少量生産に不利となる．プレスの外でつぎの金型を準備できるようなカセット方式の段取替え装置などを使って，段取替え時間の短縮が図られる．

〔10〕 **熟 練 の 必 要**

金型による鍛造の場合，順次成形工程およびその金型の短納期設計にはかなりの熟練を必要とする．一方，自由鍛造の作業方案の決定にも高い熟練度が必要である．

引用・参考文献

1) 日本工業標準調査会 編：JIS 鍛造加工用語, JIS B 0112（1994）, 日本工業標準調査会.
2) 鈴木弘 編：塑性加工（改訂版）,（1980）, 193, 裳華房.
3) Wedel, E., von：Die Geschichtliche Entwicklung des Umformens in Gesenken, VDL-Verlag,（1960）.
4) 工藤英明：塑性と加工, **16**-176（1975）, 768-784.
5) 新素形材ガイドブック編集委員会 編：新素形材, 84, 素形材センター（1988）.
6) 工藤英明：塑性と加工, **16**-169（1975）, 192-201.
7) 日本塑性加工学会 編：日本の塑性加工, I（1986）, 日本塑性加工学会.
8) 小坂田宏造：素形材, **52**-6（2011）, 44-45.
9) 経済産業省：2016 年生産動態統計.
10) 小坂田宏造：山陽特殊鋼技報, **22**（2015）, 4-13.
11) 新素形材ガイドブック編集委員会 編：新素形材, 14, 素形材センター（1988）.

2 鍛造の技術・生産システム

2.1 生産ラインの例

図 2.1[1]には通常プレスを用いた，熱・冷間鍛造工場における代表的な生産工程の例を，**図 2.2** には自動多段成形プレスによる生産工程の例を示す．これらの工程に対応して諸機械・装置がラインを構成している．この中の「鍛造」または「多段成形」とある工程の内部は，図 1.16 に示したようないくつかの鍛造作業からなっている．そしてそれらは 1.2 節で示した種々の異なる作

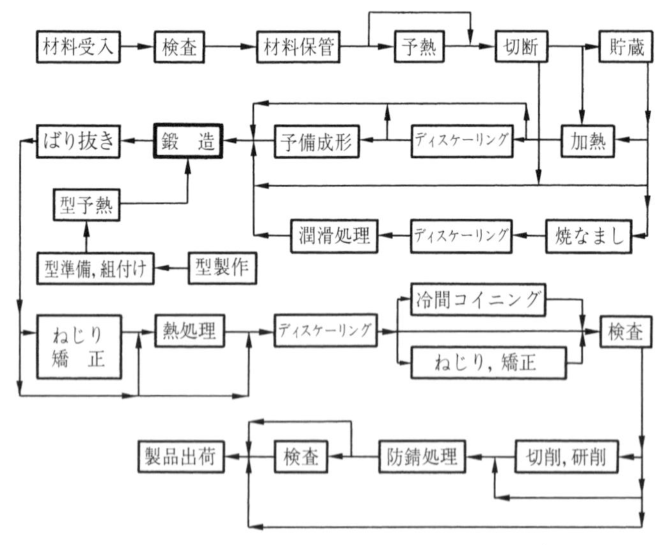

図 2.1　通常プレスを用いた鍛造生産工程の例[1]

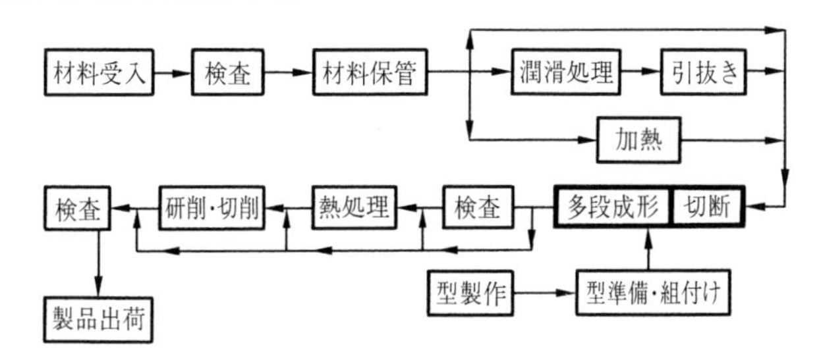

図 2.2　自動多段成形プレスを用いた冷・温または熱間鍛造生産工程の例

業を含んでいることが多い.

しかし図 2.1 からわかるように,「鍛造」工程は, 鍛造による全生産工程から見ればごく一部にすぎない. 鍛造工程に投入する素材の準備にも, 鍛造品の後加工・後処理, 検査などにもかなり多くの工程が入っている. これらの工程はもちろん生産コストを増加させはするが, それらによって必要とされる材質と幾何学的性質をもった製品がはじめて作られるのである. 鍛造工程というサブシステムの最適設計にもかなり高度の経験が必要とされており, 全生産工程を経費当たりの付加価値, 省エネルギー, 環境問題その他の点で評価し, 最適に設計するにはいっそう高度の経験が要求される. このために役立つ理論も計算機コードもいまだできてはいない.

2.2 技術システム

2.2.1 縦のシステム

鍛造による生産工程をシステムとして見て, その解析や総合を行うためのシステムの表現にはいろいろな方法がある. 図 2.1, 図 2.2 においては要素を単位作業工程に選んで示してある. **図 2.3**[1]ではこの工程の間を流れる被加工材料の形態を要素にとってあり, それぞれの間をつなぐ工程名をアンダーライン付きで示している. 本システムは 2.2.2 項で述べる横のシステムに対して縦のシステムと名づけた.

図 2.3 においてはさらに, 自工場で素材材料から作る場合も想定し, 最適生

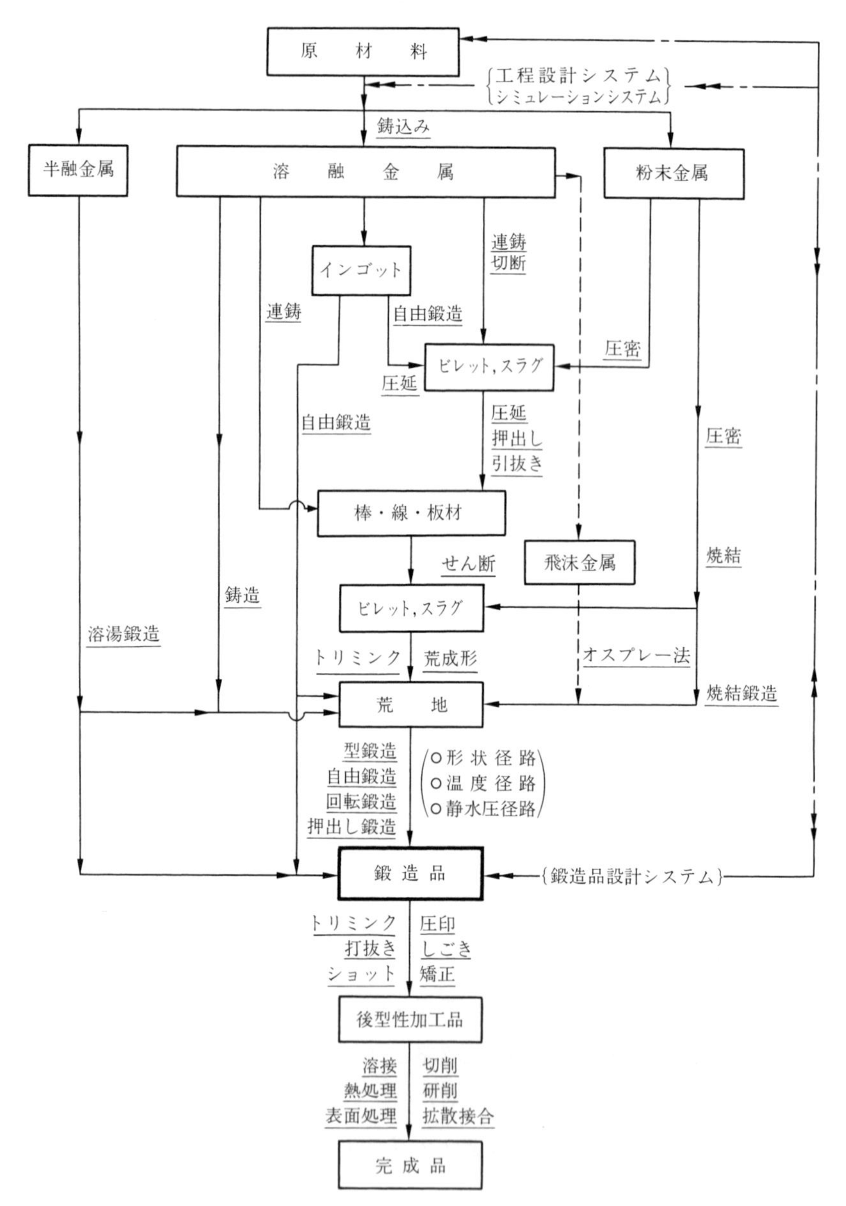

図 2.3　鍛造による生産を材料の形態変化で表した縦のシステム[1)]

産方法を選ぶ際の種々の可能性を示してある．素材から中間形状をもった予備成形品を経て鍛造品に至る工程が本来の鍛造工程であり，ここで選択の自由度のある経路として図中に示された形状・温度・静水圧経路の意味は文献2）を参照されたい．図中にはさらにこの生産の流れに関与する，あるいは将来付帯されるべきソフトウェアの名前を｛ ｝内に入れて示してある．

工程計画・設計は，最終完成品の図面，すなわち材質および幾何学的性質をターゲットとして行うのが当然である．この際まず決めるべき大方針は，本来の鍛造工程のカバーすべき範囲である．図2.3の中央近くに示されているように，棒・線・板材を鍛造機械の前面または内部でせん断して素材（ビレットまたはスラグ）とし，そこから始める場合が通常ではあるが，これら材料の表面および寸法仕上げを熱間圧延，冷間引抜き，皮むき切削，研削いずれで行うか選択の余地がある．さらに鍛造，粉末冶金，溶湯鍛造，その他の方法によって，不定形材料から直接，中間形状をもつ予備成形品に成形し，それ以後，本来の鍛造工程を始めることもできる．

鍛造工程の出発点とともに到着点を定めることも必要である．鍛造作業あるいは他の塑性加工方法のみを用いて目的とする完成品を得ること，すなわち完全なネットシェイプ鍛造を行うことは可能である．事実，ほとんどのボルトや小ねじはこのようにして作られている．しかし，複雑形状品の場合にはネットシェイプ鍛造は多数の鍛造工程をかければ可能であっても，コスト的には引き合わないことが多い．**図2.4**[3]はこのことを概念的に示している．それゆえ，どこで鍛造工程を打ち切るかを最初に定める必要がある．

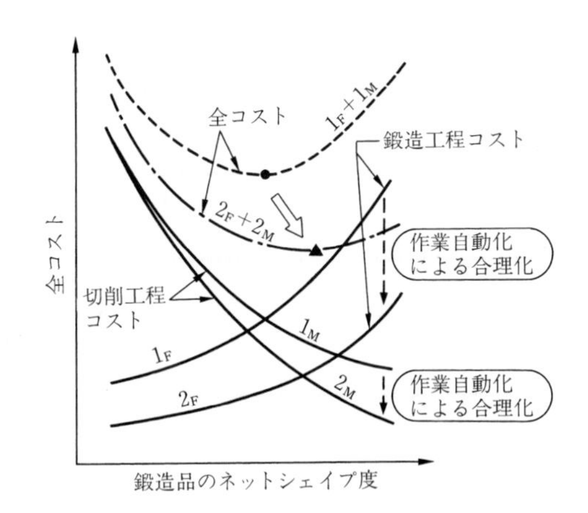

図2.4 鍛造および切削工程の受持ち割合と全コストの関係説明図[3]

このような鍛造品設計のためのソフトウェアはその重要性が指摘されているが，完成にはまだしばらくかかるであろう.

同様に全生産工程を製品の品質とコストを考え合わせて自動的に設計できる工程設計システムも夢であるが，現在，実用されているのは個々の塑性加工，鋳造，粉末冶金プロセスのシミューレションにすぎない.

2.2.2 横のシステム

図2.3に示されているそれぞれの工程を設計し，それによって材料に与える付加価値および必要となる経費をシミュレーションによって評価するためには，当該工程に関連する設備や消耗品を要素とするシステムを考慮する必要がある. 図2.3中の素材または予備成形品から鍛造品を結ぶ鍛造工程に対してこのシステムの構造を**図2.5**[1]に描いてあり，横のシステムと名づけた. これら要素のそれぞれは以下の章に詳しく説明されている.

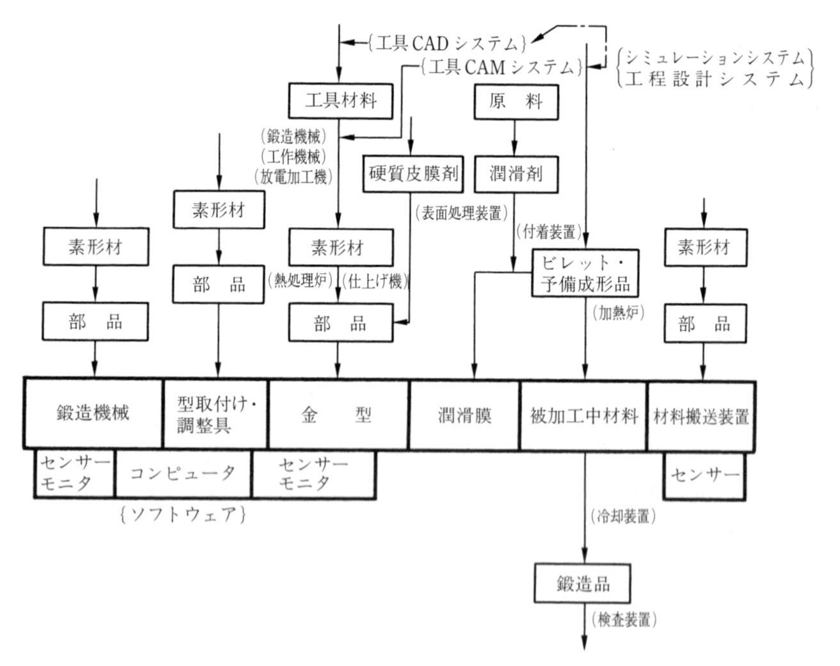

図2.5　鍛造工程中に作動している横のシステム[1]

図2.5から，被加工中の材料と並んで横のシステムを形作っている機械，金型，潤滑剤などの要素は，それぞれ自身の縦のハードおよびソフトウェアシステムにも属していることがわかるであろう．鍛造の場合，金型が鍛造品品質とコストとに及ぼす影響が大きいため，金型の縦のシステムは特に重要である．

2.3　製品品質とシステムの関係

棒・線・板材から鍛造品を作る工程において，前工程中に作り込まれた材料の寸法・形状，表面状態および機械的・熱的性質がどのように変えられるかを前述の諸システム要素とのかかわりにおいて図示したのが**図2.6**[4]である．これからわかるように，材料とそれから作られたビレットの品質は鍛造品の中に遺伝し引き継がれる．特に最後の除去加工を行わないような鍛造工程においては，ビレットの体積ばかりでなく，表面きず，寸法精度がそのまま，あるいは形を変えて鍛造品に乗り移る．

加工物が工具によって加圧されたとしても，材料は工具面に必ずしも全面的に密着するとは限らない．材料内に発生する静水圧が不足のために，材料がダイのくぼみの隅角を局部的に満たさないことがある．異場所断続または連続加圧鍛造（1.2.3項）においては，加圧中に排除された材料が，既変形領域に入り込んでひずみを生じさせることもある．一方，工具および鍛造機械は，加工物から反作用として受ける力，摩擦，熱のために弾性たわみを生じたり，ときには塑性変形，摩耗を生じ，これが鍛造品の寸法・表面に悪影響を与える．

加圧が終了して力を抜く間に，工具，機械，鍛造品に生じていた応力が解放されてそれぞれ寸法が弾性的に変化する．さらに鍛造品には，工具から取り出される際に互いの干渉によってわずかな塑性変形さえ生じる．鍛造品が工具外に出て冷却することによって起こる寸法収縮も，ネットシェイプ鍛造の場合には無視できない．これは，熱間・温間鍛造ばかりでなく，かなりの発熱のある冷間鍛造の場合にもそうである．

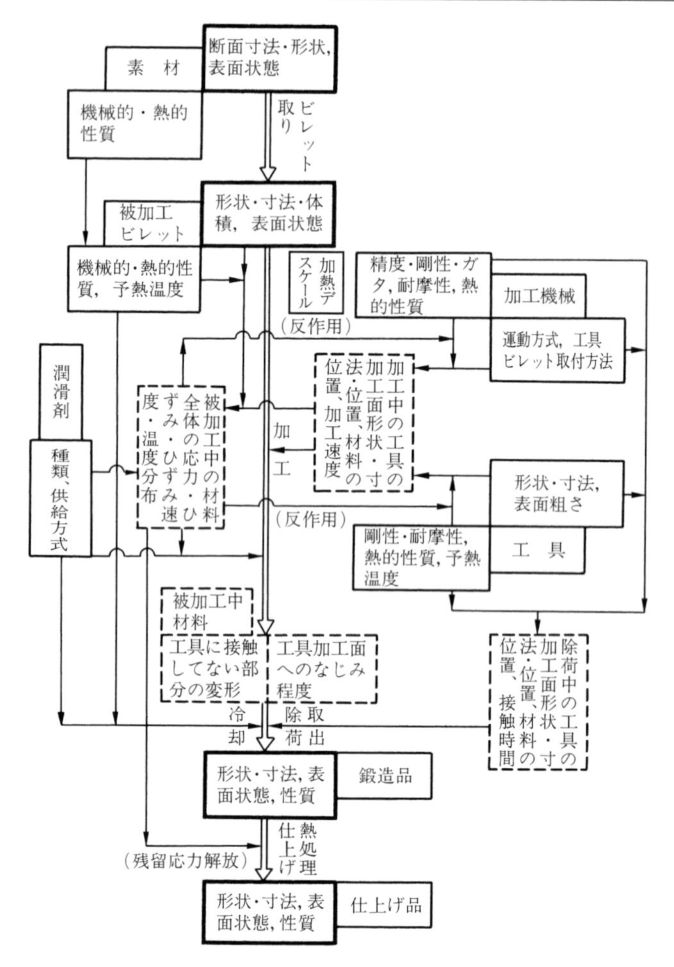

図 2.6　製品品質と生産システム要素との関係[4)]

鍛造，取出し，冷却などによって鍛造品内に大なり小なり残留応力が生じる．これが，鍛造後の熱処理や切削加工の際，解放されて寸法変化の原因となるので，鍛造後の加工，処理もまたシステム設計の際，考慮の範囲に含めなくてはならない．

図 2.7[5)]には，鍛造品の種々の幾何学的品質に散らばりを生じさせる要因とその作用をフローチャート式に示してある．この散らばりの中には偶然的要因

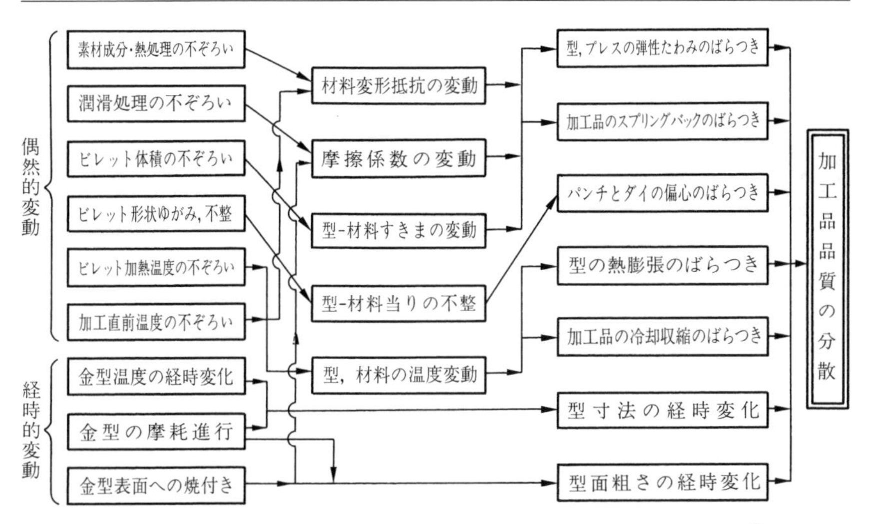

図 2.7　プレス鍛造における偶然的および経時的不精密原因とその結果[5)]

によって起こる不規則な散らばりと，時間とともにゆっくり変化する要因によって生じる経時的変化とがある．これらを減少，または防止する対策は図2.3に示した縦のシステム，および図2.5の横のシステム内のそれぞれに求めることができる．システムの個々の要素が製品品質に及ぼす影響の定量化はいまだ不十分である．

引用・参考文献

1)　新素形材ガイドブック編集委員会 編：新素形材，(1988)，93，素形材センター．
2)　工藤英明：日本機械学会誌，**85**-761 (1982)，401-407.
3)　水谷巌：塑性と加工，**30**-343 (1989)，1082-1086.
4)　工藤英明：精密機械，**44**-4 (1978)，409-413.
5)　工藤英明：塑性と加工，**29**-324 (1988)，4-12.

3 鍛造の力学

3.1 鍛造過程の解析

指定寸法形状の製品を鍛造する場合，作業に先立って工程設計・工具設計が行われる．適切な設計のためには鍛造の際に生じる変形形状，材料内の応力，ひずみを予測することが必要である．一般に鍛造過程に対しては素材の形状，材質，金型形状，摩擦および潤滑，加工速度，加熱温度など多くの因子が関与するため，変形状態を正確に予測することは容易ではない．

そこで実際の変形過程を単純化ないし理想化したモデルについて理論的ならびに実験的解析が行われ，その結果に基づいて実作業方案が立てられることになる．最近では有限要素法による現実的な条件での解析が可能になり，それを用いたシミュレーションは，計算機支援技術（CAE）などのコンピュータ支援システムの中で重要な位置を占めるに至っている．しかし，理論だけで精度の高い予測を行えるとは限らず，実験から必要な情報を得なければならない場合も多い．塑性加工の力学の詳細については文献1）を参照していただくものとして，以下では鍛造解析に必要な事項に限って説明する．

3.1.1 鍛造の力学基礎

〔1〕 変　形　抵　抗

摩擦なしの均一圧縮試験で，**図 3.1** のように初期直径 d_0，高さ h_0 の円柱状試験片が直径 d，高さ h になった状態を考える．圧縮率 e は

$$e=\frac{h_0-h}{h_0} \tag{3.1}$$

で表されるが，このときの対数ひずみ ε は

$$\varepsilon=\ln\left(\frac{h}{h_0}\right) \tag{3.2}$$

によって定義される．**表 3.1** に圧縮率と対数ひずみの関係を示す．

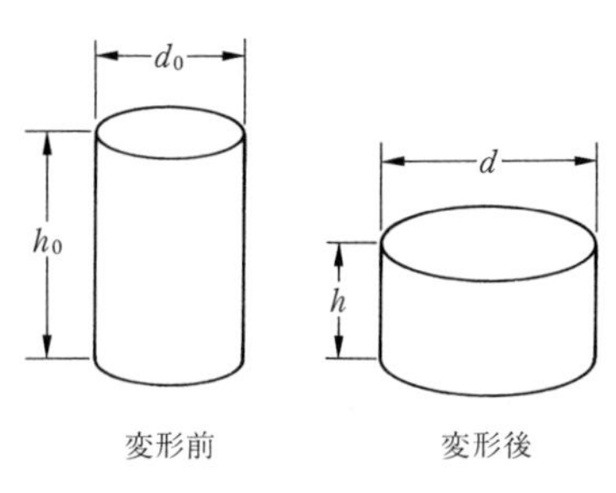

図 3.1 均一圧縮変形

表 3.1 均一圧縮における圧縮率と対数ひずみ

圧縮率	対数ひずみ
0.001	−0.001
0.01	−0.010
0.1	−0.105
0.5	−0.693
0.7	−1.203
0.9	−2.303
0.99	−4.605
0.999	−6.908

変形が小さいときの対数ひずみの絶対値は圧縮率とほとんど同じであるが，圧縮率 0.1 以上になると両者の差が顕著になってくる．ひずみは弾性ひずみと塑性ひずみに分けられるが，鍛造では塑性ひずみが 1〜3 に達するのに対し，弾性ひずみは 0.001 程度であるので，弾性ひずみを無視することが多い．

塑性ひずみには 6 個の成分があるが，塑性変形量の大小を表すためには相当（塑性）ひずみ $\bar{\varepsilon}$ を用いる．均一圧縮において弾性ひずみが無視できるときには，対数ひずみの絶対値が相当ひずみに一致する．均一圧縮以外の一般的なひずみ状態に関しても，塑性ひずみ増分の成分から相当ひずみ増分 $d\bar{\varepsilon}$ が求まり，それを積分して相当ひずみ $\bar{\varepsilon}$ を計算することができる．

一方，均一圧縮で直径 d になった試験片に加わる力を P とすると，真応力 σ は次式で与えられる．

$$\sigma=\frac{4P}{\pi d^2} \tag{3.3}$$

この均一圧縮における真応力の絶対値を変形抵抗と呼び，Y で表して塑性加

工をするときの材料強度の代表値とする．一般の変形状態では，均一圧縮のような単純な応力状態ではなく6個の応力成分が存在するが，等方性の材料の塑性変形では応力成分をミーゼスの降伏条件に代入して求まる相当応力$\bar{\sigma}$が変形抵抗と一致する．理論解析ではせん断降伏応力kを用いることが多いが，ミーゼスの降伏条件ではkは変形抵抗Yの$1/\sqrt{3}$倍であり，平面ひずみ均一圧縮での降伏応力は$2k$（$=(2/\sqrt{3})Y$）になる．

加工工程を解析するためには，応力とひずみの関係をモデル化する必要がある．塑性変形挙動を完全に記述できるのは弾性変形も考慮した弾塑性体モデルであるが，鍛造では弾性変形を無視した剛塑性体モデルによる近似が一般に用いられる．**図3.2**のように，変形抵抗または相当応力を相当ひずみに対して表示したものが変形抵抗曲線である．変形抵抗曲線は材料の塑性変形特性を表すもので，鍛造過程を解析する場合の基礎となる最も重要な材料データである．

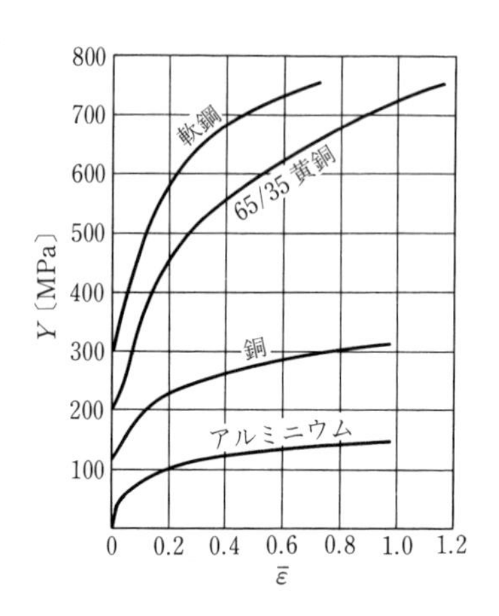

図3.2 工業用材料の室温における低速圧縮変形抵抗曲線

通常の金属では，相当ひずみの増加とともに変形抵抗が増加する加工硬化（または，ひずみ硬化）を示す．変形抵抗曲線の数式モデル$Y(\bar{\varepsilon})$として**図3.3**（a），（b），（c）のように単純化したものを用いることが多い．

図（a）は変形抵抗がひずみによらず一定値Y_0であると仮定するものであ

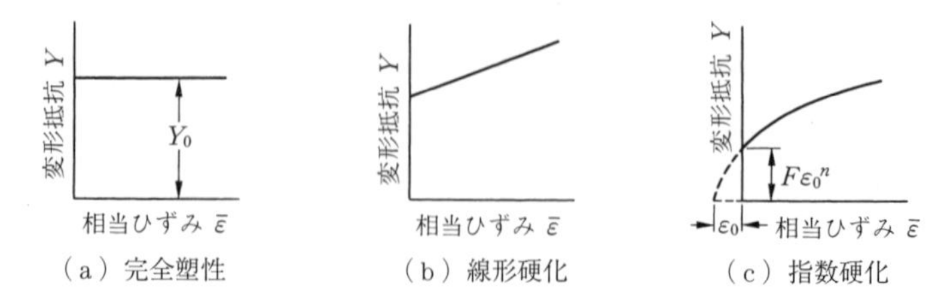

図3.3 モデル化された変形抵抗曲線

り，このような特性を完全塑性と呼ぶ．スラブ法，上界法，滑り線場法などの解析方法では，通常，材料が塑性変形をしないときには剛体，塑性変形では完全塑性である剛完全塑性体と仮定する．

図（b）は変形抵抗が相当ひずみとともに直線的に増加する線形硬化である．小さなひずみでは，このように仮定して解析を行うこともあるが，大きなひずみを生じる鍛造では材料特性を正確に近似できない．

図（c）は変形抵抗曲線の勾配が相当ひずみの増大とともに小さくなる現象を

$$Y=F(\bar{\varepsilon}+\varepsilon_0)^n \tag{3.4}$$

のような指数関数で表したもので，指数硬化と呼ぶ．この式では $F\varepsilon_0{}^n$ が初期降伏応力である．剛塑性有限要素法解析ではこのモデルを用いることが多い．

変形抵抗は加工温度，加工速度によって影響を受けるが，圧力にはほとんど左右されない．特に温度の影響が大きく，塑性加工の解析には加工を行う温度における変形抵抗を用いることが不可欠である．

加工速度としては相当ひずみの増加速度であるひずみ速度 $\dot{\bar{\varepsilon}}$（単位：1/s）を用いて表す．変形抵抗の速度依存性を表すため，式（3.4）を拡張して

$$Y=F(\bar{\varepsilon}+\varepsilon_0)^n\left(\frac{\dot{\bar{\varepsilon}}}{\dot{\bar{\varepsilon}}_0}\right)^m \tag{3.5}$$

の形式の表示を行うことが多い．$\dot{\bar{\varepsilon}}_0$ は基準のひずみ速度であり，通常 $\dot{\bar{\varepsilon}}_0=1/\mathrm{s}$ として $\dot{\bar{\varepsilon}}$ の項を無次元化する．速度依存指数 m は室温の変形では 0.01 程度であり，ひずみ速度が 10 倍になっても変形抵抗の増加は数％程度である．鋼の熱間鍛造では m が 0.1 程度であるため，変形速度が 10 倍になると変形抵抗は 1.2 倍程度になる．結晶粒の微細な Ti 合金などは高温で超塑性を示すが，このときの m の値は 0.2～0.5 程度の値で，速度が 10 倍に変化すると変形抵抗は 1.5～3 倍に上昇する．

〔2〕 摩擦特性

摩擦特性は加工荷重などに大きな影響を与えるため，鍛造解析における最も重要な因子の一つである．摩擦応力は素材材質，工具表面材質と粗さ，潤滑剤，接触圧力，加工温度，速度，滑り距離，滑り速度などによって変化する．

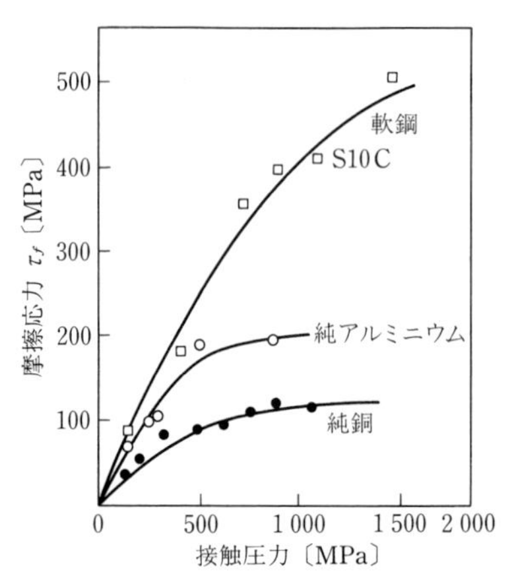

図 3.4　摩擦応力に及ぼす接触圧力の影響（金属新生面と超硬合金工具）[2)]

力学的解析では摩擦応力に及ぼす接触圧力の影響のみを直接考慮することが多く，他の要因は摩擦応力の中に含めて取り扱う．

図 3.4[2)]に示すように，摩擦応力は接触圧力とともに増加し，しだいに一定値に近づく．圧力が低いところでは摩擦応力が接触圧力に比例する摩擦係数 μ 一定（クーロン摩擦）と考えてよいが，圧力が非常に高い領域では摩擦応力一定であると近似できる．摩擦応力が一定の場合，上界法などの解析法では摩擦応力 τ_f と材料のせん断応力 $k=Y/\sqrt{3}$ の比をとったせん断摩擦係数 f を用いることが多い．

$$\tau_f = fk = f\frac{Y}{\sqrt{3}} \tag{3.6}$$

摩擦応力が一定に近づくのは変形抵抗の数倍の接触圧力の場合であるが，そうした高い工具接触圧力で加工を行うことが多い鍛造では，摩擦係数 μ 一定およびせん断摩擦係数 f 一定の仮定のいずれも近似的にのみ成り立っているといえる．

非常に良好な潤滑状態（化成潤滑被膜と金属セッケンを用いた冷間据込みなど）では μ=0.05 以下，冷間の潤滑状態で μ=0.1 程度，熱間の潤滑状態で μ=0.15〜0.2，無潤滑の場合には μ=0.25 以上であることが多い．接触圧力が変形抵抗程度の場合には，せん断摩擦係数 f の値は摩擦係数 μ の値の 2 倍程度になる．

〔3〕 拘 束 係 数

変形抵抗をひずみ，ひずみ速度に依存しない一定値 Y_0（速度非依存の完全塑性）と仮定して一軸加圧の鍛造を解析すると，加圧工具の加工力 P，平均加

工圧力 p_m はつぎのような形式で表される．

$$P = C\,A\,Y_0 \tag{3.7}$$

$$p_m = C\,Y_0 \tag{3.8}$$

ここで，A は被加工物体と加圧工具との接触部を加圧方向直交面へ投影した面積である．C は比例定数であり，拘束係数と呼ばれる．この式は，加工力に関する相似則が成り立つことを示している．実際の加工では熱伝導による加工温度の変化により変形抵抗が変動するが，温度分布には相似則が成り立たないことに注意を要する．

加工硬化する材料に対し，完全塑性（変形抵抗一定）を前提とした解析手法を適用するためには，解析において変形抵抗の与え方に工夫を必要とする．例えば，体積 V_0 の物体の非定常変形では実際に近いと思われる相当ひずみ分布を仮定し，変形抵抗 $Y(\bar{\varepsilon})$ の体積平均値をとった平均変形抵抗

$$Y_m = \int_{V_0} \frac{Y(\bar{\varepsilon})\,dV}{V_0} \tag{3.9}$$

を用いることもある．定常押出しにおける平均変形抵抗の決定には式（3.31）を参照されたい．

〔4〕 **変形による発熱**

相当ひずみ $\bar{\varepsilon}_1$ を受けたときの単位体積当たりの塑性変形仕事は

$$W = \int_0^{\bar{\varepsilon}_1} Y(\bar{\varepsilon})\,d\bar{\varepsilon} \tag{3.10}$$

で表される．これは相当ひずみ $\bar{\varepsilon}_1$ までの変形抵抗曲線の下の面積である．実験的に塑性変形仕事の90％程度が材料の温度上昇となって発散されることが知られている[3]．塑性仕事の熱への変換率を α，材料の比熱を c，密度を ρ，熱の仕事等量を J とすると，温度上昇 θ は次式で与えられる．

$$\theta = \frac{\alpha\,W}{J\rho c} \tag{3.11}$$

熱変換率 α を 0.9 として，中炭素鋼の円柱を最初の高さの半分まで断熱的に圧縮するものと想定して温度上昇を推定してみよう．変形抵抗 Y を 80 kgf/

$mm^2 = 784$ MN/m^2 一定とし，相当ひずみを 0.69（表 3.1 参照），$c = 0.49$ Nm/(g·K) = 0.117 cal/(g·K)，$\rho = 7.8$ g/cm$^3 = 7.8 \times 10^6$ g/m^3，$J = 4.18$ Nm/cal として式（3.11）に代入すると，温度上昇 θ は 127 ℃になる．冷間後方容器押出しのパンチ角部では相当ひずみが 3.0 以上になることも珍しくなく，局部的に 400 ℃以上の温度を生じることが多い．

〔5〕 延性破壊による鍛造欠陥

延性破壊は介在物や第二相から微小な孔が発生し，これが変形量の増大とともにボイドやクラックとなり，ついにはこれらが合体して最終的な割れとなる．ボイドやクラックは引張応力により進展が促進され，圧縮圧力により阻止される．そこで，静水圧応力または最大引張応力を応力の代表値として，以下のような積分形式の破壊条件式が提案されている．

Cockcroft ら[4]はつぎの破壊条件式を提案した．

$$\int_0^{\bar{\varepsilon}_f} \left\langle \frac{\sigma_{\max}}{\bar{\sigma}} \right\rangle d\bar{\varepsilon} = c_1 \tag{3.12}$$

ここで，$\sigma_{\max}$ は最大主応力であり，カッコはつぎのように定義する．

$$\langle x \rangle = 0 \qquad (x < 0)$$

$$\langle x \rangle = x \qquad (x \geqq 0)$$

この条件式はパラメーターが 1 個だけであるので，1 回の実験でその値を決定することができる．

大矢根[5]はパラメーター 2 個の次の条件式を提案している．

$$\int_0^{\bar{\varepsilon}_f} \left(1 + \frac{1}{a_2} \frac{\sigma_m}{\bar{\sigma}} \right) d\bar{\varepsilon} = c_2 \tag{3.13}$$

ここで，σ_m は静水圧応力で，$\sigma_m = (\sigma_x + \sigma_y + \sigma_z)/3$ である．

佐藤ら[6]は多くの実験結果をまとめ破壊パラメーター a_2，c_2 および変形抵抗を $Y(\bar{\varepsilon}) = F\bar{\varepsilon}^n$ として F と n も求めている（**表 3.2**）．

小坂田ら[7]はボイドの成長開始ひずみを考えた実験式を提案した．

$$\int_0^{\bar{\varepsilon}_f} \langle \bar{\varepsilon} + a_3 \sigma_m - b_3 \rangle \, d\bar{\varepsilon} = c_3 \tag{3.14}$$

表 3.2 式(3.13)で用いられる破壊に関係するパラメータの測定例(室温)

材　料	a_2	c_2	F〔MPa〕	n
CH1(0.024%C)	0.042	2.70	664.9	0.27
S15C	0.079	1.26	735.4	0.222
S35C(A)	0.320	0.655	1 017	0.165
S35C(SK)	0.256	0.853		
S35C(S20)	0.220	0.810	976.6	0.177
S55C(A)	0.330	0.545	1 170.3	0.171
S55C(SK)	0.290	0.713		
S55C(S20)	0.248	0.689	1 067.6	0.177
SK3(A)	0.410	0.248	1 372.2	0.176
SK3(SK)	0.387	0.652		
SK3(S20)	0.311	0.621	1 229.4	0.180
SK3(S48)	0.347	0.640		
17S-Al(R)	3.61	0.430	610	0.083
17S-Al(A)	0.746	0.670	332	0.195
Cu	0.900	2.110	400	0.380
Mg	1.494	0.185	198	0.103
6063-T3	0.194	1.09	335	0.215

A：焼なまし
SK：750 ℃と 690 ℃の間を 3 回往復球状化
S20：急冷後 700 ℃ 20 時間保持球状化
S40：急冷後 700 ℃ 48 時間保持球状化
R：未処理材

炭素鋼に対しては，セメンタイト体積率γとセメンタイトの形状の短径/長径比βとにより定数が与えられる．炭素含有量をC〔%〕とすると

$$\gamma=0.148\,C$$

$$\beta=0.09(\text{焼なまし材})\sim0.55(\text{球状化焼なまし材})$$

となる．静水圧応力σ_mの単位を kgf/mm^{2}とすると

$$a_3=0.02 \qquad (\text{炭素含有量}\,\gamma,\ \text{セメンタイトの形状}\,\beta\,\text{によらない})$$

$$b_3=0.1\left(\frac{1-\gamma}{\gamma}\right)^{0.58}+1.5\,\beta$$

$$c_3=0.12 \qquad (\text{炭素含有量}\,\gamma,\ \text{セメンタイトの形状}\,\beta\,\text{によらない})$$

この条件式は炭素鋼に対してはb_3だけが変数となり，この値を決定すればよい．

3.1.2　塑性変形の理論解析手法

鍛造問題の解析に用いられている手法はいくつかあり，解析によって得ようとする情報の種類ないし性格によって使い分けられる．**表3.3**にこの種の解析に用いられる手法のいくつかについて大まかな特徴を示す．

表3.3　鍛造問題解析に用いられる手法とその特徴

解析手法	得られる情報	特　　徴
スラブ法	平均加工応力	正解との大小関係不明 計算容易
滑り線場法	変形域内の応力分布 内部変形模様	正解応力分布が得られる 適用が平面ひずみ問題に限られる
上界法	上界荷重 内部変形模様	上界荷重≧正解荷重 応力分布は求まらない
有限要素法	応力・ひずみ分布 内部変形模様 温度分布	汎用性大，計算費用大 要素数増大とともに精度が向上する

多くの鍛造は圧縮と押出しの複合加工と考えられるので，解析もこれら二つの基本加工について行い，適宜組み合わせて与えられた鍛造問題の解を定めることがよく行われる．解析に際して，材料はしばしば等方性の剛完全塑性体と近似され，また，金型工具は剛体と仮定される．

〔1〕　ス　ラ　ブ　法

塑性変形領域内にとった柱状ないし板状要素（スラブ）に作用する一方向の応力変化を無視し，その方向の応力の平均値を用いて力の平衡条件式と降伏条件式とを連立方程式として解く方法をスラブ法，初等理論あるいは単純理論とも呼ぶ．その際，応力状態などに適当な仮定をおいて応力成分1個のみで記述される微分方程式とし，解析解が得られるようにする．荷重や面圧分布も比較的簡単な式の形に表すことができ，それらに及ぼす作業因子の影響を数値計算を経ずに見通すことができることがこの方法の特徴である．

一例として，**図3.5**（a）のような直径d，高さh，変形抵抗Yの剛完全塑性の円盤状素材を摩擦係数μで平行平面工具により圧縮する問題を考える（摩擦応力はせん断降伏応力を超えないものとする）．この場合，図中の円管状の

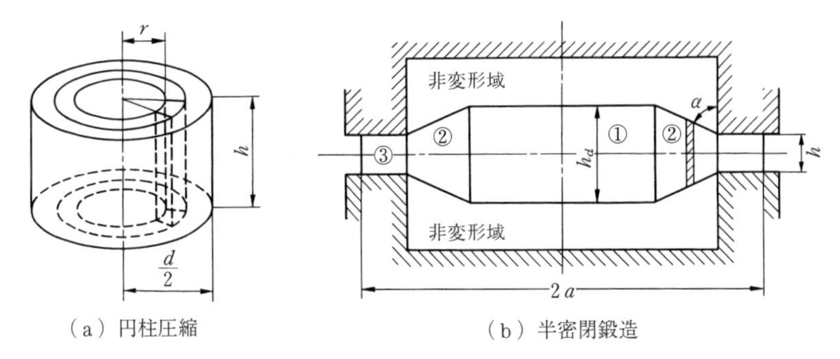

（a）円柱圧縮　（b）半密閉鍛造

図3.5 スラブ法による解析方法

要素で方程式を作成し，それを解くと半径rにおける工具面圧pは

$$p = Y \exp\left\{\frac{2\mu}{h}\left(\frac{d}{2} - r\right)\right\} \tag{3.15}$$

のようになり，加工力Pは

$$P = \frac{\pi h^2}{2\mu^2} Y\left\{\exp\left(\frac{\mu d}{h}\right) - \frac{\mu d}{h} - 1\right\} \tag{3.16}$$

で与えられる．平均工具面圧p_mはつぎのようになる．

$$p_m = \frac{4P}{\pi d^2} = 2Y\left(\frac{h}{\mu d}\right)^2\left\{\exp\left(\frac{\mu d}{h}\right) - \frac{\mu d}{h} - 1\right\} \tag{3.17}$$

図3.5（b）の半密閉鍛造では，塑性変形領域を①，②，③の3領域に区分し，①，③については平行平面型間での据込みの解を，②については円錐形金型間での据込みの解を用いることとし，これら三つの解を解析的に接続するように境界条件を設定する．

〔2〕 滑り線場法

剛完全塑性体を平面ひずみ条件下で変形させる問題に対する特性曲線が「滑り線」であるが，物理的には滑り線は流動面内における最大せん断応力の方向を結んだ線であり，滑り線で覆われた場が滑り線場である．滑り線は直交曲線群であり，個々の滑り線の接線方向には材料のせん断降伏応力k（$=Y/\sqrt{3}$）に等しい大きさのせん断応力が作用する．そして，せん断応力の作用する向きに

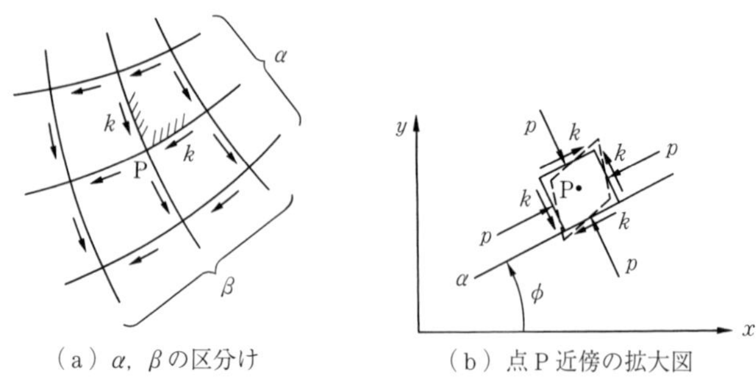

（a）α，βの区分け　　（b）点P近傍の拡大図

図3.6　滑り線場における記号の規約

よって直交曲線群をα，βの2族に分けて区別する（**図3.6**）.

滑り線に沿って応力の変化を計算することが可能であるため，自由表面などの応力既知の部分を起点として塑性変形域全体の応力計算が可能である．滑り線場法によって得られる応力は正解であり，他の方法が近似解であるのとは基本的に異なる．しかし，解を得ることができるのは平面ひずみ変形に限られ，滑り線場を描くにはかなりの熟練を要し，しかも，必ずしも滑り線場を得ることができるとは限らないという問題もある.

図3.7（a）は定常押出しの滑り線場解の一例であって，出口滑り線01を直線と仮定することから出発して定めた解である．比較的容易に解を定めることができるのは，この例のように直線滑り線から出発して滑り線場を構築できる問題に限られる．図（b）は図（a）に示した滑り線場に対応する速度線図であり，滑り線網目点にある粒子の運動速度は，速度線図上の対応する番号の点と原点を結ぶ線で表されるベクトルで与えられる．図（c）はこの速度線図を用いて定めた内部変形模様を示している．このように，応力と内部変形模様を理論的に定めることができることがこの解析法の特徴である.

有限要素法が出現するまでは，滑り線場法が応力分布を正確に計算できる唯一の方法であったため，応力状態を求めるために利用されたが，鍛造では滑り線場法の前提となっている平面ひずみ変形になることはほとんどないため，最近ではあまり利用されなくなった.

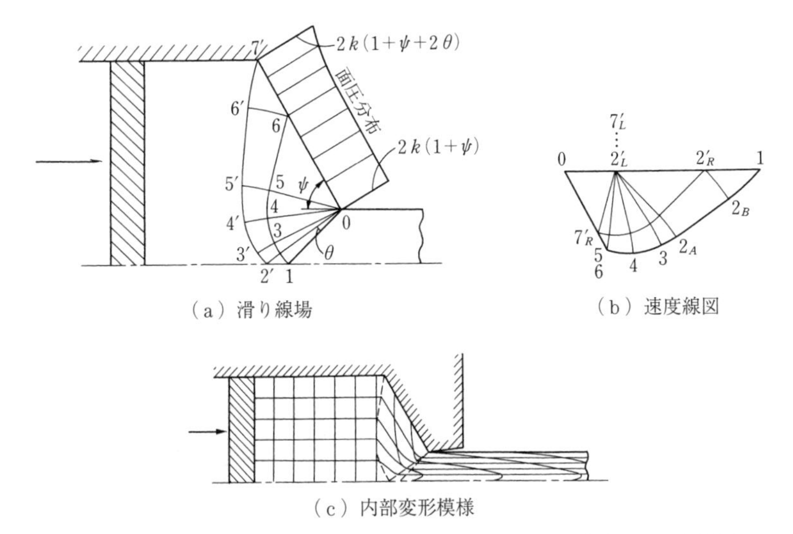

図 3.7　平面ひずみ定常押出しの滑り線場解（ダイ半角 60°，摩擦 0，断面減少率 73.5%）

〔3〕上　　界　　法

上界法は上界定理に基づいたエネルギー法であり，荷重や加工圧力の近似(正解より大きいか同じ）解が得られる方法である．上界定理は剛塑性体に対し，つぎのように表現される．「体積一定則と速度に関する境界条件を満足する速度場（動的可容速度場）から計算される加工所要エネルギー消費率は正解荷重のなす仕事率より小さくない．」すなわち，動的可容速度場から導かれる荷重は正解荷重に等しいか，それより大きいということになる．用いる動的可容速度場は応力の平衡条件を満足しなくてもよいので，変形モデル選択の自由度が大きい．この方法によって加工荷重（圧力)，材料流れなどの情報が得られるが，材料内部の応力状態は計算できない．

上界法による解の近似度を高めるために，より低い（正解に近い）荷重を与えるようなモデルを見つける努力がなされてきた．**図 3.8** は，平面ひずみ押出しの上界法解析で用いられる代表的な動的可容な速度場の例である．ダイ半角によって最小の荷重を与える速度場が異なっていることがわかる．最適な速度場を考案するには熟練を要するが，一連の同じ形式の鍛造（例えば後方押出

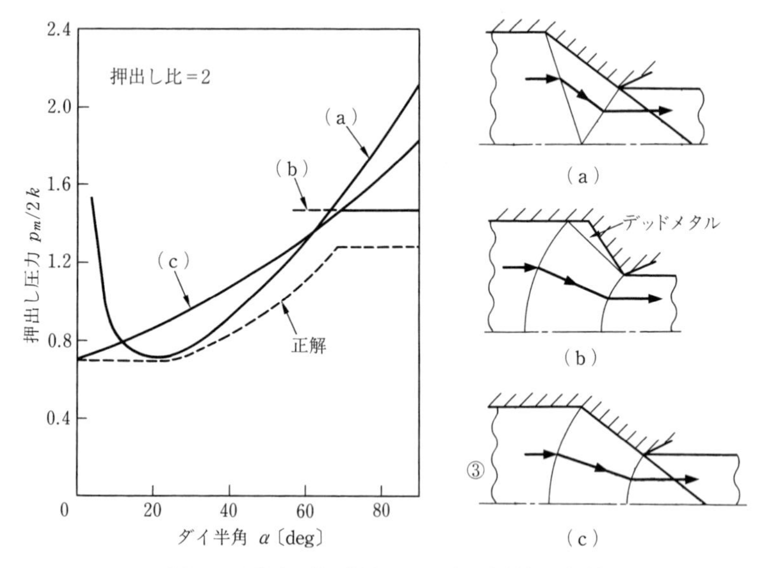

図 3.8　平面ひずみ押出しにおける上界解の比較

し）の荷重は速度場に含まれる形状パラメーターを変更するだけで計算が可能である．さらに，ユニット領域を組み合わせる方法も提案されており，かなり柔軟に動的可容速度場を求めることができるようになっている．最近では多数のユニットおよびパラメーターをもった速度場でパラメーターを最適化する上界エネルギー法（UBET）[8]も用いられている．

一般に，正解の速度場に近い動的可容速度場であるほど加工荷重の近似度はよくなる．そこで，実際の変形様式モデルを見いだすためにモデル材料を用いて行うシミュレーション実験も行われる．これは実験によって内部変形模様を調べ，変形模様を単純化して速度場を与えるものである．しかし，複雑形状品では内部変形模様を調べることは必ずしも容易ではなく，外形変化の様子から内部変形模様を想定することもある．

図 3.9（a）は軸対称半密閉型鍛造における変形モデルを定めるために行った実験結果の格子変形模様であり，図（b）は実験結果に基づく速度ベクトル図と領域分割を示している．

上界法は軸対称問題に対する荷重および加工圧力計算が可能であることか

ら，金型の限界圧力近傍で作業を強いられる冷間鍛造の加工圧力計算に特に威力を発揮する．また，押出し鍛造の工程終期に現れる「ひけ」欠陥について，ひけが生じるとした速度場のほうが，生じないとした速度場よりもエネルギー消費率が小さいとき欠陥が生じると考えて，上界法によりひけ発生を予測した応用例[9),10)]もある．

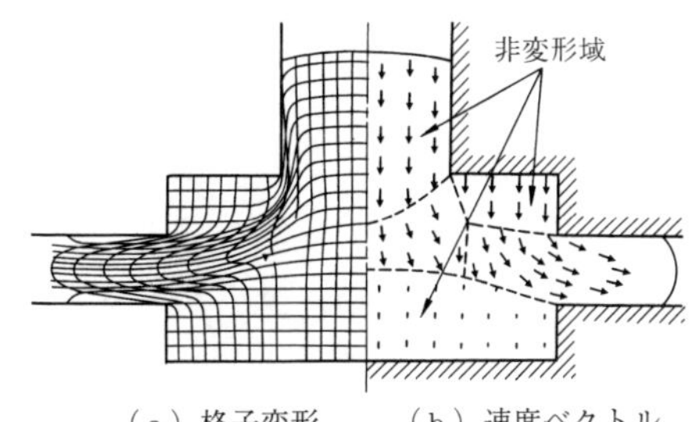

（a）格子変形　（b）速度ベクトル

図 3.9　軸対称半密閉鍛造のモデル実験

以上では軸対称鍛造を例として取り上げたが，コンピュータの普及発達に伴って，非軸対称鍛造を含め，より複雑な三次元問題の上界解析[11)]も行われている．

〔4〕 有限要素法

有限要素法（以下 FEM と略記）は上界法と同じ一種のエネルギー法であるが，解の精度が高く応力計算が可能である．しかも，材料のひずみ，ひずみ速度，温度依存性や異方性などを取り込んだ応力，ひずみの解を求めることもできるため，鍛造過程のシミュレーションにおいては不可欠なものとなりつつある．また軸対称や平面ひずみなどの二次元変形だけではなく，三次元変形に対しても適用可能であり，高い汎用性をもった方法である．

FEM は弾性問題の解析に応用され，その後，弾塑性問題，剛塑性問題へと発展してきた．鍛造問題においては生じるひずみが大きく，増分的な解析では大量の計算を行わねばならないので，弾性ひずみを無視して，等方性の剛塑性体と近似して計算量を少なくした解析（剛塑性有限要素法）が主流となっている．

FEM 解析では，まず**図 3.10**（a）のように物体全体を有限の大きさの要素に分割することから始まる．軸対称や平面ひずみなどの二次元問題では，断面が三角形または四角形要素がよく使われ，三次元問題では四面体または六面体

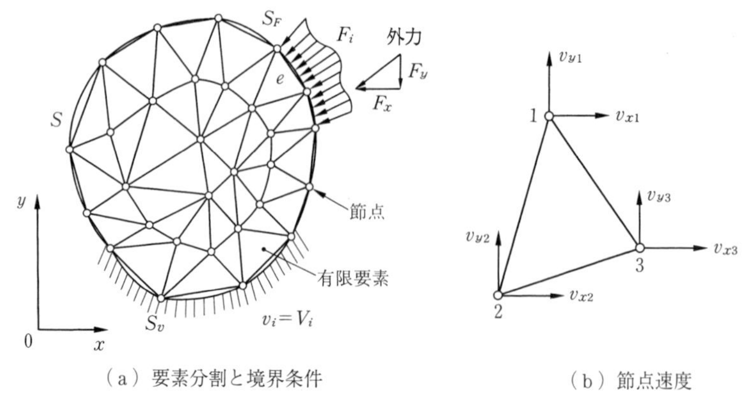

（a）要素分割と境界条件　　（b）節点速度

図 3.10　二次元三角形要素の例

要素が使われる．簡単のため，以下では二次元問題で剛塑性 FEM を説明する．

要素内のひずみ速度成分や応力成分が要素の角点（節点）の x および y 方向の速度成分（図 3.10（b）参照）によって表せるので，節点速度を見つけることが剛塑性 FEM の基本となる．節点速度のうち，境界条件として速度があらかじめわかっているものを除いたものを未知数とする．要素内部の速度は節点速度を内挿して表され，ひずみ速度，応力も節点速度から計算されるため，加工所要エネルギー（変形エネルギー＋摩擦エネルギー）消費率も節点速度で記述できる．要素数が多くなるほど内挿の近似度が高まり，計算精度がよくなるが，計算時間の大幅な増加になるため，通常は数十～数百の要素を用いる．

上界法で説明した上界定理を適用すると，剛塑性 FEM は各要素で体積一定の条件を満足させながら，加工所要エネルギー消費率を最小にするような節点速度を求める問題に帰着する．この問題は非線形最適化問題であるので，解を得るために多くの工夫がなされている．プログラムでは，節点速度に関して線形化し，マトリックス計算を繰り返す収束計算を行って非線形連立方程式を解いている．得られた節点速度から要素内の応力，ひずみ速度などを計算したあと，節点速度および相当ひずみ速度に 1 ステップに要する時間を掛け合わせて求めた増分値を現在の値に加え合わせて，つぎの段階における節点座標と相当ひずみ（変形抵抗）を求める．再び節点速度を未知数としてつぎの段階の計算を行うが，通常，数十ステップの計算により1工程のシミュレーションを行う．

剛塑性FEMについては，ひずみ速度依存性，非変形域，工具角点，温度変化との連成，要素再分割など多岐にわたる研究がなされ，軸対称などの二次元解析のみならず三次元解析も実用の段階になっている．解析ソフトウェアもいくつか市販されており，工程設計の最初から解析を実施して条件設定に使用されている．具体的なシミュレーション例を**図3.11**に示す．

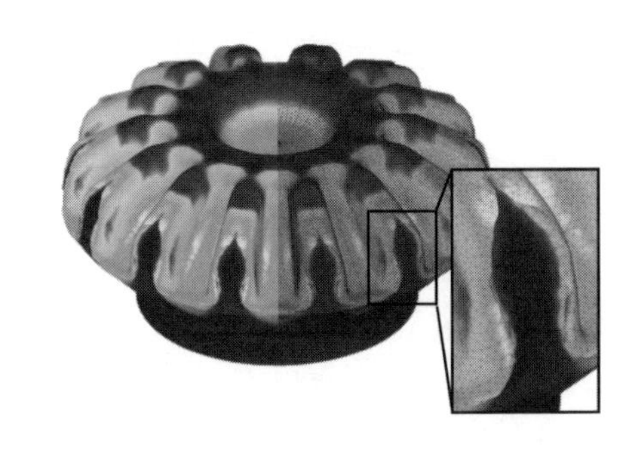

図3.11 有限要素法によるシミュレーション例（DEFORM-3D）（カラーマップ：相当ひずみ）

3.1.3 実験的手法

鍛造過程における不整変形や欠陥発生などを含めた変形挙動および荷重に関する情報など，実作業方案の策定に役立つ情報を得るために，しばしばモデル材料を用いた小規模実験が行われる．小規模とはいえ，時として速度および温度に関する条件を除けば材料および幾何学的条件は実作業と同じ場合もある．なお，実験から得られる情報とともに理論の助けを借りて必要な知見を得ることも行われる．

〔1〕 モデル材料

実際の被加工材の代わりに，変形抵抗が低く，かつ十分な延性を示す鉛やアルミニウムのような軟金属やプラスティシン（油粘土の一種の商品名）などがモデル材料として用いられる．鉛は再結晶温度が常温近くにあり，低速変形の場合には約0.1以上のひずみで非硬化性を示すので，熱間加工用および完全塑性体のモデル材料としてよく使われる．アルミニウム焼なまし材は加工硬化性材料のモデルとして，また，相当ひずみ約1の前加工を施したものは非硬化性材料のモデルとして使われる．

プラスティシンには白色のもののほか，顔料を入れて黒色や赤色にしたものがある．通常白色のプラスティシンが用いられるが，**図3.12**にその変形抵抗曲線の測定例[12)]を示す．内部の変形状態を観察する場合は，色の異なるプラスティシンを層状またはモザイク状に組み合わせる．色によって顔料が異なるので変形抵抗も異なるが，白色と黒色のプラスティシンを10：1の割合で混合すると，変形抵抗は白色と同程度だが，色調は明らかに異なるものが得られる．

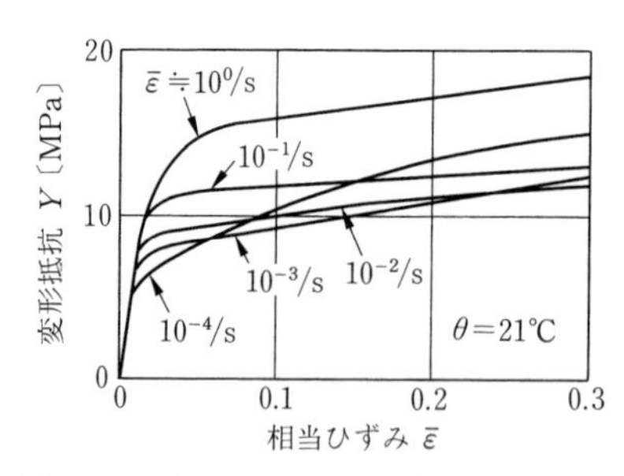

図3.12 プラスティシンの変形抵抗曲線へのひずみ速度の影響[12)]

プラスティシンから鍛造試験片を作る場合には，内部に取り残された空気泡を締め出して均質化することが必要である．このため，専用の押出しまたは圧延式混練機を用いることもあるが，少量の場合は2束のプラスティシンを合わせて直径約100 mmの球体にし，これを40～45℃に温めてよくこね合わせるとよい．積層のためのシートに作るのは押出しによる．積層の際にはシートの接合表面に低粘度の鉱油を薄く塗って重ね合わせ，若干の力をかけてローラーで圧着する．

モデル材料にはこのほかにパラフィンワックスもあるが，温度を常温より高目に保持しないと延性が出ない点が実用上の問題である．

〔2〕 格 子 線 実 験

鍛造加工の進行に伴う材料各部の変形の様子を調べるため，金属試料表面に格子線を刻んだ試料を用いた実験が行われる．この実験では内部変形を調べるために，対称面で分割した半割り試料を用いる．半割り面に正方格子を刻み，二つの半割り試料を合わせて変形し，途中止めして試料を取り出し，変形模様を観察する．**図3.13**に示すような透視装置[13)]を用いれば，一つの半割り試料で変形模様の変化を連続的に観察することができる．この装置に用いられる試料材料は主として鉛である．

格子線は，カミソリやのこぎりの刃を使用して作ったナイフ刃によって適当な太さに刻む（削る）．刻線の太さおよび深さは大変形後も線が消えたり，太くなりすぎないように試行を繰り返して適切な条件を探すようにする．

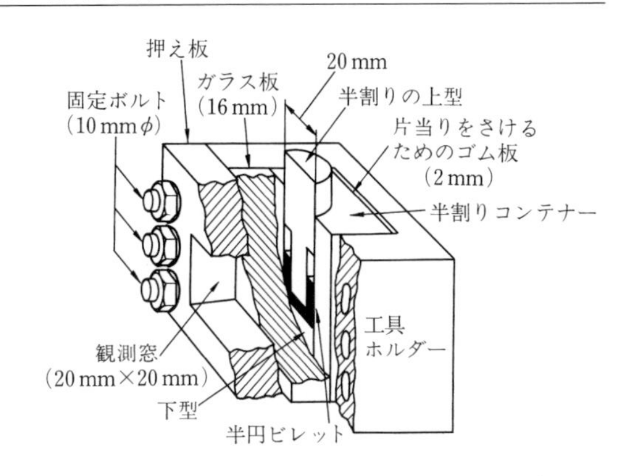

図 3.13 半割り試料の格子変形観察装置[13)]

格子線の明瞭化のために，刻線に先立って試料表面を着色することが行われる．鉛およびアルミニウムに対する着色の手順を**表 3.4** に示す．これらの処理で黒褐色の面が得られる．

表 3.4 金属表面の着色方法

作　業	アルミニウム	鉛
表面の平滑化 脱　脂	エメリー紙 #800～#1 200 トリクロルエタン	
着　色 水洗い 着　色 後処理	90～95℃ MBV 液に 約 15 分浸せき 約 5 分 90～95℃着色液に 約 15 分浸せき 約 5 分水洗，乾燥	70℃硫化カリ 1%水溶液 に 10 分浸せきで着色

MBV 処理液：
- 無水炭酸ナトリウム　32 g
- 無水クロム酸ナトリウム　16 g
- 蒸留水　800 ml

アルミニウム用着色液：
- 硫酸銅　16 g
- 過マンガン酸カリ　16 g
- 硝酸（61%）　1.6 ml
- 蒸留水　800 ml

格子網目点の変位増分の測定データからひずみ増分分布，応力分布を計算する方法にビジオプラスティシティ法[14)]があり，また，モアレ縞（じま）を利用する格子線解析によってひずみ分布を定める方法[15)]が開発されているが，ここでは文献をあげるにとどめる.

〔3〕 **表面応力の決定**

円柱据込みの際の側面中央のように，注目する点における主応力方向があらかじめわかっており，その方向が変形過程中変化しない自由表面の場合，この主応力を求める方法[16]が提案されている．いま，円周方向を x として自由表面に x，y 軸をとると，主応力は次式から定められるのである．

$$A=\frac{\sigma_x}{\sigma_y}=\left(2\frac{d\varepsilon_x}{d\varepsilon_y}+1\right)\Bigg/\left(\frac{d\varepsilon_x}{d\varepsilon_y}+2\right) \tag{3.18}$$

$$\sigma_y=Y/\sqrt{A^2-A+1} \tag{3.19}$$

円柱据込みの場合に Y と $d\varepsilon_x/d\varepsilon_y$ を求めるため，円柱側面中央にビッカース硬度計で**図 3.14** に示すような圧こんをつけておき，段階的な据込みを行って圧こん間の距離 l_x，l_y を測定する．変形前後の距離を l_{x0}，l_{y0}，l_x，l_y とすると，$\varepsilon_x=\ln(l_x/l_{x0})$，$\varepsilon_y=\ln(l_y/l_{y0})$ によって $\varepsilon_x-\varepsilon_y$ 曲線を定めると，式 (3.18) 中の $d\varepsilon_x/d\varepsilon_y$ はこの曲線の勾配として求められる．

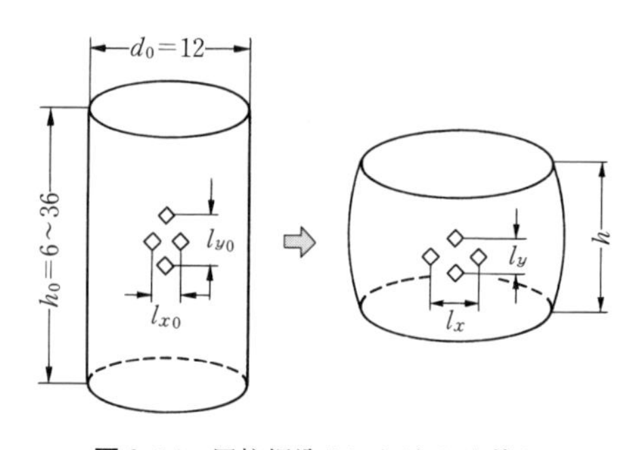

図 3.14 円柱据込みにおけるひずみ測定方法

一方，$d\bar{\varepsilon}=\sqrt{\dfrac{4}{3}}\sqrt{d\varepsilon_x{}^2+d\varepsilon_y{}^2+d\varepsilon_x d\varepsilon_y}$ を積分して $\bar{\varepsilon}$ を計算し，$\bar{\varepsilon}$ における変形抵抗を Y の値とする．

〔4〕 **接触面圧分布の測定**

工具と被加工材との間の接触面圧の測定法としては測圧ピンを用いる方法（**図 3.15**（a））がある．この方法は工具にひずみゲージを貼った測定ピンを埋め込むもので，表面に対する角度の異なる 2 本のピンを用いて接触圧力とともに摩擦応力も測定可能である．しかし，側圧ピン法で面圧の分布を測定するためには，かなり高度な装置および実験技術が要求される．

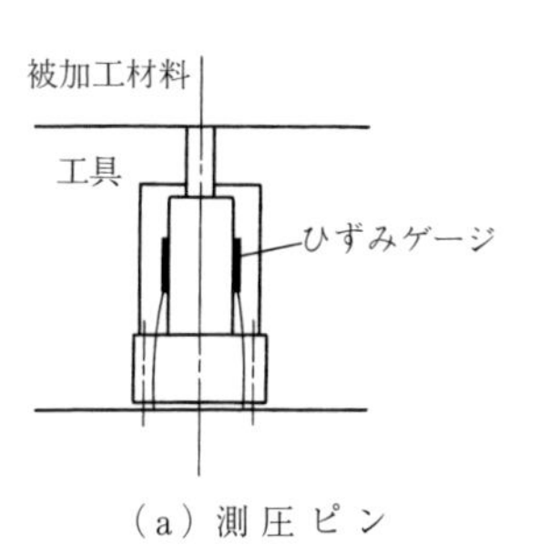

（a）測圧ピン

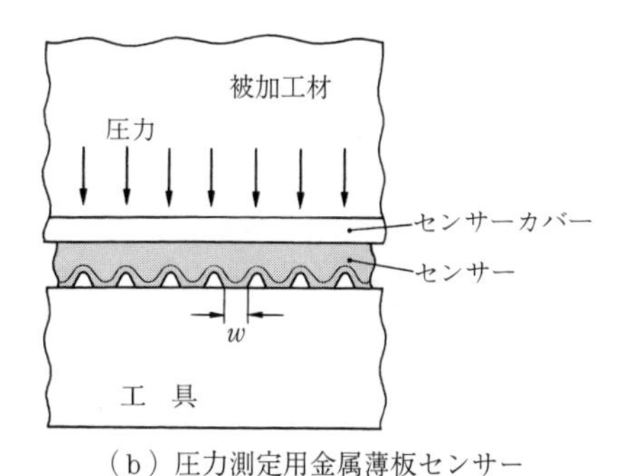

（b）圧力測定用金属薄板センサー

図 3.15 工具-素材間の接触圧力の測定方法

側圧ピン法に代わる方法[17]として図（b）に示すように，片面に規則正しく配列したうねをもった金属薄板圧力センサーを被加工材と工具の間にあらかじめ挿入したまま加工を行ったあと取り出し，うねの上部に生じた平坦部の幅 w の測定から圧力分布を定めるという方法がある．

面圧が低い（150 MPa 以下）場合には，感圧紙を用いることができる[18]．この場合は 0.1 mm 以下の鋼の薄板を感圧紙と素材の間に置いて垂直応力のみが感圧紙に伝わるようにして，感圧紙の破損を避ける．

金属薄板センサーおよび感圧紙はそれまでの最高圧力が測定されるので，途中で圧力が下がると追随できないので注意を要する．

〔5〕 荷重計およびその校正

加工所要荷重測定には抵抗線ひずみゲージ式のロードセルが用いられることが多い．その場合，受感部には一様な応力の生じることが望ましいが，一様でなくても両端の荷重のかかり方に影響されない（例えば偏心があっても平均値が求まる）ようなセルの形状とゲージ回路が必要である．ロードセル受感部の高さ/直径比は 1～1.2 とすることが望ましい．実機にロードセルを装着する場合にはスペースの関係で寸法が制限されることが多いので，圧板の使用（**図 3.16**（a）），球面と圧板の併用（図（b））で測定値の再現性を図ることが必要である．

実機において動的荷重を測定する場合，校正時との環境や機器の応答性の相

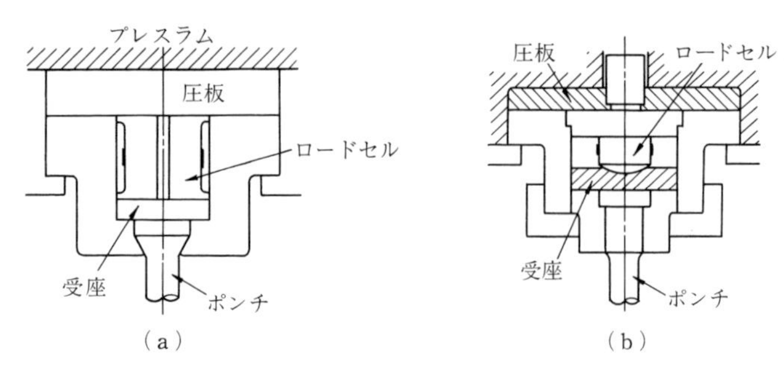

図 3.16　ロードセルのプレスへの装着方法

違に基づく誤差を極小にするため，ロードセルを実機に装置した状態で再校正を行うことが望ましい．その方法として二段据込み法[19]が提案されている．これは，変形抵抗が速度によって変化しないアルミニウム合金 6061 の T 6 処理材で作った円柱試料を用いて，材料試験機によって所定の荷重まで静的圧縮し，その後この試料を実機により動的圧縮する．動的圧縮における塑性変形開始の荷重値（荷重-時間曲線の折れ曲り点）と静的圧縮の最終荷重とが等しいと仮定して，動的荷重を校正する．

3.2　圧　　　　縮

金型を介して材料に圧縮力を加え，荷重方向に寸法を縮め，荷重直角方向に広げる作業を圧縮という．金型は通常単純な形状であり，金型による拘束が大きくないため自由鍛造とも呼ばれる．圧縮する方向が棒材の軸方向であれば据込み，横方向であれば広げと呼んで区別する．圧縮における工具面圧は低く，圧縮は最も単純な加工法として多用される．

3.2.1　中実円柱の全体据込み

平行平面型間での円柱状ビレットの据込みは最も単純で基本的な圧縮作業である．各種の型鍛造において，切断が容易な小径の棒材を切断して作成した円柱形状材を据込みにより直径を大きくして，ビレットとして用いることが多い.

〔1〕 **据込み圧力**

据込み圧力は摩擦およびビレット寸法比によって変化する. **図 3.17** は接触面にクーロン摩擦が作用するとして, 式 (3.17) で示したスラブ法によって求めた平均据込み圧力/変形抵抗 (p_m/Y) と, 円柱の刻々の直径/高さ比 (d/h) の関係を種々の大きさの摩擦係数 μ に対して示している. μ が大きくなるほど, また, d/h が大きくなるほど p_m が大きくなる. なお, $d/h<1$, かつ, $\mu d/h<0.1$ の場合に対しては, 式 (3.17) を展開した式 (3.20) でよく近似できる.

$$\frac{p_m}{Y}=1+\frac{\mu d}{3h} \qquad (3.20)$$

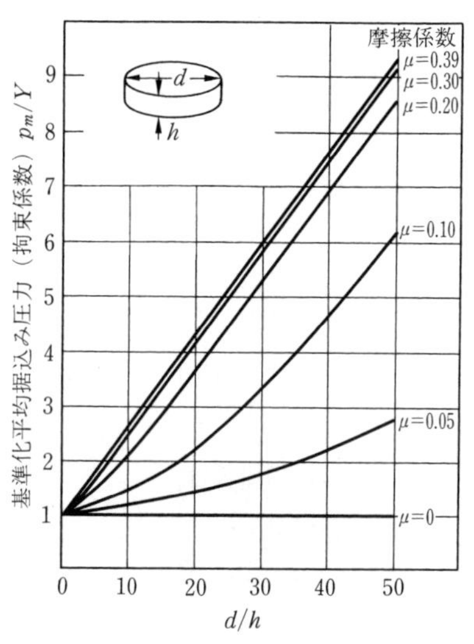

図 3.17　短い円柱据込みにおける無次元化平均据込み圧力

〔2〕 **変形とひずみ, 応力**

図 3.18 は, 摩擦状態を変化させて $h_0/d_0=1.5$ の円柱状ビレットを 50%圧縮した場合の有限要素解析による変形状態の結果である. 摩擦が高いと最初の自由側面上端部が接触面に倒れ込んでいるのが観察される. この倒れ込みは「折込み」と呼ばれるが, これは接触面摩擦によって端面の広がりが拘束されることに起因するので, 摩擦が低いと起こらない. また, 摩擦係数が高くなるに従い, たる形変形が顕著になることがわかる.

図 3.19 は, 図 3.18 に示した端面拘束据込み時の相当塑性ひずみ $\bar{\varepsilon}$ と静水圧応力 σ_m 分布の計算結果である. $\bar{\varepsilon}$ が大きいのは端面周辺部と中心部である. また, 引張りの静水圧応力が高いのは表面中央部であり, この部分で割れ発生を生じやすいことが推定される.

$h_0/d_0<2$ では一重たる形であるが, $h_0/d_0>2$ では**図 3.20** に示すように二重

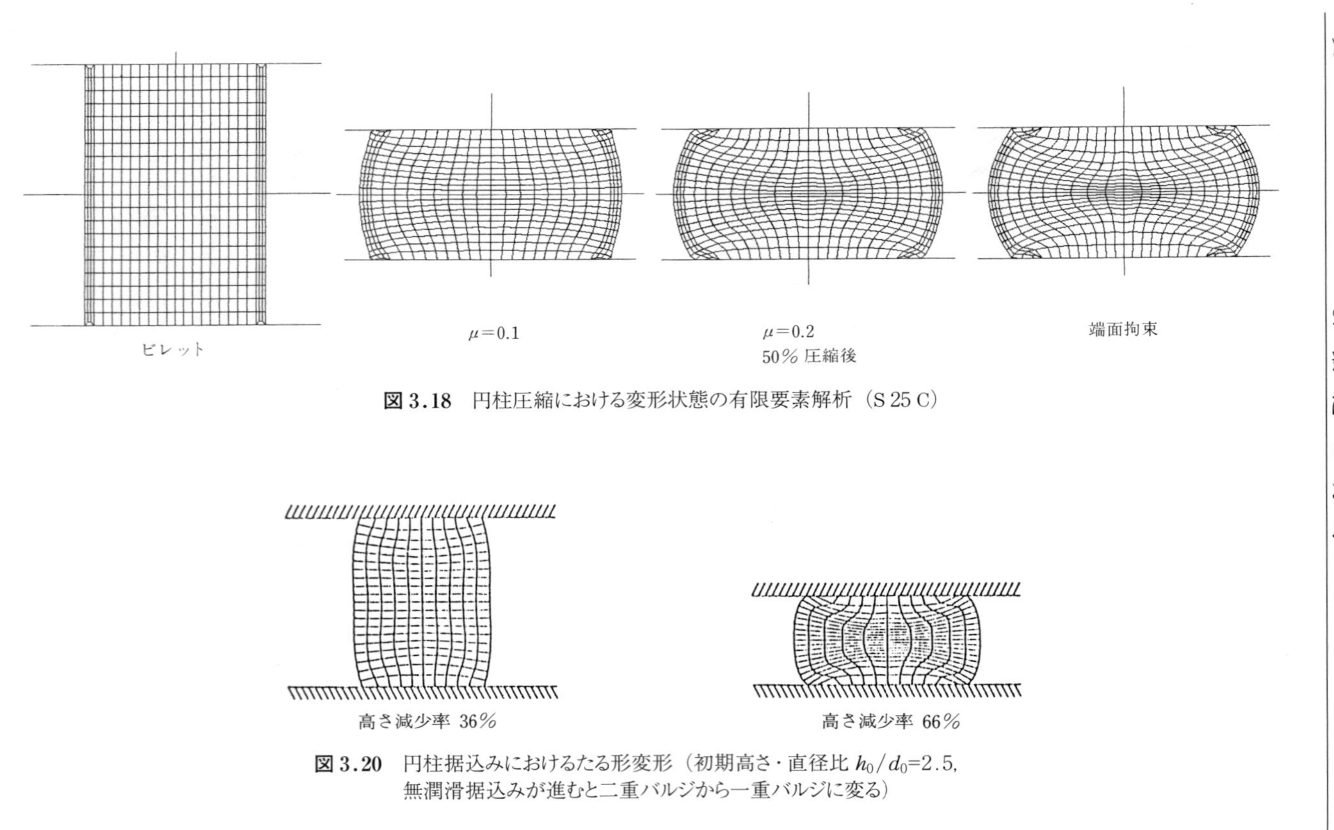

図 3.18　円柱圧縮における変形状態の有限要素解析（S 25 C）

図 3.20　円柱据込みにおけるたる形変形（初期高さ・直径比 $h_0/d_0=2.5$, 無潤滑据込みが進むと二重バルジから一重バルジに変る）

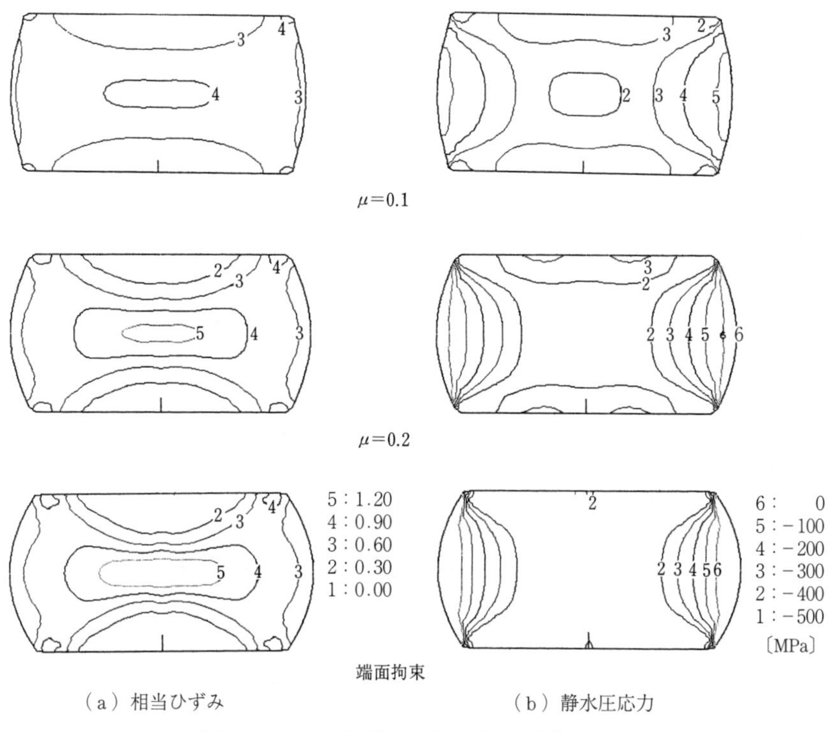

（a）相当ひずみ　　（b）静水圧応力

図 3.19　50%圧縮後の相当ひずみと静水圧応力

たる形から変形進行とともにしだいに一重たる形になってくる．

〔3〕 座　　　屈

弾性変形では座屈を生じない円柱でも，塑性変形を開始すると容易に座屈する．**図 3.21** は種々の材料円柱について塑性座屈を生じる限界の初期高さ/直径比 $(h_0/d_0)_{cr}$ を実験的に求め，圧縮変形抵抗曲線から定めた n 値に対してプロットしたものである．n 値が大きいほど，すなわち加工硬化が急激な材料ほど $(h_0/d_0)_{cr}$ は大きく，座屈しにくい[20]．破線は端面を潤滑した場合の結果であるが，端面の摩擦拘束が低下すると座屈しやすくなる[21]．

一度に据え込むのが困難な細長いビレットの場合，**図 3.22** のように座屈しないように型で長さの一部を拘束して圧縮した後，最終的な圧縮をするように工程を分割する方法を採用する．

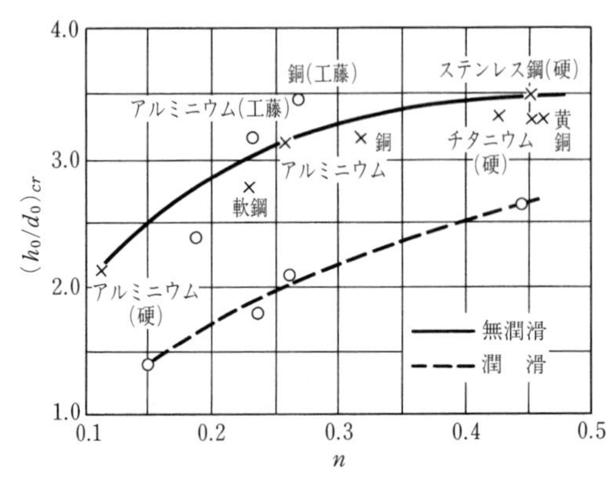

図 3.21　各種材料の加工硬化指数 n と座屈限界[20),21)]

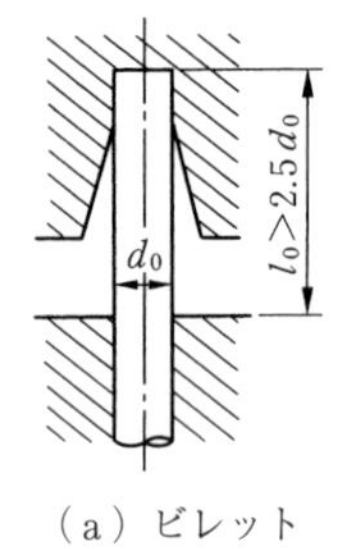

（a）ビレット

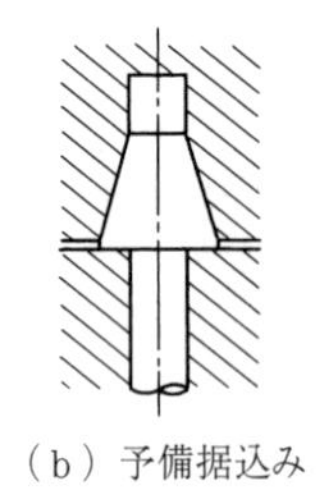

（b）予備据込み

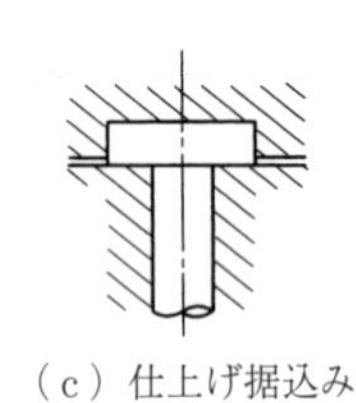

（c）仕上げ据込み

図 3.22　座屈を防止する据込み工程

〔4〕 表　面　割　れ

冷間据込みでは炭素鋼を 70 %以上の圧縮率で加工すると，**図 3.23** に示すような側面中央部に縦割れまたは斜め割れが発生する（図 5.2 参照）．**図 3.24** は 3.1.3 項の〔3〕でのべた方法により測定した破壊時の軸方向ひずみ ε_{zf} と

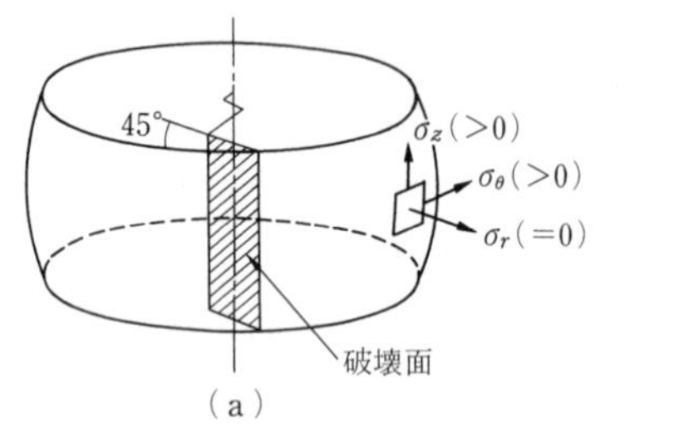

（a）

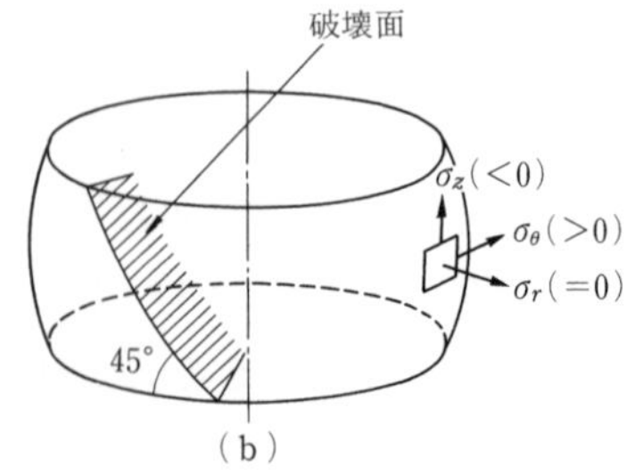

（b）

図 3.23　据込みにおける割れの形態

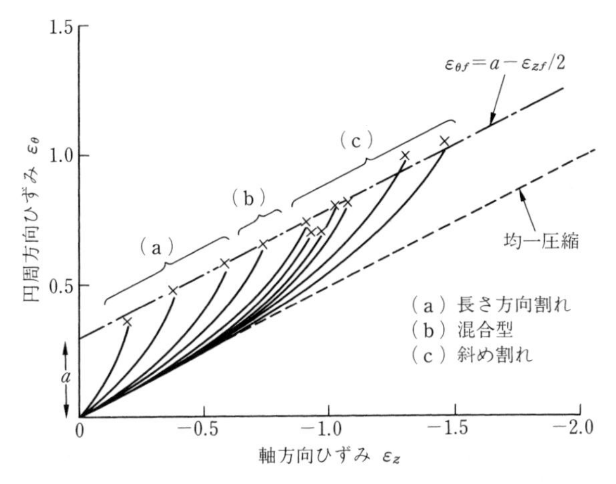

図 3.24　中炭素鋼の据込みの表面における軸方向ひずみ ε_z と円周方向ひずみ ε_θ [16)]

円周方向ひずみ $\varepsilon_{\theta f}$ とをプロットしたものである [16)]．中炭素鋼では

$$\varepsilon_{\theta f}=a-0.5\,\varepsilon_{zf} \tag{3.21}$$

の関係が観察されるが，同じような関係は他の材料でも確認されている．縦割れの破面は表面に 45° の傾きをもち，斜め割れでは表面に直角になっており，破面は最大せん断応力の生じる面と一致している．

〔5〕 **温　度　分　布**

図 3.25（a）は，生産用の機械プレスで ϕ11.2×16.8 mm の S 35 C 鋼製円柱を端面固着条件で 70% 据え込んだときの温度上昇量の分布の計算結果を示している [22)]．温度上昇は材料の中心部で最も高く 350 ℃ を超えている．図（b）は加工終了 1 秒後の温度分布を示しており，わずか 1 秒で温度は加工終了時の半分以下になってしまう．

3.2.2　中空円筒の全体据込み

〔1〕 **摩　擦　と　変　形**

短い中空円筒（リング）の据込みにおいては，接触面摩擦が 0 であれば内径は中実材と同じように増大するが，高摩擦のときには外向き流動に対する摩擦

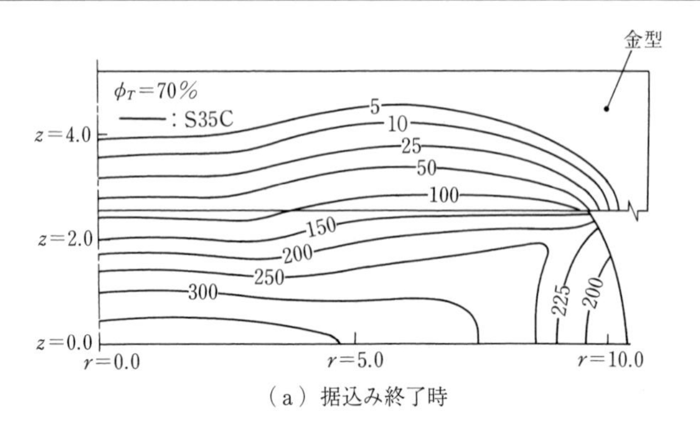

（a） 据込み終了時

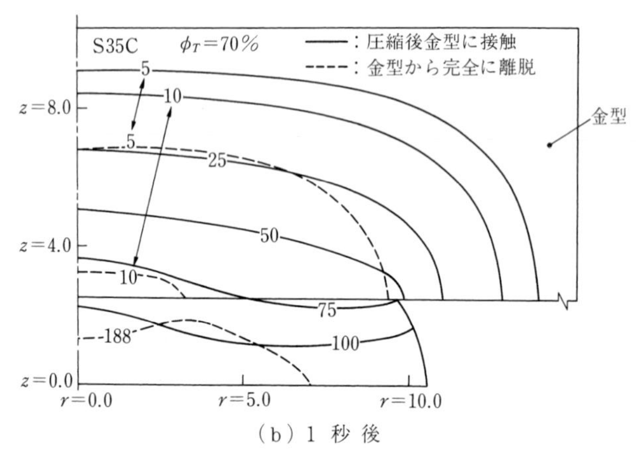

（b） 1 秒 後

図 3.25　S 35 C 炭素鋼の据込みにおける温度分布[22)]

拘束が大きいため材料の一部は内向きに流動し，結果として内径が減少する．この現象を利用して，リングの内径および高さを測定し，あらかじめ理論的に定めておいた校正曲線を用いて摩擦係数を決定する方法（リング圧縮法）が久能木により最初に提案され，多くの研究がされている．リング据込みにおいても加工の進行とともに内外の自由表面のたる形変形を生じる[23)]ため，校正曲線にもたる形変形を考慮する必要がある．

図 3.26 は高さ：内直径：外直径＝2：3：6 のリング状試験片の圧縮における摩擦係数決定のための校正曲線である．内径はノギスなどで測定される最内径（内面にたる形が生じるときはその頂点間の直径）である．この計算結果は

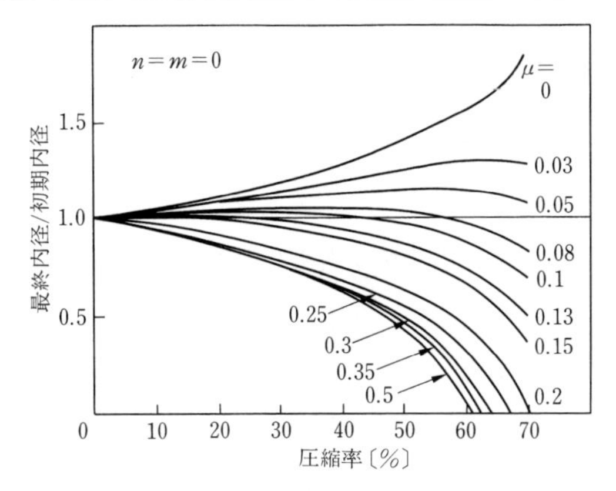

図 3.26 リング圧縮試験による摩擦係数測定校正曲線
(高さ：内径：外径＝2：3：6)

速度非依存の剛完全塑性体を仮定して行われている．たる形形状は材料の特性によってもいくぶん影響される[24)]が，冷間では摩擦の測定結果への影響は通常あまり大きくない．

〔2〕 ボス付きフランジ成形[25)]

図 3.27 は外径 d_0，内径 d_i の中空円柱を据え込んでフランジとする加工の模式図である．材料流れは h_0/d_0 比および型面摩擦の大小によって図 (a)，(b)，(c) の 3 タイプに大別できる．そして図 (c) のようにビレットの h_0/d_0 比が

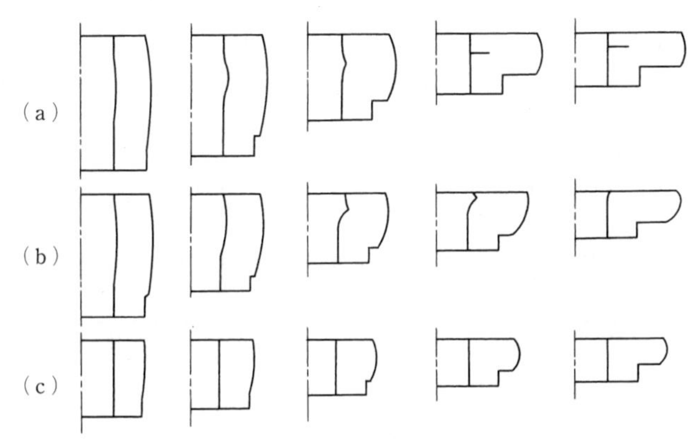

(a) 内面でのひけ発生，(b) 上面でのひけ発生，(c) 健全品

図 3.27 ボス付きフランジ成形における欠陥発生

比較的小さく，上端面の摩擦が大きいときには健全品に成形できるが，図（a），（b）のように h_0/d_0 比が大きいと一種の座屈のためにビレット内面上端近くにひけが発生し，さらに据込みを続けると「かぶさりきず」となるに至る．

この折込み欠陥は上端面の摩擦があまり大きくない図（b）の場合には，加工の進行につれて穴内面上端を回ってフランジ上面に現れる．しかも穴の内面上端は鋭い角でなく丸みがついてしまう．ビレット内面にあらかじめ $\phi=45°$ で肉厚 t の半分程度の面取り（$c \fallingdotseq t/2$）をしておくとこの欠陥を防止でき，しかも加工の進行につれて穴の内面隅角部へ向かう材料の内向き流動が生じて，鋭い角に成形できる．

3.2.3　中実円柱および中空円筒の周辺部据込み

図 3.28 は周辺部据込み加工における変形様式の模式図であり，図（a）は中実円柱，（b）は中空円筒の場合である．変形様式はビレット寸法比 d_0/h_0，円孔の直径 d_i とビレット直径の比 d_m/d_0 の組合せによって異なる．各図中の破線矢印は材料流れの方向を示している．

図の a-0，b-0 は型穴が小さく，型穴下のデッドメタルが上型といっしょに下降するため突起が形成されない場合である．突起が形成される場合の変形様式は同図および**表 3.5** に示した I，II，III の 3 種に分類できる．第 I 様式の変形は $h_0/d_0>1$ の場合に起こり，側面の実線矢印のところにかぶさりきずが生じたり，中空円筒の内面にひけが発生するなどの欠陥を生じやすい．第 III 様式は $h_0/d_0<1$ で型面摩擦が大きい場合に起こる変形様式で，外向き流動が強

表 3.5　中実円柱および中空円筒の周辺部据込みにおける変形様式

様式番号	変形様式	全高さ h' の変化
I	全体据込み様式	$h_0>h'$
II	周辺据込み様式	$h_0=h'$
III	据込み-押出し様式	$h_0<h'$

h_0 は材料の初期高さ

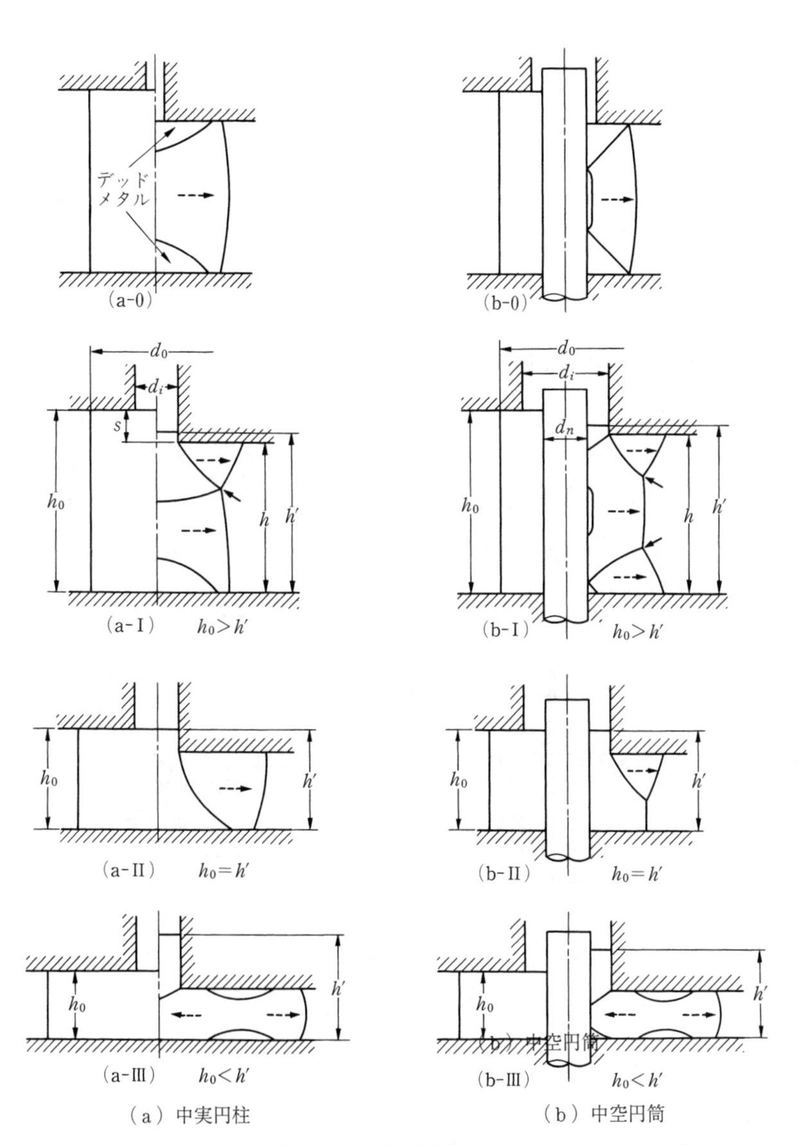

（a）中実円柱　　（b）中空円筒

図 3.28　中実円柱および中空円筒の周辺部据込みの各種変形様式〔(　) 内のローマ数字は変形様式番号を示す．表 3. 5 参照〕

く妨げられるので内向き流動が生じて型穴内に材料が流入し，全高さ h' はビレットの初期高さ h_0 より大きくなる．

変形様式番号順にビレットの高さ/直径比が小さくなるので，ある初期高さ/直径比の円柱の据込みでは加工の進行とともに上述の番号順に変形様式が変化していく．アルミニウムおよび黄銅の中実円柱による実験[20]によると $1/2 > h_0/d_0 > 1/6$ でも $d_i/d_0 > 1/3$ であると，潤滑の有無にかかわらず第 II 様式で変形が進むので突起頂までの高さはビレット高さに等しい．

3.2.4　異形材の全体据込み

摩擦が 0 の場合にはどのような形状のビレットを圧縮しても，横断面が相似形状を保ったまま変形するが，摩擦が大きくなるに従い，全体の滑り距離が小さくなるような変形に移行する．**図 3.29** は正方形柱の据込み変形の有限要素法解析結果である[26]．厚さが小さくなるに従い辺の中央部が広がる速度が大きくなり，変形後の形状は円形に近づく．

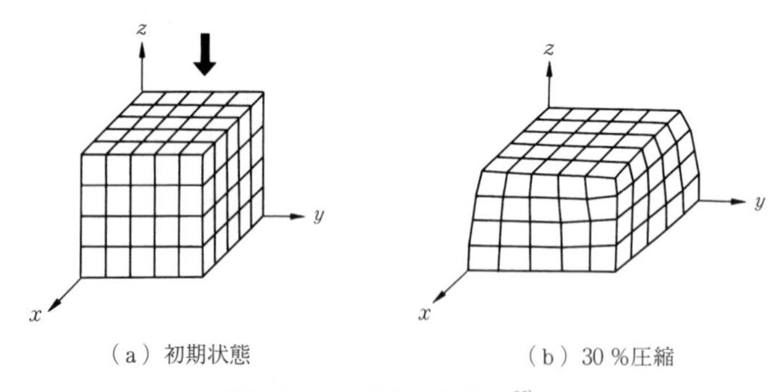

（a）初期状態　　（b）30 %圧縮

図 3.29　正方形柱の据込み[26]

図 3.30 は長方形形状の薄い板の据込みにおける変形状態である[27]．圧縮圧力は形状によって異なるが，正方形ビレットの場合は 1 辺の長さと同じ直径の円盤の圧縮とほぼ同じ平均面圧になる．

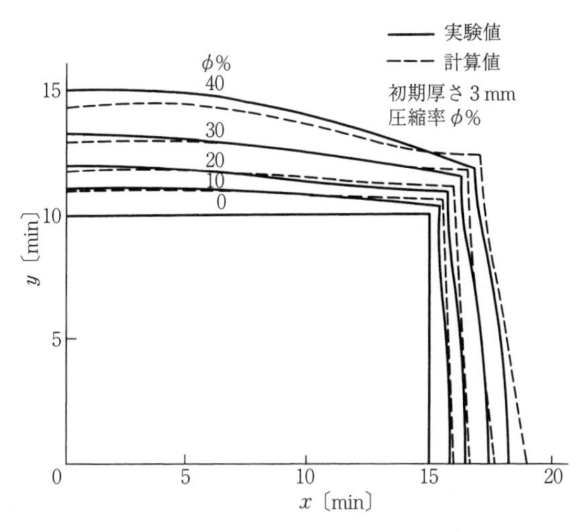

図 3.30　直方形形状の薄い板[27]

3.2.5　射 出 据 込 み

図 3.31（a）は射出据込みの模式図である．直径 d_0，長さ h_0 の円柱ビレッ

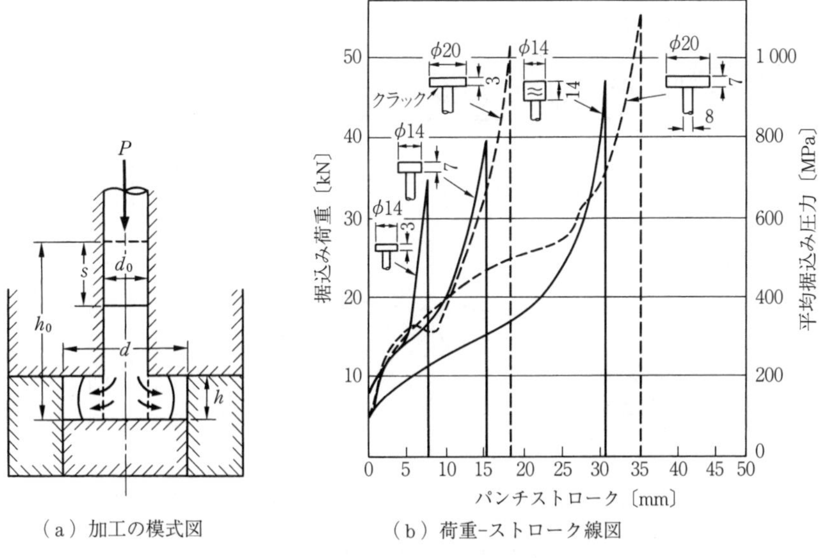

（a）加工の模式図　　（b）荷重-ストローク線図

図 3.31　射 出 据 込 み[20]

トに荷重 P を加えてビレットの一部を軸直角方向に流動させ h を一定に保った型穴に充満させる加工であり，側方押出し（3.3.7項参照）の一種といえる．図（b）は，一例として $\phi 8$ の硬質アルミニウムビレットの射出据込みによって図中に示した寸法の円形頭部を成形する場合の荷重-ストローク曲線[20]を示しており，加工の進行とともに荷重は最初緩やかに，そして側方に流動した材料が型穴側壁に接触すると急激に上昇し完全密閉状態になる．

周辺を拘束せずに射出据込みを続行すると，外周に割れを生じる．また上下型間隔 h が大きい場合には，座屈からかぶさりきずに発展して欠陥品となる．**図3.32**は，欠陥のない健全品が得られる条件を実験的に調べた結果である[28]．用いた材料は0.12% C鋼の焼なまし材であり，挿入図に見るように，軸部は下型内に保持されている．この方法によれば，座屈も割れも生じることなくビレット直径 d_0 の4倍もの長さを据え込んで $0.8\,d_0$ の高さの頭に成形することができる．フランジの外周割れは外周に背圧をかけることによって防止できる[29]との説明もなされたが，くびれが先行して割れるため，塑性不安定を圧力付加では防止できないと考えられている．

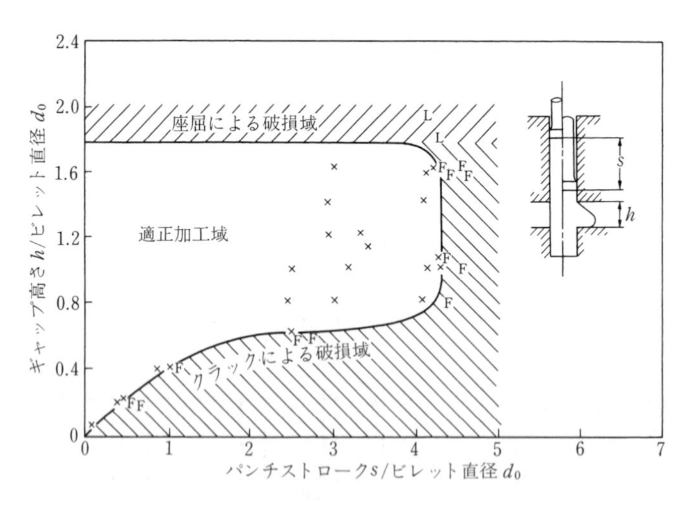

図3.32　射出据込みにおける限界加工条件（材料：低炭素鋼（En 2 A），d_0=0.5 in，潤滑：リン酸亜鉛＋ボンダリューベ235，X：健全品，L：かぶさりきずを生じた欠陥品，F：亀裂を生じた欠陥品）[28]

3.2.6 丸棒の広げ

図 3.33 は平行平面型間での丸棒の横圧縮の模式図である．図（a）は全長にわたる広げ，図（b）は中間部広げである．破線は変形前のビレット形状を示している．圧縮に伴う材料変形は三次元的であり，長手方向および横方向への流動量は l_0/d_0 比，摩擦および高さ減少率によって異なり複雑である．

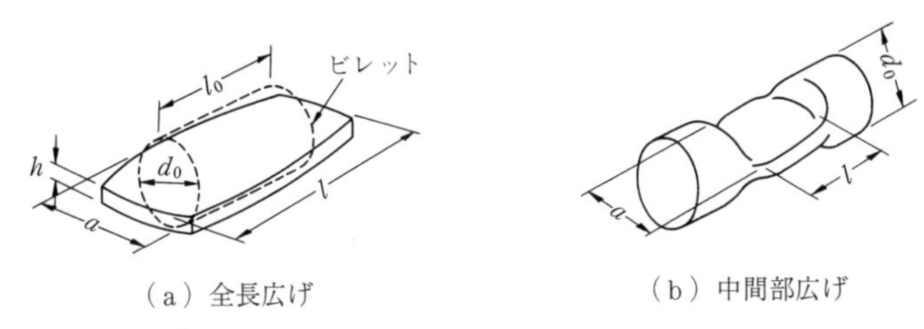

（a）全長広げ　（b）中間部広げ

図 3.33　平行型による丸棒の広げ

〔1〕 全長圧縮

この場合には l_0/d_0 が小さいほど，そして潤滑を行ったほうが長手方向に伸びやすいが，高さ減少率 25％までは $l_0/d_0 \geqq 0.6$ であれば全長の伸び率は l_0 の 10％以下と小さく，接触面はほぼ長方形である[30]．

図 3.34 は型工具と材料との接触面の輪郭形状であり，アルミニウム試料に

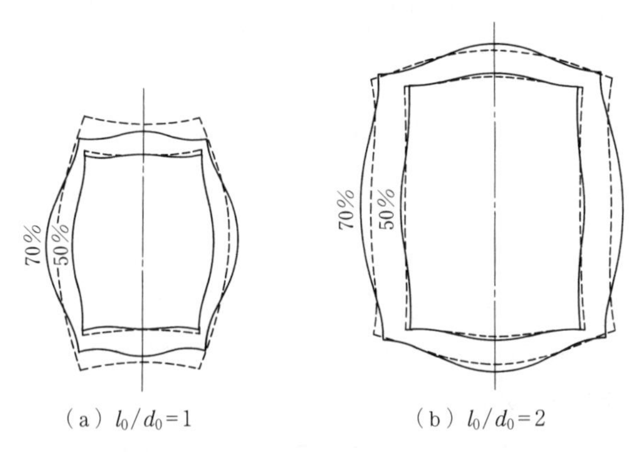

（a）$l_0/d_0=1$　（b）$l_0/d_0=2$

図 3.34　丸棒の全長横広げにおける型工具とビレットの接触面形状に対する圧縮率および摩擦の影響（図中の数字は据込み率）（材料：市販純アルミニウム焼なまし材 $d_0=20$ mm，――無潤滑，------潤滑（テフロンスプレー））

ついての実験結果である．実線は無潤滑，破線は最初だけテフロン潤滑で圧縮した結果である．$l_0/d_0=1$ の場合には高さ減少率が60%を超えると，潤滑したほうが長手方向への伸び量が大きくなる．しかし，$l_0/d_0=2$ では潤滑による差はほとんどない．

広げ荷重は加工の進行とともに増大するから，荷重が問題となるのは変形が進んだ段階のときである．l_0/d_0 比が1前後で，摩擦が大きい場合には加工が進むにつれて接触面は円形に近づくから，円板圧縮の式または図3.17を用いて荷重を概算することができる．

〔2〕 丸棒の中間部広げ

図3.35は，上下の平行型（幅 w）の間で直径 d_0 の丸棒の中間部を高さ h にまで圧縮したときの変形の様子を模式的に示している．実験[31)]によると，工具・材料接触面（$w\times 2b$ の長方形）の外形線は変形前のビレット横断面円（直径 d_0）の周上にある．したがって $2b=\sqrt{d_0^{\,2}-h^2}$ である．

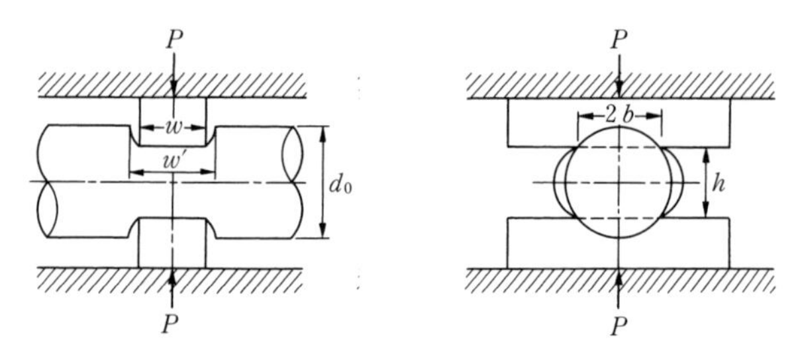

図3.35　丸棒の中間部広げ

図3.36は工具・材料接触面に作用する真実平均面圧と圧縮率の関係で，図中の曲線には極小点が存在し，w/d_0 が大きくなるほど，極小平均面圧を示す圧縮率は小さくなっており，d_0 の半分程度の幅の工具を使うと，圧縮のほぼ全期間を通じて工具にかかる負担が比較的少なくてすむといえる．

〔3〕 マンネスマン効果

対向する平坦な工具の間で $a<d_0$ の状態で丸棒を広げ加工するとき，中心部には**図3.37**に示すように横方向の引張応力を生じる．丸棒の直径を減少させるために，棒材を回転しながら横圧縮を繰り返すロータリースエージングを行

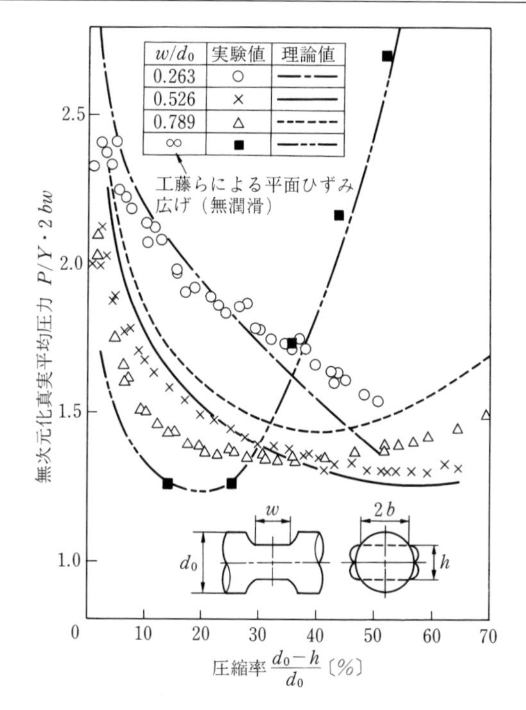

図 3.36　丸棒の中間部横据込みにおける無次元化真実平均圧力と圧縮率の関係（工業用純アルミニウム）

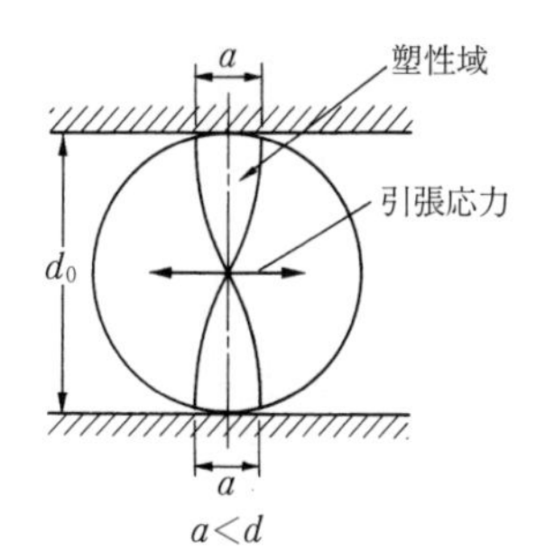

図 3.37　棒材の広げ加工におけるマンネスマン効果

うと，中心において破壊を生じることがある．このロータリースエージングにおいて欠陥発生を促進させる作用を，マンネスマン効果と呼んでいる．破壊を防止するため，一方にＶ字形アンビルを用いたり，２方向からの圧縮の代わりに４方向からの圧縮を用いたりする．

3.3 押 出 し 鍛 造

材料に圧縮力を加えて金型に設けられた孔または金型部品間の隙間から材料を絞り出す加工法を，押出しという．鍛造の一部としての押出しは，おもに材料の一部の長さを伸ばすために用いられる．

3.3.1 押出し加工の概要

〔1〕 押出し方法と押出し圧力

押出しを加圧方向と製品の流出方向の組合せにより分類すると，**図3.38**（図1.7参照）に示すように前方押出し，後方押出し，側方押出しが基本になる．これらの押出し法を組み合わせたもの（通常は前方押出しと後方押出しの組合せ）を組合せ押出しと呼ぶ．後方押出しではビレットとコンテナーとの相対移動がないのに対し，前方押出しではビレット全体がコンテナーと摩擦を生じながら滑るため，前方押出しの加工荷重は摩擦力だけ後方押出しより高くなる．

図3.39は，前方および後方押出しの押出し荷重–ストローク曲線の模式図

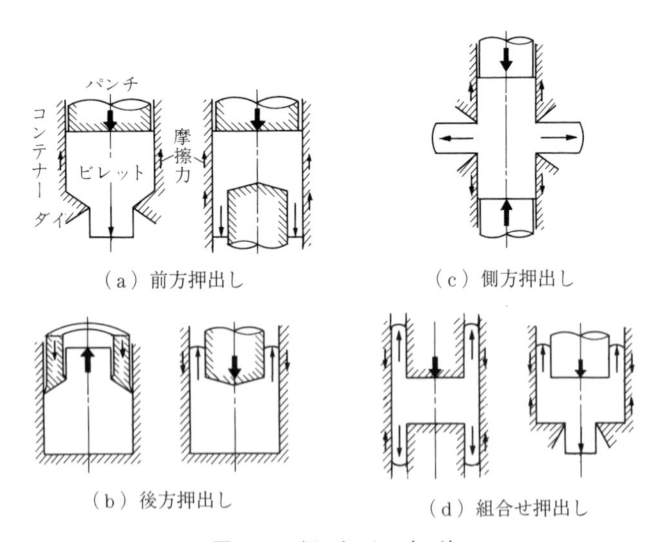

（a）前方押出し　（b）後方押出し　（c）側方押出し　（d）組合せ押出し

図3.38 押 出 し 方 法

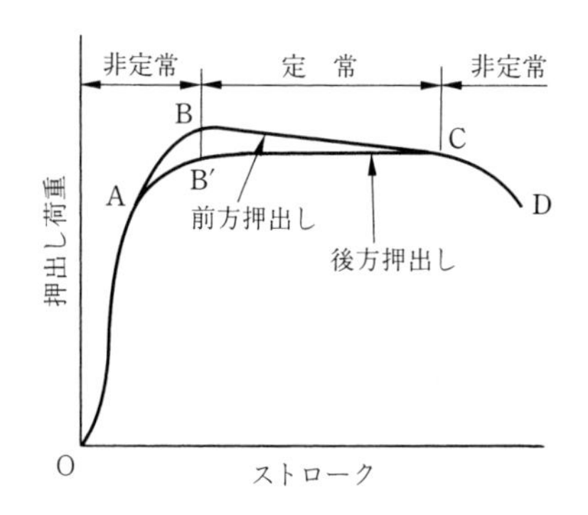

図 3.39 押出し荷重-ストローク曲線

である．前方押出しの場合（曲線 OABCD），加圧の初期に荷重が急激に上昇して最高荷重点 B に達する．その後，定常的な押出しが始まると，摩擦部の長さが短くなるため荷重-ストローク曲線は点 B から点 C に向かって下がってくる．点 C に達すると変形域がパンチに接触し，その後は非定常押出しになり，荷重が点 C から点 D へと減少する．後方押出しの場合（曲線 OAB′CD），定常過程中は未変形部とコンテナーとの間には相対滑りがないため荷重低下は起こらず，荷重は一定のままとなる．

平均押出し圧力は押出し荷重 P をビレット断面積 A_0 で割った商として

$$p_m = \frac{P}{A_0} \tag{3.22}$$

により定義される．以後，平均押出し圧力を押出し圧力と呼ぶことにする．

定常の押出しにおいてビレットとコンテナーとの間でクーロン摩擦（摩擦係数 μ）が生じている場合，後方押出しの押出し圧力を p_b（$>Y_i$：初期降伏応力）とすると，直径が d_0 で摩擦部（未変形部）の長さが l のビレットを押し出すときの前方押出しの押出し圧力 p_f は，つぎのように計算される[32]．

$$p_f = (p_b - Y_i)\exp\left(4\mu\frac{l}{d_0}\right) + Y_i \tag{3.23}$$

例えば $p_b = 2Y_i$，$\mu = 0.1$ の場合，$l/d_0 = 5$ では $p_f/p_b = 4.2$，$l/d_0 = 2.5$ でも $p_f/p_b = 1.86$ である．未変形部長さが l_1，l_2 のときの押出し圧力 p_1，p_2 を用いると，式（3.24）によってコンテナー部の摩擦係数を定めることができる．

$$\mu = \frac{d_0}{4(l_1 - l_2)} \ln\left(\frac{p_1 - Y_i}{p_2 - Y_i}\right) \tag{3.24}$$

押出しにおいて，出口側から引張応力（前方張力）または圧力（背圧）を加えることがある．摩擦の圧力依存性を無視すると，前方張力 t を加える場合の押出し圧力 p_m' は，張力のない場合の圧力 p_m より t だけ低下する．

$$p_m' = p_m - t \tag{3.25}$$

逆に背圧を加えると押出圧力が背圧と同じだけ増加する．出口面積のほうがビレット断面積より小さいため，出口に加えた力に比べると押出し力の変化のほうが大きいことに注意する必要がある．

〔2〕 押出し圧力と変形量

断面積 A_0 のビレットを押出して断面積 A の製品にするとき，断面減少率 r と押出し比 R はつぎのように定義される．

$$r = \frac{A_0 - A}{A_0} \tag{3.26}$$

$$R = \frac{A_0}{A} \tag{3.27}$$

押出し比が R の場合には押出し長さはビレット長さの R 倍になる．この長さ変化が均一引張りにより生じたものとすると，相当ひずみ $\bar{\varepsilon}_i$ は

$$\bar{\varepsilon}_i = \ln R \tag{3.28}$$

になるが，これを押出しにおける「理想変形ひずみ」と呼ぶ．実際の押出しでは長さ変化に寄与しない余剰変形を生じるため，理想変形ひずみより大きな相当ひずみになる．

押出し圧力は生じるひずみ量とともに増加するが，押出し圧力と製品ひずみの関係を求めてみよう．変形抵抗一定 Y_0 の材料では押出し圧力 p_m は式 (3.8) のように

$$p_m = C\,Y_0 \quad または \quad \frac{p_m}{Y_0} = C \tag{3.29}$$

と表される（C は拘束係数）．ビレット断面積を A_0 とすると，加工力 $P = p_m A_0$，速度 V でビレット後端を押すときの外部仕事（単位時間当たり）は $PV =$

$p_m A_0 V = C Y_0 A_0 V$である.

一方，3.1.1項で述べたように，一定変形抵抗Y_0の単位体積の材料を相当ひずみ$\bar{\varepsilon}$まで変形するための塑性変形仕事は$Y_0 \bar{\varepsilon}$である．製品に生じる平均相当ひずみを$\bar{\varepsilon}_m$とすると，単位時間に押出される材料の体積は$A_0 V$であるから，塑性変形仕事（単位時間当たり）は$Y_0 \bar{\varepsilon}_m A_0 V$である．外部仕事が塑性仕事だけに用いられるとき（摩擦仕事がないとき）

$$\bar{\varepsilon}_m = C' \tag{3.30}$$

になる．ただし，C'は摩擦がないときの拘束係数である．すなわち，押出しにおいては拘束係数C'が製品に生じる平均相当ひずみと一致する．塑性理論などで拘束係数C'が求まっていると，変形抵抗Y_0を式（3.29）に直接代入して押出し圧力を求めることができる.

変形抵抗が$Y(\bar{\varepsilon})$で表される加工硬化材料の押出しにおいて，ひずみ0で変形域に入り，相当ひずみ$\bar{\varepsilon}_m$になって変形域から出てくるとき，その間の平均変形抵抗は

$$Y_m = \int_0^{\bar{\varepsilon}_m} Y(\bar{\varepsilon})\, d\bar{\varepsilon} / \bar{\varepsilon}_m \tag{3.31}$$

であるが，このY_mを式（3.29）のY_0に代入して押出し圧力が計算できる. Y_mを積分平均変形抵抗と呼ぶ.

3.3.2 軸対称中実円柱の押出し

〔1〕 押 出 し 圧 力

変形抵抗Y_0一定の完全塑性材料の丸棒をダイ半角α（ラジアン），ダイ面上の摩擦係数μで丸棒から中実丸棒へ押出しを行う場合の押出し圧力（コンテナー面上の摩擦を考慮しない値）は，スラブ法[33]では

$$p_m = \left(1 + \frac{1}{\mu \cot \alpha}\right)(R^{\mu \cot \alpha} - 1)\, Y_0 + \frac{4\alpha}{3\sqrt{3}} Y_0$$

$$\cong \left\{(1 + \mu \cot \alpha) \ln R + \frac{4\alpha}{3\sqrt{3}}\right\} Y_0 \tag{3.32}$$

となる．この式は Y_0 の代わりに $\sigma_0=(2/\sqrt{3})\,Y_0$ を用いると，平面ひずみ押出しに対しても成り立つ．

ダイ面上での摩擦特性をせん断摩擦係数 f で表した場合には，球状の変形境界に基づく上界法[34)]では

$$\frac{p_m}{Y_0}=g(\alpha)\ln R+\frac{2}{\sqrt{3}}\left(\frac{\alpha}{\sin^2\alpha}-\cot\alpha\right) \tag{3.33}$$

$$g(\alpha)=f\cos\alpha$$

$$+\frac{1}{\sin^2\alpha}\left\{1-\cos\alpha\sqrt{1-\frac{11}{12}\sin^2\alpha}+\frac{11}{\sqrt{11\times 12}}\ln\frac{1+\sqrt{\frac{11}{12}}}{\sqrt{\frac{11}{12}}\cos\alpha+\sqrt{1-\frac{11}{12}\sin^2\alpha}}\right\}$$

と表される．

式 (3.32)，(3.33) で表される押出し圧力はダイ半角 α で整理すると，下に凸な関数である．ダイ角の増加とともに摩擦の寄与が低下するのに対し，余剰変形量が増加するため圧力が最小になるダイ角が存在する．通常 $\alpha=15\sim45°$ において最小になり，この角度を最適ダイ角と呼ぶ．

〔2〕 変形状態と形状欠陥

図 3.40 に，ダイを通しての丸軸の前方押出しにおける材料の内部変形模様を示している．左半分は実験による格子線の変形状態であり，右半分は実験結果からモデル化して描いた流線である．流線の折れ曲り点を連ねた線は塑性変形領域境界線である．この図に見るように，ビレット長さがコンテナー径より長いときには塑性変形が起こるのはダイ出口に近い領域に限られ，コンテナー内の材料全体が塑性変形するのではない．

非定常押出しの押出し最終段階において，図 4.14 (c) に示したような表面の引込みまたは欠肉（ひけ）を生じるようになる．非定常押出しに入ってから，**図 3.41** のようにまずビレット端面の表皮が中心に向かって引き込まれ，ついで欠肉になる．欠肉は，通常，押残り部の厚さが製品直径の半分程度以下

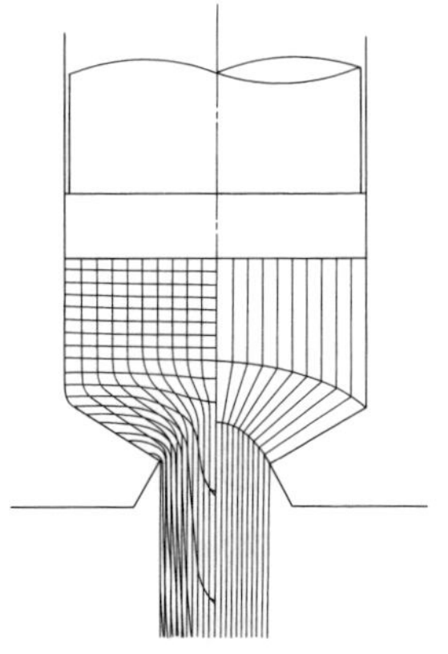

左半分：実験による内部変形模様
右半分：実験結果をモデル化した流線模様

図 3.40 押出しにおける材料の変形

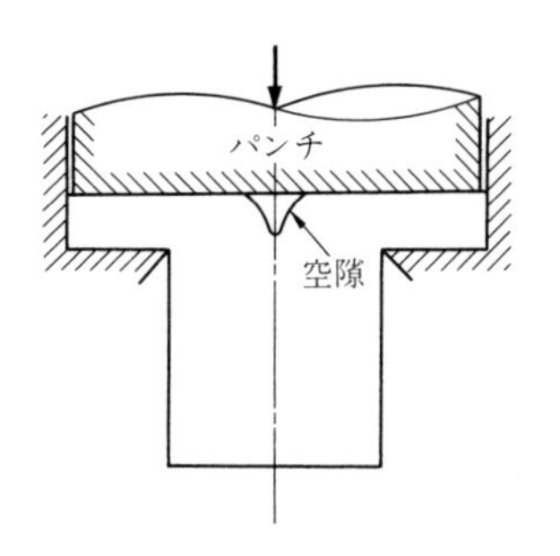

図 3.41 中実押出しにおける表面の引込み欠陥

において生じる.

〔3〕 残 留 応 力

押出された中実丸軸材には, **図 3.42** に示すように表面において軸方向および円周方向に引張りの残留応力が生じることが多い[35),36)]. 円錐ダイを用いた

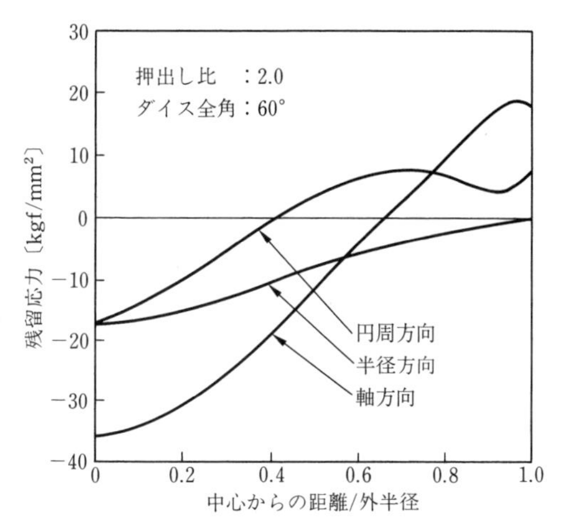

図 3.42 押出された丸棒における残留応力

押出しでは，押出し比 $R=4$ 程度までは押出し比が増加するとともに，軸方向引張応力は減少することが報告されている．$R=8$ の直角ダイによる押出しでは表面に圧縮応力が残るとの報告があり，$R=6$ 前後で表面の引張残留応力は消滅するものとみられる．

〔4〕 自 由 押 出 し

押出し比が小さく，押出し圧力が材料の初期降伏応力以下のときは，コンテナーによる側面の拘束なしに押出しが行える．これを自由押出しと呼び，段付き軸などの製造に用いられている．自由押出しができる最大の押出し比は押出し圧力が初期降伏応力以下のときであり，変形抵抗 Y_0 の剛完全塑性材料で押出し圧力が式（3.32）で表されるとき，自由押出し可能な最大の押出し比 R_{max} は式（3.34）のようになる．

$$R_{max}=\exp\left\{\left(1-\frac{4\alpha}{3\sqrt{3}}\right)\Big/(1+\mu\cot\alpha)\right\} \tag{3.34}$$

焼なまし材では初期降伏応力 Y_0 が平均変形抵抗 Y_m よりかなり小さいため，上の値より低い限界になる．加工硬化が式 $Y=F(\bar{\varepsilon}+\varepsilon_0)^n$ で表される場合，式（3.31）で表される平均変形抵抗を用いた押出し圧力が初期降伏応力 $F(\varepsilon_0)$（相当ひずみ0における変形抵抗）以下の場合に，自由押出しが可能になる．

表 3.6[37] にワックス潤滑，ダイ半角 $\alpha=15°$ で自由押出しを行う限界の断面減少率の実験値と，加工硬化を考慮した場合の計算値の比較を示す．加工硬化

表 3.6 自由押出しの限界断面減少率[37]

材　料	予加工	限界断面減少率〔%〕	
		実験	理論
S 20 C	焼なまし	25～28	25
	20%予引張り	40～43	36
	20%予圧縮	45～48	46
アルミニウム	焼なまし	22～25	24
	20%予引張り	35～37	38
	20%予圧縮	40～43	44
銅	焼なまし	10～12	10
	20%予引張り	40～43	38
	20%予圧縮	42～45	41

を考慮しない式（3.34）において，$\mu=0.1$，$\alpha=15°$を代入するとR_{max}は1.8（断面減少率$r=44\%$）である．20%圧縮予変形材の限界断面減少率はこの値に近いが，焼なまし材は加工硬化度が顕著であり，これよりかなり低い限界になることがわかる．

〔5〕 **内 部 割 れ**

棒材の押出しでは図3.15に示したような割れが発生することがあり，中心部割れ，シェブロン割れ，矢じり状クラックなどと呼ばれている．段付き軸の加工では自由押出しにより5～10回の繰返し加工をすることがあるが，中心部破壊はこのように加工を繰り返して延性が低下した後に生じるのが普通である[38),39)]．マグネシウムのような脆性材料では1回の押出しでも破壊し，押出し出口から背圧を加えて割れを抑える背圧押出しの研究[40)]もされたが，実用化には至っていない．

Rogersら[41)]は引抜きにおける中心破壊について理論的な研究を行い，1回の加工度が小さく，ダイ角が大きくなるほど中心部で大きな引張応力が生じることを，滑り線場を用いて示したが，同じことが押出しでも成り立つ．中心割れを防ぐためには，1回の加工度をできるだけ大きくとり，またダイ角度を小さくするとよい．

3.3.3 軸対称中空円筒の押出し

〔1〕 **押 出 し 圧 力**

図3.43のようにパンチ先端角180°のパンチを用いて直径d_0の棒材から外径d_0，内径d_iの容器を押出すとき，コンテナーとの摩擦を無視したスラブ法によると，定常押出し圧力[14)]は

$$\frac{p_m}{Y_0}=1.577\ln R \quad \left(R=\frac{d_0^{\,2}}{d_0^{\,2}-d_i^{\,2}}\right) \tag{3.35}$$

となる．また，工藤[10)]による上界法の手法を応用した近似法[14)]では

$$\frac{p_m}{Y_0}=\frac{2}{\sqrt{3}}\left\{\frac{2\sqrt{R-1}}{R}+\frac{7}{8}\frac{(R-1)\sqrt{R-1}}{R}\right\} \tag{3.36}$$

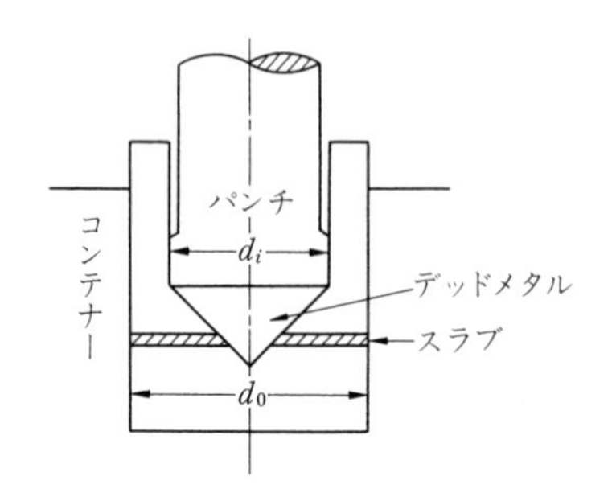

図 3.43　容器押出しのスラブ法モデル

である．

この押出し圧力はビレット後端に加わる圧力であり，パンチに加わる圧力 p_p は次式に押出し圧力 p_m を代入して求める必要がある．

$$p_p = \frac{A_0}{A_0 - A} p_m = \frac{R_0}{R-1} p_m \tag{3.37}$$

押出し圧力 p_m は押出し比 R の増加とともに単調に増加するが，パンチ圧力 p_p は押出し比 2 程度で最小になる．

中空軸の押出しの場合，肉圧 t (＝$(d_0-d_i)/2$) と管外径 d_0 の比 t/d_0 が 0.05 以下になると，$(p_m)_{\max}$ は t/d_0 比の減少とともに大きくなることが知られている[42]．**図 3.44** に鉛の例を示すが，このような現象が起こるのは（摩擦表面積/変形体積）の増大によって摩擦の影響が顕著になるためであろう．

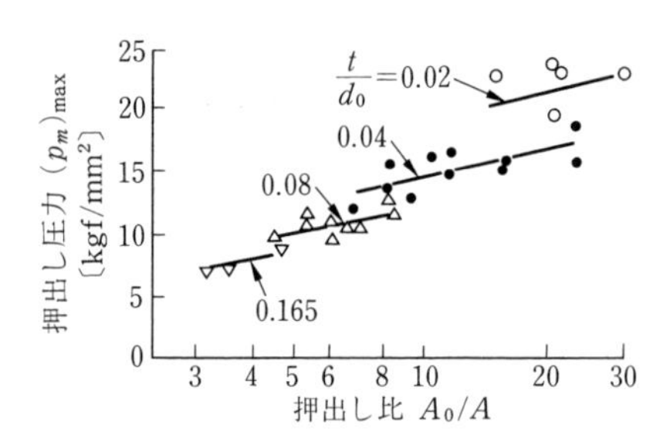

図 3.44　管材押出しにおける肉厚の影響

〔2〕 変　　形

ビレットを容器押出しする場合，容器側壁の内表面において最も大きなひずみが生じる．**図 3.45** はアルミニウムの冷間後方押出しの際の材料流れについての実験結果[43]で，図（a）は上下端面および側面にけがき線を入れた背の低い円柱形ビレットであり，図（b）はこのビレットを押出した後のけがき線の位置を示している．押出し前のビレット上端面の KL 部分は押出し後，容器側壁内表面へと移行しており，押出しが進行すると 100～1 000 倍もの非常に大きな面積増大を生じる[44]．さらに容器後方押出しでは，材料がパンチノーズコーナーを通過するとき潤滑剤がそぎ落とされるため，そこでの摩擦条件は

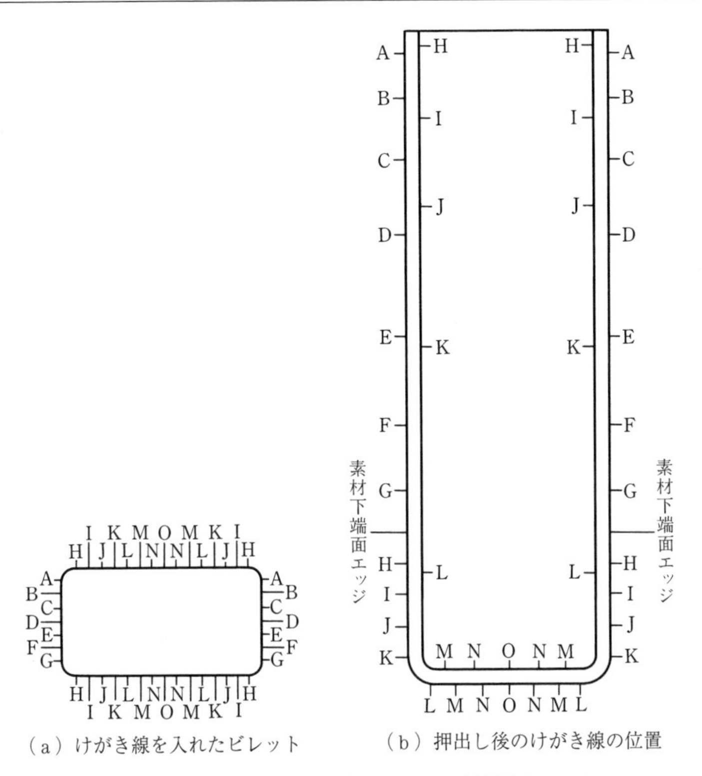

（a）けがき線を入れたビレット　（b）押出し後のけがき線の位置

図 3.45　容器後方押出しにおける材料流れ

加工の進行とともに悪化する.

図 3.46 は容器後方押出しにおける内部変形を有限要素法で計算した結果の一例であり，容器側壁内表面層で非常に大きな伸びおよびせん断変形が生じているのが観察される[45].

〔3〕 **温 度 上 昇**

図 3.47 は機械プレスを用いて 75 spm（毎分 75 ストローク）の実生産速度で S 35 C 鋼の冷間押出しを行う場合，ストロークが $0.7l_0$（l_0 はビレットの初期長さ）だけ進んだときの上昇温度分布の計算例である．温度上昇が最も激しいパンチコーナー部では 600 ℃に達している[46]．このような温度の不均一分布も押出し品取出し後わずか 1 秒でかなり均一化され，最高温度も約半分に低

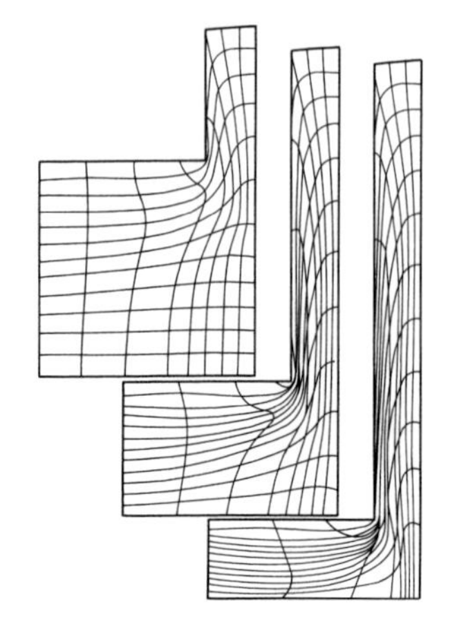

図 3.46　機械プレスによる容器の冷間後方押出しの際の材料の内部変形模様〔中心線の右半分を示す（有限要素法による計算）〕（押出し比：2.5，$l_0/d_0=12/20$，ストローク：0.7 l_0，想定材料：0.15％C 冷間鍛造用鋼）[45)]

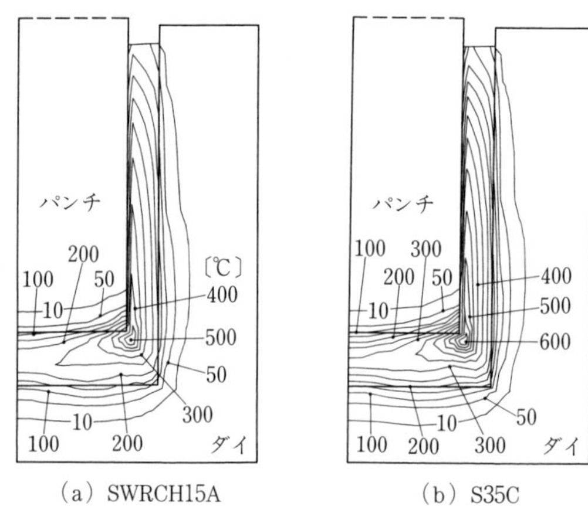

（a）SWRCH15A　　（b）S35C

図 3.47　機械プレスによる容器の冷間後方押出しにおける上昇温度分布の計算結果（中心線の右半分を示す）（押出し比：2.5，$l_0/d_0=12/20$，ストローク：0.7 l_0）[46)]

下する．

〔4〕 押広げ押出し

久能木[47)]は**図 3.48** に示すような前方形式の容器後方押出し法を提案し，後方押出し形式よりも最大で 40％の荷重低下が可能であることを示している．これは肉厚一定で押広げることによって出口断面積が大きくなり，実質押出し比が下がる効果によるものと考えられる．**図 3.49** はアルミニウム合金 AlMgSi 0.5（AA6063）の円柱形ビレットから肉厚 t が一定の容器を押広げ押出しするとき，容器外形が荷重-ストローク曲線に及ぼす影響を示している[48]．外径 d_A が大きくなるほど大きな荷重が必要となる．

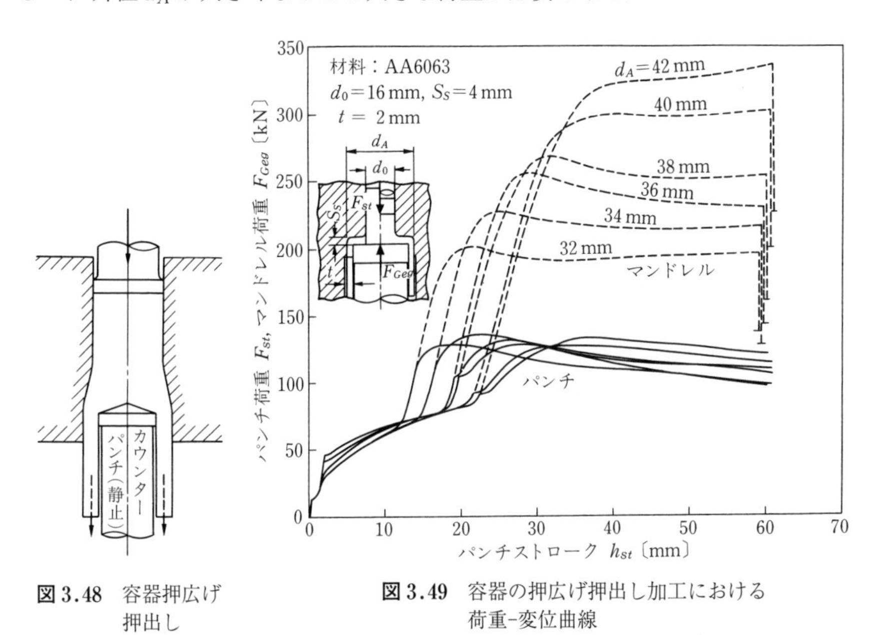

図 3.48 容器押広げ押出し

図 3.49 容器の押広げ押出し加工における荷重-変位曲線

3.3.4 軸対称押出し力のノモグラム

〔1〕 冷間押出し圧力のノモグラム

ビッカース硬さ，ブリネル硬さなどの押込み硬さは kgf/mm² で表した変形抵抗の約 3 倍の値である．このことを利用して，変形抵抗の代わりに簡単に測定できる硬さの値を用いて鋼の冷間押出しに対する最大押出し圧力 $(p_m)_{\max}$ の計算公式，および最大押出し荷重を求めるノモグラムがある[49]．

計算公式はビレット長さ l_0 と直径 d_0 の比 $l_0/d_0=1$ の場合に対するもので，式（3.38）のとおりである．

$$(p_m)_{\max}=aH^m(\ln R)^n \quad \text{〔MPa〕} \tag{3.38}$$

ここで，Hはビレットのブリネルまたはビッカース硬さ，Rは押出し比であり，定数a，m，nは**表 3.7**に示すように押出し形式によって異なった値をとる[49),50)].

表 3.7　式 (3.38) の定数値

	丸棒前方押出し	円筒容器後方押出し	円管前方押出し
a	47	17.66	64.81
m	0.75	0.91	0.64
n	0.8	0.73	0.77
上の定数値の適用範囲	$H=80\sim240$ $R=1.11\sim6.5$	$H=97\sim153$ $R=1.2\sim6.5$	$H=86\sim174$ $R=2.02\sim5.69$

図 3.50は丸軸の前方押出しに対する押出し圧力のノモグラムであり，$l_0/d_0 \neq 1$の場合に対する補正のための図表も含まれている．図中の破線矢印は，丸軸の前方押出しにおいてコンテナー内径 35 mm，ダイ出口径 25 mm，ブリネル（またはビッカース）硬さ 140，$l_0/d_0=2$，ダイ角度（全角 2α）120°の場合の最大押出し圧力 $(p_m)_{\max}$ および最大押出し荷重 $P_{\max}$ を求める手順を示している．破線矢印に沿って進むと，$(p_m)_{\max}=1.22$ kN/mm^2 (1 kN/mm^2 = 102 kgf/mm^2，$p_{\max}=1.25$ MN (1 MN = 1.20×10^5 kgf = 102 tf) と求められる．

図 3.51は容器の後方押出しに対するノモグラムである．図中の破線矢印はコンテナー内径 45 mm，パンチ径 35 mm，硬さ 140，$l_0/d_0=0.6$ の場合の容器後方押出しに対する最大押出し圧力 $(p_m)_{\max}$ および最大押出し荷重 $P_{\max}$ を求める手順であり，破線矢印に沿って進むと $(p_m)_{\max}=1.45$ kN/mm^2，$P_{\max}=2.3$ MN と求められる．

図 3.52[50)]は中空軸の前方押出しにおける $(p_m)_{\max}$ を式 (3.38) と図 3.51 の値を用いて計算したもので，$l_0/d_0=1$ の場合のものである．l_0/d_0 比を考慮に入れた $(p_m)_{\max}$ の計算式にはつぎのものがある[51)].

$$(p_m)_{\max}=aH^m\,(\ln R)^n\left(\frac{l_0/d_0}{1-d_i/d_0}\right)^k \quad \text{〔MPa〕} \tag{3.39}$$

式中の定数値は $a=53.31$，$m=0.66$，$n=0.82$，$k=0.15$，また d_i はマンドレル径である．

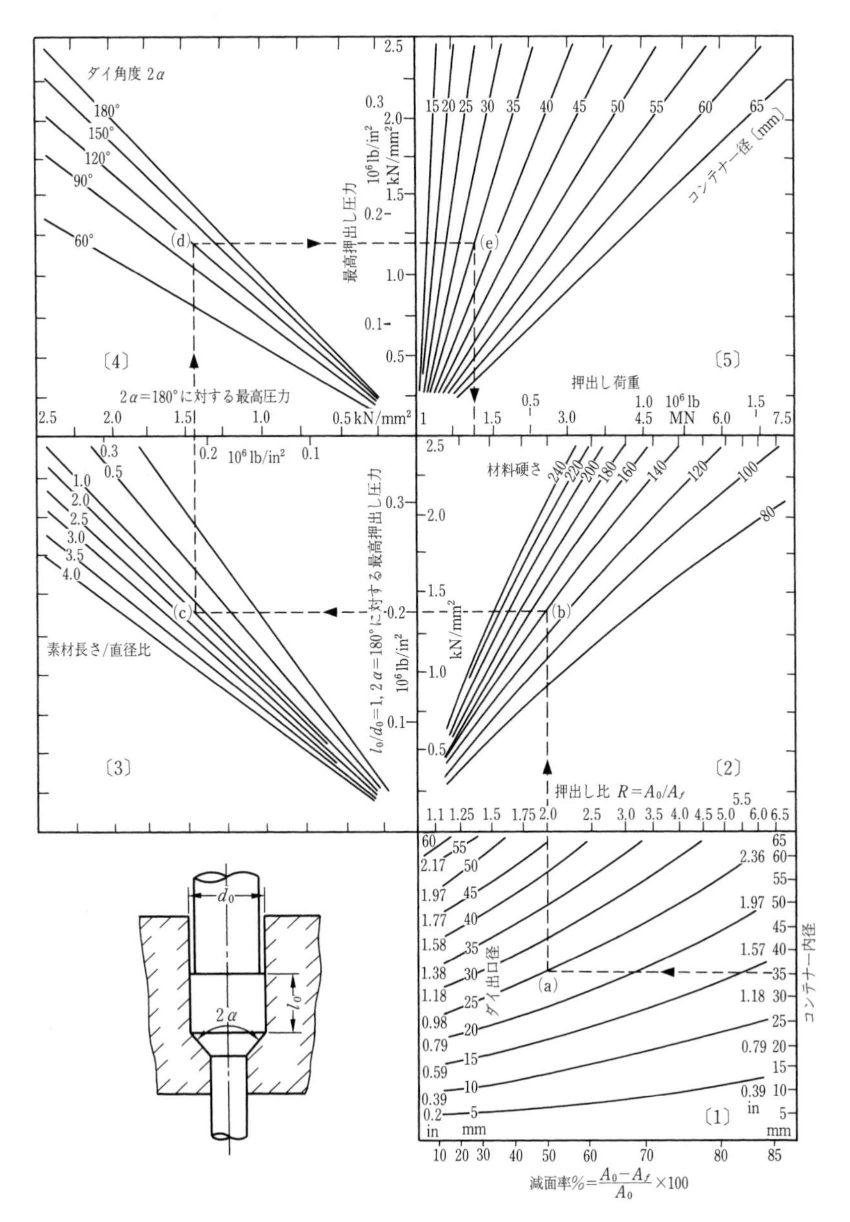

図 3.50　鋼丸棒前方押出しにおける最高押出し圧力と押出し荷重を求めるためのノモグラム

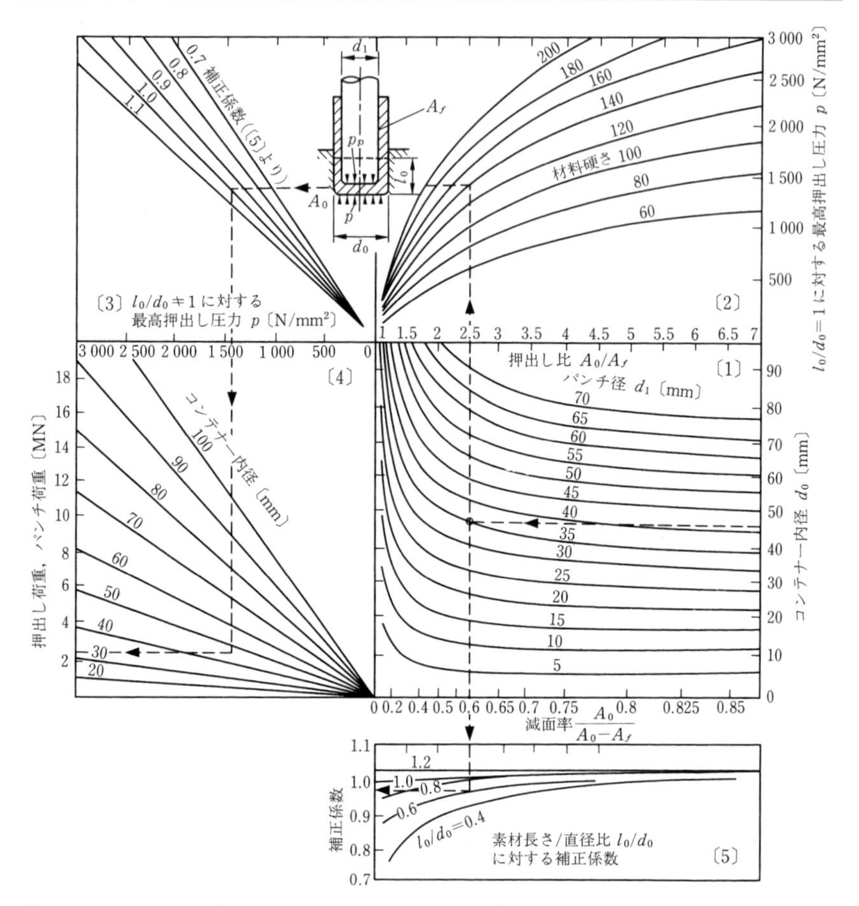

図 3.51　容器後方押出しにおける最高押出し圧力と押出し荷重を求めるためのノモグラム

〔2〕 温間押出しのノモグラム

図 3.53 は鋼の丸軸温間押出し圧力に対するノモグラムで，図 3.50 に示した丸軸の前方押出しに対するノモグラムに温度の補正のための図表を加えたものである[48]．

3.3.5 組合せ押出し

〔1〕 組 合 せ 様 式

図 3.54（a），（b）は組合せ押出しの模式図であり，図（a）は前方容器–

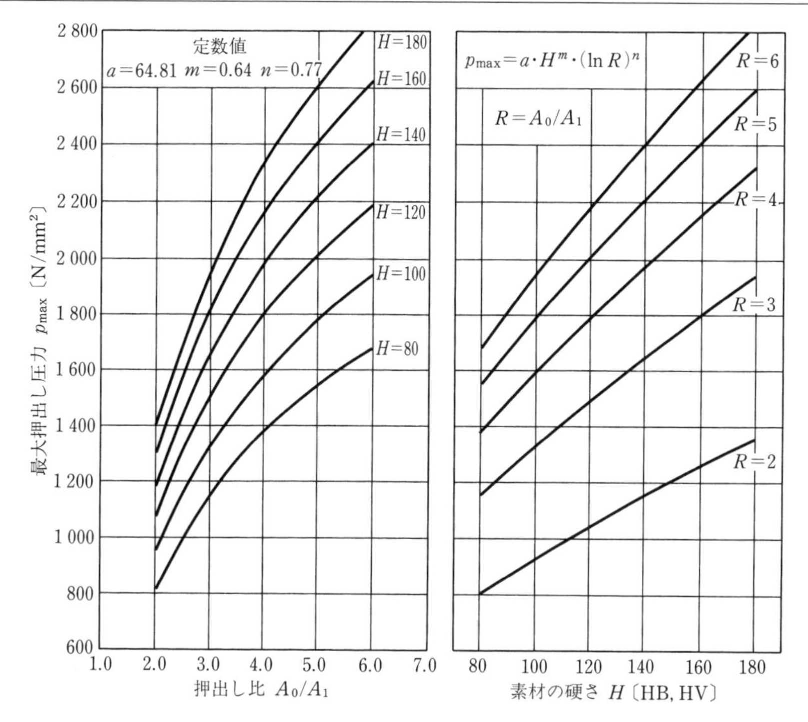

図 3.52　鋼の管材前方押出しにおける最高押出し荷重を求めるためのノモグラム ($l_0/d_0=1$)[50)]

後方容器組合せ押出し，図（b）は前方丸軸–後方容器組合せ押出しである．図中の小さな矢印は，白抜きで示した塑性変形領域における材料流れの方向を示している．図（c）は押出し荷重–ストローク曲線である．

前方，後方とも同じ押出し比，パンチまたはダイ形状の組合せでは，加工のごく初期には材料は上下両方向に流動するが，その後は押出し荷重の小さな後方へのみ流動する．しかし，さらに加工が進んで非定常状態に入ると，前方と後方押出しの両変形域が合体し，境界面で生じていた大きなせん断変形域がなくなる．その結果，押出し荷重も低くなり，材料は再び上下両方向に流動するようになる．

図 3.55[52)] に，低炭素鋼（0.08% C 冷間鍛造用鋼）前方容器–後方容器組合せ押出しにおける容器穴深さ–ストローク曲線を示す．曲線はビレット長さ l_0 と直径 d_0 の比 l_0/d_0 の影響を強く受ける．$l_0/d_0=0.5$ の場合には，最初から非

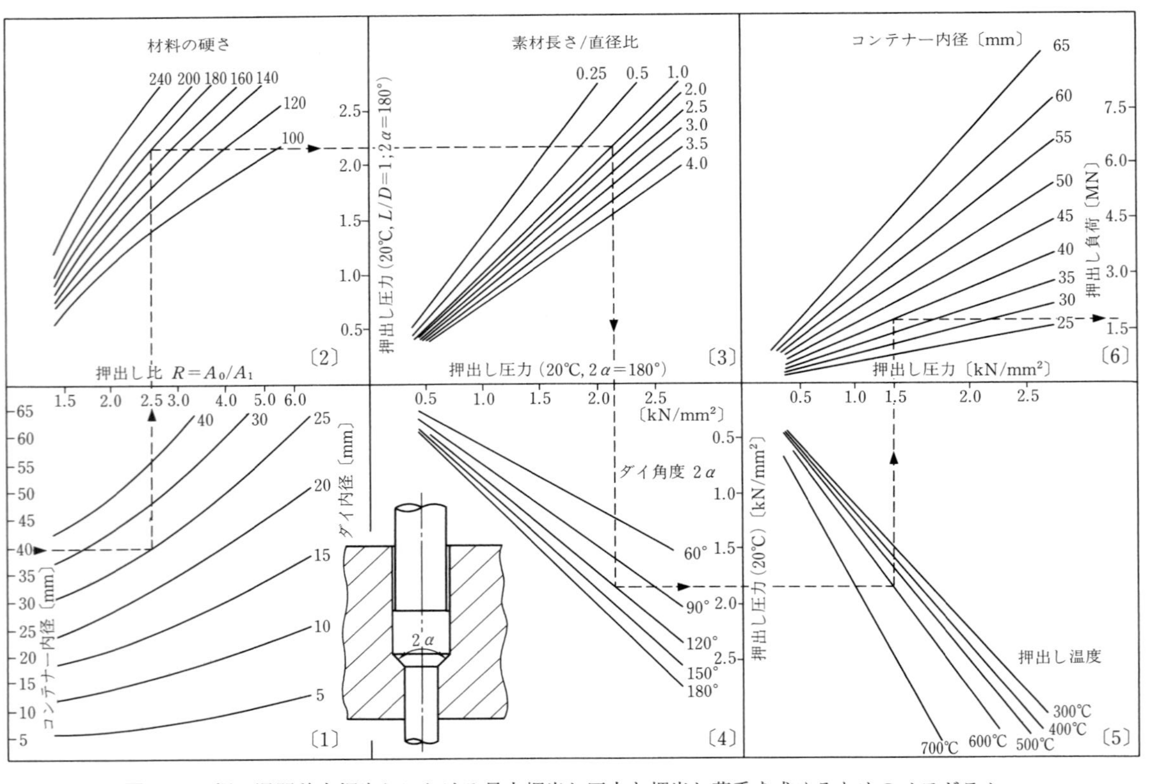

図 3.53　鋼の温間前方押出しにおける最大押出し圧力と押出し荷重を求めるためのノモグラム

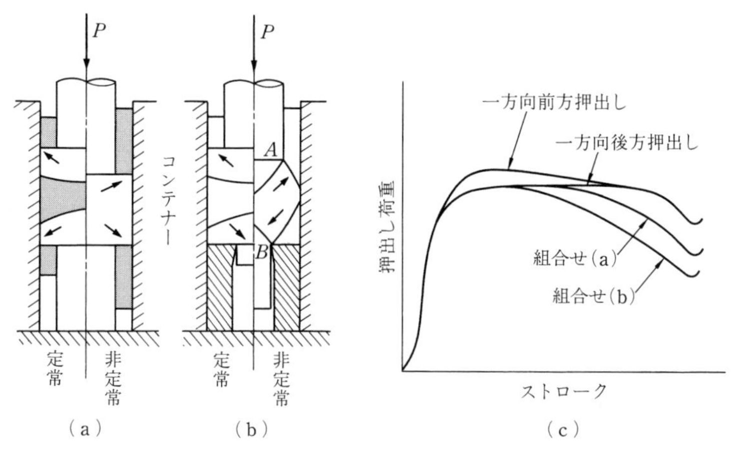

図 3.54　組合せ押出しにおける押出し荷重-ストローク曲線
組合せ（a）：容器・容器組合せ押出し，組合せ（b）：丸棒・容器組合せ押出し

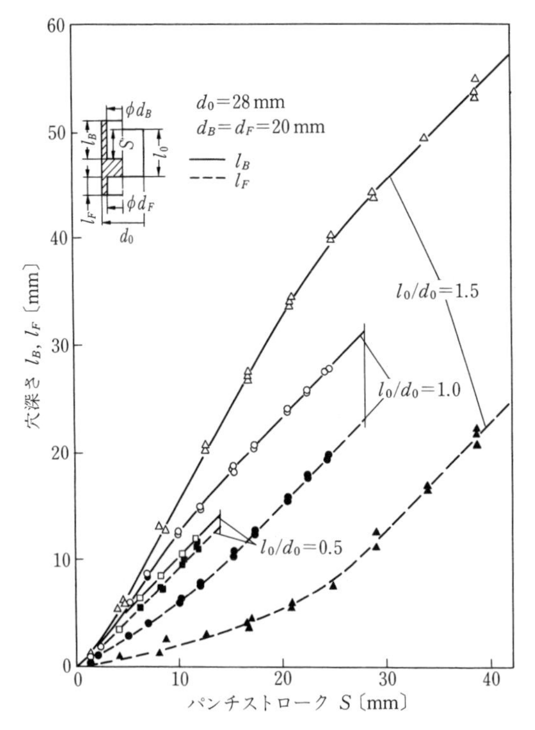

図 3.55　容器穴深さ-パンチストローク関係に及ぼす素材高さの影響（材料：Ma 8）[52]

定常的に変形が進むので，穴深さは前方も後方もほぼ同じになる．また，潤滑良好で摩擦が小さい場合にも前方と後方への流出量の差は小さくなる．

〔2〕 捨　て　軸

組合せ押出しは荷重低減の効果があるが，容器の後方押出しにおいて後で切り捨てる中実軸（捨て軸）の前方押出しも同時に行い加工圧力を低減することは，実際にもよく利用される．容器と軸の組合せ押出し（**図 3.56**）の場合は，同じ押出し様式の組合せの場合より荷重低減効果が著しい．これは加工の進行に伴い上下の変形域が合体することにより，ビレットの断面積が前方と後方へ出される部分に分かれ，それぞれの実質押出し比が小さくなるためである．

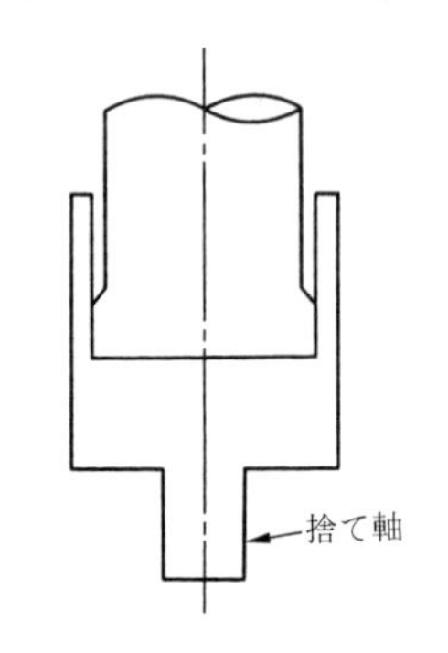

図 3.56　捨て軸を用いた容器押出し圧力の低減

〔3〕 後方張力付加押出し

荷重を低減し，さらに流出長さの制御を可能にするため**図 3.57**（a）のような流動制御組合せ押出し法[53)]が提案されている．これは後方張力付加押出し

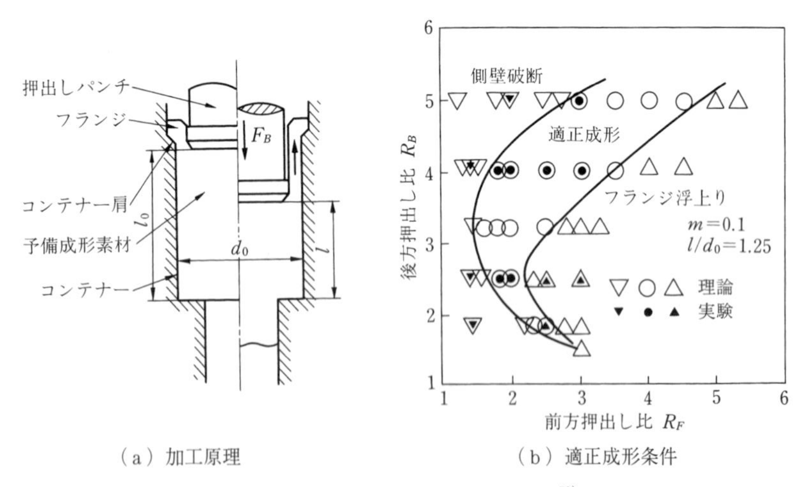

（a）加工原理　　（b）適正成形条件

図 3.57　後方張力付加組合せ押出し[53)]

ともいえる方法で，フランジ付きビレットをあらかじめ成形して用いる．このフランジの存在によって負荷過程中，材料にはつねに後方張力が作用し，同時に流出長さも規制されることになる．この後方張力が押出しの荷重の低減に寄与するものである．ただし，前方と後方の押出し比の組合せによっては，容器側壁の破断やフランジの浮き上がりなどの不都合が生じる．図（b）の○，◉印は，この押出し法における押出し比の適正組合せを示す点である．

3.3.6 異形材押出し

〔1〕 前 方 押 出 し

押出し比 R が 3 以下と小さい場合には，$p_{\max}$ は押出し比が同じ軸対称押出しにおける平均押出し圧力 p_{m0} より 5%程度[54]高いだけで，断面形状（正方形，Y 字形，L 字形，十字形，蝶リボン形）の影響は実験誤差の範囲である．I 形断面のように入り組んだ形状の場合には p_{m0} との差はもっと大きくなる[55]が，それでも $R=4$ の場合で約 10%増しである．

図 3.58 は，円形または正方形断面材から図中に示した各種断面材を押出す場合の基準化平均押出し圧力 p_m/Y_m と押出し比との関係であり，直角ダイを用いて鉛または純アルミニウムについて行った室温実験の結果を実験式の形にまとめて示したものである[56),57]．押出し比が大きくなるにつれて軸対称押出し（図の破線）との差が広がる傾向があり，しかも p_m/p_{m0} 比も R とともに大きくなる．また，製品断面形の複雑さが増すにつれて大きな p_m が必要となる．

形状の複雑さの目安として断面周長比（同じ断面積の円の周長との比）が考えられるが，これについては $R \leqq 10$，周長比 $\leqq 1.4$ の範囲では押出し圧力にほとんど影響しなかったとの報告[58]がある．図 3.58 の実験では周長比は最大 2.3 であるが，潤滑押出しであるので摩擦の影響は大きくなく，形状そのものの違いによる余剰仕事の大きさの相違が現れたものと考えられる．図より，正方形断面材から正方形断面材を押出す場合の p_m/Y_m は軸対称押出しの p_{m0}/Y_m より大きく，その差は押出し比が 10 のとき約 10%である．なお，図中の二点

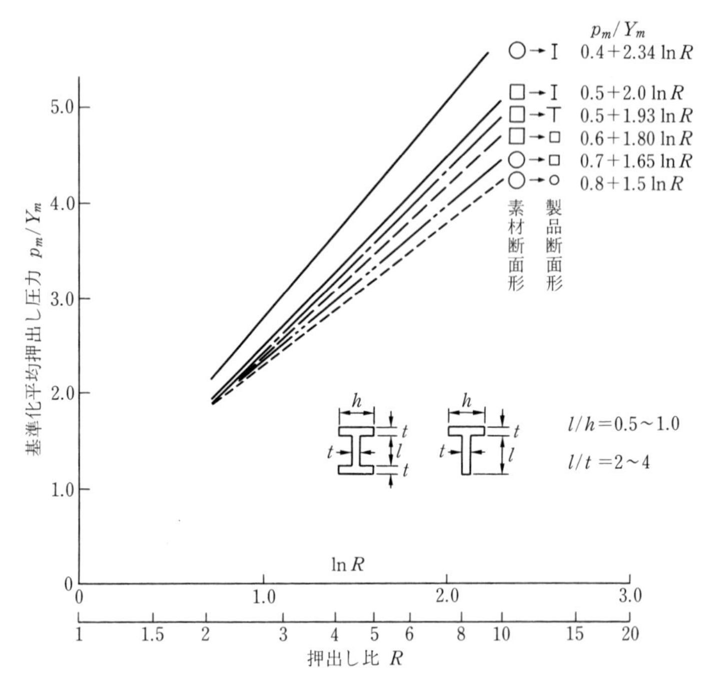

図 3.58　異形材の潤滑押出しにおける基準化平均押出し圧力 [56),57)]

鎖線は円形断面材から正方形断面材を押出す場合のアルミニウムを用いた室温実験の結果 [59)] である．すなわち，$R \leqq 40$ において円形–正方形押出しの p_m/Y_m は軸対称押出しの場合より 5%ほど大きい．

〔2〕 後方容器押出し

各種炭素鋼，合金鋼，アルミニウム合金の円柱形ビレットに対して，断面輪郭が円形，三角形，四角形，六角形，Y 字形，十字形の各平端面パンチを用いて行った冷間後方容器押出し実験（押出し比は 3 以下）[60),61)] によると，平均押出し圧力は同じ押出し比に軸対称容器押出しする場合とほぼ同じである．しかし，長方形（縦横比 2.4）および十字形断面パンチによる後方容器押出しでは軸対称の場合より 15～20%大きい．この傾向は直角ダイによる棒材前方押出しの場合と同じである．

一般にパンチ圧力は不均一であり，特に異形パンチの突出部には局部的に高い圧力が加わり，パンチ破損を招きやすいので，注意が必要である．

〔3〕 **スプライン加工**

異形材の冷間押出し加工で実際によく行われているのは，スプライン軸の押出し加工である．スプライン軸の押出し加工では押出し比 R は通常 1.5 以下であり，拘束係数 C も 1 以下と比較的小さい．**図 3.59**[62〜65] は直径 20 mm の市販純アルミニウムで幅 w，深さ t の方形断面溝をつける場合の溝数 n と押出し圧力 p_m とダイ 1 個当たりに作用するダイ圧力 p_d との関係である．n が大きくなるほど押出し比も大きくなるから p_m も当然大きくなるが，p_m はほぼ n に比例することがわかる．p_d は n の増大とともに減少し，$n \geqq 8$ でほぼ一定になる．

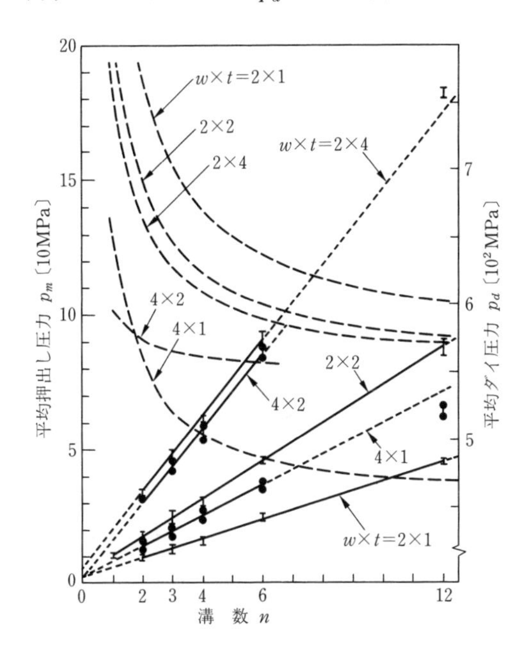

図 3.59　中実丸棒へのスプライン加工における平均押出し圧力（実線）および平均ダイ圧力（破線）と溝数の関係（棒の外径とスプラインの外径は同じ）（素材：市販純アルミニウム，焼なまし材，外径 D = 20 mm，$w \times t$ = 溝幅×溝深さ，方形溝）[62〜65]

3.3.7 側 方 押 出 し

〔1〕 **押 出 し 圧 力**

側方押出しは，**図 3.60** に示すような製品を加工するために用いられる．型内に置かれた円柱形ビレットを両端から対向する 2 本のパンチで強圧して，ビ

図 3.60　十字形部品の加工過程（SCM 415 H）

レットと径の等しい左右1対の横穴から，左右に側方押出しして十字形部品（クロス）を加工する場合を考える．平面ひずみ解析による平均押出し圧力の上界解は，$p_m/2k=1$（k：せん断降伏応力$=Y/\sqrt{3}$）と計算されており[66]，これは一般の押出し圧力に比べて小さい．ただし摩擦は作用しないとしている．同様の計算によれば，T字形の側方押出し圧力は$p_m/2k=1.25$となっている[66]．

2本のパンチ速度が異なれば，個々のパンチ圧力は変るが，**図 3.61** は圧力の理論近似値である．図中のξは$p_1^*/(p_1^*+p_2^*)$で定義される変形パラメーターである．**図 3.62** には多ラム材料試験機を用いて，純アルミニウムビレットを室温において十字形部品に側方押出しするときの圧力実験値を示すが，図

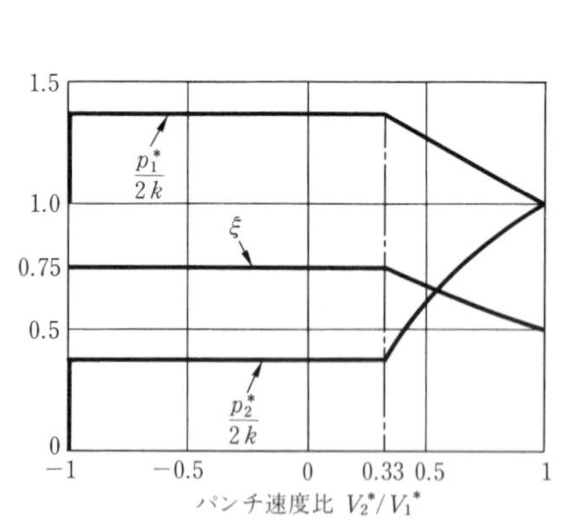

図 3.61　十字形部品の側方押出し加工圧力の理論近似値

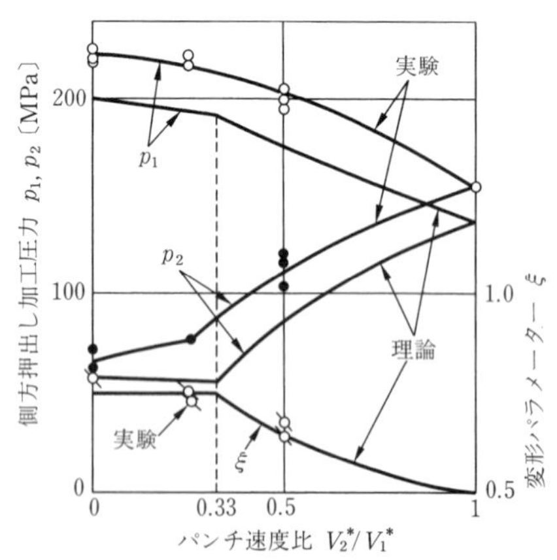

図 3.62　十字形部品の側方押出し加工圧力および変形パラメーターの実験と理論近似値との比較（アルミニウム）

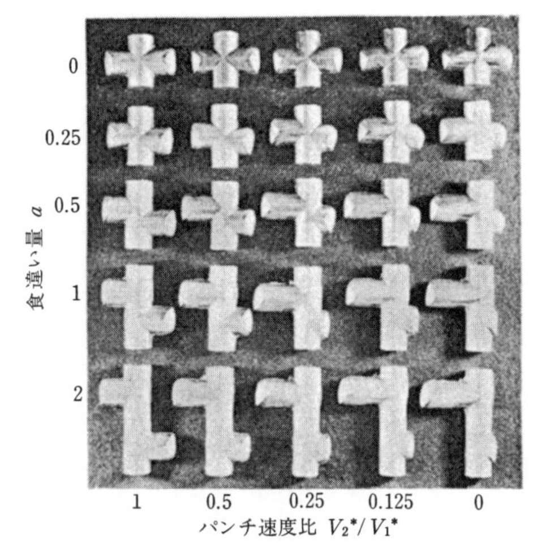

（a）食違い枝状部品の枝長さに及ぼすパンチ速度比ならびに食違い量の影響

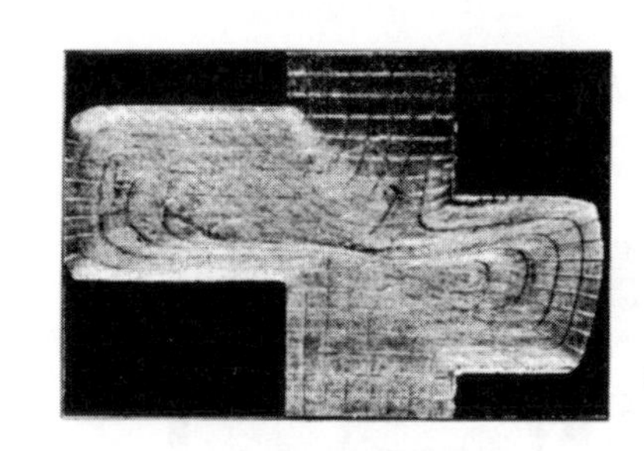

（1）実験；アルミニウム

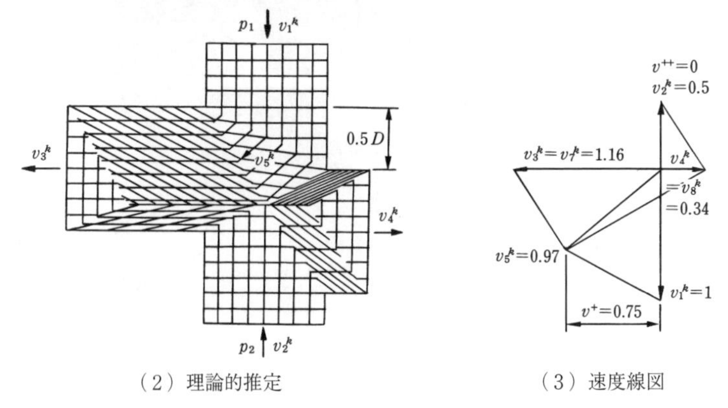

（2）理論的推定　　（3）速度線図

（b）食違い枝状部品の側方押出し加工における格子の変形模様

図3.63　食違い枝状部品の加工例と格子の変形模様[67)]

3.61 の理論近似値を用いて，圧力推定した結果も理論値として併記してある[66]．両者の一致は比較的よい．

図 3.63（a）[67]は左右の枝の位置が食い違いかつ 2 本のパンチ速度比 V_1^*/V_2^* が種々異なる場合の押出し加工品である．ビレット子午面に格子をけがいた後，側方押出ししたときの格子の変形模様を図（b）に示す．同図は理論近似値を求める際に得られた枝流出速度（3）を用いて，格子変形を予測した（2）も示してある．実測値（1）をよく表現している．

〔2〕 欠　　陥

アルミニウムビレットを用いた側方押出しでは顕著な欠陥は生じなかったが，軟鋼（S 15 C）ビレットを用いた十字形部品の側方押出しでは大きな割れが生じた（**図 3.64**（a）[67]）との報告がある．これは押出し圧力が低く圧縮静水圧応力が小さいうえに，特定の場所で大きな滑り変形を生じて加工が行われるためと考えられる．背圧を付加すれば健全な加工ができる（図（c））．食違い枝をもつ部品の加工では欠陥は生じにくく変位が小さければ健全加工が可能

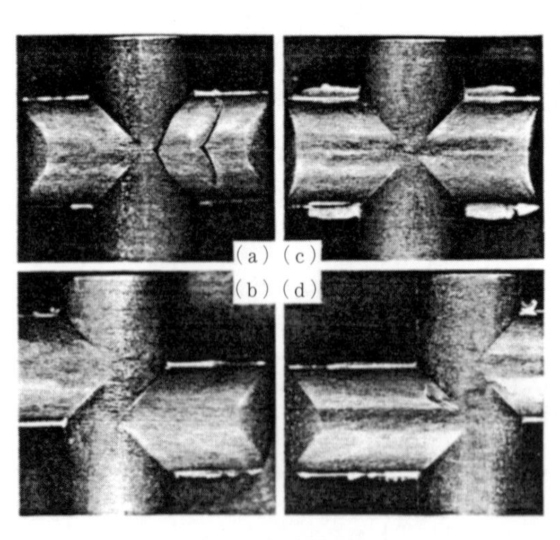

図 3.64　軟鋼（S 15 C）の側方押出し加工（（a）対称十字形部品，背圧なし，割れ，（b）食違い部品，パンチ変位小（16 mm），健全，（c）対称十字形部品，背圧＝488 MPa，健全，（d）食違い部品，パンチ変位大（24 mm），割れ，素材直径 16 mm）[67]

であるが，変位が大きくなるとやはり割れを生じる（図（b），図（d））．

3.4 型　　鍛　　造

型穴（インプレッション）とほぼ同じ形状に成形する型鍛造には，最終段階において材料が「ばり」として逃げることのできる半密閉鍛造，上下金型の隙間がなくなるまで金型全体で材料を圧縮する密閉鍛造，型で囲まれた閉空間に閉じ込められたビレットをパンチで押広げる閉そく鍛造などがある．加工圧力を低くするために分流方式の型鍛造も開発された．

3.4.1 半密閉ばり出し鍛造

〔1〕 変形様式と欠陥

図 3.65 にばり出し形式の型鍛造における典型的な変形様式を示す[68]．変形初期には型による変形拘束は小さいが，変形の進行とともに型への接触量が増

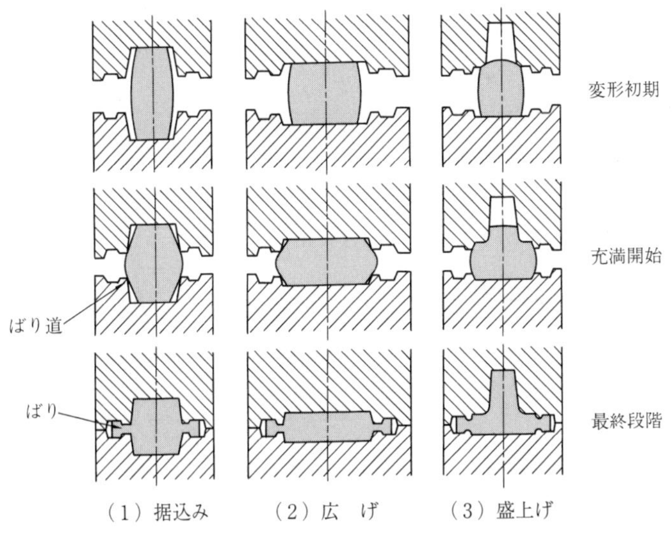

図 3.65　型鍛造の主要な変形様式

加し拘束が大きくなる．この段階における変形様式には，図に示すように（1）ビレットの高さを減少させる「据込み」，（2）ビレットを薄く伸ばす「広げ」，（3）ビレット高さを一部増大する「盛上げ」などがある[68]．

据込みでは材料の滑り距離が小さく加工圧力は低い．広げでは滑り距離が大きく加工圧力，変形状態が摩擦に影響を受けやすい．また，中央部の盛上げは材料のばり道への流入抵抗とばり道での摩擦拘束による圧力の増大によって起こるが，拘束が小さいと盛上げが不十分な形状欠陥を生じる．実際の製品の鍛造ではこれらの変形様式の少なくとも二つが続けて組み合わされたものとなる．ばり部の体積が小さいと，インプレッションの細部に材料が流れ込まない欠肉になりやすい．逆に，ばりの体積を十分にとると材料の歩留まりが悪くなる．

〔2〕 変形過程と加工力の推移

図 3.66 に型鍛造における変形過程と加工力の推移の一般的な傾向を示す．変形初期には型に接触する部分が増加し，加工力は徐々に高くなる．ばりの圧縮が始まると，型内の圧力が高まり材料が型の細部に充満するようになる．さ

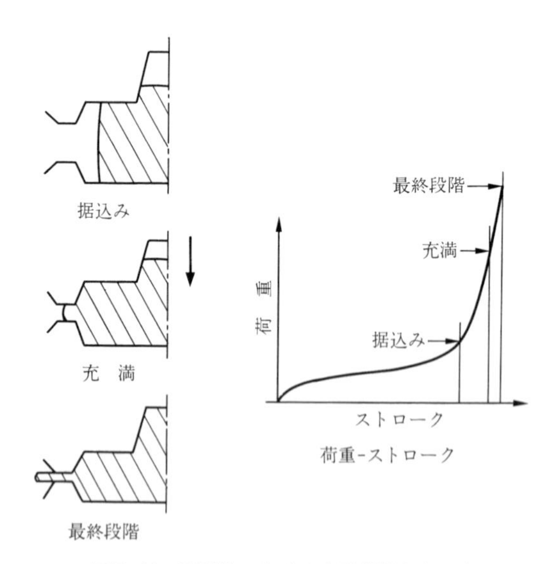

図 3.66　型鍛造における変形段階と加工力

らに圧縮を続けると，ばりが薄くなり流路が狭くなるので，わずかなストロークの増加により加工圧力が急激に増加する．

このような変形状態と加工圧力の特性から，ばりを圧縮する段階に達する前にインプレッションの形状にできるだけ近い形状に成形し，ばり圧縮がばり道全周で同時期に始まるようにすることが，材料歩留まりを高くし，型への負荷を小さくして工具寿命を延長するために重要である．このためには，できるだけ低い圧力で充満を完了するような荒地（予備成形品）形状の決定が不可欠である．

〔3〕 広げにおける加工圧力

広げは比較的薄いビレットの圧縮であるので，3.2節で述べた圧縮加工として取り扱うことができることが多い．

例えば，**図3.67**[69]に示す翼形断面の平面ひずみ鍛造は，ビレット厚さ h が位置の関数として変化する圧縮問題としてスラブ法により取り扱える．釣合い

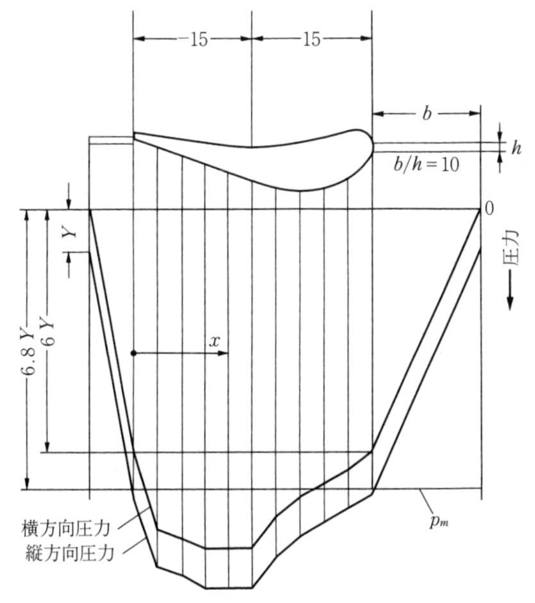

図3.67 厚さが不均一な素材の平面ひずみ圧縮における圧力計算例[69]

式である微分方程式を近似的に解くため，図に示すように領域を分割し，各領域の中では厚さ h を一定として図上積分する．材料流れの方向が逆転する分水嶺は，両端から計算した面圧が等しくなるところとして結果として求められる．この方法では工具の傾斜の影響を無視しているため，傾斜角が大きい工具には適用できないが，傾斜を考慮したスラブ法による解析方法[69]も提案されている．

〔4〕 **盛上げにおける変形**

盛上げの過程は3.2.3項で説明した周辺部据込みといえる．図3.28のI, II, IIIの順で変形様式が変化し，変形の進行とともに圧下部の材料が流入して盛上がりを生じるようになる．材料が盛り上がるのは，圧縮部における摩擦により外側への流れが拘束され，中心部に向かって材料が流動するようになるためである．

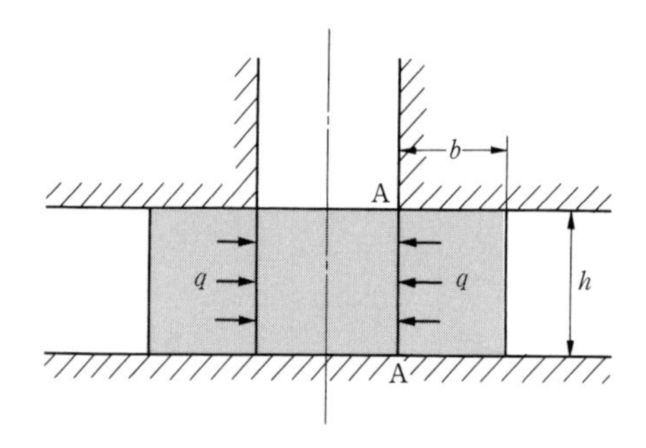

図3.68　平面ひずみ盛上げ鍛造のモデル

ここで，**図3.68**に示す平面ひずみ鍛造モデルにおいて，境界AAにおいて外から加わる圧縮力 q が平面ひずみ圧縮での降伏応力 $\sigma_0=(2/\sqrt{3})Y$ より大きくなるとき，周囲から圧縮され盛上がりが生じるものと仮定する．圧下部の高さを h，幅を b，摩擦係数を μ とすると，境界AAに作用する横方向圧力 $q=-\sigma_x$ は

$$q \fallingdotseq \left(\frac{2\mu b}{h}\right)\sigma_0 \tag{3.40}$$

である．したがって，盛上がり開始時 $(q=\sigma_0)$ の圧縮部の高さと幅の比 h/b は

$$\frac{h}{b} \fallingdotseq 2\mu \tag{3.41}$$

となる．

〔5〕 **型細部への材料押込みに必要な圧力**

型の細部に材料を流し込むために必要な圧力を検討するため，**図 3.69** に示すような角度 2α の溝状の型のくぼみへ材料を押込むモデルを考える．入口の幅を r_0 とし，押込まれた部分の先端の幅を r，摩擦係数を μ とすると，平面ひずみ押出しにおける押出し力の解析より，押込み圧力 p はつぎのようになる（式 (3.32) 参照）．

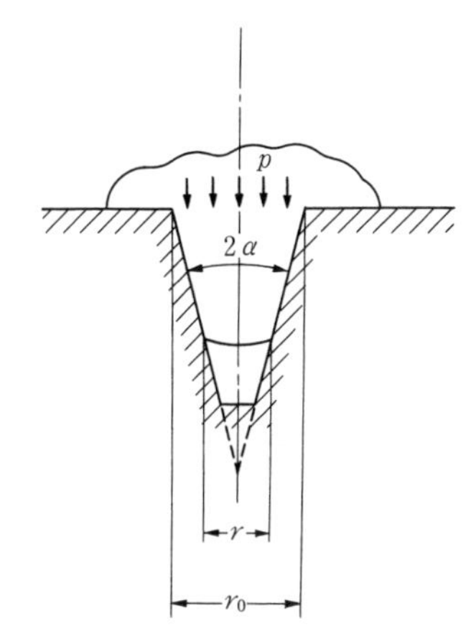

図 3.69　V 形溝への押込み

$$p=\frac{1+Q}{Q}\left\{\left(\frac{r_0}{r}\right)^Q-1\right\}+\frac{4\alpha}{3\sqrt{3}}\sigma_0$$

$$Q=\mu\cot\alpha \qquad (3.42)$$

例えば，$\alpha=30°=0.52$ ラジアン，$\mu=0.2$ の場合，$p/\sigma_0=3$ の圧力により $r_0/r=2.5$ になるまで充満が進行する．

〔6〕 **ばり圧縮による型内圧力の増加**

ばりを圧縮するようになると，ばり道が材料流れの抵抗となって型内の圧力が高まる．インプレッション内の圧力が低い場合には，ばり部の材料がインプレッション内に逆流する．

図 3.70（a）に示すように，ばり部において材料が外側に向かって流れている場合，摩擦係数 μ，ばり道に挟まれたばりの幅を b，厚さを h とすると，ば

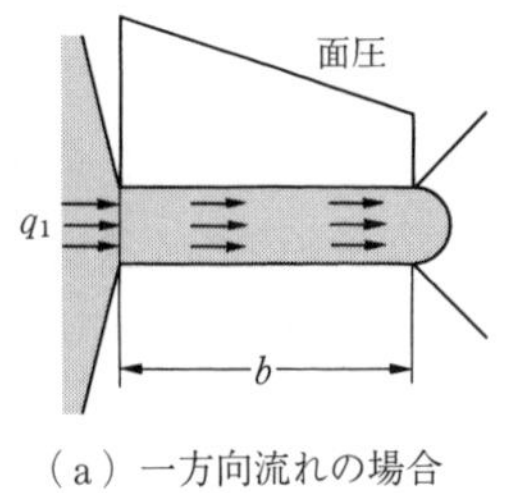

（a）一方向流れの場合　（b）逆流のある場合

図 3.70　ばり道での材料流れと圧力

り道の内側における横方向の圧力 q_1 はつぎのようになる.

$$q_1=\frac{2\mu b}{h}\sigma_0 \tag{3.43}$$

インプレッション内の圧力は静水圧的に q_1 だけ上昇する.

ばりが薄くなると，ばりの部分からインプレッションへ材料が逆流することがある．図（b）のように，ばり内側から w の距離に分流点があり，ばり部の材料がインプレッション内に逆流している場合を考えると，分流点の横方向圧力が両側で等しいことから式（3.44）が導かれる.

$$q_1+\frac{2\mu w}{h}\sigma_0=\frac{2\mu(b-w)}{h}\sigma_0 \tag{3.44}$$

材料が逆流するときのばり道の幅の最小値 $b_{\min}$ は上式で $w=0$ として

$$b_{\min}=\frac{h}{2\mu}\frac{q_1}{\sigma_0} \tag{3.45}$$

で求まる．例えば，$\mu=0.2$，$q_1/\sigma_0=0.5$ の場合には $b_{\min}/h=1.25$ である.

〔7〕 最終段階における変形と圧力

型鍛造の最終段階ではインプレッション内には材料がほぼ充満し，ばり道の材料が圧縮を受けながら，流出する状態になっている．このような場合には，インプレッション内部に大きな非変形域ができ，変形領域が型分割面を中心にして広がる.

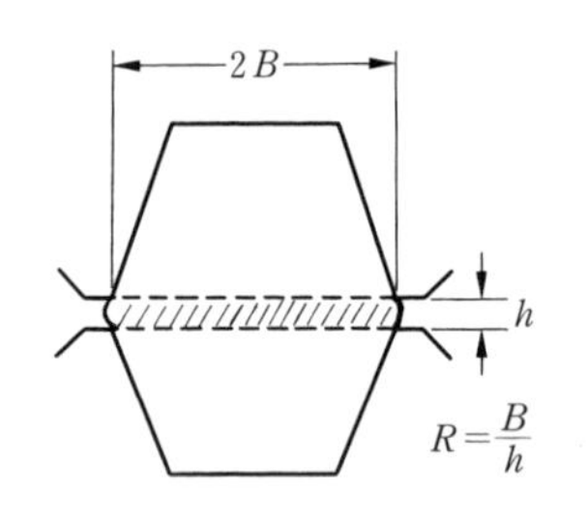

図 3.71　深いインプレッションをもつ型鍛造の最終段階の変形域のモデル

図 3.71 に示すインプレッションの部分が十分に厚い場合について，インプレッション内の圧力を計算してみよう．簡単のためばりが存在しない場合の圧力を求め，ばりの影響を後で補正することにする．Thomsen ら[70]はインプレッション内ではばり道の隙間 h と同じ厚さの部分のみが固着摩擦で圧縮されると仮定して，初等解法により圧力を計算している．この場合には，式（3.40）を用いるとインプレッション内の平均圧縮圧力 p_m は幅 $2B$ の

ビレットの平面ひずみ加工に対して式（3.46）で与えられる.

$$p_m \fallingdotseq \left(1+\frac{B}{h}\right)\sigma_0 \tag{3.46}$$

この計算方法では変形領域の幅を実際より小さく見積っているので，加工圧力がかなり高めになっている.

図3.72に，インプレッション内平均加工圧力p_mおよび中心部の圧縮方向圧力p_cと平面ひずみ変形抵抗σ_0（=1.15 Y）との比を示す．この問題は，上下から圧縮してばりを側方へ押し出す一種の押出し加工であると理解できるので，横軸には押出し比$R=B/h$の自然対数をとっている．中心の圧力p_cは$\ln R$に対しほぼ線形に変化し

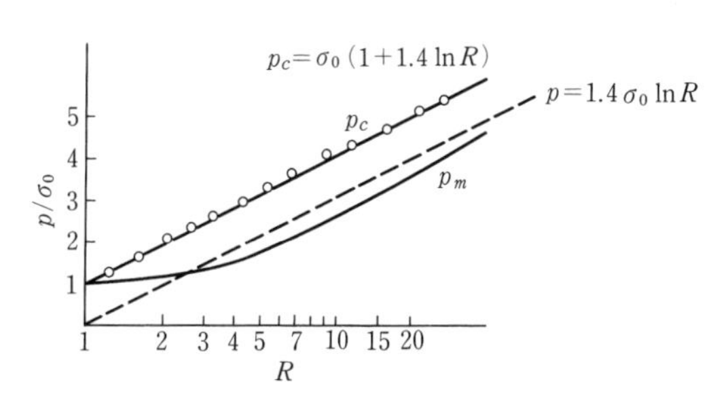

図3.72　深いインプレッションをもつ型鍛造最終段階における加工圧力p_mおよび滑り線場による中心部圧力p_c

$$p_c=\sigma_0(1+1.4\ln R) \tag{3.47}$$

で近似される．平均加工圧力p_mは片対数グラフ上でp_cとほぼ平行になり

$$p_m=1.4\sigma_0\ln R \tag{3.48}$$

に漸近する.

この式を平面ひずみ以外の一般の型鍛造に適用するためには，インプレッションの投影面積Aとばりの内側周囲の長さS，その厚さhとから式（3.49）により押出し比を求め，式（3.48）に代入する.

$$R=\frac{A}{Sh} \tag{3.49}$$

以上のばりを無視した解析結果に対してばりの影響を補正する方法として，ばりがない場合のインプレッション内の圧力に，ばりによる圧力増分を重畳する方法を採用する．スラブ法によると，材料が逆流しないときには，ばり部の

圧力は外側から内側に向かってしだいに高くなり，ばり内側での横方向圧力 q_1 は式（3.43）で表されるので，インプレッション内の平均圧力は

$$p_m=\left(\frac{2\mu b}{h}+1.4\ln R\right)\sigma_0 \tag{3.50}$$

となる．

また，最終段階の加工力 P は式（3.51）で与えられる．

$$P=\left[A\left(\frac{2\mu b}{h}+1.4\ln R\right)+Sb\left(1+\frac{\mu b}{h}\right)\right]\sigma_0 \tag{3.51}$$

3.4.2 密 閉 鍛 造

〔1〕 密閉コイニング

最終形状の近くまで成形したビレットを密閉金型の中で圧縮し，型の細部形状を映し出す作業を密閉型コイニングという．コイニングの最終段階では材料が逃げるところがなく，充満が完了した後は圧力が非常に高くなり工具を破損する恐れがあるため，充満のための最小圧力を知っていることが必要である．

図 3.73 にコイニング加工のモデルを示す．この加工は薄いビレットを圧縮しながら，一部を非定常押出しする方法であるといえる．薄いビレットの圧縮圧力は前項で述べたように，ビレット厚さが幅または直径に比べて小さくなると非常に高くなる．

一方，押出しに必要な圧力は押出し比（ビレット断面積 / 出口面積）ととも

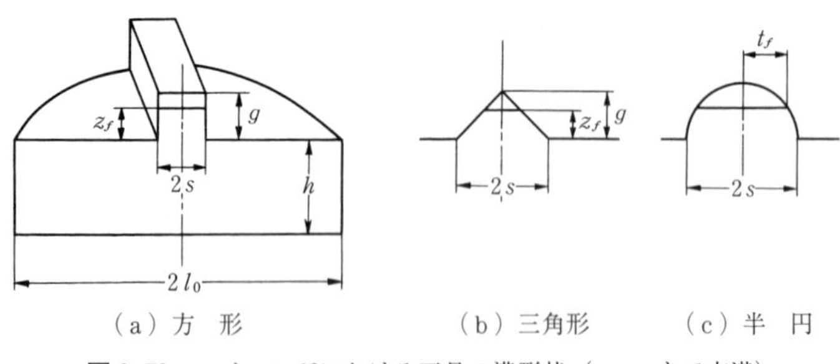

図 3.73　コイニングにおける工具の溝形状（z_f，t_f まで充満）

に大きくなる．Bocharov ら[71)]は円盤上ビレットを長方形，三角形，半円形の断面形状をもつ溝に流し込む場合の加工圧力を求めている．例えば長方形断面の溝の場合，全面で固着が生じているとすると，平均圧力はつぎのようになる．

$$\frac{p_m}{Y}=\frac{4}{\sqrt{3}\pi}\left(a_1\frac{z_f}{s}+b_1\frac{s}{h}+c_1\right) \tag{3.52}$$

ここで

$$a_1=\frac{\pi}{4}-\frac{1}{2}\sin^{-1}\left(\frac{s}{l_0}\right)+\left[1-\frac{1}{2}\sqrt{1-\left(\frac{s}{l_0}\right)^2}\right]\left(\frac{s}{l_0}\right)$$

$$b_1=-\frac{\pi}{2}+\sin^{-1}\left(\frac{s}{l_0}\right)+\left[\frac{2}{3}\left(\frac{l_0}{s}\right)+\frac{1}{3}\left(\frac{s}{l_0}\right)\right]\sqrt{1-\left(\frac{s}{l_0}\right)^2}$$

$$c_1=\pi-2\sin^{-1}\left(\frac{s}{l_0}\right)-2\left(\frac{s}{l_0}\right)\sqrt{1-\left(\frac{s}{l_0}\right)^2}$$

〔2〕 歯　形　の　成　形

傘歯車の鍛造において，歯部への材料充てんの様子はビレット形状によって影響を受ける．ビレットが細長い円柱では，ビレット端面が上型に早期に当たり，歯の上端部から材料充てんが始まるが，上部歯先が未充てんのまま歯の下のほうへ加工が進めば，**図 3.74**（a）のように上部歯先に欠陥が残る．ビレット高さが低い場合では，図（b）のように歯の上部と中央部との 2 箇所に欠陥を生じることもある．加工初期に歯の上部が完全に埋まり，上から順次成形さ

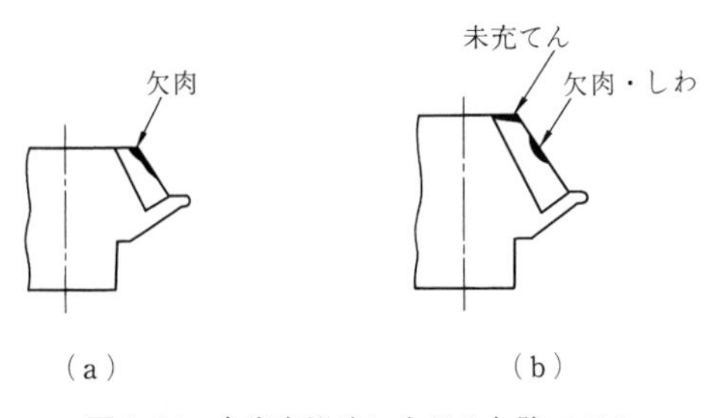

図 3.74　傘歯車鍛造に生じる欠陥モデル

れるようなビレット形状を選ぶ必要がある[72].

〔3〕 **ヘッディング**

図 3.75 はヘッディングの模式図である．直径 d_0 のビレットの上端から長さ h_0 の部分（図の破線部分）を据え込んで高さ h で断面が円，四角，六角などの頭部形状に成形する．

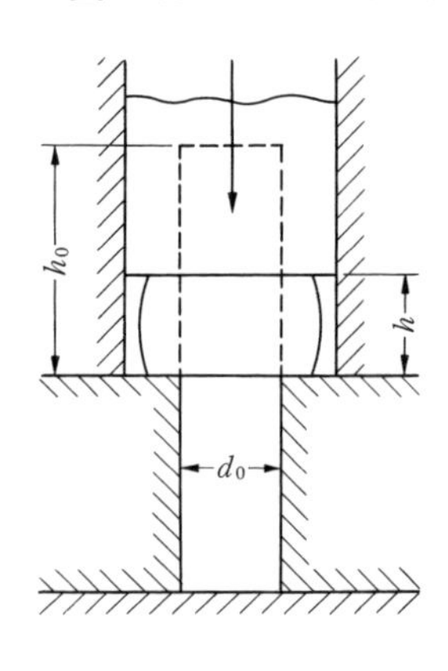

図 3.75　ヘッディング加工の模式図

図 3.76 は d_0＝8 mm の焼きなましたアルミニウム棒をビレットとして，同一断面積で断面が図示の形状をもつ頭部に成形する場合の据込み圧力-据込み度曲線の例[20]である．加工の初・中期で側面自由表面がダイ内壁面に接触するまでは単純圧縮と同様の変形が起こるが，さらに加工が進行するにつれて，曲線は四角，六角，円の順に早く単純圧縮曲線から離れ，急激に上昇し，隅角に向かって充満し始める．

直径 d の円形断面柱を 1 辺 d の正方形断面柱に潤滑据込みする場合，平均

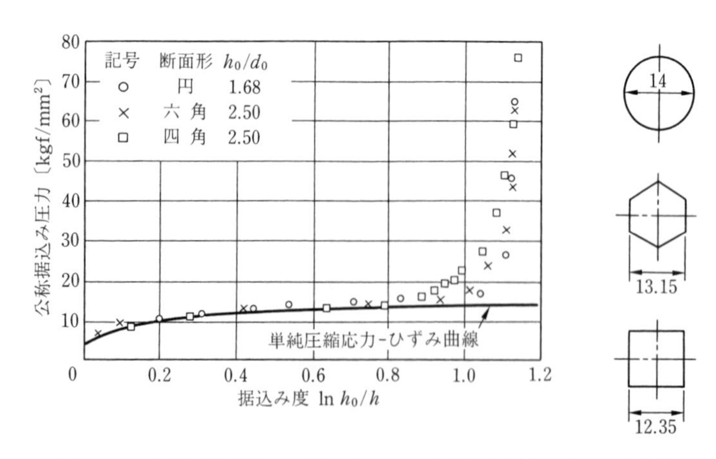

図 3.76　各種頭部形状への据込みにおける据込み圧力-据込み度曲線
（材料：アルミニウム焼なまし材，d_0＝8）

据込み圧力 p_m を同じ据込み率での変形抵抗 Y で無次元化した拘束係数 C は式 (3.53) で近似できる[73].

$$C=\frac{p_m}{Y}=\frac{10}{9}+\frac{2}{3}\ln\frac{1-J_0}{1-J} \tag{3.53}$$

ここに, $J=a/A$ (A は型穴断面積) は充満度であり, 1 のとき完全充満である. この式から 99% 充満のとき $C=3.56$ となる.

3.4.3 閉 そ く 鍛 造

〔1〕 加 工 方 法

閉そく鍛造は, **図 3.77**[74] (a) に示すような型とパンチを用い, 図 (b) のように型を合わせ型空間を作ってビレットを閉じ込め, 図 (c) のように材料にパンチを押し込んで型空間を埋めつくして成形する方法である. パンチの数は 1 本とは限らない.

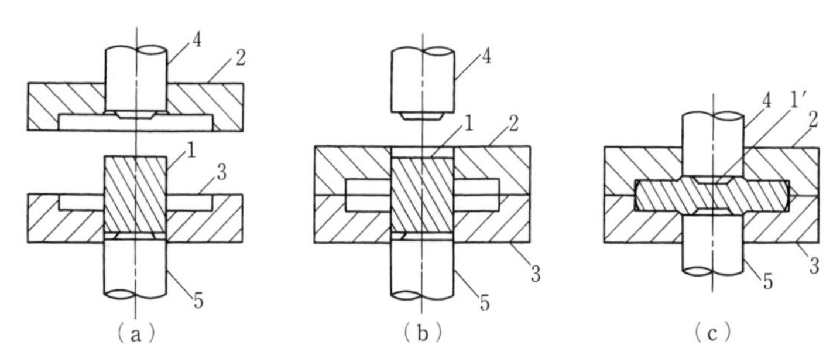

1：ビレット, 1′：鍛造部品, 2：上型, 3：下型, 4：上パンチ, 5：下パンチ

図 3.77　閉そく鍛造の原理図

このような閉そく鍛造の特徴は, (1) 複数個のパンチを用いて, 多方向から変形を付与できるため, 変形域内の圧力分布をより均一化できる, (2) パンチを用いて加工するため, 局部変形を与えることができる, (3) ビレットとパンチとの接触面積が大きく変化せず, また, ばりの圧縮がないので加工圧力が低い, (4) 加工圧力ならびに材料流動の制御が行いやすい, などがある.

閉そく鍛造に適した工業用部品の例には，エルボー，ヨーク，傘歯車，管継手，バルブボディなどがある．さらに多くの部品が加工の対象となりうるであろうが，（1）変形機構がよく解明されていない，（2）金型構造が複雑になる，（3）場合によっては多ラムプレス機械を必要とする，などの課題がある．

閉そく鍛造用の専用プレスあるいは金型が開発され，加工された部品についてもすでにかなりの実績がある．以下では，ヨークおよび歯形をもつ部品を閉そく鍛造する際に生じる応力や変形について実例に基づき述べる．

〔2〕 ヨ　ー　ク[75)]

軸部から3本の突起が出たヨーク（**図3.78**）の加工が試みられた．突起先端部の幅は根本部よりも広い．このため3.3.3項〔4〕で述べた押広げ押出しに似た流れになる．ビレットはSCM 822 H（HV≒210）製の，直径29.9 mm，長さ117 mmの円柱形である．黒鉛を潤滑剤として850℃などの温度でトリプルアクションの多ラム油圧プレスを用いて**図3.79**に示す過程で成形した．通常の加工では図3.78（a）のように突起の高さは十分であったが，幅が不足した．しかし，先端から背圧を付与しながら加工すれば図（b）のような健全なヨークが得られた．このように，背圧を加えながら加工できるのも閉そく鍛造の特色である．

（a）ヨーク先端から背圧なし

（b）ヨーク先端から背圧付加

図3.78　ヨーク（SCM 822 H（850℃））

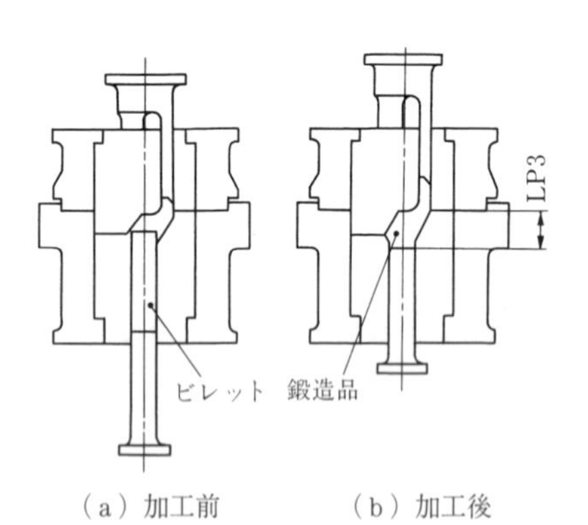

（a）加工前　　（b）加工後

図3.79　ヨークの加工

〔3〕 歯　　形[76)]

図 3.80 に示すような歯形をもつ部品の加工が試みられた．直径と高さが異なる 3 種類の円柱形試験片を用いて，半密閉鍛造および閉そく鍛造したときの欠陥の発生状況と成形荷重を**図 3.81** に示す．材料は純アルミニウムである．欠肉，巻込みなどの欠陥が見られるが，欠肉には歯部先端のように材料の未充てん部と，型の隅角部に空気や潤滑剤が封入されて生じたものなどがあるようである．閉そく鍛造の成形荷重は半密閉鍛造よりかなり低いことがわかる．

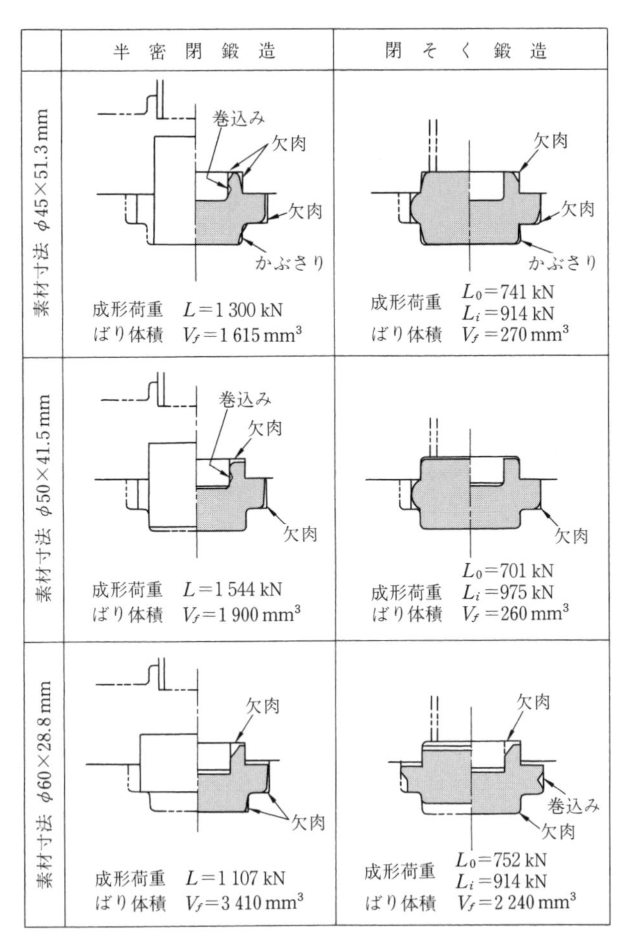

図 3.81　歯形をもつ部品の成形（アルミニウム）

図 3.80　歯形をもつ部品

図 3.82 には分割したビレットの縦断面上に 2 mm 間隔の格子をけがいて，別の半分と合わせ再び円柱形ビレットにして鍛造したときの，格子線の変形模様を示す．半密閉鍛造した場合，パンチ直下の材料流動は，下部よりもはるかに大きく，ばり道に向いている．これに対し閉そく鍛造では，歯部全体に材料流動が生じていることがわかる．

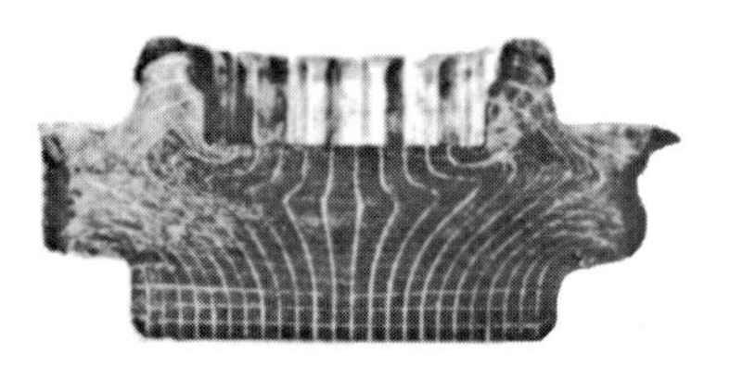

（a）半密閉鍛造

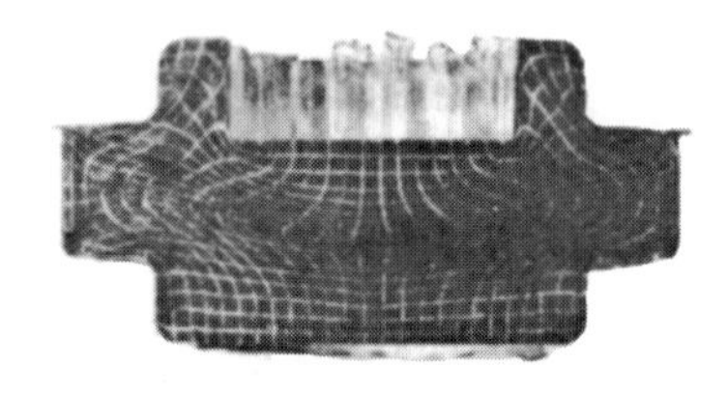

（b）閉そく鍛造

図 3.82 歯形をもつ部品の格子線変形模様

3.4.4 分 流 鍛 造

密閉型鍛造における加工圧力は，加工終期に型隅部の空所が少なくなると急増する．これは空所に向かって材料流れが集中し，非常に大きな押出し比での押出しのような状態になるからである．材料流れを集中させないようにすると比較的低い圧力で型への充てんが可能になると考えられ，流れを集中させない分流方式の型鍛造が提案されている [77)～80)]．

図 3.83 に分流方式の 2 方式を示す．図（a）は押出しにおける捨て軸（3.3.5 節〔2〕参照）を型鍛造に利用したものであり，ビレットは圧縮されて型隅へ向かう流れと捨て軸を押出す流れに分かれる．これにより型隅への流れの実質的押出し比が小さくなり，加工圧力の低減になる．また，図（b）はビレット中心に逃がし穴を設けたもので，内側向きの材料流れに対する抵抗はさらに小さくなる．この方式を利用した平歯車鍛造が提案されている [81)]．

図 3.84 [82)] は，板厚 5 mm の焼なまされた純アルミニウムを使いモジュール 1，歯数 22 枚の歯車を成形したときの加圧面圧–行程線図である．密閉方式で加工しようとする場合，成形が進むにつれて加工面圧が増加し 650 MPa を超

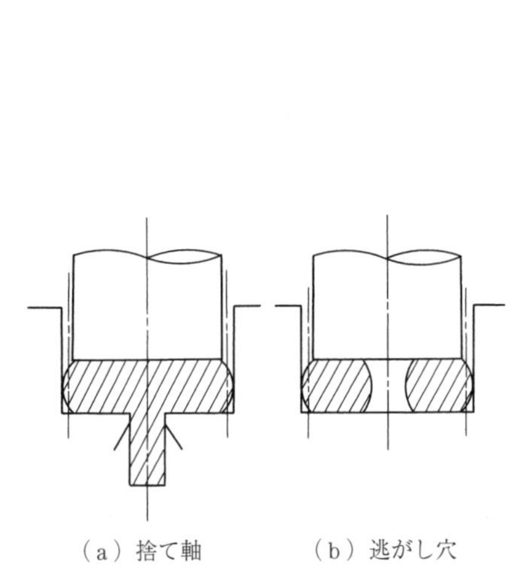

図 3.83　分流方式型鍛造

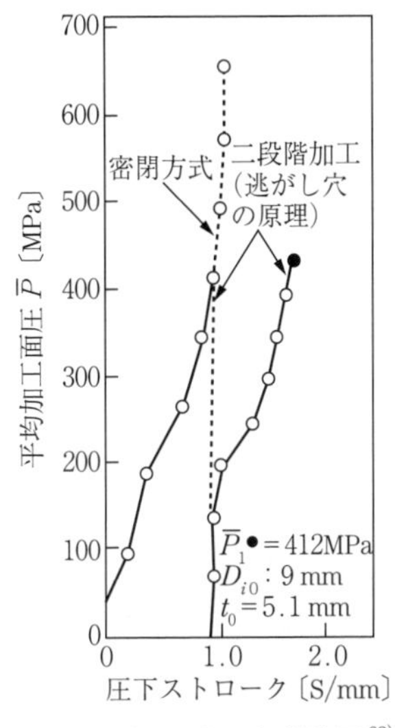

図 3.84　加圧面圧-行程線図[82)]

えても歯先の充満が見られなかったが，400 MPa で加工を中断し 9 mm の穴をあけ再度成形を進めることにより，440 MPa で歯先まで充満させることができた．

例えば，この分流鍛造法を実加工に適用するには，**図 3.85**[83)]の平歯車の加工の場合で示すように，まず第 1 段階で密閉方式により可能な限りの加圧を進め，加工力が許容しうる範囲で圧下を中止した後，第 2 段階で捨て軸あるいは逃がし穴を活用して未充てん部を充てんするという 2 段階加圧方式をとる．

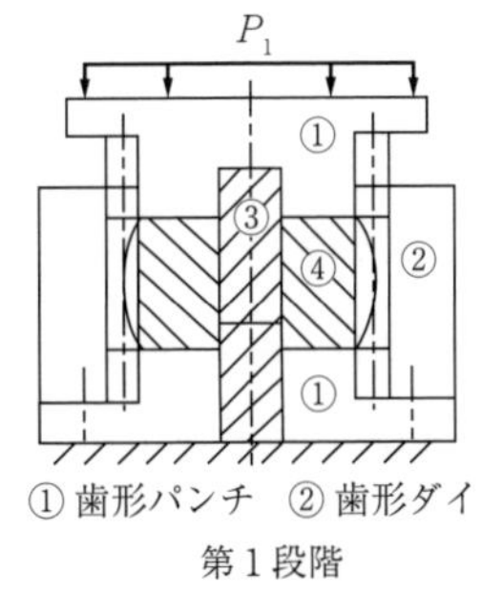

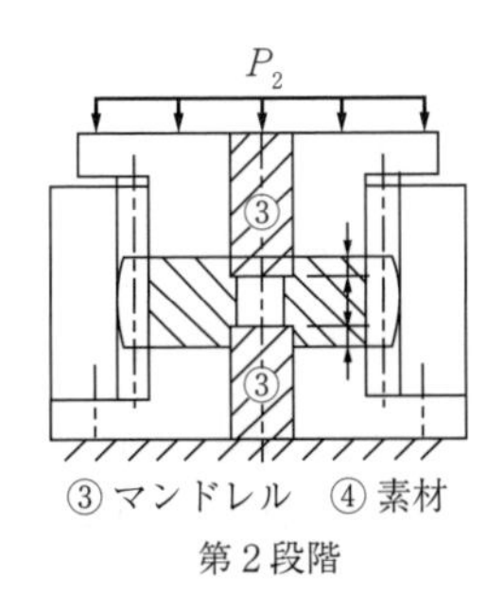

図 3.85　リング素材からの分流鍛造[83)]

図 3.86[84] は，この分流法を活用してヘリカルギアの量産化を実現した例を示す．上 2 軸，下 2 軸の油圧複動プレスを使用し，①リング形状の中空部材をマンドレルの外にセットし，② インサートパンチとアウターパンチを同時に下降させて据込み加工を行う．③ 面圧の許容範囲内でインサートパンチの背圧が 0 となるよう下降を制御する．④ この段階でインサートパンチ下部に空間が生まれ材料の分流が発生することで，歯先への材料充てんが完了する．

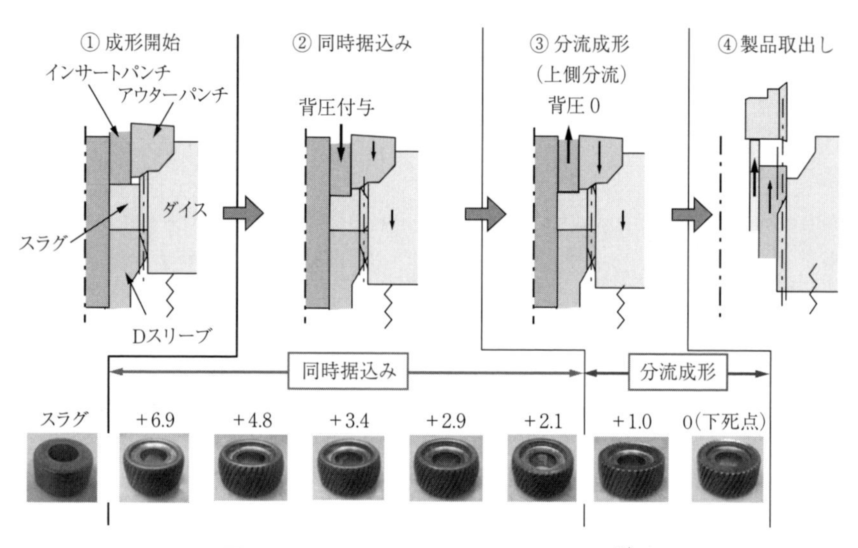

図 3.86　分流鍛造を用いた歯車の鍛造工程[84]

3.5 板　鍛　造

板鍛造は，**図 3.87**[85] に示すように板材成形技術の一般的な打抜き（ファインブランキング，FB），絞り，曲げ，バーリングなどを組み合わせる工程に，冷間鍛造技術の据込み，押出し，しごきを組み合わせる工法で，FCF 工法[86] も含めた総称である．板材成形に鍛造技術を組み合わせることで，成形限界が上がり，高精度で複雑形状の成形が可能となる．

もともと板材は材質が均一で板厚精度や表面性状が優れており，立体形状へ

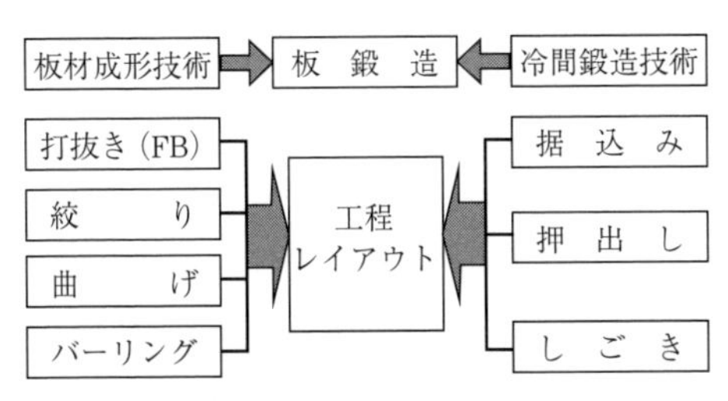

図 3.87　板鍛造の概要[85]

の成形に当たっては，曲げ，深絞り，張出し等が用いられる．変形は部分的に行われ引張応力場となるため，用いる加工力は小さい．一方，鍛造加工では，剛性や強度の高い製品が造り出せるが，素材全体が圧縮応力場で変形を受けるため，加工力は板材成形に比べ非常に高くなる．したがって，高精度を得ようとして型内への密閉度を高めたり，厚さに対する工具接触幅の大きい条件で鍛造すれば，型の許容面圧を容易に超えてしまい，これが適用製品形状の限界を決めることになる．

これら二つの技術の特徴を生かす複合技術では，比較的成形の容易な厚板材の成形により全体形状を造り出したうえ，強度，剛性の不足する部分に板面に沿う方向の鍛造圧縮力を加えて増肉部分を作ることで，軽量化，高機能化を図ることができる．板材に面に沿う圧縮力を加え増肉を図ろうとすると座屈が発生するため，**図 3.88** のような傾斜工具面に沿う加圧を用いる簡便な増肉法が提案されている[87),88)]．

	増肉加工前	増肉加工途中	増肉加工完了
従来方式	隙間		折れ込み　折れ込み
新方式	隙間　隙間		

図 3.88　増肉成形の比較

図 3.89（a）[86] に圧縮絞りを基本としたボス成形の概略レイアウトを示す．製品ボス部の体積を確保するために，第1絞りにおいて大きく絞り，以降の工程で，圧縮絞りにより中央の絞り部径を小さくすることによりボス部の体積を確保する．その後ボス部に縦方向の圧縮成形を行うことで，ボス部増肉と絞りコーナー R 部のエッジ成形を行う．図（b）に成形事例を示す．

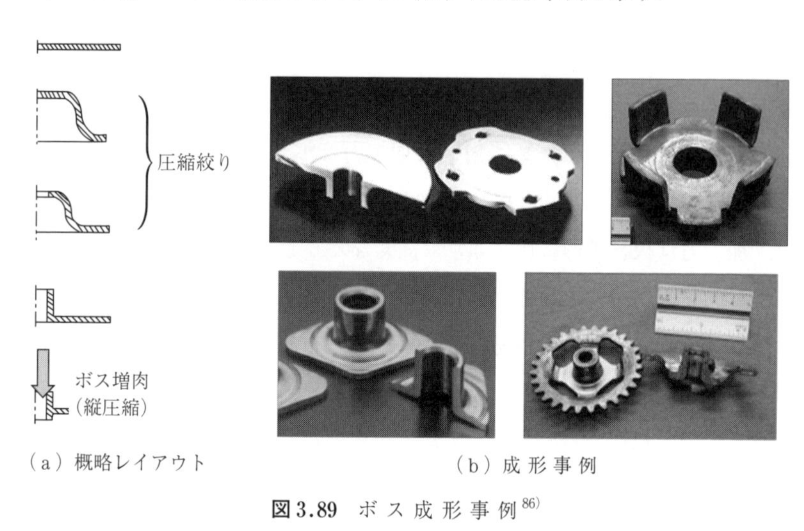

（a）概略レイアウト　　（b）成 形 事 例

図 3.89　ボ ス 成 形 事 例 [86]

図 3.90（a）[86] は，局部据込みを用いた基本的な溝成形のレイアウトである．まず，次工程での局部据込み時の材料の流動部分の確保のため捨て穴を打抜き，局部据込み，打抜きの座ぐり成形後に内径打抜き部にバーリングを行うことにより，溝成形を行っている．このレイアウトでは溝成形にバーリングを用いているために，溝部内径側の縦壁の肉厚は薄肉のものに限定される．溝部が内径側から離れている場合，すなわち溝部内径側の縦壁部の肉厚が厚い場合には，図（b）に示すような第1工程での半抜きでの凹部の成形後に，反対側から再度半抜きを行うことにより成形できる．

図 3.91 は順送り加工による板鍛造製品例で，板厚 10 mm の板素材から図のような製品を数工程で成形している．

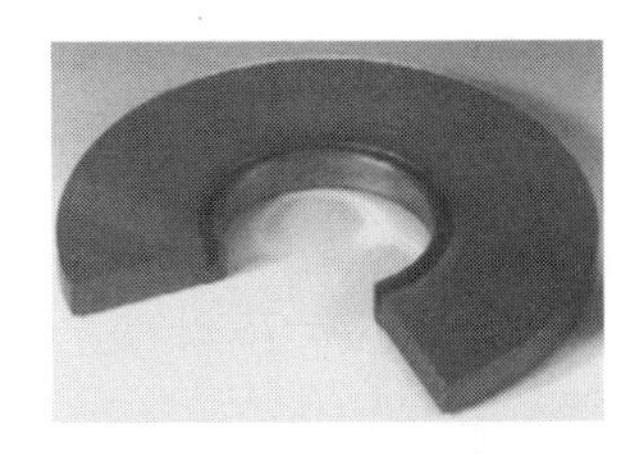

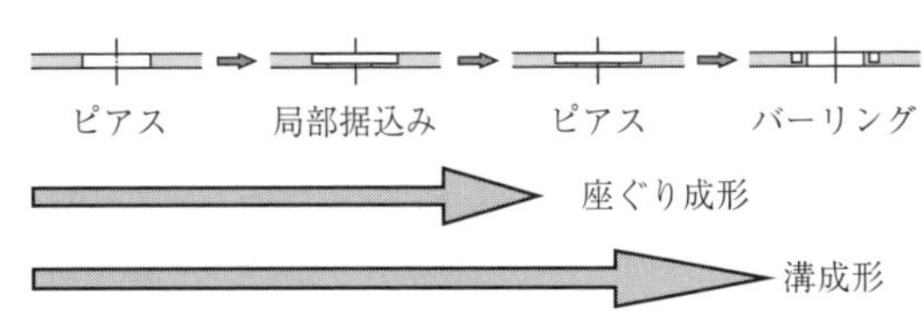

（a）基本的なレイアウト

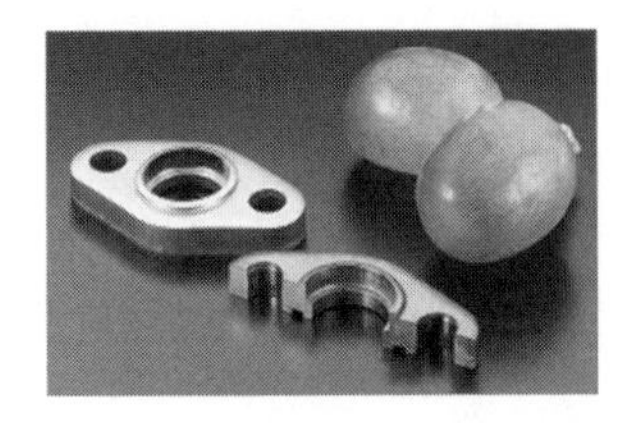

（b）半抜き成形

図 3.90 溝成形事例[86)]

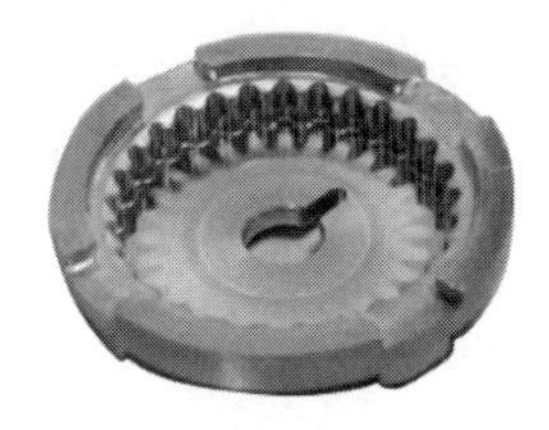

図 3.91 板鍛造製品（株式会社サイベックコーポレーション提供）

引用・参考文献

1) 日本塑性加工学会 編：塑性加工の計算力学，新塑性加工技術シリーズ 1，コロナ社（発行準備中）.
2) 小坂田宏造・村山文明：塑性と加工，**24**–265（1983），195–200.
3) Osakada, K., Shinagawa, K. & Kayama, S.: Proc. 4 th Int. Conf. Tech. Plasticity,（1993），257–262.
4) Cockcroft, M.G. & Latham, D.J.: J. Inst. Metals, **96**（1968），33–39.
5) 大矢根守哉：日本機械学会誌，**75**–639（1972），596–601.
6) 佐藤悌介・井上博徳：塑性と加工，**18**–196（1977），392–396.
7) 小坂田宏造・綿谷晶廣・関口秀夫：日本機械学会論文集，**43**–368（1977），1251–1258.

8) McDermott, R.P. & Bramley, A.N.: Proc. 2 nd NAMRC,（1974）, 35–47.
9) 工藤英明：東京大学航空研究所集報, **1**–1（1958）, 37–96.
10) 工藤英明：東京大学航空研究所集報, **1**–3（1959）, 212–246.
11) 木内学・岸英敏・石川政和：塑性と加工, **24**–266（1983）, 290–296.
12) 畑村洋太郎：日本塑性加工学会第 23 回塑性加工学講座,（1970）, 75–91.
13) 鈴木弘 編：塑性加工,（1980）, 326, 裳華房.
14) 工藤英明 訳：Thomsen, E.G., Yang, C.H. & Kobayashi, S.：金属塑性加工の力学,（1967）, 175, コロナ社.
15) 加藤和典・室田忠雄・三浦洋嗣：塑性と加工, **24**–286（1983）, 471–479.
16) 工藤英明・青井一喜：塑性と加工, **8**–72（1967）, 17–27.
17) 松原茂夫・工藤英明：塑性と加工, **32**–364（1991）, 589–596.
18) Mori, K., Osakada, K. & Fukuda, M.: Trans. ASME, J. Engineering Materials and Technology, **106**（1984）, 127–131.
19) 高橋裕男・丹野顯：塑性と加工, **26**–295（1985）, 876–882.
20) 清野次郎・福井伸二：塑性と加工, **2**–10（1961）, 749–758.
21) Mori, K., Osakada, K. & Kadohata, S.: Proc. 4 th Int. Conf. Tech. Plasticity,（1993）, 1047–1052.
22) 加藤隆・赤井正司・戸澤康壽：塑性と加工, **28**–319（1987）, 791–798.
23) Lahoti, G.D. & Kobayashi, S.: Int. J. Mech. Sci., **16**–8（1974）, 521–540.
24) Kobayashi, S., Oh, S.I. & Altan, T.: Metal Forming and the Finite Element Method,（1989）, 158, Oxford.
25) 泉澤正郎・吉田始：塑性と加工, **29**–328（1988）, 504–509.
26) Osakada, K. & Mori, K.: CIRP Ann., **34**–1（1985）, 241–244.
27) 北原義之・小坂田宏造・藤井進・鳴瀧良之助：塑性と加工, **18**–200（1977）, 753–759.
28) Staff of NFL: Sheet Metal Ind., **43**–468（1966）, 268–305.
29) Alexander, J.M. & Lengyel, B.: J. Inst. Metals, **93**（1964–65）, 137–145.
30) Lahoti, B.D. & Kobayashi, S.: Proc. 2 nd NAMRC,（1974）, 73–87.
31) 難波樹人・和田知之：塑性と加工, **25**–282（1984）, 625–630.
32) 工藤英明：塑性と加工, **1**–3（1960）, 219–230.
33) 大矢根守哉 編：塑性加工学,（1983）, 178, 養賢堂.
34) Avitzur, B.: Trans. ASME Ser. B, J. Eng. Ind., **86**–4（1964）, 305–316.
35) Osakada, K., Shiraishi, N. & Oyana, M.: J. Inst. Metals, **99**（1971）, 341–344.
36) Miura, S., Saeki, Y. & Matsushita, T.: Metals and Materials, **7**–7（1973）, 441–447.
37) Takahashi, H., et al.: Proc. 10 th Japan Congr. Testing Mat.,（1966）, 74.
38) 三木武司・小門純一：塑性と加工, **29**–328（1988）, 485–491.
39) 三木武司・小門純一：塑性と加工, **29**–330（1988）, 725–731.

40) 阿部武治・久保勝司・大矢根守哉：日本機械学会論文集（第 1 部），**38**-3078（1972），507-513.
41) Rogers, H.C. & Coffin Jr., L.F.: Int. J. Mech. Sci. **13**-2（1971），141-155.
42) Sacks, G. & Draper, A.: Microtechnic, **13**-2（1959），66-76.
43) Eliott, E.: Metal Industry,（1962），105.
44) 団野敦・阿部勝司・野々山史男：塑性と加工，**24**-265（1983），213-220.
45) Mori, K., Osakada, K. & Fukuda, M.: Int. J. Mech. Sci., **25**-11（1983），775-783.
46) 加藤隆・田中達夫：塑性と加工，**29**-328（1988），478-484.
47) 久能木真人：科学研究報告書，**50**（1956），215.
48) ICFG Data Sheet：No. 9/82（1982）.
49) 日本塑性加工学会冷間鍛造分科会：塑性と加工，**12**-122（1971），205-207.
50) Widman, M., et al.: Indust. Ang., **100**-97（1978），72.
51) 篠崎吉太郎・佐藤清・工藤英明：塑性と加工，**18**-194（1977），208-209.
52) Geiger, R.: Berichte. f. Umformtech. Univ. Stuttgart, No.36,（1976）.
53) 林恵輝・工藤英明・川上和寿・武川泉：塑性と加工，**32**-361（1991），199-206.
54) Watkins, M.T.: NEL Rep., No.383（1969）.
55) Johnson, W.: J. Mech. Phys. Solids, **7**-1（1958），37-42.
56) Chitkara, N.R. & Adeyemi, M.B.: Proc. 18 th MTDR Conf.,（1978），289-301.
57) Johnson, W.: J. Inst. Metals, **85**（1956-57），403.
58) 麻田宏・小池吉藏・森本三藏・田中英八：日本金属学会誌，**21**-3（1958），180-183.
59) Ahmed, M.H. & Farang, M.M.: Proc. 4 th NAMRC,（1976），180-187.
60) Kast, D.: Indust. Ang., **92**-84（1970），2003.
61) Watkins, M.T. et al.: Mech. Eng. Res. Lab., Scotland, Plasticity Rep. No.127（1956）.
62) 村上糺・高橋裕男：塑性と加工，**28**-316（1987），467-474.
63) 村上糺・高橋裕男：塑性と加工，**30**-338（1989），419-425.
64) 村上糺・高橋裕男：塑性と加工，**32**-369（1991），1244-1249.
65) 村上糺・高橋裕男：塑性と加工，**32**-369（1991），1250-1255.
66) Kudo, H. & Shinozaki, K.: Proc. Int. Conf. Production Eng., **1**（1974），314-319.
67) Shinozaki, K. & Kudo, H.: CIRP Ann., **38**-1（1989），253-256.
68) Lange, K.: Handbook of Metal Forming,（1985），McGraw-Hill, New York.
69) 五弓勇雄 監訳：ドイツ鉄鋼協会 編：塑性加工の基礎，（1972），57-70，コロナ社.
70) 工藤英明 訳：Thomsen, E.G., Yang, C.H. & Kobayashi, S.：金属塑性加工の力学，（1967），258-260，コロナ社.

71） Bocharov, Y., Kobayashi, S. & Thomsen, E.G.: Trans. ASME Ser. B, J. Eng. Ind., **84**-4（1962），502-508.
72） 泉澤正郎：塑性と加工，**16**-178（1975），1049-1056.
73） 丹野顯・高橋裕男：塑性と加工，**26**-292（1985），512-518.
74） 篠﨑吉太郎：塑性と加工，**33**-382（1992），1250-1255.
75） 石井昭寿・越丸肇・有田正司・島村三郎：塑性と加工，**22**-241（1981），191-196.
76） 和田林良一・山本博一・藤本福雄：大阪府立工業技術研究所報告，**73**（1978），38-41.
77） 大賀喬一・近藤一義：日本機械学会論文集（C 編），**48**-427（1982），425-434.
78） 大賀喬一・近藤一義・実成俊政：日本機械学会論文集（C 編），**48**-427（1982），435-442.
79） 大賀喬一・近藤一義・実成俊政：日本機械学会論文集（C 編），**48**-436（1982），1977-1985.
80） 大賀喬一・近藤一義・実成俊政：日本機械学会論文集（C 編），**51**-462（1985），399-408.
81） 近藤一義・大賀喬一・実成俊政：日本機械学会論文集（C 編），**51**-462（1985），390-398.
82） 近藤一義：塑性と加工，**38**-438（1997），605-610.
83） 近藤一義・大賀喬一：塑性と加工，**27**-300（1986），121-125.
84） 中島将木・新井慎二・近藤一義：塑性と加工，**50**-587（2009），1086-1090.
85） 中野隆志・芦原和男・石永信行・井村隆昭・外山泰治：塑性と加工，**47**-551（2006），1146-1150.
86） 井村隆昭：型技術，**23**-2（2008），18-23.
87） 大屋邦雄：第 47 回塑性加工連合講演会講演論文集，（1996），413-414.
88） 近藤一義：日本塑性加工学会第 241 回塑性加工シンポジウムテキスト，（2005），1-8.

4 鍛造品の設計および品質

4.1 設計の考え方

4.1.1 製品設計段階での注意

生産を前提にした鍛造品設計では，製品機能上の要求がすべて完全な形で受け入れられているわけではなく，コストや手持ちの製造設備仕様から生じる制約などとの兼ね合いを考慮して，機能を選択し，妥協を図りながら進められている．機能検討の初期段階では，製品機能を実現する機構およびその構造をあまり限定しないで，いろいろな可能性を検討すべきである．

設計の早い段階ならスペースレイアウトや許容応力の設定などに自由度が高いので，各加工法に最適な形状を採り入れることができる．コストを下げるためには，鍛造のままの黒皮部分を増し，機械加工部位および切削代を減らすことがポイントとなる．そのために製品設計および機械加工のメンバーと協議すべき項目は部品ごとに異なるが，熱間加工部品を前提とした一般的なものを整理すると**図 4.1**のようになる．

またこのために，製品設計者へはコスト低減に役立つ鍛造形状を理解してもらえるように理解活動を続けることと，鍛造側としても競合技術の動向についての知識をもっていることが大切である．**表 4.1**[1]に自動車部品について代表的な加工法の競合関係を示した．

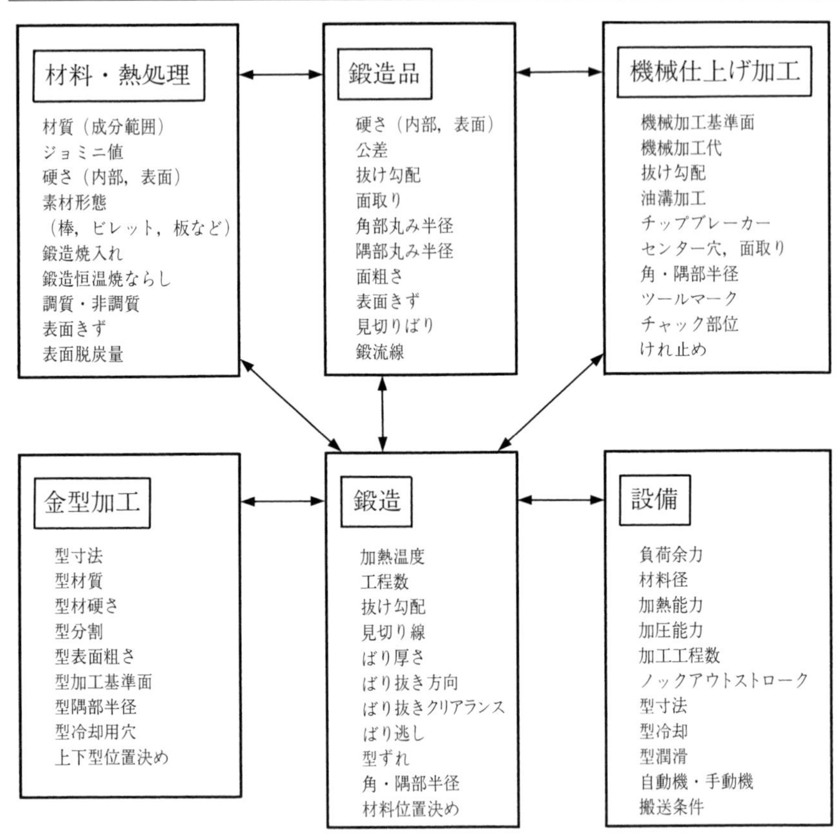

図 4.1　鍛造部品の設計に先立ち関係部門と協議すべき事項

4.1.2　各鍛造法（熱間鍛造，温間鍛造，冷間鍛造）の選択

鍛造品の設計は採用する鍛造法によって異なる．種々の鍛造法の分類，定義，特徴は1.2節で示した．鋼の熱間・温間・冷間鍛造法の比較を**表 4.2** に示す．

熱間鍛造は形状の自由度が最も高く，対象となる形には，例えば**図 4.2** のようなものがある．冷間鍛造では形状的な制限が多い．**図 4.3**[2] に示すものが冷間鍛造部品の代表例である．温間鍛造は，ねらいどころによって熱間鍛造に近い形から冷間鍛造に近い形まで対象となる温度範囲が広い．

表 4.1 自動車用鍛造部品と競合する他の加工法[1)]

部位	部品名	鍛造	アルミ鍛造	焼結鍛造	焼結合金	プレス	鋳物	ダイカスト	樹脂	その他
エンジン関係	クランク軸	○					○			
	コネクティングロッド	○	○	○			○			○
	コネクティングロッドキャップ	○	○	○			○			○
	バルブロッカーアーム	○	○			○	○	○		
	吸排気バルブ	○								
	ピストンピン	○								○
	ピストン		○					○		
駆動関係 M/T	歯車類	○							○	
	クラッチハブ	○			○					
	シフトフォーク	○				○	○	○		
	ベアリングリテーナ	○				○	○	○		
駆動関係 A/T	歯車類									
	パーキングロックギヤ					○				
駆動関係 CVT	プーリ	○								
	エレメント					○				
伝達関係	プロペラシャフト	○	○							
	ディファレンシャルギヤ	○								
	CVJ	○								○板鍛造
	ハブ類	○								
ステアリング関係	ジョイントヨーク	○	○			○	○			○
	ラック歯車	○								
足回り	ナックル	○					○			
	アッパー&ロアーアーム	○	○			○				
	ベアリングケース	○	○							
ブレーキ関係	ディスクブレーキ キャリパ	○				○	○	○		
	ディスクブレーキ ピストン	○	○			○	○			
ハイブリッド モータ	シャフト	○								
	コア					○				

鍛造法の選択は，基本的には類似形状部品の量産工程がベースとなる．複数の鍛造法が使われている場合はすべての方法を検討対象とする．それぞれの工程を採用した場合に必要となる設備の手持ちがあるかどうかによって，鍛造法が決まることが多い．

4.1.3 工程設計の考案

基本となる鍛造法が決まれば，材料から機械加工完成品まで実施可能なすべての工程案を考えて全体のコストを比較する（2.2.1 項参照）．各案ごとに製

表 4.2　鋼の熱間鍛造・温間鍛造・冷間鍛造の比較

比較項目	熱間鍛造	温間鍛造		冷間鍛造
鍛造温度	1 000～1 250 ℃	750～900 ℃	300～600 ℃	常温
成形方法	型鍛造 自由鍛造 据込み	押出し鍛造 閉そく鍛造		押出し鍛造 閉そく鍛造 密閉鍛造 しごき加工
成形方法	ばり出し方式 押出し方式 密閉方式	押出し方式 ばり出し方式 密閉方式		押出し方式 ばり出し方式 密閉方式
材料の変形抵抗	小	中		大
材料の加工限度	大	中	小	小
鍛造圧力	低い	低い	高い	高い
鍛造荷重	低い	熱間鍛造と冷間鍛造の中間		高い
材料に要求される寸法精度	低い	低い	高い	高い
材料の前処理	不要	不要		焼なまし，球状化焼鈍
潤滑　材料	グラファイトなど	グラファイトなど	二硫化モリブデン グラファイトの コーティング	りん酸塩被膜＋ 金属セッケン 一液潤滑処理
潤滑　金型	グラファイト	グラファイト		クーラントオイルなど
おもな鍛造設備	クランクプレス スクリュープレス アプセッター ドロップハンマー AC サーボプレス	ナックルジョイントプレス クランクプレス 油圧プレス		多段フォーマー ナックルジョイントプレス クランクプレス 油圧プレス AC サーボプレス
成形工程数	少ない	冷間より少ない	多い	多い
製品　組織	粗大化	微細化，急冷組織	微細化，加工硬化組織	加工硬化組織
製品　脱炭層〔mm〕	0.3～0.4	0.1～0.25	無	無
製品　表面粗さ	＜20 S	＜10 S		＜10 S
製品　抜き勾配	0.5～6°	＜1°	＜1°	0°
製品　寸法精度〔mm〕　金型により規制あり	±0.5～±1.0°	±0.05～±0.15		±0.025～±0.1
製品　寸法精度〔mm〕　厚さ	±1.0～±2.0°	±1.0～±0.25	±1.0～±0.25	±1.0～±0.20
製品　寸法精度〔mm〕　偏肉	0.7～1.0	0.10～1.40	0.10～1.40	0.05～0.20
製品　形状	複雑	複雑	複雑なものもある	複雑なものもある

品形状の細かな部分について変更が必要となるので，製品設計者と協議する必要がある．特に個別の鍛造工程の設計に関しては第 6 章を参照されたい．

鍛造加工では保有設備の能力によっても成形可能な形状，寸法に制限がつく．特に新規の大型設備への投資が必要となる場合には，部品の将来需要動向

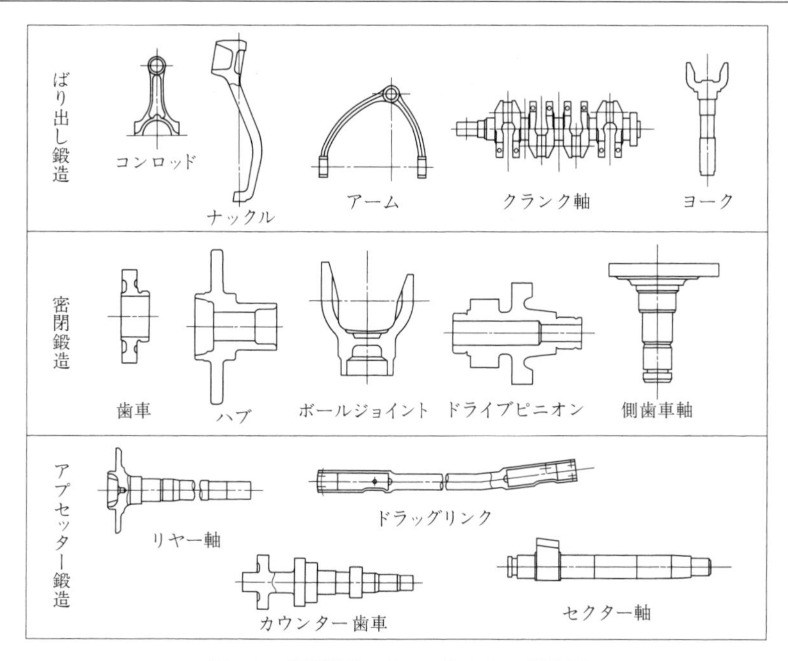

図 4.2　熱間鍛造によって作られる製品例

がある程度見極めがつくまで，保有設備で対応可能な精度レベルで妥協することもある.

自動車の駆動系に使われる等速ジョイント（CVJ）で，そのような例を見ることができる．例えば，比較的数多く使用されるようになったBJ（Birfield joint）タイプ用アウターレースの鍛造形状は，使用量の増加とともに**図 4.4** に示すような変遷をたどってきた.

この例を見てわかるように，使用量が増大すると設備投資も可能となり，その機会に新技術（例えば，温間鍛造）の開発・導入ができるので生産コストが下がり，これがまた需要を増やした．逆に需要の見込みがなければ新規投資分の償却費が大きな負担となるため，いくら高精度の鍛造品ができてもコスト低減につながらない．製品動向についてはつねに製品設計者と情報交換をして，誤解が生じないようにしておくことが重要である.

以上のような問題がない通常の部品では，類似部品の工程および使用設備が

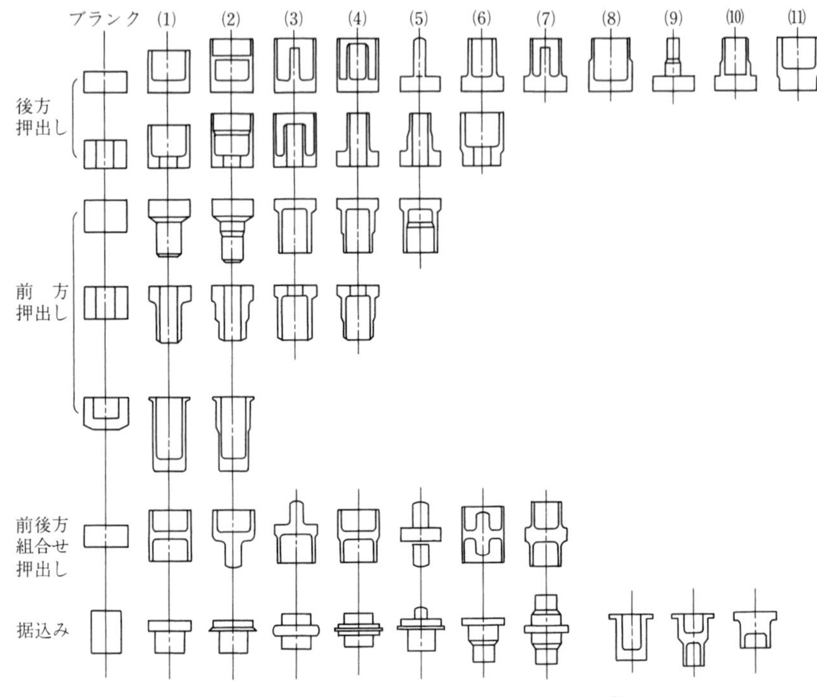

図 4.3　冷間鍛造によって作られる製品例[2)]

原案となり，部品ごとの仕様に応じた工程上の工夫案をどのように折り込めるかを考えていく手順をとることになる．ここでは，工程計画段階で考えるべき項目についていくつかの指針を述べる．

〔1〕 自動多段成形機の利用

ホットフォーマーやコールドフォーマーと呼ばれる横型自動多段成形機は設備の完成度が比較的高いので，このような設備に仕掛ける形状と寸法の製品が対象となった場合には採用することを考える価値がある．ヘッダー類は非対称断面形状部品への対応も広がり，また段取り時間短縮装置も改良されてきたため，適用範囲が広くなった．

〔2〕 1個取り密閉鍛造化

熱間型鍛造では生産性向上をねらって，ばり付きで多数個取りを行うことがある．この場合にはいろいろな要因のため精度の高い鍛造品ができなかった．

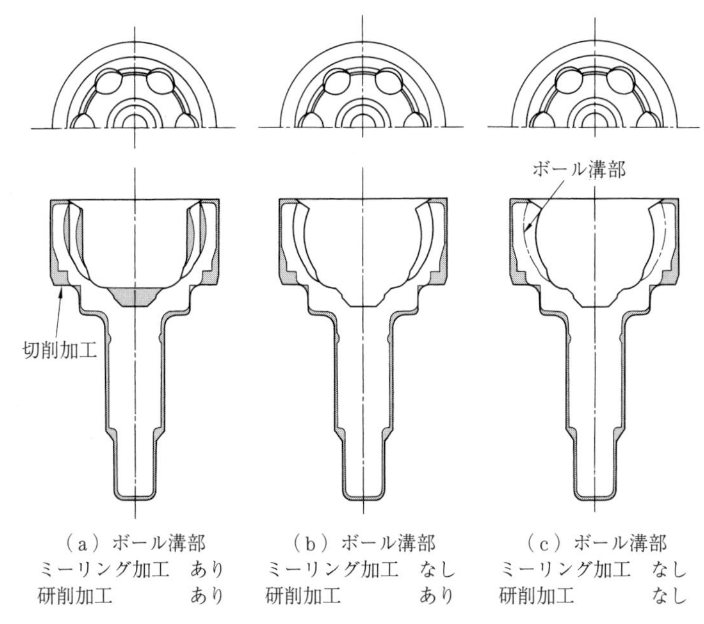

図 4.4 BJ タイプ CVJ 用アウターレースの需要増加に伴う鍛造形状の変遷

熱間鍛造用高速トランスファープレスを使うことにより，1 個取り密閉鍛造化（図 1.11（b）参照）と生産性向上との両立が可能となった．この方式に切り換えることで精度向上とコスト低減が期待できる．なお，型が完全密閉して破損することを避けるためには，その部分を割型として負荷を緩和することも必要となる．

〔3〕 閉そく鍛造化

複動型を用い，先行する金型で閉じたキャビティを作っておき，その中へ材料を充満させていく方法を閉そく鍛造[3]という（図 1.11（a）参照）．冷間鍛造での利用が多く，例えば CVJ 用の部品であるインナーレースやトリポードに適用されている．これらの成形に使用する金型は，上下 2 分割から縦割りの 4 分割で用いることによりピン部の鍛造まま使用を可能にしている[4]．また自動車用の差動装置に使うピニオンの歯形成形にも応用されている．もちろん温間あるいは熱間鍛造での適用も可能である．この方法で作られた製品は精度が高いので，機械加工の切削代を少なく設定できる．また閉そく鍛造時の荷重制御に関しては，ACサーボプレスを用いた工具の複動化や分流鍛造を用いたメタルフローの最適化が図られている[5]．なお，型寿命の向上には加工面圧が閉そく圧を超えた場合には型が開いて安全弁の役割を果たす程度の閉そく圧の設定[5]が重要である．

〔4〕 工程の複合化

熱間鍛造あるいは温間鍛造の後に冷間鍛造を行い，精度を向上させる方法である（図1.3参照）．この方法を使うことでアンダーカット形状の部品を高精度に作ることもできる．例えばBJタイプのCVJ用アウターレースのボール転動溝は，**図4.5**[6]に示す成形型を使って高精度に加工できる．このように分割した金型を組み合わせて高精度に加工できるようになったのは，金型加工精度が大幅に向上した結果であり，これによって鍛造加工の適用範囲が複雑形状の分野まで拡大してきた．特に，ヘリカルギヤやクラッチギヤ等の熱間鍛造による粗成形と冷間コイニング技術を組み合わせた技術は，その適用部品を拡大している．

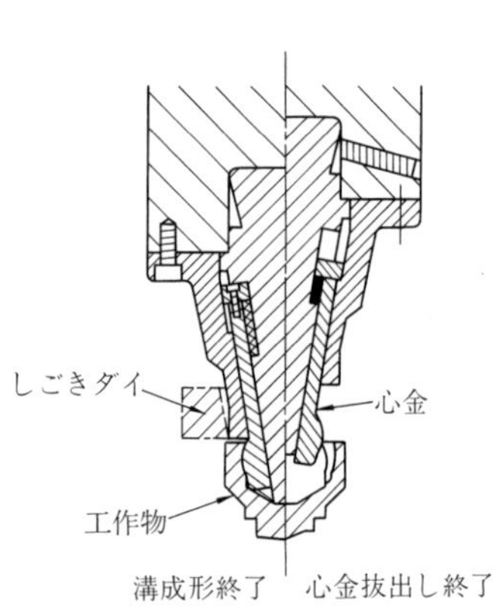

図4.5　BJタイプCVJ用アウターレースのボール転動溝成形型[6]

〔5〕 中間機械加工の利用

鍛造前素材に簡単な機械加工を加えると，鍛造精度が大幅に向上する例が多いので，工程計画をする場合には鍛造工程の一部に機械加工を入れることも検討する必要がある．例えば，GE（Glanzer external）タイプのCVJで使われているチューリップと呼ばれる部品（**図4.6**（a））では，ローラーの転動溝を加工するのに，ベアリング用のボールを工具として用い，図（b）のような成形をする．この加工に先立ち溝部分の機械加工を行い，この寸法を管理することにより製品の溝精度を維持している．また，熱間鍛造加工と冷間サイジングに

（a）成形されたチューリップ

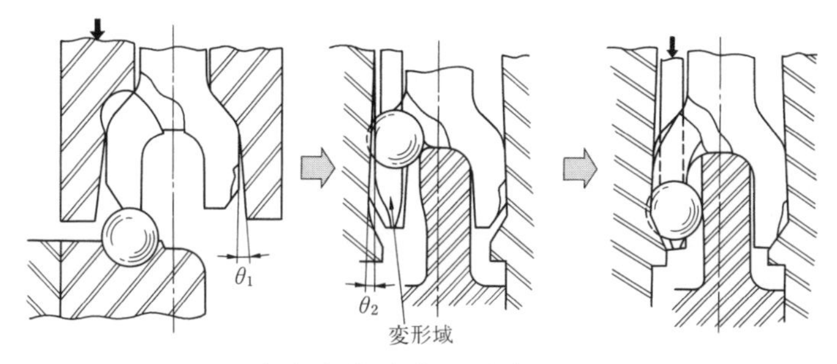

（b）成形用金型およびプロセス

図 4.6 GE タイプ CVJ 用チューリップのボール転動溝成形

よる精密化プロセスにおいて，熱間加工後に機械加工を加えることにより製品の大幅な精度向上が図られている[7]．

〔6〕 簡易熱処理の利用

ライン化された鍛造設備では，プレスの後に鍛造恒温焼ならし装置，非調質鋼用冷却コンベヤーなどが設けられている．鍛造の余熱を利用したこれらの熱処理が採用できれば大きなコスト低減が期待できるので，製品設計の段階から材料の選択も含めてこれらの熱処理の採用を働きかけておく必要がある．**図 4.7** は各種の熱処理法についてエネルギー比較をしたものである．

〔7〕 機械加工を配慮した設計

軸物部品の場合に機械加工のドライブ用の凸部を設けること，不規則形状部品には加工用のつかみまたは証となる部分を付けることは広く行われている．また冷間鍛造品の場合には被削性が問題となることがあるが，その対応策とし

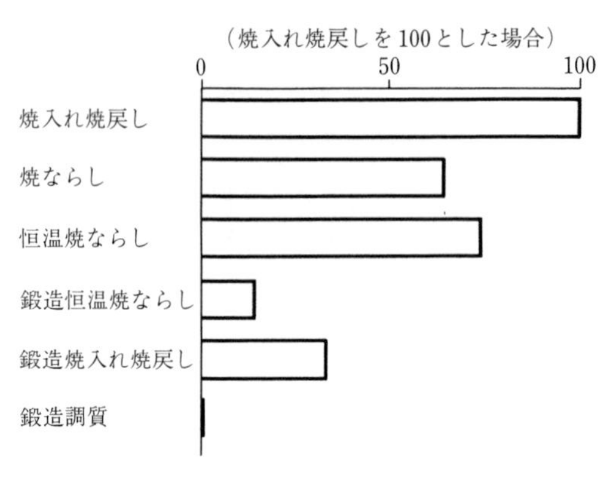

図 4.7　熱処理エネルギーの消費比較

て切り粉を分断するために冷間鍛造品自体にチップブレーカーの役割をもたすへこみを付けることも，行われている．**図 4.8** はチップブレーカーを付けた部品の例である．

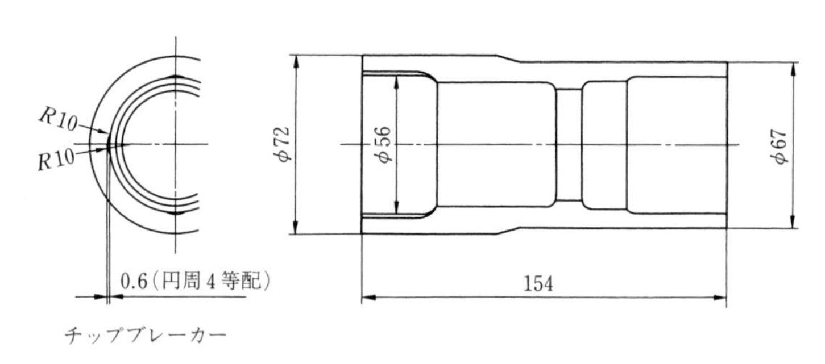

図 4.8　チップブレーカーを付けた冷間鍛造品

4.2 望ましい材質

4.2.1 材料選定の考え方

製品機能と概略の形状，寸法が決まれば，使用できる材質と熱処理法，および適用できる鍛造法と使用設備はいくつかの候補に絞られてくる．候補となった材質，熱処理，鍛造法の中から，機械加工を含めた全体の必要コストが最低

表 4.3 自動車の鍛造部品に用いられる材料　＊は温間鍛造を示す

材料の名称	記号	特徴	熱間鍛造部品	冷間鍛造部品
機械構造用炭素鋼	肌焼き鋼 S10C～S25C	焼入れ性は合金鋼に比べてS10C～S25C小さい．低炭素鋼は浸炭焼入れ用．冷鍛にはS35C以下が適する．それ以上は加工方式により焼なましが必要．	—	ピストンピン，バルブリフタ，バルブスプリングリテーナ，ボールジョイントソケット，ベアリングカップ，スパイダー
	鍛造焼入れ鋼 S30C～S35C	鍛造焼入れ性および溶接性良好	FFリヤシャフト，ロアーアーム，ベアリングケース	—
	調質鋼 S45C～S55C	中炭素鋼は焼入れ・焼戻し，高周波焼入れなどを行い使用される．	コネクティングロッド，コネクティングロッドキャップ，ステアリングナックル，T/Mクラッチハブ *CVJアウターレース *CVJチューリップ *バリアブルラック	ボルト(7T)
非調質鋼	—	鍛造後の冷却制御で強度を確保する．	クランク軸，ステアリングナックル，アッパーアーム，ロアーアーム，Iビーム，コネクティングロッド	—
マンガン鋼	SMn	焼入れ性保証鋼． 低コスト	ステアリングナックル リヤアクスルシャフト	—
クロム鋼	肌焼き鋼 SCr415H～SCM440H	焼入れ性保証鋼．冷鍛にはSCr420H以下が適する．	ユニバーサルジョイントスパイダー，トランスミッションギヤ類，CVTプーリ	アウトプットシャフト，インプットシャフト，ハブボルト，デフロックスリーブ，CVTプーリ
	調質鋼 SCr440H	—	—	ボルト(10T)
クロムモリブデン鋼	肌焼き鋼 SCM415H～SCM420H	焼入れ性保証鋼．冷鍛にはSCM420H以下が適する．	デフサイドギヤ，トリポードインボードジョイント， *CVJアウターレース	ドライブピニオン，デフピニオン，CVJ用ローラー
	調質鋼 SCM440H		ナックルアーム	ボルト(11T)
耐熱鋼	SUH	Crなどを添加し耐熱性良好．熱間でオーバーヒートしやすいので温度コントロールが必要．	エンジンバルブ	—
軸受鋼	SUJ	高炭素鋼にCr添加．熱間でのオーバーヒートしやすく温度コントロールが必要．	ベアリング（インナーレース）	—

（注）肌焼き鋼とは浸炭焼入れ用の鋼，調質鋼は焼入れ・焼戻し用の鋼である。

になる方法を選択する（図2.4参照）．このとき，製品の必要量によってどこまでの精度で鍛造品を作るかも決まる．一般に生産量が大きいほど仕上げ切削量が少なくなるようにする．

具体的な材料使用例として，自動車に使われている部品と採用されている鍛造法は，**表4.3**に示すようになる．ただし，ここにあげた例を固定的に考える必要はなく，材料の改良や鍛造法の進歩などに応じて変化する．

4.2.2 材料選択で考慮すべき事項

鍛造用材料の形態としては棒材が主であるが，直径の小さいものではコイル材もよく使われる．またときには板材から打抜きによってブランクを作り，プレス成形後鍛造する例もある．最近の鍛造品では加工精度が向上し，鍛造肌のまま高機能部品として使われるようになったため，材料に対しては厳しい寸法精度と良好な表面状態が要求される．そのため，鋼材メーカーでは，精密圧延設備導入による圧延精度の向上（5.1.2項〔5〕参照）や表面きずの自動探傷装置導入によるきず保証が一般的に行われるようになっている．寸法精度もきず保証もユーザーが十分満足できるほどではないが，このような材料をうまく使いこなせば，大幅なコスト低減も可能になるので，設計段階でぜひ検討しておきたい項目である．以下，各鍛造法別に考慮すべき点を述べる．

〔1〕 熱間鍛造用材料

耐熱鋼，ステンレス鋼，チタン合金を除いて熱間鍛造用材料を鍛造した後で，800 MPa程度の強度を確保するために焼入れ・焼戻しが行われていた．エネルギーのむだを省略するために，できるだけ鍛造時の余熱を利用した熱処理法，例えば鍛造焼入れ，鍛造恒温焼ならしが採用できるように検討するのが望ましい．一方，1970年代に西ドイツで開発されたクランク用の非調質鋼[8)]は，熱間鍛造後の放冷速度を制御するだけで強度を出すことができ，後工程の焼入れ熱処理を廃止できる画期的な工法であった．

従来，熱間圧延時において低炭素鋼にNb元素を添加することにより高温圧延中にNbCをマトリックス中に析出させて結晶粒の粗大化を防止していた．

鍛造の場合，成形加工後の温度は表層が低く，内部は高い分布を示すので，900 ℃以下で析出するV元素を添加した鋼を用いて鍛造終了後の放冷時に，低い温度でVCを析出させることにより高強度化を図る手法である．

1980年代以降，日本では種々の添加元素と加工温度およびその後の冷却の組合せにより，機械構造用非調質鋼の性能が飛躍的に向上した．最近では，**図4.9**に示すように，強度とじん（靭）性のバランスを考慮した非調質鋼の鍛造品[9]を選べるようになってきた．

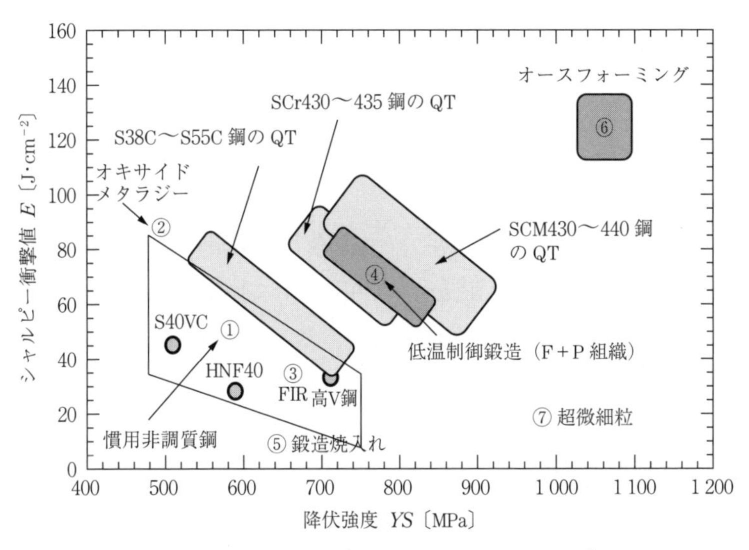

図4.9　非調質鋼の強度-じん性バランスマップ[9]

〔2〕 温間鍛造用材料

鋼の温間鍛造温度には熱間鍛造に近い温度域を使うものと，冷間鍛造に近い温度域を使う2種類の考え方がある（表4.2参照）．前者の温度域は，熱間鍛造の精度向上をねらって実施する場合に利用することが多い．この場合，鍛造するうえでの材質制限はないが，鍛造の余熱を利用した熱処理を行う場合には，熱間鍛造のときより合金成分を増やすことも必要になる．この温度域を使う他の理由は，材料表面の脱炭を防ぐことである．温間鍛造肌の表面をそのまま製品として利用する場合は，特に，脱炭やきずの少ない，表面状態の良い材料を使うことが必要である．後者の温度域は，冷間鍛造の成形性向上をねらって実施するときに利用される．この場合，成形の際に割れなどが生じないように，非金属介在物生成元素の不純物成分（特にS，N，O）の少ない材料が必要になる（図5.15参照）．

〔3〕 冷間鍛造用材料

冷間鍛造では，成形荷重が高すぎるか，成形時に材料の一部に割れが入るかのどちらかがつねに問題となる．特に，従来高炭素鋼が使われていた部品を冷間鍛造の対象とする場合に，この問題が表面化する．割れの防止には不純物成分の少ない材料が効果的で，鋼材メーカーから超清浄鋼[10]と称する，非金属介在物を減少させた鋼材も製造されているので，これを利用するのも冷間鍛造を成功させる一助となる．

2000年代に入り，肌焼き鋼を用いた温間歯出し鍛造による荒成形と冷間コイニングや，冷間精密歯出し鍛造が多く用いられている．これらの部品は，冷間加工後の浸炭処理時に結晶粒の粗大化が生じる場合がある．結晶粒粗大化に関しては，4.5.3項〔2〕に詳述したので参考にされたい．

4.2.3 材質選定事例

製品機能を満足する材質候補の中から，鍛造方法に合った望ましい材質を選定する方法を，自動車用等速ジョイント（CVJ）アウターレースを例にとって，考え方を述べる．**図4.10**に示すこの部品では，製品機能として軸部のねじり強さと傘部溝表面の耐摩耗性が必要とされる．この特性を満たす材料として，SCM420を浸炭焼入れしたものか，S53Cを高周波焼入れしたものが候補となる．以下，**図4.11**に基づき，実際に採用されている工程別にポイントを述べる．

図4.10　BJタイプCVJアウターレース

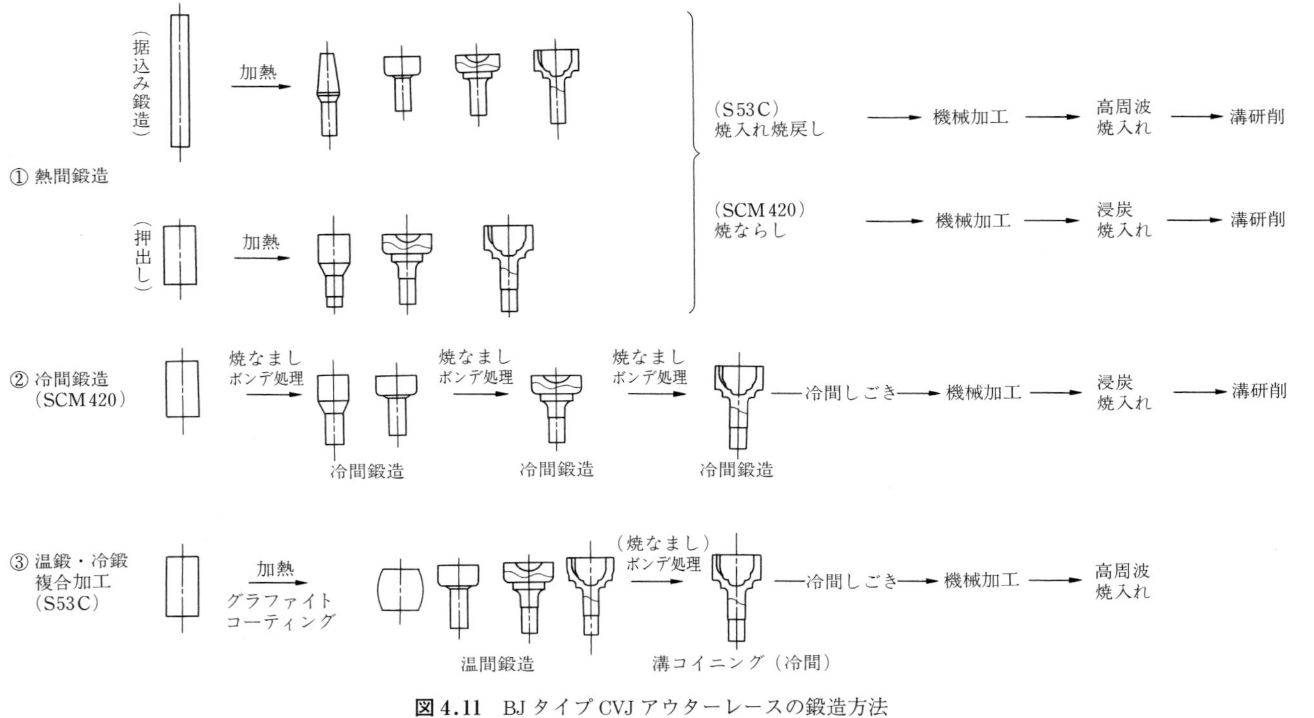

図 4.11 BJタイプCVJアウターレースの鍛造方法

〔1〕**熱　間　鍛　造**

材質についてはどちらの材料でもよい．この鍛造法では金型の摩耗や変形のため寸法精度が確保しにくいうえに，加熱温度が高いために製品表面に脱炭層ができる．また金型にヒートチェックが生じやすく，それが製品表面に転写されて残る場合がある．以上の理由により，鍛造品としては機械加工の取り代を十分に付与した形状になる．この方法は金型数も少ないので，投資額が小さいというメリットがあり，生産量が少ない場合には推奨できる．

〔2〕**冷　間　鍛　造**

成形中の材料割れの問題があるため，S53C をそのまま冷間鍛造するのは難しい．冷間鍛造の場合には，この割れ問題の解決と成形荷重低減のために，成形工程の途中で中間焼なましおよび潤滑処理（ボンデ処理）が何回か必要になる．この処理費用がかなり高価なため可能な限り回数を減らす努力をしているが，図 4.11 ②に示す程度の中間焼なまし処理，潤滑処理は必要である．中間焼なましは成形を容易にするためには必要不可欠なものであるが，繰り返すことによって製品表面に脱炭層を生じるので，耐摩耗性のためには好ましくない．この表面脱炭層の問題もあって，後で浸炭焼入れにより炭素を補充できる SCM420 が選ばれている．

ところで，表面硬化処理としては，浸炭焼入れ処理より高周波焼入れ処理のほうがコストの点で有利である．そのため，Cr 合金量を低減して冷間加工性を向上させるとともに，焼入れ性を確保するために B 元素を添加して成形加工性と高周波焼入れ性を併せもたせた高炭素鋼が開発[11]され，実用化されている．高周波焼入れ用鋼は，インライン製造においては重要な鋼種である．

〔3〕**温間鍛造と冷間鍛造の複合加工**

変形能の低い高炭素鋼を，温間鍛造で所定の形状近くまで成形し，その後，冷間鍛造による軽加工で精度を出すようにする温鍛–冷鍛複合加工を使えば，コストの安い S53C が使用できる．温間鍛造の加熱温度では，材料表面に脱炭が生じないので，浸炭処理の必要はない．したがって，溝部に高周波焼入れを施せば，溝研磨なしでそのままボールの転動溝として使用できるため，大幅なコスト低減が期待できる．この場合 SCM420 を使うこともできるが，浸炭焼入れが必要となるので得策ではない．この複合加工法によれば，形状の制約も冷間鍛造ほどではなく，精度は冷間鍛造レベルが得られるので，機械加工の取り代の少ない鍛造品ができる．また，軸部はスプライン加工が施されるので，転造加工の場合，成形性を確保するための硬さの制御も必要となる．ただ，この方法による生産準備には，温度の管理を精度高く行う必要があり，かなりの規模の投資が必要になるので，大量の生産量が保証されない場合には，採用が難しい．

現在，生産量や手持ち設備の都合などで，いずれの方法も実際に使われている．一度投資をして生産を始めた工程は，よほどの理由が生じない限り変更されることは少ないので，企画段階で十分な検討を行うことが大切である．

4.3 望ましい形状，寸法

ビレット材料，金型，鍛造機械，温度制御装置など，周辺技術も含めた鍛造加工技術の進歩，向上に伴い，形状的，寸法的な制約は大幅に緩和されてきた．しかしながら，すでに述べてきたように，すべてを鍛造だけで仕上げるのは，型寿命，材料歩留まりなどの点で必ずしもコスト上メリットがあるとはいえない．したがって鍛造品の設計に当たっては，鍛造加工上，無理のない形状，寸法を考慮しながら進めることが重要である．

4.3.1 型寿命上望ましい形状

冷間・温間鍛造では成形荷重が大きいので，特に型への負担を軽減するため以下のような配慮が必要である．

1） 加圧方向に直角な断面の対称度をできるだけ高くし，できるだけ円またはそれに近い形状とするのが望ましい（**図 4.12**（a）[12]）（3.3.6 項参照）．こうした配慮は工具の折損などを防止し，製品の型への充満性もよく，材料費，機械加工費の低減を図ることができる．

2）　棒，板などから採取したビレット寸法に対し，加工によって生ずる寸法変化をできるだけ少なくする（図（b））（3.3.1項〔2〕参照）．これにより，型圧力，仕事量を減じて型寿命を延ばし，小型設備で加工することが可能となる．また断面積や厚さの場所的変化をできるだけ緩やかに，すなわち材料の自然の流れに沿った形状とすることも同様な効果がある．しかし，緩やかで長大なテーパーでは，逆に摩擦抵抗が高いため，回転鍛造による以外は加工が難しくなる（図（c））．

3）　直径ないし幅に比べて大きな深さをもつ穴を，1回の押出しで加工することは避けるべきである（**図4.13**）．これは潤滑剤の膜切れ，型への入熱の増加による型温上昇，パンチの長尺化に伴う折損（図9.16参照）など，寿命低下の要因となるためである．

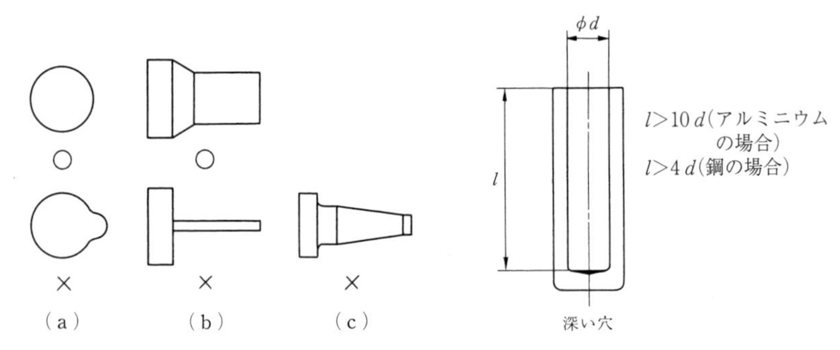

図4.12　鍛造加工に望ましい形状（○印），望ましくない形状（×印）[12)]

図4.13　望ましくない穴の加工

4.3.2　鍛造欠陥の発生しにくい形状

1）　カップ状の部品は，おもに後方押出しによって加工される．後方押出しにおいては，その底厚を壁厚より厚くすることが望ましい．薄い場合には，**図4.14**（a）に示すような欠陥が発生する（3.3.3項〔2〕参照）．

2）　底部にフランジを有するカップでは，フランジ厚さよりカップ底厚を厚くする必要がある．薄い場合には，カップの内側底面コーナー部にひけやひけの発達したクラックが発生する（図（b））．

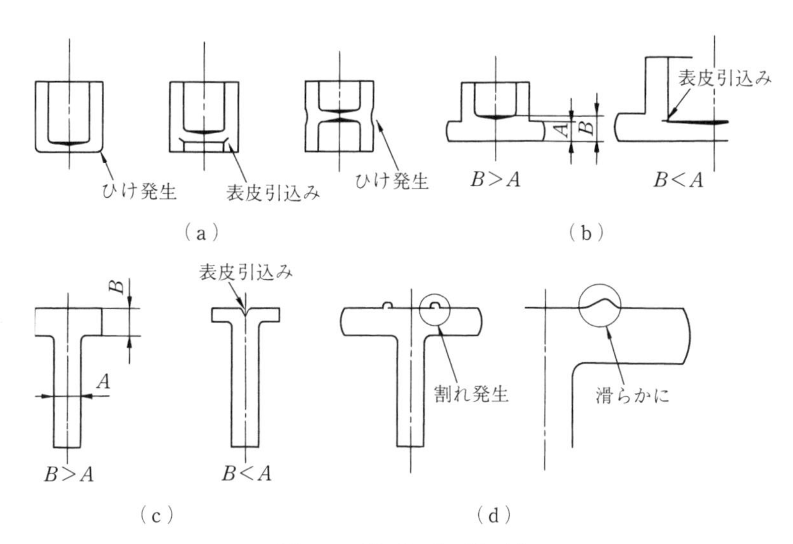

図 4.14　鍛 造 欠 陥 例

3）　フランジを有する押出し軸状部品では，軸径に対してフランジ厚さを十分厚くする必要がある．薄い場合には中央部にひけが生じたり（図 3.41 参照），軸部にクラックが発生する（図 4.14（c））．

4）　底およびフランジ部の凹凸は極力避ける．必要な場合でも，できるだけ高さ，深さが小さく，滑らかな形状としなければならない（図（d））．

5）　その他の欠陥としてシェブロン割れ（**図 4.15**）がある．これは変形能の低い材料を低い断面減少率で押し出すときに発生するもので，多数の小段差をもつ軸を避けたり，変形能の高い材料を使用した設計が必要である．

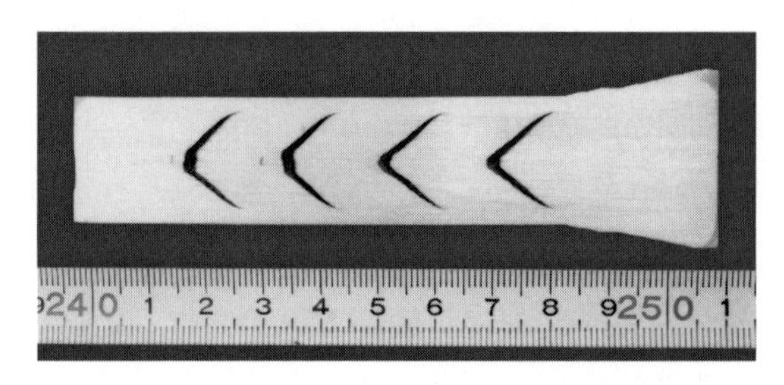

図 4.15　シェブロン割れの例：S40C 半角 15°のダイで断面減少率 10%ずつ 9 回自由押出ししたもの（株式会社神戸製鋼所提供）

4.3.3 熱間鍛造上望ましい形状

〔1〕 抜 け 勾 配

離型を容易にし，作業性の向上，変形の防止を図るため，型，すなわち鍛造品には抜け勾配をつける必要がある．その大きさはハンマーやプレス，アプセッターなどの使用機械，エジェクターの有無，鍛造品の内側か外側かなどによって異なる．**表4.4**は通常使用されている抜け勾配の値を示し，**図4.16**は上型，下型それぞれのエジェクターの有無による抜け勾配の相違例である．

表4.4 鋼の熱間型鍛造の抜け勾配（トヨタ自動車株式会社提供）

	内側抜け勾配			外側抜け勾配		
	ハンマーまたはプレス		アプセッター	ハンマーまたはプレス		アプセッター
	エジェクターなし	エジェクターあり		エジェクターなし	エジェクターあり	
並級	6°	3°	3°	4°30′	2°	2°
精級	3°	1°30′	0°30′	2°	0°30′	0°30′

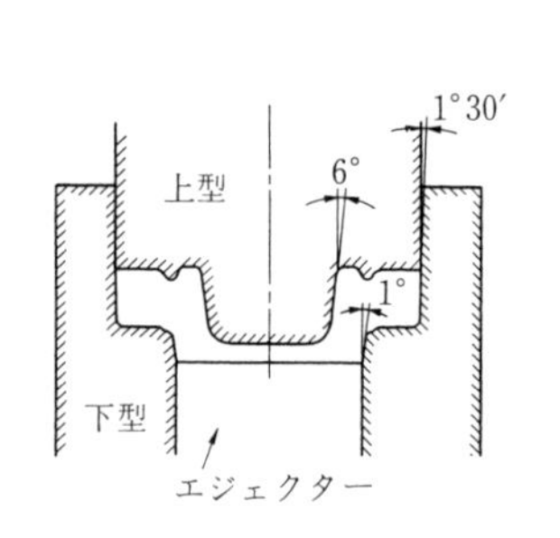

上部エジェクターなし
下部エジェクターあり

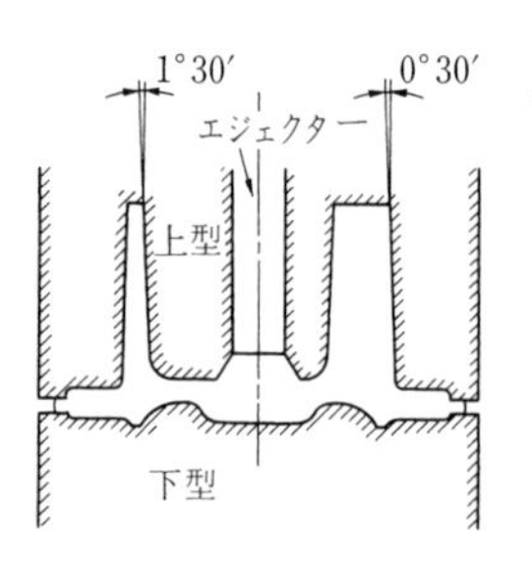

上部エジェクターあり
下部エジェクターなし

図4.16 鋼の熱間鍛造品におけるエジェクター有無と抜け勾配

〔2〕 角部，隅部の丸み半径

成形中，材料の流れをよくし，きずの防止，型の割れやだれによる寿命低下を防ぐために，鍛造品の角部，隅部に適当な丸み半径を付与することが大切である．角部半径が小さい場合は肉が充満しにくいため，無理に加圧すると金型には応力集中を生じるため早期型割れを招く（9.3節参照）．隅部半径が小さい場合は巻込みきずが発生し，型だれや摩耗が早期に発生し進行する．**図 4.17**[13]に角部，隅部の丸み半径の適当な値および最小値を示す．

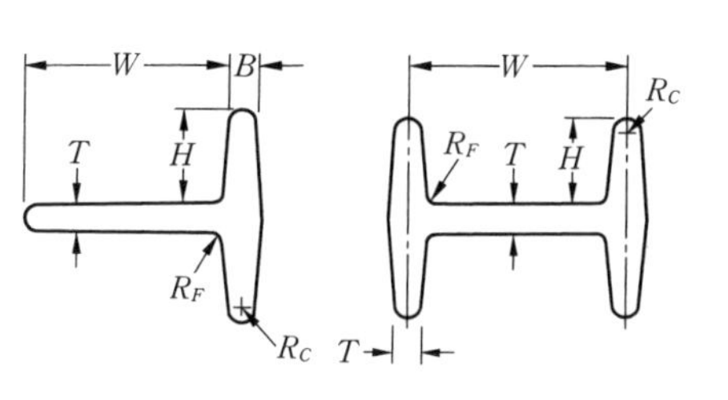

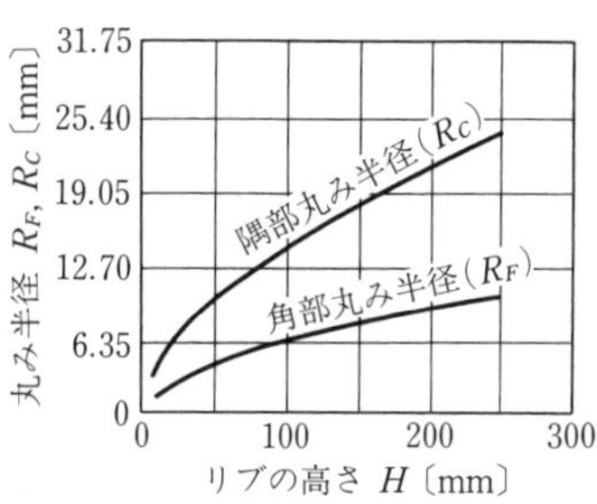

図 4.17 鋼熱間型鍛造品の角部，隅部の丸み半径[13]

〔3〕 リブ，ウェブの寸法

リブ，ウェブについても，それらの幅や厚さが高さや面積に対して薄くなると，きずの発生や成形荷重の増加による型寿命の低下を招くことになる．**図 4.18**[13]はリブの高さとウェブ最小厚さ，**図 4.19**[13]はリブ高さに対する最小厚さの関係の一例である．

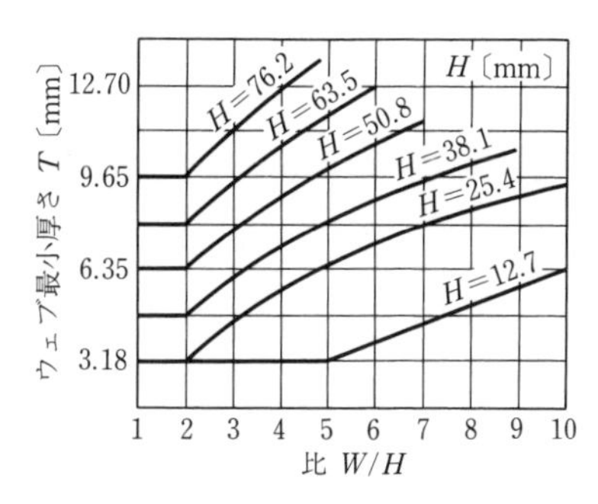

図 4.18 鋼熱間鍛造品のリブ高さのウェブ最小厚さへの影響[13]

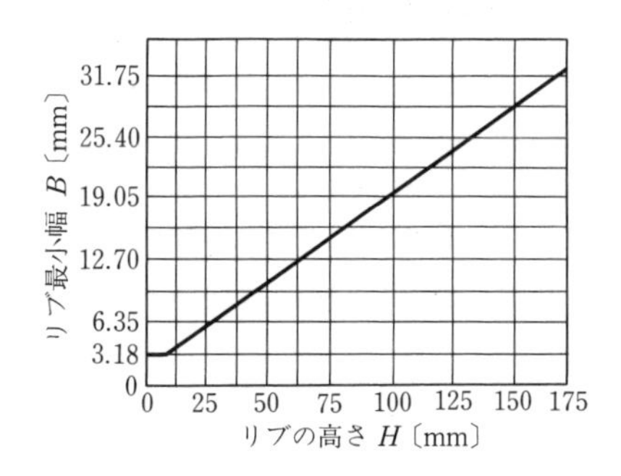

図 4.19 鋼熱間鍛造品のリブ高さに対するリブ最小幅[13]

〔4〕 型 割 り 面

型割り面の決定は鍛造品のコストや，きず，型ずれなどの品質，精度，鍛造作業性などを左右する重要なものである．**図 4.20**[14]に一般的な型割り面の適否を示す．

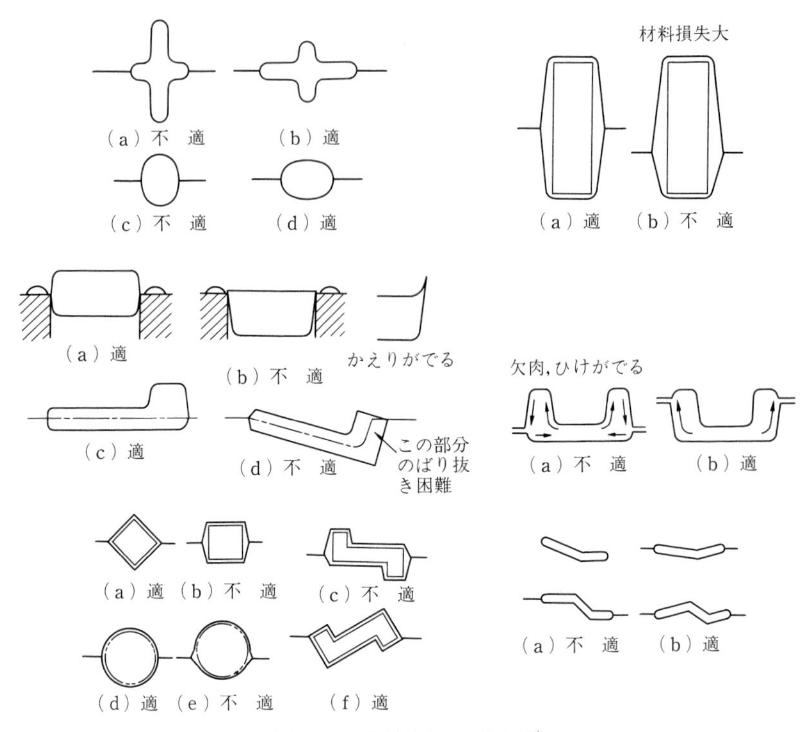

図 4.20　型割り面の適否[14)]

4.3.4　自動化に望ましい形状

鍛造加工機は横型多段ヘッダーのみならず，縦型プレスにおいても，トランスファーの採用により自動化が図られている．それに伴って，鍛造品の設計に当たっては，自動化のための形状に対する配慮が不可欠となってきている．横型多段ヘッダーは，素材切断から最終工程までの間をトランスファー装置によって順次搬送していく構造となっている．横向きに製品をつ

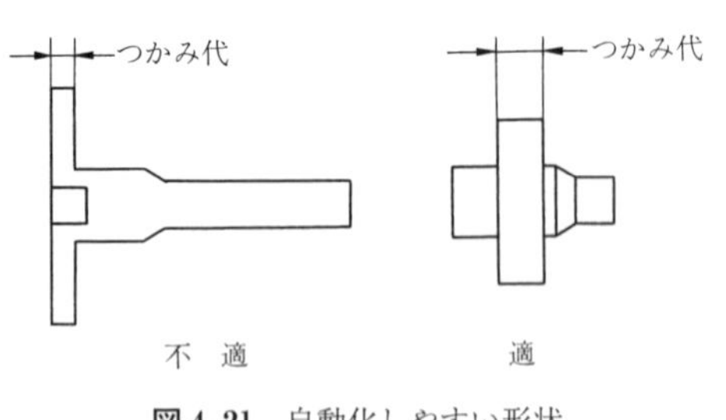

図 4.21　自動化しやすい形状

かんで搬送するため，できるだけつかみ位置付近に重心があり，重量が集中していることが望ましい．また，つかみ代をある程度確保できることが必要である（**図 4.21**）．縦型トランスファープレスでも，多段ヘッダーと同じく，搬送性，つかみ性を向上させる形状を考慮する必要がある．

4.4　寸法公差と表面状態

4.4.1　鍛造加工の寸法公差

各種加工法と比較して，鍛造加工で期待できる標準的な寸法公差は**図 4.22**[15]に示すようになる．もちろん，製品形状や製品寸法によって，得られる公差範囲が異なる．熱間鍛造の鍛造公差は各国で規格が決められている．わが国ではJIS B 0415 に鋼の熱間型鍛造品（ハンマーおよびプレス加工），JIS B 0416 に同

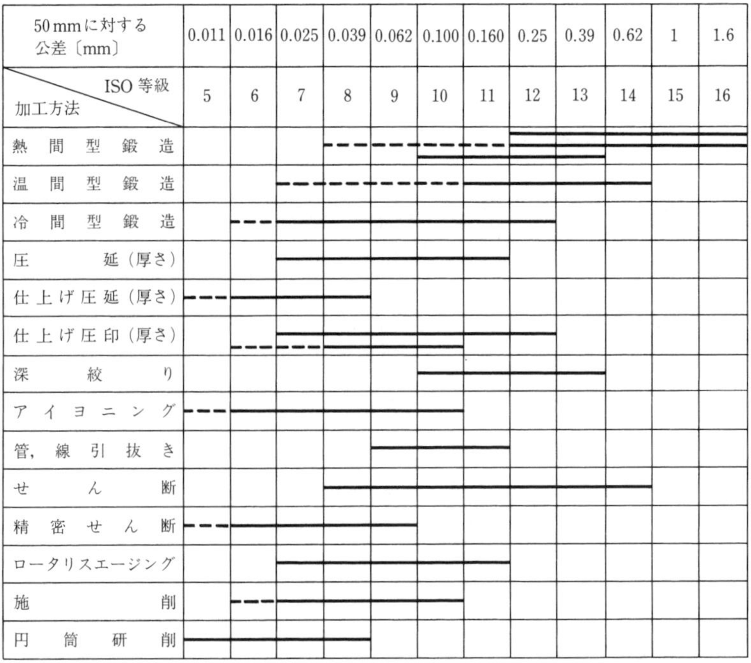

50 mm に対する公差〔mm〕	0.011	0.016	0.025	0.039	0.062	0.100	0.160	0.25	0.39	0.62	1	1.6
ISO 等級 / 加工方法	5	6	7	8	9	10	11	12	13	14	15	16
熱間型鍛造				---	---	―/---	―/---	―	―	―	―	―
温間型鍛造			---	---	---	---	―	―	―	―		
冷間型鍛造		---	―	―	―	―	―	―				
圧延（厚さ）			―	―	―	―	―					
仕上げ圧延（厚さ）	---	―	―	―								
仕上げ圧印（厚さ）		---	―/---	―	―	―	―	―				
深絞り						―	―	―	―			
アイヨニング	---	―	―	―	―	―						
管，線引抜き					―	―	―					
せん断				―	―	―	―	―	―	―		
精密せん断	---	―	―	―	―							
ロータリスエージング			―	―	―	―	―					
施削		---	―	―	―	―						
円筒研削	―	―	―	―								

図 4.22　塑性加工品の寸法公差（---は工程追加によって得られる公差）[15]

じくアプセッター加工品に対し詳細な公差が定められている．

冷間鍛造および温間鍛造については，各国とも規格を統一するところまで至っていない．鋼の冷間鍛造の寸法公差例を**表 4.5**[16]と**表 4.6**[17]に示す．実際の鍛造加工においては，鍛造品形状により実現できる精度が変る．

表 4.5　鋼の冷間押出し容器の内外径精度[16]

直　径	外径公差		直　径	内径公差	
	後方押出し後	しごき加工後		後方押出し後	しごき加工後
～30	0.15	0.05	～20	0.2	0.08
30～50	0.2	0.08	20～40	0.3	0.12

（単位：mm）

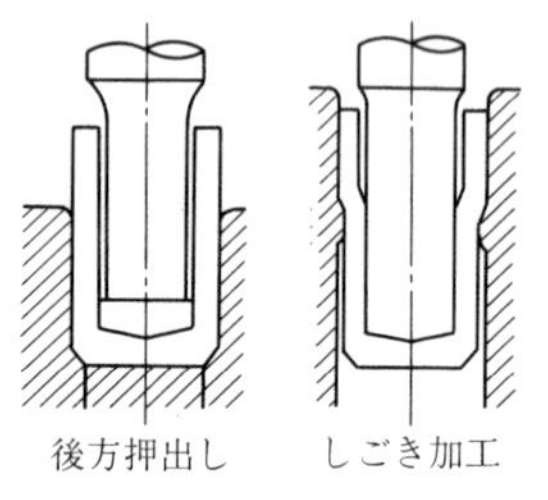

表 4.6　鋼の冷間押出し軸径精度とそれを保証する基本的な加工方法[17]

軸径＼工程	第 1 種	第 2 種	第 3 種
6～10	0.2	0.07	0.025
10～18	0.4	0.10	0.035
18～30	0.6	0.15	0.050

（単位：mm）

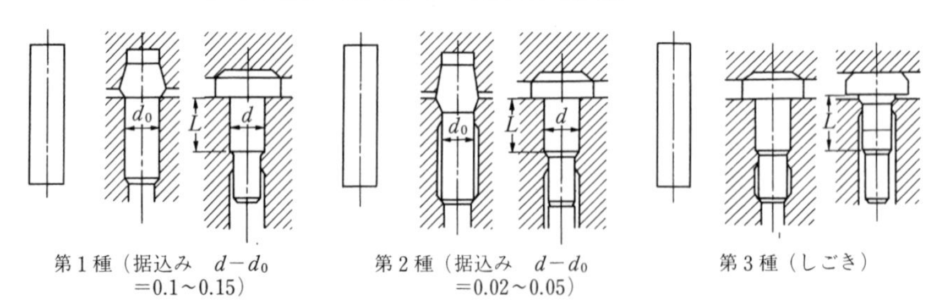

例として，**図 4.23**[18]に内スプラインをもったフランジ部品を，各鍛造法で作ったときの鍛造品形状，寸法公差，取り代の比較を示した．特に，分流鍛造法を利用した冷間鍛造によるボス付ヘリカルギヤの成形においては，複動油圧プレスを用いて熱処理後に JIS 8 級レベルの精度が得られており，サンギヤなどがすでに量産化[19]されている．

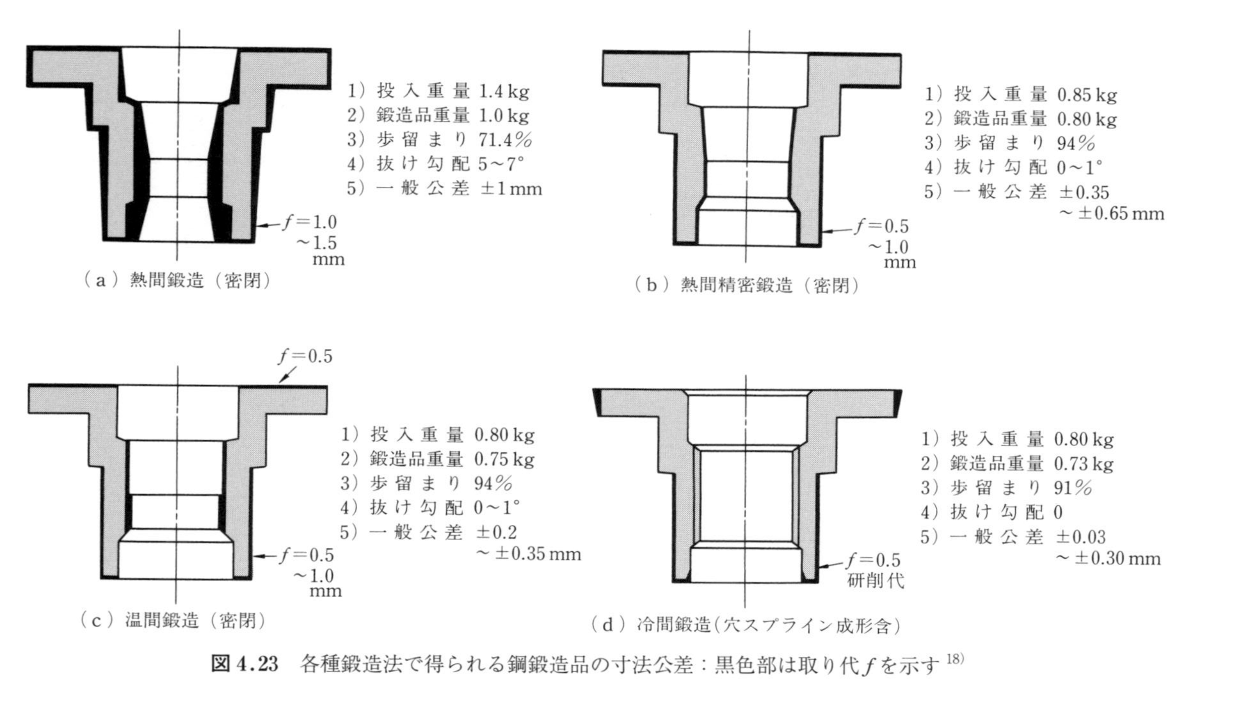

図 4.23　各種鍛造法で得られる鋼鍛造品の寸法公差：黒色部は取り代 f を示す[18]

4.4.2　鍛造品精度に影響を及ぼす要因

鍛造品精度に影響を及ぼす要因は非常に多くあり，それらがまた複雑にからみ合っている（2.3節参照）．製品精度に影響を及ぼす要因には**図4.24**[20]に示すように，材料，ビレット，プレス，金型，潤滑剤および成形に起因するものがある．

〔1〕　材料およびビレット

鍛造加工では数工程を経て製品になるのが普通であり，最終工程を含めて各工程で得られる精度はその前工程の精度に影響を大きく受ける．したがって，出発点となる材料の性質および寸法精度には十分な注意が必要である．なかでもビレットの重量ばらつきを抑えることが，どの鍛造法にとっても重要である．成形応力が高い冷間鍛造の場合には型寿命の低下にも関係するため，ビレットの形状精度の確保は特に配慮が必要である．

〔2〕　プ　レ　ス

鍛造加工では，加工中の成形状態を計測しながらリアルタイムにフィードバックをかけることは困難である．したがって，鍛造プレスとしてはできるだけフレーム剛性を高くし，またラムのしゅう動精度を高くして，周辺条件が変動してもその影響を受けにくくすることが大切である．このフレーム剛性は製品の表面粗さにも影響することがある．

〔3〕　金　　　型

鍛造時，加工圧力および温度上昇によって金型には弾性変形が生じ，また熱負荷が加わることにより摩耗，へたり，かじりが生じる．これらはいずれも製品の寸法変化や寸法ばらつきとなって現れる．したがって，対象とする製品精度や加工方法に合った機械的特性，物理的特性を備えた金型材料を選ぶことが重要となる．例えば，鍛造時の応力による型の変形量が大きい型材では，周辺条件の変動の影響を受けやすいので，できるだけ弾性係数が高い型材（例えば，超硬合金）を選定するほうが有利となる．

〔4〕　潤　　　滑

潤滑の良否は加工圧力，温度上昇のほか金型の寿命にきわめて大きな影響を

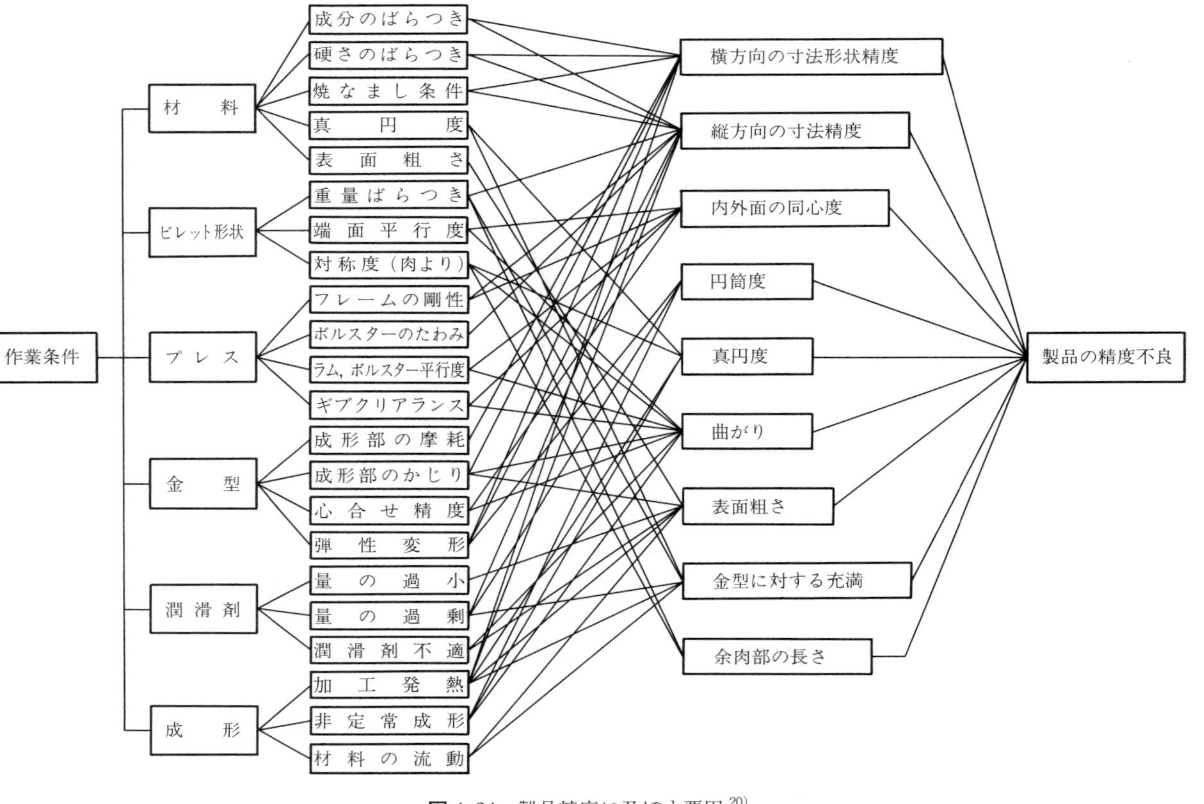

図 4.24　製品精度に及ぼす要因[20]

及ぼし，型寿命の悪化は当然，寸法精度にも影響してくるので，厳密に管理する必要がある．

〔5〕 成　　　形

鍛造加工を行うと必ず発熱を伴う．この熱による変形も，製品によっては問題となる．**図 4.25**[20]には，冷間鍛造の後方押出し加工法でカップ形状の部品を作る場合に，加工速度によって内径形状が変化する様子を示した．加工速度が早くなるほど加工後の冷却収縮によって内径寸法が小さくなり，また内径寸法が軸方向で大きく変化していることがわかる．したがって，高い製品精度が必要な場合には，成形速度（プレス設備）の選択にも配慮が必要となる．

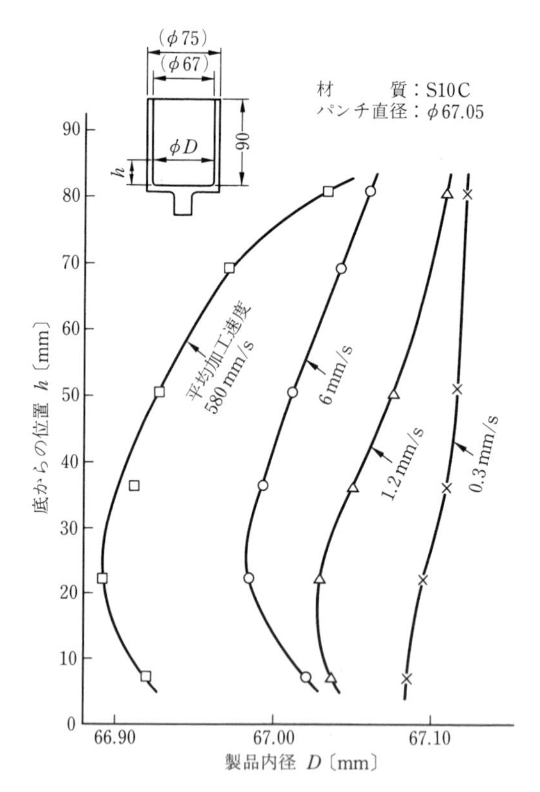

図 4.25　前後方押出し容器内径の高さによる変化に対する押出し速度の影響[20]

4.4.3　鍛造品の表面状態

熱間鍛造では酸化皮膜（スケール）が多いので，製品として出荷する際には，ショットブラストを行う．そのため，製品の表面粗さは，ショット粒の大きさで決まるといってよい．直径が 0.5 mm 程度のショット粒を使う通常の熱間鍛造品の表面粗さは 35 μm 程度になる．また熱間鍛造の加熱温度を上げすぎると，大きなスケールが発生して深いくぼみができ，表面状態がさらに悪くなるので，鍛造加熱時にはこの点にも注意する必要がある．

温間鍛造でもスケールが発生するが，熱間鍛造と比べれば相当少ない．したがって，使用するショット粒も小さいものでよく，結果的に良好な表面粗さが得られる．

冷間鍛造の表面粗さは，工具表面が平滑であり，潤滑膜が適正に保持されていれば，工具表面と同等かそれ以上に滑らかになる．しかし加工を続けていくと，材料と型との焼付きにより，型表面が粗くなってくるため，製品粗さも悪くなる．

前方しごき自由押出しによって作られた軸部について，粗さの推移の実測例を**図 4.26**[21]に示した．**図 4.27**[22]は，種々の冷間鍛造法で得られる表面粗さを示したものである．

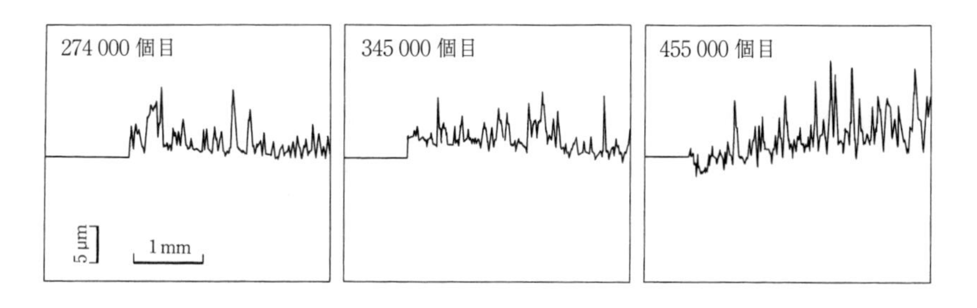

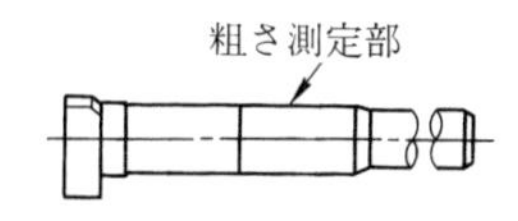

材質：SCM 440
型材：超硬（D2）
断面減少率：3.9％
線材のボンデ：リン酸塩皮膜重量 6 g/m^2
型潤滑：硫黄添加切削油
加工速度：80 spm

図 4.26　繰返ししごき押出しされた軸部の表面粗さの推移[21]

表面粗さの表示 / 粗さの範囲〔μm〕	0.8 S	1.5 S	3 S	6 S	12 S	18 S	25 S
	0.8以下	1.5以下	3以下	6以下	12以下	18以下	25以下
1. 前方押出しされた軸の表面		←	―	―	→		
2. アイヨニング加工された軸の表面		←	―	→			
3. 後方押出しされた中空部品の外面			←	―	―	―	→
4. 後方押出しされた中空部品の内面			←	―	―	―	→
5. 据込み加工された端面		←	―	―	→		
6. 仕上げ圧印された表面	←	―	→				

図 4.27　冷間鍛造品の表面粗さ[22)]

4.5　機械的性質

鍛造品は他種の加工品とコスト面ではしばしば競合する．しかし鍛造品の絶対的な優位は，1.4 節〔2〕，〔3〕で述べたような優れた機械的性質にある．

4.5.1　熱間鍛造品

熱間鍛造温度と加工後の機械的性質の関係を**図 4.28**[23)]に示す．熱間鍛造では鍛造温度が高くなると再結晶粒の粒径が大きくなるため，降伏応力は低下し鋼の脆性遷移温度は上昇し，性能の低下が生じる．さらに，熱間鍛造品に熱処理を施した場合の機械的性質を**図 4.29**[24)]，**表 4.7**[24)]に示す．

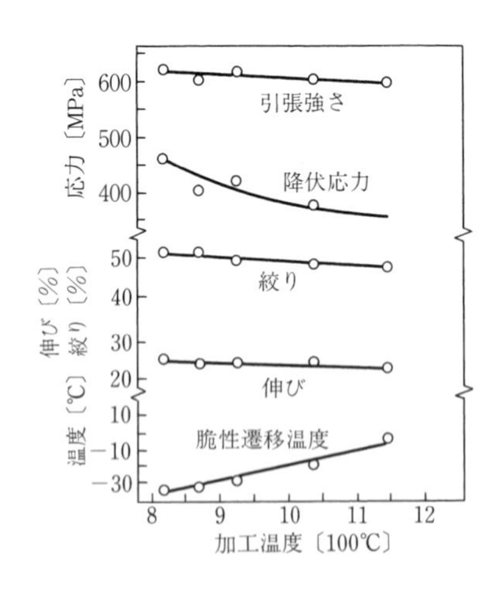

図 4.28　AISI 1040 鋼の鍛造温度と鍛造後の機械的性質[23)]

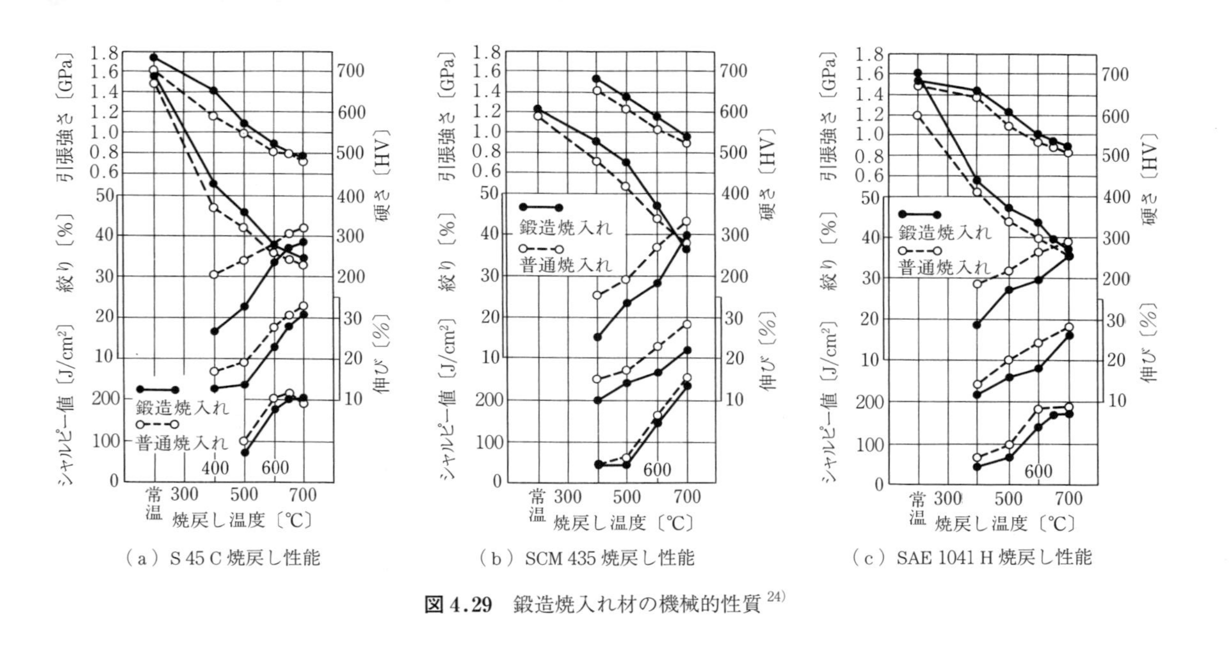

（a）S 45 C 焼戻し性能　（b）SCM 435 焼戻し性能　（c）SAE 1041 H 焼戻し性能

図 4.29　鍛造焼入れ材の機械的性質[24)]

表 4.7　鍛造焼入れ材の疲労限度（S45C）[24)]

種　類	疲労限度〔MPa〕		硬　さ〔HV〕	引張強さ〔MPa〕
	回転曲げ	両振りねじり		
鍛造焼入れ	410	240	265	830
普通焼入れ	380	220	255	850

鍛造焼入れを行った品物と，通常の焼入れを行った品物を同一焼戻し温度で比較した場合，鍛造焼入れの品物のほうがじん性はわずかに低下するが，引張強さ，疲労強度ともに同等もしくは若干高い値を示している．

4.5.2 冷間・温間鍛造品

加工中に発生した転位が再結晶により消失するため，加工硬化が後に残らない熱間鍛造に比べ，冷間・温間鍛造では加工硬化が残る．そのため，加工度，加工速度，加工温度および材質などによって，その機械的性質は変化する．

〔1〕 加工度，加工速度の影響

加工度による機械的性質の変化を**図 4.30**[25]に示す．加工度とともに降伏応力，引張強さ，硬さは増加するが，伸び，絞り，衝撃値は低下する．また高速加工材（機械プレス加工品）の硬さ，降伏応力，引張強さは低速加工材（油圧プレス加工品）のそれらに比べて低く，伸び，絞り，衝撃値は高速加工材のほうが高い．高速加工材と低速加工材におけるこの傾向は，すべての炭素鋼について同じである．

〔2〕 加工温度の影響

冷間鍛造はもとより温間鍛造の場合でも，材料の加熱温度が再結晶温度以下ならば加工硬化は生じる．ただし，材料は初期温度と加工熱の発生および型−材料間の摩擦熱の影響も含めて，成形品の表面層に再結晶を生じることがある．また，成形品の各部の変形状態に応じて，同一部品内で硬さのばらつきを生じることは冷間鍛造でも温間鍛造でも同様である．

表 4.8[26]は，各種鋼材を常温〜600 ℃で断面減少率 $r=62$ %の後方押出しした製品の常温における硬さを示したものである．初期硬さに比べて大幅に加工硬化している．こうした加工硬化の傾向は，加工による材料強度の上昇を見込んだ製品設計が冷間・温間鍛造に対して利用できることを示しており，省エネルギーの立場からも積極的な採用を考えたい特徴である．同様に冷間・温間鍛造品では引張強さが増大し，伸びや絞りの減少が予想されるが，材質や加工温

度によってその割合は異なる．**図 4.31**[27]は，S45C，SCM435 および SUS304 の各温度における軸の前方押出し加工（$r=50\%$）した部品から引張試験片を採取して試験した結果を示す．いずれもビレット時に比べて引張強さは増大している．

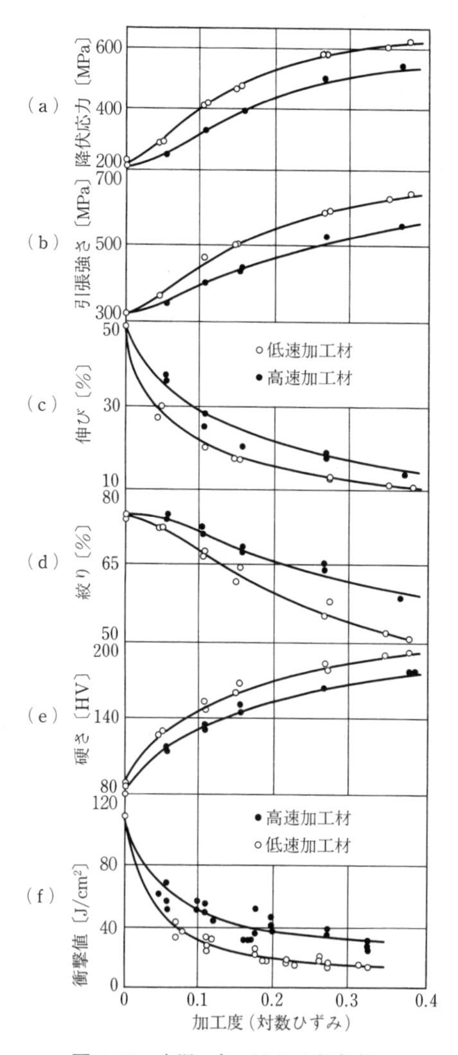

図 4.30 室温で加工された極軟鋼の機械的性質[25]

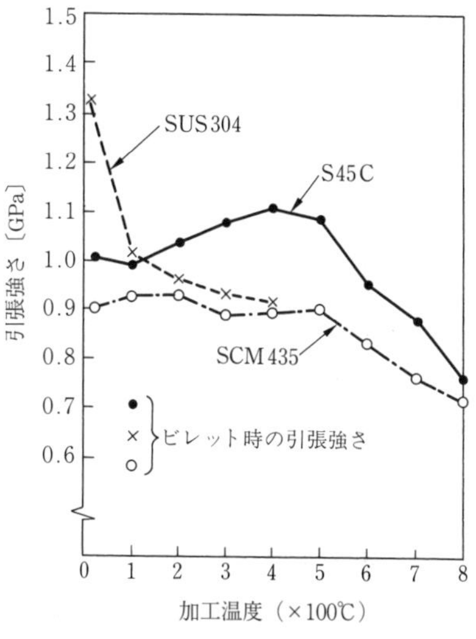

図 4.31 温間鍛造品の引張強さ[27]

表 4.8　温間鍛造における加工硬化（後方押出し）[26]

鋼種	焼なまし時の被加工材の硬さ〔HV〕	後方押出し後硬さ（断面減少率 62%）〔HV〕						押出しによる硬さの増加率〔%〕					
硫黄快削鋼	96	239	247	244	236	216	194	149	157	154	146	125	102
0.40% 炭素鋼	177	—	—	—	312	293	270	—	—	—	76	66	53
1% Cr 鋼	196	—	—	—	—	314	293	—	—	—	—	60	50
4¼% Ni-Cr 鋼	254	—	—	—	—	341	317	—	—	—	—	34	25
2%Ni-Mo 肌焼き鋼	161	267	294	280	298	271	257	66	83	74	85	68	60
炭素ばね鋼	208	—	—	—	—	—	284	—	—	—	—	—	37
Si-Cr バルブ鋼	261	—	—	—	—	349	330	—	—	—	—	34	26
Cr 不銹鋼	179	—	—	310	295	293	275	—	—	73	66	64	54
マルテンサイト Cr-Ni 不銹鋼	257	—	—	—	343	343	318	—	—	—	33	33	24
オーステナイト Cr-Ni 不銹鋼	173	—	338	319	316	319	311	—	95	84	83	84	80
被加工材の温度〔℃〕		20	200	300	400	500	600	20	200	300	400	500	600

4.5.3　機械的性質を低下させる諸要因

一般的に鍛造品は，その設計要求品質などを満足させるために熱処理（焼入れ焼戻し，焼ならし，浸炭焼入れなど）を施して使用されることが多い．しかしこのときに，機械的性質を低下させる諸要因に十分注意を払わないと，要求品質を満足できなくなる危険が生じる．ここでは，これら諸要因の一例として，脱炭と結晶粒の粗大化について述べる．

〔1〕 脱　　　炭

鋼表面に炭素量が少ない脱炭層を有する部材は，脱炭層がない場合に比較して疲労強度が低下する．その様子を**図 4.32**[28]に示す．脱炭層の厚さが厚いほど疲労限度の減少率は大きい．また，ある程度以上の厚さの脱炭層を有する鋼の疲労限度はおもに脱炭層の疲労限度によって決まり，内部硬さにほぼ無関係となるので注意すべきである．脱炭層がある部材でも，その表面をショットピーニングまたはロールがけをすれば疲労限度は再び上がる．**図 4.33**[29]にショットピーニングでの例を示す．多くの場合，鍛造品の黒皮付近には脱炭層が存在し，これが表面の凹凸による切欠効果と相まって疲労限度低下の原因と

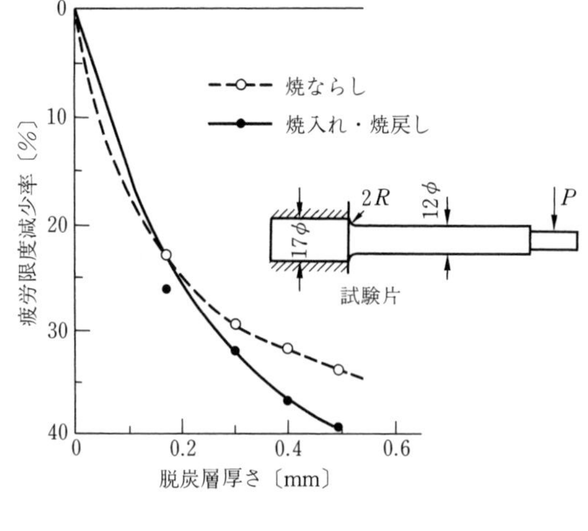

図 4.32　脱炭層厚さと疲労限度減少率（0.61% C 鋼；片持ちはり式回転曲げ疲労試験）[28]

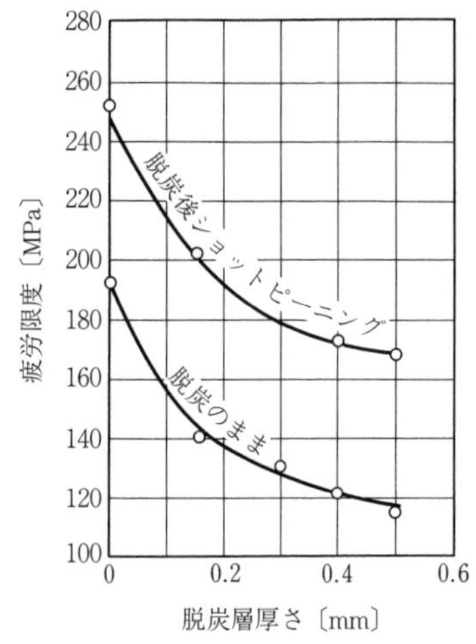

図 4.33　脱炭試験片に対するショットピーニング効果（0.61% C 鋼；片持ちはり式回転曲げ疲労試験）[29]

なっていることが多い．

〔2〕　結晶粒の粗大化

一般に加工度と熱処理温度との組合せにより結晶粒が著しく成長する現象（結晶粒の粗大化）があり，特に冷間鍛造品において，部分的に結晶粒の粗大化が認められる材料の機械的性質，特に延性や疲労強度が劣化することがある．この現象は，塑性加工時のせん断ひずみエネルギーの大きさに関係[30]があると言われているが定量的な説明が困難で，結晶粒の粗大化が起こるか否かは，実際に熱処理をしてみないとわからないことが多い．またこの現象は製鋼過程での加工度も関係し，材料ロットが変ると突然現れることがある．この結晶粒粗大化を防止するため，肌焼き鋼にAl，Nb，Ti，Nなどの元素を積極的に添加して，それぞれの微細な炭化物を析出させて結晶粒粗大化のピンニング効果を狙った鋼種が開発されている．しかし，完全に防止するためには，冷間鍛造後，焼ならしを行った後に浸炭などの熱処理を実施することが推奨されている．

4.5.4 鍛流線の影響

鍛造品は鍛流線が表面輪郭に沿っていることが長所としてあげられる．鍛造加工に用いる炭素鋼，低合金などの棒鋼では，インゴットや連続鋳造された鋼片が圧延により棒鋼加工されるときに，フェライトとパーライト組織からなる結晶粒の粒界にはPなどの不純物が偏析し，マトリックス中のMnS等の介在物などとともに圧延方向に伸長加工を受ける．鍛流線は，これらの結晶粒界の不純物，介在物，フェライト・パーライト組織等が鍛造金型の輪郭に沿う材料フローの流れに沿って配向している状態を表し，輪郭に対して曲げ応力が負荷する場合の疲労強度の向上に寄与する場合が多い．なお，鍛流線は，塩酸，しゅう酸等の腐食液によるエッチング処理により，不純物部位，介在物，軟質部位などが選択的に腐食を受けて目視で観察できる．

図4.34は熱間鍛造によるクランク軸の断面組織である．このクランク軸の

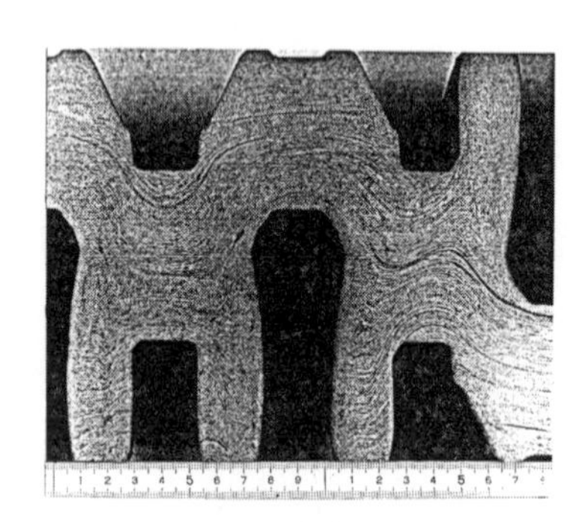

図4.34 鍛流線の通った型鍛造クランク軸断面

表 4.9　(A), (B) の鋼塊から切り出して作ったクランクの強さ[31)]

採取場所（図Cの）	方法	機械的性質 降伏点〔MPa〕	引張強さ〔MPa〕	伸び〔%〕	絞り〔%〕	衝撃値〔J/cm^2〕	回転曲げ疲労限度〔MPa〕
1	A	240	490	26	58	80	200
	B	270	490	27	60	100	230
2	A	260	470	8	19	40	150
	B	270	500	20	35	90	230
3	A	260	420	5	8	40	170
	B	270	490	20	45	90	220

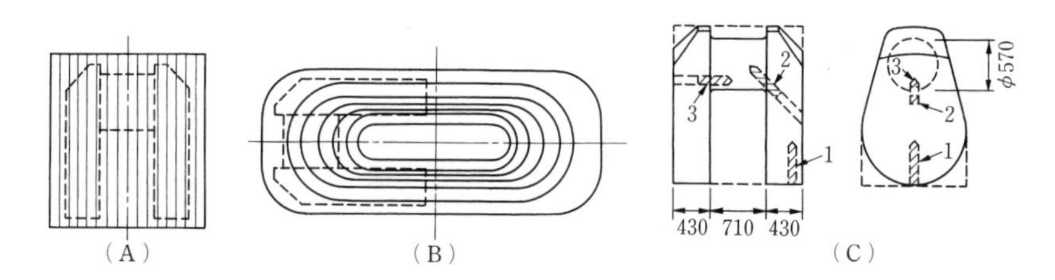

強さに及ぼす鍛流線の影響を以下に示す．**表 4.9**[31)]には，(A)，(B) の実線で示すような鍛流線をもつインゴットから切り出したクランクから，(C) に示すような異なった3箇所から試験片を採取して試験を行った結果を示す．鍛流線がクランクの形状に沿っている (B) の強さ，特に回転曲げ疲労限度は，鍛流線が沿わない (A) より高い値を示している．危険断面である軸部で最大応力の方向に鍛流線が沿っている，上述のクランク軸は曲げに対して高い疲労限度を示すことが期待できる．また，精密熱間転造によって作られた歯車は，その歯部の歯形に沿って連続した鍛流線が存在し (**図 4.35** (b)[32)])，かつ微細な鍛練組織となるため，機械加工で作られた歯車に比べ強度の向上が期待できる．

図 4.35[32)]は同一材料から同じ形状，寸法をもつ歯車を転造法と切削法とで作り，それぞれ同一条件で各種の熱処理を行って静的曲げ強さおよび衝撃曲げ強さを比較したものである．転造歯車は同じ切削歯車よりも静的曲げ強さがやや大きく，衝撃曲げ強さは明らかに大きくなることがわかる．

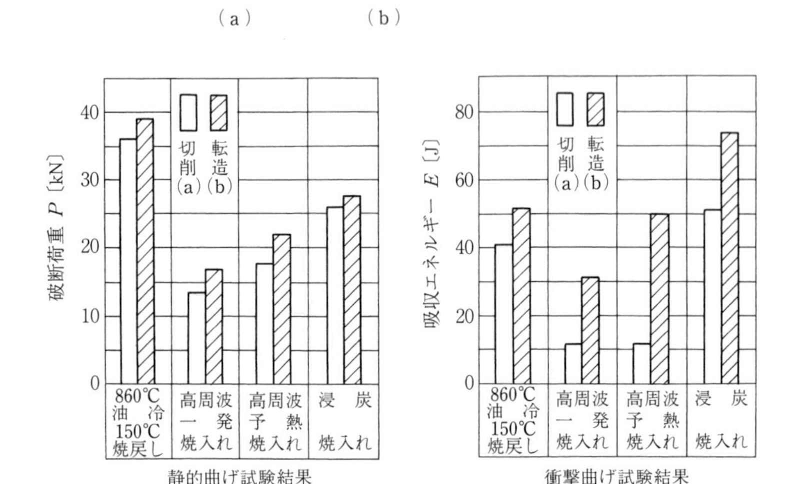

図 4.35　歯車の曲げ強さに及ぼす加工法の比較：モジュール＝3，歯数＝32，圧力角＝20°，歯幅＝13.5 mm，材質 S 45 C，SCM 415（浸炭焼入れのみ）[32]

4.6　受注の際の注意

4.6.1　受注の流れ

経営者の政策的な判断や営業および経理の掛け引きなどの要素を除外し，ここでは鍛造技術者としての立場に限定して話をすすめる．受注活動には，ユーザー会社へ売り込んで取引会社となるまでの段階と，受注後の具体的な交渉段階とに分けられる．

前者の場合，ユーザー会社がまったく新しい技術分野に進出する場合などでは，メーカー側の PR 手段や他のユーザーからの情報によりメーカーの存在を知ることになる．ユーザーがある程度メーカーの技術的な内容に関心をもったときに，鍛造技術者として会社の技術概要を説明する機会がある．新規取引の場合にはユーザー側にあまり情報が伝わっていないことが多いので，技術レベルや受注可能な範囲を説明するための資料を準備しておくとよい．後者の場合，通常，仕様打合せ—試作品納入とユーザー側評価—量産といったステップで進められる．

4.6.2 仕様打合せ

受注が決まれば，4.1節で述べたように製品設計者と打合せをする．一般的な打合せ項目をまとめたものが**表4.10**である．細部形状については，お互いの誤解を避けるためにサンプルや図面を使って具体的に打合せする方法が有効である．この際，特に鍛造工法をよく知らないユーザーに対して，わずかな仕様変更がユーザーとメーカー双方にとって大きな利益をもたらすことを啓発することが大切である．

4.6.3 試作およびユーザー評価

試作にも2種類ある．一つは製品機能自体の評価のためのもので，図面と合ってさえいれば必ずしも鍛造品でなくてもよい．この場合はいかに短い納期で納入するかが特に重要である．もう一つは鍛造肌部分の評価，形状の細かい部分の確認，工程能力などの評価および確認をするためのもので，正規の鍛造工程で作ることが要求される．鍛造メーカーとしては極力早い段階から正規工程で加工できる体制にして，打ち合わせた仕様が満足できるかを確かめること，および工程上の工夫の効果を評価してもらう時間の余裕を作ることが望ましい．この結果によっては仕様の再打合せも必要となる．

4.6.4 量産およびフォロー

量産移行後には品質の安定および維持のための努力が当然必要であるが，さらに工程の見直し活動が重要である．当初設定された工程が必ずしも最適な工程とは限らない．特に潤滑条件や型材の使用条件を最適化することで型寿命が大きく伸びることは，日常しばしば経験する．こうした努力を継続することでユーザーへもメリットを還元できれば，信頼関係の向上にも役立つ．

表 4.10　打合せ項目（受注時）

1. 名称 ・社名および住所 ・発注者名および役職 ・連絡先（TEL，FAX） 2. 図面 ・品名 ・図番 ・部番 ・図面発行番号 ・部品番号および商標の打刻位置ならびに姿 ・契約範囲（機械加工含む）および承認図 3. 鍛造方案 ・工程案 ・使用設備 ・見切り線位置 ・ノックアウト位置 ・ばり，かえり，ひけ位置 ・試験片位置，分析および使用番号 ・熱処理 4. 機械加工 ・機械加工面および取り代 ・初工程機種および基準面 5. 数量 ・最初の発注量 ・契約年数 ・年間発注予想数 6. 納期 ・初納品の納期および数 ・後続部品の納入形態および数 ・完納日 7. 使用データ ・使用個所 ・最大設計応力，使用中の応力 ・衝撃，繰返し荷重または圧力 ・摩擦状況 ・腐食剤の有無	8. 表面の状態 ・脱炭量限度 ・表面きず限度 ・仕上げ方法（ショットブラスト，ばり取り） ・機械加工またはその他の仕上げ方法 9. 材料 ・名称，成分および規格 ・ジョミニ値の範囲 ・表面きずの許容値 ・材料メーカー名 ・許される代用材料 10. 品質 ・標準規格 ・引張強さ下限 ・指定個所における最大および最小硬さ ・その他必要な性質 11. 熱処理 ・熱処理方法 ・熱処理治具 ・所要品質水準 12. 寸法公差 ・JIS 公差基準 ・特別公差適用範囲 13. 特別検査 ・浸透，磁粉，超音波探傷などの検査 ・得意先の受け入れ検査内容 ・初納品検査 ・提出すべきデータ 14. 納品 ・特別こんぽう仕様または箱詰 ・運送方法または輸送会社名 15. 契約売価 ・予想コスト ・型費予想（型寿命予想） ・新規必要投資見積り

引用・参考文献

1) 水谷巌：鍛造技報，**10**–23（1985），49–62.
2) 日本塑性加工学会 編：プレス加工便覧，（1975），574，丸善.
3) 野口正秋・大西利美：塑性と加工，**6**–49（1965），63–70.
4) 村井映介：塑性と加工，**55**–644（2014），820–824.
5) 近藤一義：塑性と加工，**57**–664（2016），401–405.
6) 五十嵐良雄・吉岡守久・大鹿幹夫：等速ジョイントの外輪装置，特公昭 55–72920.
7) 奥村正：素形材，**49**–7（2008），13–17.
8) Frodl, D., Randak, A. & Vetter, K.：Haerterei Technische Mitteilungen, **29**–3（1974），169–175.
9) Isogawa, S.：Proc. 13 th Asian Symposium on Precision Forging,（2015），10–15.
10) 古澤貞良・長谷川豊文：プレス技術，**27**–8（1989），41–46.
11) 瓜田龍実・並木邦夫・礒川憲二：冷鍛・高周波焼入用鋼「HAC 鋼」の開発，日本金属学会会報，**31**–5（1992），443–445.
12) 日本塑性加工学会 編：プレス加工便覧，（1975），529，丸善.
13) 鍛造技術研究所 編：鍛造技術講座，（1982），95–97.
14) 鍛造ハンドブック編集委員会 編：鍛造ハンドブック，（1971），216，日刊工業新聞社.
15) 工藤英明：塑性と加工，**29**–324（1988），4–12.
16) 石原康正・楠兼敬・大西利美・鈴木隆充：塑性と加工，**5**–38（1964），210–216.
17) 石原康正・楠兼敬・大西利美・鈴木隆充：塑性と加工，**5**–39（1964），257–264.
18) 高須賀健一・新谷昇：型技術，**3**–6（1988），29–33.
19) 中島将木・新井慎二・近藤一義：塑性と加工，**50**–578（2009），1086–1090.
20) 澤辺弘・高橋昭夫：塑性と加工，**17**–187（1976），644–658.
21) 岩崎功：塑性と加工，**24**–265（1983），162–167.
22) 日本塑性加工学会編：プレス加工便覧，（1975），620，丸善.
23) 鍛造ハンドブック編集委員会 編：鍛造ハンドブック，（1971），9，日刊工業新聞社.
24) 渋沢昌之：自動車技術，**26**–4（1972），448–452.
25) 鍛造ハンドブック編集委員会 編：鍛造ハンドブック，（1971），8，日刊工業新聞社.

26)　鍛造ハンドブック編集委員会 編：鍛造ハンドブック，(1971)，398，日刊工業新聞社.

27)　鍛造ハンドブック編集委員会 編：鍛造ハンドブック，(1971)，396，日刊工業新聞社.

28)　上田太郎・上田祐男：材料試験，**8**-65 (1959)，170-177.

29)　上田太郎・上田祐男：材料試験，**9**-80 (1960)，380-387.

30)　吉村英徳・三原豊・岡内一弘・笠井正之・丸田慶一・木村秀途：JFE 技報，**23** (2009)，30-35.

31)　石橋正：設計を主とした金属の強さ，(1961)，189-190，養賢堂.

32)　成瀬政男・井上和夫：歯車の塑性加工，(1963)，148-150，養賢堂.

5 素材材料の選択

5.1 材料選択の基準

5.1.1 熱間および冷間・温間鍛造品とその材料

ある製品を生産する手段として鍛造を選定した場合，鍛造用素材は製品に要求される機能や特性を満足させることのできるものでなければならない．しかし，そのような材料は唯一ではなく，鍛造を主とした一連の生産工程を通して最適と考えられる材料を選定する必要がある．ただし，生産工程も唯一ではないため，材料選定の幅は広い．本章では鍛造用素材の選定で考慮すべき品質特性についてのべる．鍛造の第一の目的は，塑性変形により所定の形状を得ることである．塑性変形を容易にするため，材料を加熱して鍛造する広い意味での熱間鍛造が，古くから生産性のよい加工法として多くの金属材料に適用されてきた．一般に，金属材料は一部の脆性材料を除き，大部分は鍛造用素材として使用できる．例えば，鍛造用に最も多く使用されている鋼材について言えば，一般構造用圧延鋼材から機械構造用合金鋼材のほか，ステンレス鋼，軸受鋼，工具鋼などの特殊用途鋼まで広範囲にわたっている．

ところで，熱間鍛造ではその使用材料を特に制限しないが，冷間鍛造では，熱間鍛造に比べて材料の変形能（延性，割れにくさ）が大幅に低下し，しかも変形抵抗（加工力の大きさ）がきわめて高くなるため，必然的に冷間鍛造に適した素材選択の必要性が生じる．また近年では，熱間鍛造と冷間鍛造の中間温度域で行う温間鍛造が，両者の特徴を兼ね備えたものとして注目されてきている．温間鍛造では，潤滑剤などで冷間鍛造とは異なる配慮が必要となるが，材料に要求される品質特性は，冷間鍛造用材料と基本的には同じと考えてさしつかえない．

5.1.2 冷間および温間鍛造用材料に要求される品質特性

冷間および温間鍛造用材料に要求される品質特性は，鍛造に関するものとそれに引き続く後工程におけるものとに大別される（**図 5.1** 参照）．冷間・温間鍛造での材料に関係する短所は，1.4 節〔6〕および〔8〕にあるように，鍛造時の変形抵抗が大きいことと変形能が小さいことである．したがって，冷間・温間鍛造用材料の選択に際しては，この二つの加工特性が特に重要となる．

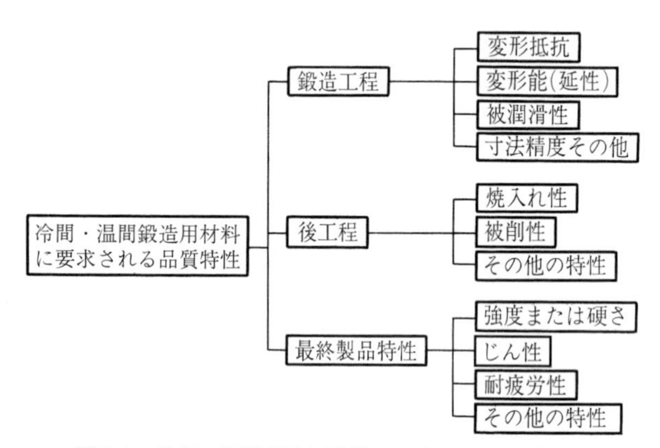

図 5.1　冷間・温間鍛造用材料に要求される品質特性

〔1〕 変　形　抵　抗

変形抵抗とは，材料を変形させるのに必要な応力のことで，これが大きいと成形時の加工力が高くなり（3 章参照），金型の摩耗や金型の塑性変形・破壊を起こしやすくなる（8.1 節参照）．したがって鍛造用材料としては，できるだけ変形抵抗の低いものを選ぶ必要がある（変形抵抗の測定方法については 5.4 節を参照）．

〔2〕 変形能（延性）

変形能とは，材料が破壊することなしにどの程度変形しうるかを表す指標で，通常，鍛造加工時の割れ発生限度（加工率またはひずみで表す）の大小で評価される（**図5.2**）．変形能の小さい鍛造用素材では，当然加工度が制限され，工程中に熱処理や潤滑処理を追加する必要もでてくる．したがって，変形能の大きな鍛造用素材が冷間・温間鍛造性に優れるといえる．なお，鍛造加工における変形能は，引張試験での伸びあるいは絞り値などの一般的な塑性変形能とは必ずしも相関しない．これについては，5.5節で触れる．変形抵抗が低く，変形能の大きな材料が鍛造性に優れた材料であるが，このほか，鍛造時の加工性に影響する因子としてつぎのようなものがある．

据込み方法		試験片形状		据込み率	割れの外観
圧板	潤滑				
同心円状溝付き	なし	外径	48 mm	70%	Ⓐ 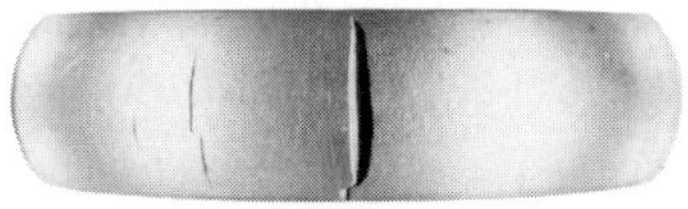 縦割れ
		高さ	72 mm		
平板	なし	外径	48 mm	72.5%	Ⓑ 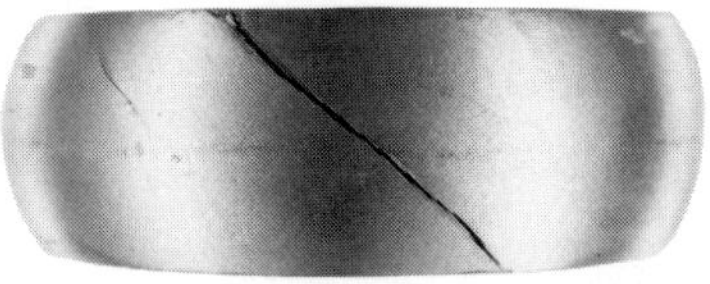 斜め割れ
		高さ	110 mm		

図5.2　据込み割れ（材料 S53C，球状化焼なまし）（株式会社神戸製鋼所提供）

〔3〕 潤滑処理性

加工中の材料と金型との摩擦抵抗を低減し，焼付きを防止するために，潤滑剤が一般に用いられる．しかし，単に材料の表面に液体や固体潤滑剤を塗布しただけでは，加工度の高い冷間鍛造用としては不十分であり，潤滑剤をよく吸着する下地被膜が併用される．炭素鋼材には，リン酸塩被膜，ステンレス鋼材には，シュウ酸塩被膜などを，材料表面に化学反応で形成するのが一般的である．生産工程において潤滑処理の容易な材料ほど好ましく，炭素鋼では炭素量が低いほど，また合金鋼では Ni，Cr 含有量が多いほどリン酸塩被膜重量は少なくなるので注意が必要である.

〔4〕 **表面および内部欠陥**

材料表面および表面皮下のきずは変形能に大きな影響を及ぼす. 例えば表面に縦きずがあれば, 据込み時にそれを起点としてき裂が早期に発生し, 材料本来の割れ発生限度以下で割れを生じる可能性がある. 内部の介在物の密集や過度の偏析も素材の変形能を低下させる (図 4.15 参照). 加工の種類や程度によっては, 磁気探傷や超音波探傷などの検査により品質保証された材料を選ぶ必要がある.

〔5〕 **寸 法 精 度**

素材の径または厚みがばらつくと鍛造材料重量のばらつきとなり, 製品の寸法のばらつき, あるいは余肉や欠肉を生じたり, はなはだしいときには金型を破壊することもある. 冷間鍛造用の線材は一般に引抜き加工が施されており寸法精度の問題はまずないが, 棒材では圧延のままで使用することがあり, 寸法公差などに注意を要する. 1980 年代には, 圧延技術の発達により, 圧延のままで引抜きやピーリングと同程度の寸法精度が得られるようになった[1] (**図 5.3**).

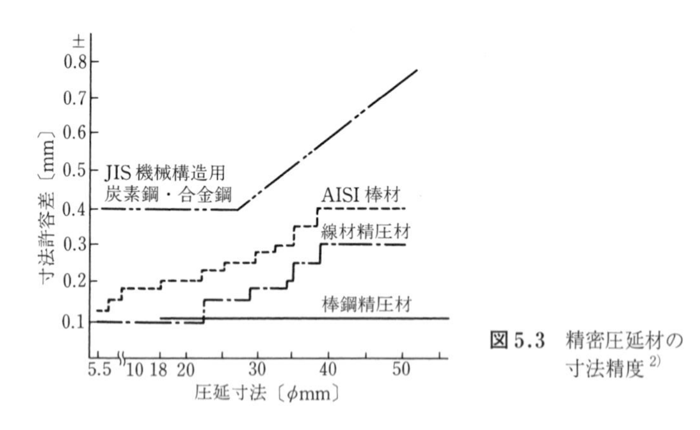

図 5.3 精密圧延材の寸法精度[2]

〔6〕 **焼 入 れ 性**

最終製品の要求特性を満足するために必要な特性であるが, 一般に鋼材の焼入れ性を向上させる化学成分, 例えば C, Mn, Cr, Mo などの元素は冷間・温間鍛造性を低下させる．ボロン鋼におけるBの添加はこの点を改善したもので，鍛造性を低下させずに焼入れ性を向上させる元素として多く使用されている[3]．

〔7〕被　削　性

冷間・温間鍛造製品は所定の形状・寸法に仕上げるため一部または全表面を切削加工することが多い．塑性加工性と被削性は一般に相反するものとされている．加工硬化により鍛造品の硬さが高くなるので，過度の冷間加工は切削工具寿命を低下させる．また切りくずも薄くなり分断しにくくなる．反面，適度な冷間加工は切削抵抗を低下させるので工具寿命を向上させ，仕上げ面粗さを改善することも知られている[4]．鋼材においては，S，Pbなど変形能を下げて鍛造性を劣化させる一方，切削性を向上させる元素であり，その量や鋼中の存在形態を調整することで，塑性加工性と被削性を兼備させることも提案されている[5),6)]．

5.2 鍛造に使用される材料の規格

5.1節で述べたように，熱間鍛造にはほとんどの金属材料が使用できる．したがって，鋳造用に使用されるもの以外はまず鍛造用素材として考えることができる．鍛造には鉄鋼材料が最も多く使用されるほか，非鉄材料では，アルミニウムおよびアルミニウム合金，銅および銅合金，チタンおよびチタン合金などもあるが，鍛造用としての規格化は行われていないようである．ここでは，日本工業規格（JIS）や日本自動車技術会（JASO）で規定されている鉄鋼材料の規格についてのべる．

5.2.1 鍛造に用いられる鋼材の規格

JIS規格の鋼種名を取りまとめると**表5.1**のようになる．

もっとも一般的な鋼材は機械構造用炭素鋼材（JIS G 4051）である．S※※Cで表示され，その数値は鋼中炭素の含有量を重量%で示している．S10Cから

表5.1　鋼材全般の規格

規　格	名　　称	種　類　の　記　号
JIS G 4051	機械構造用炭素鋼鋼材	SC
JIS G 4053	機械構造用合金鋼鋼材	SMn, SMnC, SCr, SCM, SNC, SNCM, SACM
JIS G 4303	ステンレス鋼棒	SUS
JIS G 4311	耐熱鋼棒及び綿材	SUH, SUS
JIS G 4804	硫黄及び硫黄複合快削鋼材	SUM
JIS G 4805	高炭素クロム軸受鋼鋼材	SUJ

S58C まで規格されているが，炭素量の多いほど圧延材のパーライト分率が高く，材料強度は高くなる．

機械構造用合金鋼材（JIS G 4503）は，鍛造後に焼入れ焼戻し処理を行う際，所定の焼入れ深さを確保するために合金元素を添加し焼入性を高めた鋼材である．焼入れ性を向上させる元素として，Cr，Mo，Ni などが用いられる．SCr 材では SC 材に 1.0％程度の Cr を添加され，SCM 材では SCr 材にさらに 0.25％程度の Mo が，SNCM 材では SCM 材にさらに 1.80％程度の Ni が添加されており，SCr 材，SCM 材，SNCM 材の順に焼入れ性が向上する．

そのほか，ステンレス鋼棒（JIS G 4303），ステンレス鋼線材（JIS G 4308），ステンレス鋼線（JIS G 4309），耐熱鋼棒及び線材（JIS G 4311）が JIS 規格に規定されている．

5.2.2　冷間鍛造用の鋼材の規格

冷間鍛造用の鋼材には，変形抵抗が低いこと，変形能に優れること，表面きずの少ないこと，などが要求される．そのため，**表 5.2** の機械構造用炭素鋼や合金鋼に対して，表面きずや脱炭層深さを規定した冷間圧造用炭素鋼線材（JIS G 3507-1）や合金鋼線材（JIS G 3509-1），さらに線材に軟化熱処理や伸線を施して機械的性質を規定した冷間圧造用炭素鋼線（JIS G 3507-2）や合金鋼線（JIS G 3509-2）が JIS 規格で規定されている．

また合金鋼では焼入れ性を高めるために Mn，Cr，Mo，Ni を添加しているが，これらは冷間変形抵抗を高くする元素でもある．そこでごくわずかの添加

表 5.2 冷間圧造用鋼材の規格

規　格	名　称	種　類　の　記　号
JIS G 3507-1	冷間圧造用炭素鋼線材	SWRCH
JIS G 3507-2	冷間圧造用炭素鋼線	SWCH
JIS G 3508-1	冷間圧造用ボロン鋼線材	SWRCHB
JIS G 3508-2	冷間圧造用ボロン鋼線	SWCHB
JIS G 3509-1	冷間圧造用合金鋼線材	SMnRCH, SMnCRCH, SCrRCH, SCMRCH, SNCRCH, SNCMRCH など
JIS G 3509-2	冷間圧造用合金鋼線	SMnWCH, SMnCWCH, SCrWCH, SCMWCH, SNCWCH, SNCMWCH など
JIS G 4315	冷間圧造用ステンレス鋼線	SUS

量で焼入れ性を高めることのできるBをSC材に添加した，冷間圧造用ボロン鋼線材（JIS G 3508-1）や線（JIS G 3508-2）が規定されている．また冷間圧造用ステンレス鋼として，線（JIS G 4315）が規定されている．

5.2.3 熱間鍛造用の鋼材の規格

クランクシャフトやコネクティングロッドなど多くの機械部品は，炭素鋼や合金鋼を熱間鍛造した後に調質（焼入れ焼戻し）処理を行うことで部品性能を確保している．この調質処理省略を目的とした鋼材が，JASO規格に自動車構造用非調質鋼鋼材（JASO M 110）として規定されている．また同規格には，被削性改善鋼として鉛添加鋼，硫黄添加鋼，カルシウム添加鋼およびその複合添加鋼も規定されている．

調質処理省略を目的とした熱間鍛造用非調質鋼は**図 5.4**[7]に示すように，強度とじん性のバランスでいくつかに分類される．基本型（JASOの汎用型）は炭素鋼にVを添加して，Vの炭窒化物の析出強化により強度を確保するものである．高じん性型（JASOの高マンガン型）はMnとSを増量し，MnSを核とした粒内フェライト変態を用いて組織微細化を図り，じん性向上を図ったものである．基本型と高じん性型はフェライト・パーライト組織であるが，C量を少なくし鍛造後の冷却速度を調整することにより，ベイナイト組織またはマルテンサイト組織として強度とじん性をさらに向上させた高強度・高じん性タイ

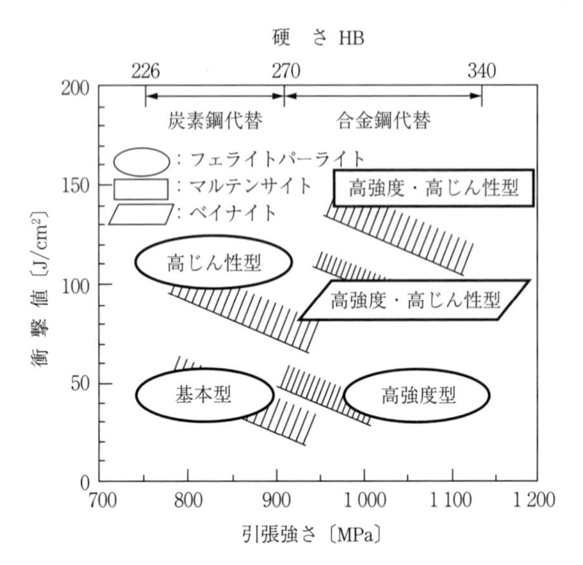

図 5.4　各種熱間鍛造用非調質鋼の強度・じん性バランス[7)]

プのものも開発されている.

5.2.4　温間鍛造用の鋼材の規格

温間鍛造用に規格化された鋼材は見られない. 鍛造温度が 300〜500 ℃では変形抵抗や変形能を考慮した冷間鍛造用の鋼材が用いられ, 750〜850 ℃では一般の鋼材を用いるとよい. ただし先に述べた調質処理省略を目的とした熱間鍛造用非調質鋼は, 析出強化や変態強化を活用する鋼材であり, 温間鍛造に適用してもその効果は得られないので注意が必要である.

5.3　素　材　形　態

鍛造に供される素材は, 鍛造機の様式や鍛造品の形状により, 棒材, 線材, 板材および管材などから適切な形態を選択することができる. 一般には, 棒材や線材を必要長さに切断して使用されることが多い. 線材は通常ヘッダーやフォーマーなどの自動多段加工機に用いられる. 最近では, $\phi 30 \sim \phi 50$ mm

の太径の線材，いわゆるバーインコイルを多段加工機で予備成形品としてプレスなどの鍛造機に供給する方法も実施されている．管材では肉厚10 mm程度までの電縫溶接管が製造されており，中空形状部品用の素材として使用することができる．素材からビレットへの準備，つまり切断，熱処理，潤滑などの前処理については，7章，8章にのべられているので参照されたい．

5.4　鍛造性評価試験法

鍛造用素材は一般に棒または線として供給されるが，それらに対して考慮されるべき品質にはいろいろある．鍛造加工を容易に行える品質特性を有することが必要であるが，鍛造には種々の加工様式があり，それぞれに材料の変形状態も異なるので，適否の評価も異なる．

例えば，据込み加工での変形能の高い材料が，後方容器押出し加工でのパンチ応力も低いとは必ずしもいえない．また，同じ割れの問題であっても，それが材料表面部（例えばボルトなどの据込み自由面）か，材料内部（例えば多段前方押出しや前後方押出しの内部）かによって材料の鍛造性の判定が異なってくる．しかし，一般には変形抵抗が低く変形能（延性）が高い材料，すなわち低い力で加工できて，高い加工度まで割れの生じない材料が，鍛造加工に適しているといえる．

ここでは，日本塑性加工学会冷間鍛造分科会制定の冷間据込み性試験方法による据込み変形能の測定法，およびその他の各種変形能評価試験方法と，端面拘束圧縮による変形抵抗の測定法について紹介する．

5.4.1　冷間据込み性試験（日本塑性加工学会冷間鍛造分科会制定[8)]）

日本塑性加工学会冷間鍛造分科会では，材料の据込み性を評価するために，据込み試験によって求まる限界据込み率を用いることとし，その試験方法の暫定基準を1980年に**表5.3**のように規定した．なおこの規定における切欠付試験片（2号試験片）は，切欠感受性を判断するためのものであり，1号A試験

表 5.3　金属材料の冷間据込み性試験方法（暫定基準）[8]

1. 適用範囲　この基準は，金属材料の限界据込み率を測定する方法について規定する．

2. 試 験 片

2.1　試験片は，その形状により1号および2号に区別し，それらの標準寸法はつぎによる．

2.1.1　1号試験片　この試験片の形状は単純円筒形とし，円筒面の機械仕上げの有無により1号Aおよび1号Bに区別する（**付図 1**）．

(1)　1号A試験片の円筒面は機械加工により仕上げ，特に軸方向のきずなどがあってはならない．標準試験片の径は $d_0 = 14 \pm 0.4$ mm，位置による径の偏差（最大値と最小値の差）は0.05 mm以下とする．

試験片の寸法は，材料寸法あるいは試験実施の都合により高さと径の比を一定にして変更することができる．この場合の試験結果には試験片番号のほかに試験片の径を付記する〔例：1号A試験片（径10 mm)〕．

(2)　1号B試験片の円筒面は原材料の表面のままとする．試験結果には試験片番号のほかに径を付記する〔例：1号B試験片（径16 mm)〕．

2.1.2　2号試験片　この試験片の形状は切欠き付円箇形とし，機械加工した切欠き部溝底の仕上げはなめらかであって，有害な切削きずなどがあってはならない（**付図 2**）．試験片寸法は，材料寸法その他の都合により変更することができる．この場合の試験結果には試験片番号のほかに変更した試験片の径，高さ，溝角度，溝深さ，溝底半径を付記する〔例：2号試験片（溝角度60°)〕．

2.2　試験片端面の機械仕上げは荒仕上げ（▽）以上とし，軸に対する直角度は円筒面の端で0.1 mm以下とする．端面中心の穴は，工具に対する位置合わせのためのもので，寸法精度は要しないが標準寸法をこえてはいけない．ただし，試験工具に標準寸法以外のものを使用する場合は，工具中心の突起との間に遊びができない寸法の穴とする．

3. 試験工具

3.1　耐圧板は，試験片を圧縮する面に浅い同心円溝をつけたものとし，その形状，寸法は**付図 3**に示すものを標準とする．標準以外の形状または寸法の耐圧板を使用してもさしつかえないが，その場合には試験結果に耐圧板の直径，高さ，および圧縮面の形状を付記する．

付図 1　1号試験片

φ2.0
120°
h0=(1.46～1.54)d0
d0
単位：mm

付図 2　2号試験片

切欠き部
R0.15±0.05
0.8±0.05
30°±5°
φ2.0
120°
h0=(1.46～1.54)d0
d0=14±0.4
単位：mm

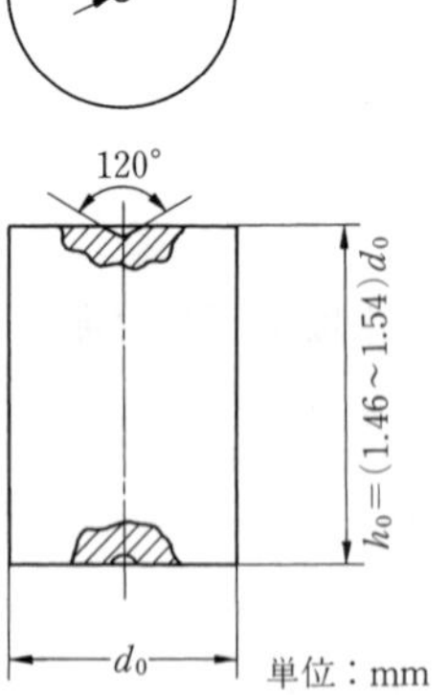

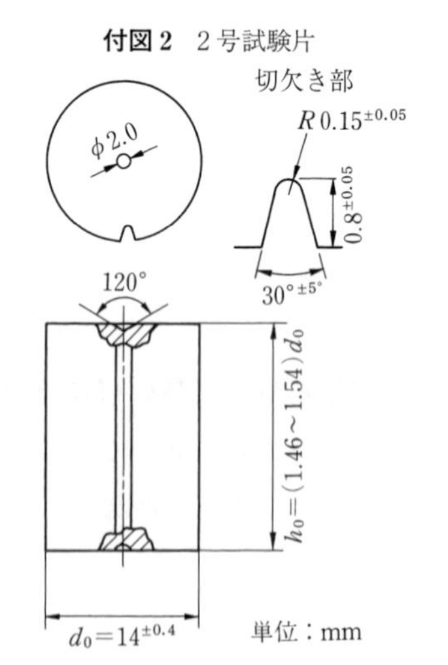

表 5.3　（つづき）

3.2　耐圧板は，焼入れ焼戻しを施したときの硬さが HRC 62～64 の JIS G 4403（高速度工具鋼）SKH 9 または同等の合金工具鋼を用いる．

3.3　上下 1 対の耐圧板は，試験中も中心線が一致し，平行度が保たれていなければならない．

4. 試験機械　材料試験機またはプレス機械を用いる．

5. 試験方法

5.1　据込み試験はつぎのとおり行う．

(1)　試験片および耐圧板は，試験前にベンジンなどで脱脂する．

(2)　試験片をその両端面の穴を利用して耐圧板に対し正しい位置にセットする．

(3)　1 個の試験片を用い，据込みにより試験片に割れの発生するおおよその高さを求める．

(4)　前項によって求めた高さから試験片の元の高さの約 15%（元の高さが 21 mm のときは約 3 mm）だけ高いところまで，まず一気に圧縮する．次回以降は，試験片の元の高さの約 1.5～2.5%（元の高さが 21 mm のときは約 0.3～0.5 mm）ずつ圧縮し，除荷する．

(5)　除荷のたびに試験片を観察し，割れの有無を確かめる．割れが発生するまで圧縮，除荷，観察を繰り返す．

(6)　割れが発生したときの試験片の高さ h_c を測定する（**付図 4**）．

5.2　割れの発生の認定は，微細な割れ（長さ 0.5～1.0 mm）が肉眼で，または簡単な拡大鏡を用いて，初めて観察されたときとする．

5.3　割れが発生した試験片の周辺部の高さ h_1 を数個所において測定する（付図 4）．そしてそれらの平均値と中央部の高さ h_c との差は 0.6 mm 以下に，また h_1 の最大値と最小値の差は 0.08 mm 以下になっていなければならない．

5.4　試験実施の都合によっては，5.1(3)～(5)の方法を変更することができる．この場合にはその方法を記載する．

6. 表　示

6.1　限界据込み率は，つぎの式によって求める．

$$\varepsilon h_c = \frac{h_0 - h_c}{h_0} \times 100$$

ここに，εh_c：限界据込み率（%）
h_0：試験片の元の高さ
h_c：割れ発生時の試験片の高さ

6.2　供試材の限界据込み率は，n 個の試験片について据込み試験を行い，$n/2$ 個が割れるとき（割れ率 50%）の据込み率とする．n は 5 以上とする．

6.3　限界据込み率の数値は，JIS Z 8401（数値の丸め方）により小数点以下 1 けたに丸める．

6.4　試験の成績には試験片の種類を付記する．

付図 3　耐圧板

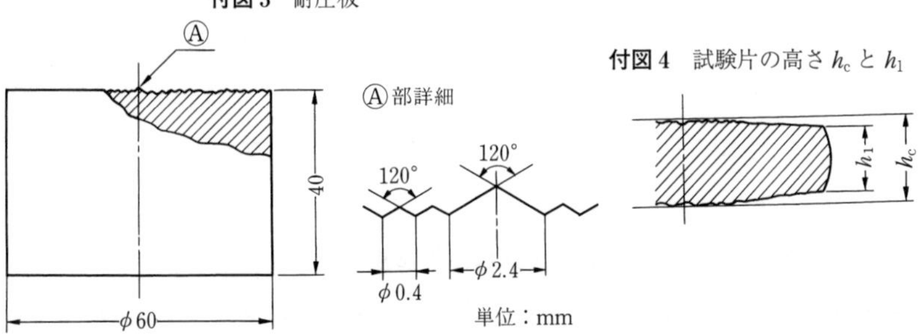

付図 4　試験片の高さ h_c と h_1

片（図5.2Ⓐ）に比べてはるかに小さい荷重で，限界据込み率を求めることができるが，両者の間には，必ずしも相関関係が成り立つとは限らないので注意を要する．

5.4.2 多段前方押出し試験

前方押出しを繰り返し行うと材料中心部に割れを生じることがある．このような現象に対する変形能評価は，ダイ半角で10〜15°，断面減少率10〜20％で，材料試験機またはプレス機械を用いて，繰返し前方押出し加工を行い，中心部に割れが生じる押出し限界ひずみを求めることによってなされている[9),10)]．

5.4.3 その他の変形能評価試験

鍛造用材料の変形能を評価する方法としては，以上のほかに種々提案されている．冷間鍛造分科会では共同実験により，共通の材料を用いて各種冷間鍛造用材料の総合的評価を行った[11)]．その中から変形能に関する評価試験方法を二，三紹介する．

〔1〕 円筒工具試験法による限界据込み率

低い圧縮荷重で試験値が求められる据込み試験法として，格子溝付き円筒工具による据込み試験[12)]が提案されている．変形能に富んだ材料あるいは太径のため，試験荷重が過大となるような場合に有効である．

〔2〕 前後方容器押出しにおける割れ発生限界

前後方容器押出しでパンチの押込みが進み，中間部の底厚が薄くなったときに外周に割れが生じる押込み深さを測定する試験方法[11)]が提案されている．すなわち，平頭のパンチをリン酸塩被膜・金属セッケン処理した試験片に，機械プレスにより上下から押込み容器押出しする．パンチの押込み深さを数段階に変え，それぞれで目視により割れの観察された試験片が50％になる押込み深さを，割れ発生限界としている．

〔3〕 截頭円錐（せっとうえんすい）圧入による内面割れ発生限度

図5.5に示すような工具ならびに試験片を用いてパンチを押込み，内面に

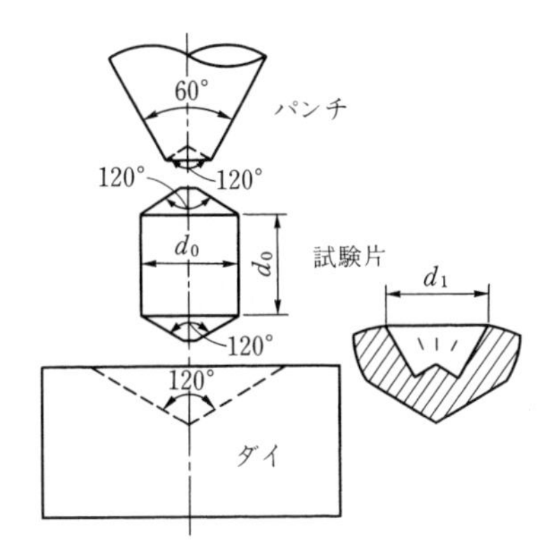

図 5.5　截頭円錐圧入法[11)]

割れが発生したときの穴径 d_1 の大小によって加工性を評価する試験方法[11)]が提案されている.

5.4.4　端面拘束圧縮による変形抵抗の測定方法[13)]

5.4.1 項に示した据込み性試験で使用する拘束圧板[14)]と 1 号試験片を用いて圧縮したときの荷重と変形量から，変形抵抗を算出する方法が提案されている．この方法は同一工具で変形抵抗と変形能とが求められるとともに，実際の加工に即した高ひずみ速度で高ひずみ域まで簡便に変形抵抗が測定できる利点がある.

〔1〕 試　験　方　法

高さと直径の比 $h_0/d_0=1.5$ の単純円筒試験片を同心円溝付き圧板で圧縮し，圧縮荷重 P とそのときの試験片高さ h を測定して，次式により荷重 P を変形抵抗 Y に，圧縮率 e を対数ひずみ ε に変換する.

$$Y=\frac{1}{f}\cdot\frac{P}{A_0} \tag{5.1}$$

$$\varepsilon=F(e)=F\left(\frac{h_0-h}{h_0}\right) \tag{5.2}$$

ここで，A_0 は試験片の初期断面積，P/A_0 は公称応力であり，見掛けの拘束係数 f および平均対数ひずみ ε は圧縮率 e の関数で，**表 5.4** または**図 5.6** から与

表 5.4　変形抵抗の決定に用いる ε と f の関係[13)]

圧縮率 e〔%〕	平均対数ひずみ ε	f	圧縮率 e〔%〕	平均対数ひずみ ε	f
10	0.13	1.15	65	1.24	3.54
20	0.27	1.29	67.5	1.35	4.10
30	0.42	1.46	70	1.40	4.47
40	0.62	1.69	72.5	1.53	5.25
50	0.82	2.07	75	1.69	6.40
55	0.94	2.39	77.5	1.90	7.96
60	1.08	2.77	80	2.23	10.10

平均変形抵抗＝公称圧力 /f

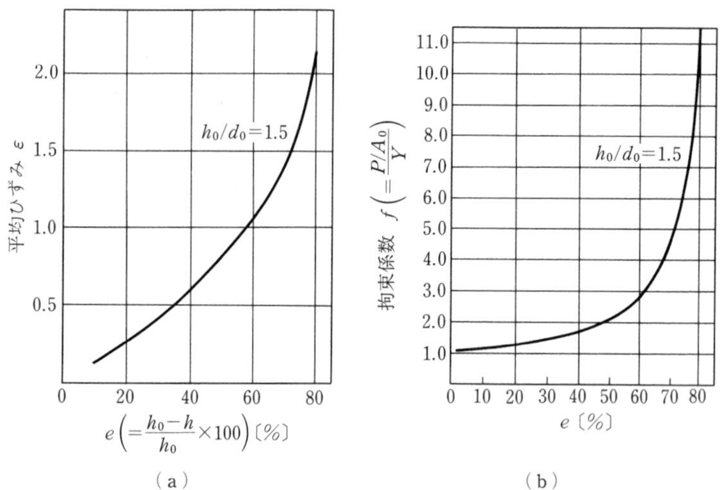

図 5.6　平均ひずみ ε と拘束係数 f の圧縮率 e による変化[13)]

えられる.

表 5.5 はこの試験方法のデータ整理表の一例である.

〔2〕 変形抵抗の誤差

端面拘束圧縮は，**図 5.7** に示すように不均一変形である．また，本試験に用いる f および ε の算定は，非加工硬化材をモデルにした剛塑性有限要素法の解析から算定されているが，実際の材料は加工硬化材である．したがって，均一変形の繰返し切削圧縮法[15)]と比較して，変形抵抗に誤差を生ずる．ただし本試験法による変形抵抗の誤差は 5%以内である.

表 5.5　端面拘束圧縮試験のデータ整理表の一例 [18)]

e を ε に変換		荷重を変形抵抗に変換				変形能	
圧縮率 e $\dfrac{h_0-h}{h_0}\times 100$〔%〕	ひずみ ε	測定荷重 P〔kgf〕	見掛けの接触圧力 $p=\dfrac{P}{A_0}$〔kgf·mm^{-2}〕	見掛けの拘束係数 f	変形抵抗 $Y=\dfrac{p}{f}$〔kgf·mm^{-2}〕	割れ個数 ($n=5$/圧縮率)	割れ発生率 $\dfrac{割れ数}{5}\times 100$〔%〕
10	0.13			1.15			
20	0.27			1.29			
30	0.42			1.46			
40	0.62			1.69			
50	0.82			2.07			
55	0.94			2.39			
60	1.08			2.77			
65	1.24			3.54			
70	1.40			4.47			
72.5	1.53			5.25			
75	1.69			6.40			
77.5	1.90			7.96			
80	2.23			10.10			

A_0：試験片初期断面積〔mm^2〕

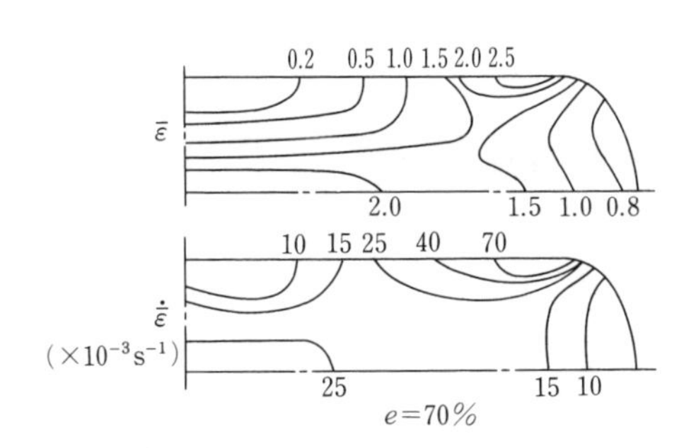

図 5.7　端面拘束圧縮による相当ひずみと相当ひずみ速度の分布 [13)]

5.5　材料の鍛造性データ

5.5.1　冷間鍛造用鋼の実加工速度における変形抵抗

変形抵抗は，加工温度やひずみ速度などによって変化することは周知のとおりである．冷間鍛造に使用される加工機には種々の機構が用いられ，また個々の機械によっても作動特性は異なっている．そのため，特定の作動特性をもった機械で得た結果だけでは不十分で，各種の作動特性をもった機械で測定し，それらの結果を比較検討することが必要である．

このような背景のもとに，日本塑性加工学会冷間鍛造分科会材料研究班では，昭和59，60年度文部省科学研究費補助金の交付を受け，分科会委員による共同実験を行い，各種冷間鍛造用材料の実加工速度における変形抵抗のデータを収集した[16]．以下にその概要を述べる．

〔1〕 試験方法

超硬合金製同心円溝付き圧板を用い種々の加工機械によって（高さ / 直径）=1.5の試験片の据込み試験を実施し，そのときの荷重と変形量から端面拘束圧縮（5.4.4項参照）によって変形抵抗 Y とひずみ ε との関係を求めた．圧縮荷重の測定には，それぞれの加工機械に取り付けた荷重計を用い，二段据込み法[17]（3.1.3項〔5〕）により動的負荷に対する校正を行った．試験片の変形量は，工具間の距離の変化を変位計で測定し，校正したのち算出した．なお，一部の試験においては，加工機械の下死点高さを変更することにより，試験片に種々の変形量を与え圧縮後の試験片寸法を実測して下死点荷重と対応させた．

〔2〕 変形速度条件

試験を実施した変形速度はつぎの三つに大別される．

① 一定低ひずみ速度条件（$\dot{\varepsilon}=3\times10^{-6}\sim2\times10^{-2}\,\mathrm{s}^{-1}$）

② 一定高ひずみ速度条件（$\dot{\varepsilon}=5.6\sim50\,\mathrm{s}^{-1}$）

③ 漸減高ひずみ速度条件（$\dot{\varepsilon}=2\sim26\,\mathrm{s}^{-1}\rightarrow0$）

これらのうち①は一般の材料試験機による静的据込み，②は特殊設計の圧縮試験機による動的据込みである．③が加工機械として広く用いられている機械プレスによる動的据込みであり，それぞれのプレスの作動機構，ストローク長さ，毎分ストローク数などにより初期ひずみ速度のみならず，漸減条件も各種のものが含まれている．

〔3〕 試 験 結 果

表5.6に示した材料についての測定結果を**図5.8**，**図5.9**に示す．図5.8（a）に見られるように三つの速度条件での変形抵抗曲線には，それぞれ特徴的な傾向がある．すなわち，低ひずみ速度据込みでは明らかに加工硬化が現れているのに対し，高ひずみ速度据込みでは温度上昇によって高ひずみ領域で硬化を示さないだけでなく，漸減速度条件ではわずかではあるが軟化の傾向さえ示している．その結果，変形抵抗の速度条件による大小関係は低ひずみ領域と高ひずみ領域とで逆転している．

図5.8（b）は，5.6～50 s^{-1} の範囲における高ひずみ速度の条件で変形抵抗がどの程度変化するかを示した一例であるが，その影響は特に大きいものではない．

図5.9の（a）～（n）は，全参加者のデータをまとめたものであるが，高

表5.6　供試材料の化学成分〔wt%〕[16]

鋼種＼成分	C	Si	Mn	P	S	Cu	Ni	Cr	Mo	記　号
S 45 C	0.46	0.18	0.68	0.023	0.021	0.02	0.03	0.11	−	(a)
SCM 435	0.36	0.19	0.70	0.015	0.006	0.02	0.05	0.96	0.16	(b)
S 25 C	0.26	0.20	0.55	0.016	0.021	0.02	0.02	0.05	−	(c) (d) (e) (f)
S 45 C	0.46	0.21	0.79	0.024	0.017	0.01	0.01	0.05	−	(g) (h) (i) (j)
SWCH 10 A	0.12	0.04	0.37	0.007	0.009	0.01	0.01	0.04	−	(k) (l)
SCM 415	0.15	0.20	0.68	0.012	0.003	0.03	0.03	1.09	0.16	(m) (n)

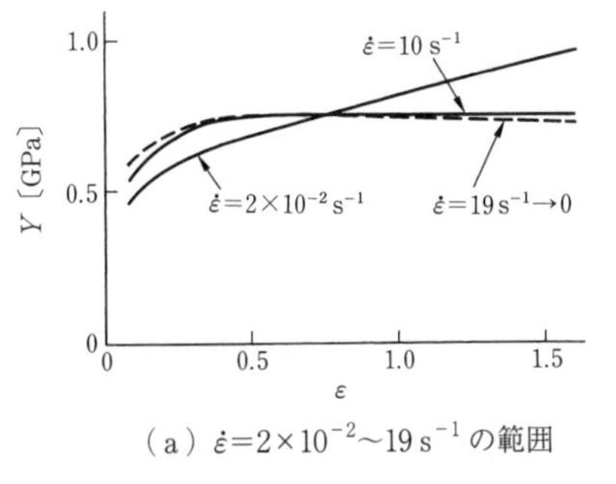

（a）$\dot{\varepsilon}$=2×10^{-2}～19 s^{-1} の範囲

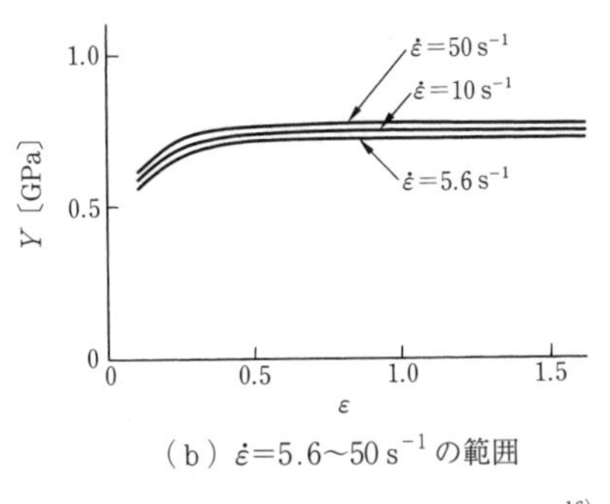

（b）$\dot{\varepsilon}$=5.6～50 s^{-1} の範囲

図5.8　S45C 球状化焼なまし材の圧縮変形抵抗-ひずみ曲線に及ぼすひずみ速度の影響[16]

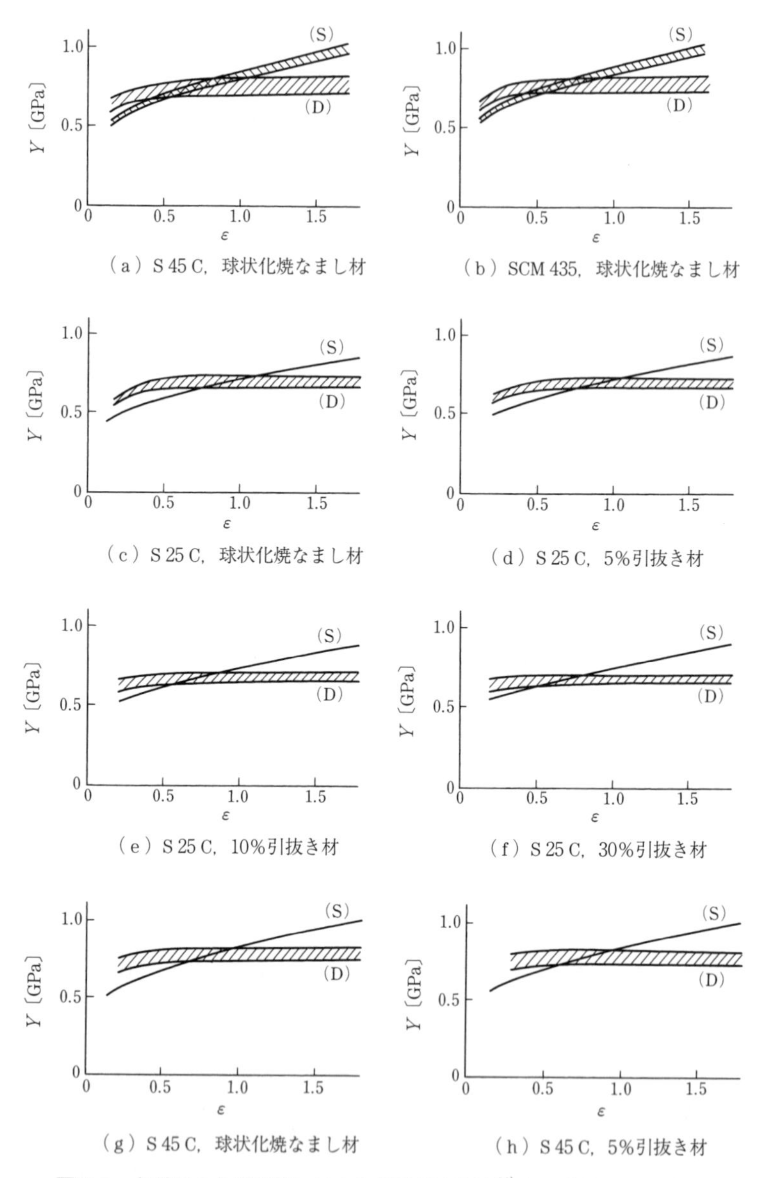

図 5.9　各種鋼の各種状態に対する変形抵抗曲線[16)]〔D：高速，S：低速〕

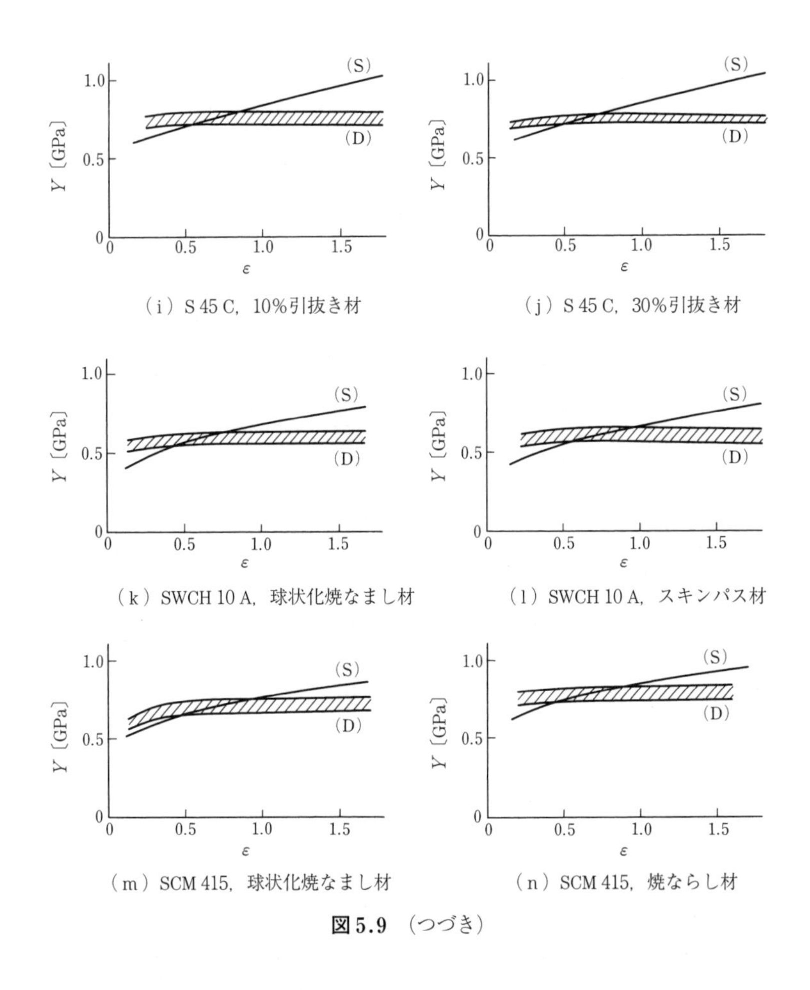

（i）S 45 C，10%引抜き材

（j）S 45 C，30%引抜き材

（k）SWCH 10 A，球状化焼なまし材

（l）SWCH 10 A，スキンパス材

（m）SCM 415，球状化焼なまし材

（n）SCM 415，焼ならし材

図 5.9　（つづき）

速据込み（D）に対してはかなり異なったひずみ速度条件を含んでいるにもかかわらず，±10%の幅の中に収まっている．そのほか，ここに示したすべての材料の試験結果からいえることは，汎用の機械プレスで加工する場合の変形抵抗は，ひずみがほぼ0.4以上の領域において一定値をとるとみなしてよさそうであり，その大きさは材料試験機を用いて得られる低速変形抵抗（S）の $\varepsilon=0.5\sim0.8$ のときの値と等しい．

5.5.2 炭素鋼線材の変形抵抗と限界据込み率

ここでは，冷間圧造用炭素鋼線材の変形抵抗と限界据込み率の測定結果[18]について述べる．供試材の明細を**表 5.7** に示す．ϕ17 mm の圧延材を ϕ16.64 mm に冷間引抜きしたもの（圧延まま材と称した）と，圧延材を球状化焼なま

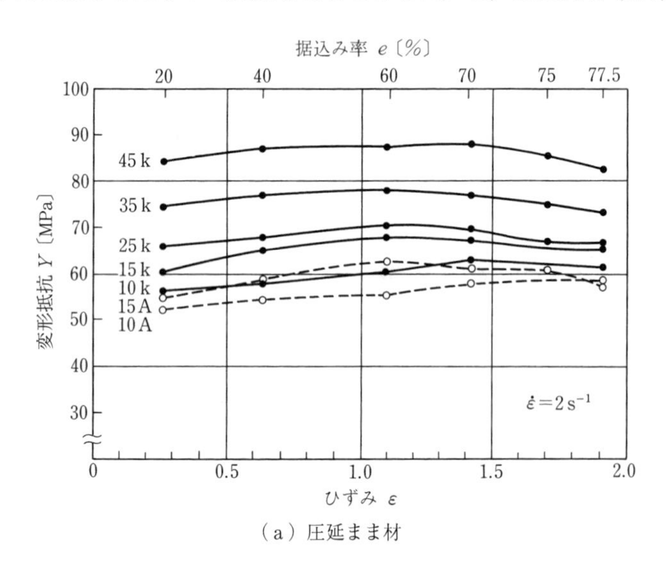

（a）圧延まま材

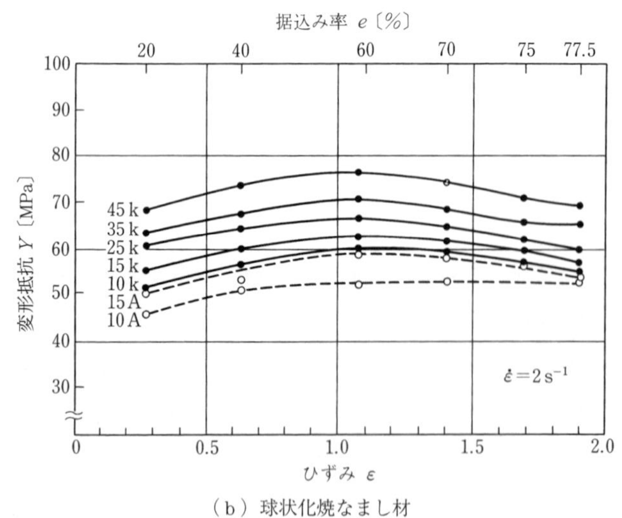

（b）球状化焼なまし材

図 5.10　各種炭素鋼線材の変形抵抗曲線[18]

表 5.7 材料の化学成分，引張特性および硬さ（径 16.64 mm 鋼線）[16)]

JIS 材料記号		化学成分〔wt%〕									状態	引張特性および硬さ				
		C	Si	Mn	P	S	Cu	Ni	Cr	Al		降伏点〔kgf·mm^{-2}〕	引張強さ〔kgf·mm^{-2}〕	伸び〔%〕	絞り〔%〕	HV
アルミキルド鋼	SWRCH 10 A	0.11	0.03	0.39	0.015	0.013	0.01	0.01	0.02	0.021	Ⓡ	32.8	41.7	41.5	71.9	143
											Ⓐ$_s$	25.1	34.8	49.2	76.4	128
	SWRCH 15 A	0.15	0.05	0.51	0.016	0.015	0.01	0.02	0.04	0.037	Ⓡ	35.2	43.5	41.0	56.2	150
											Ⓐ$_s$	29.1	38.5	47.5	66.1	140
キルド鋼	SWRCH 10 K	0.09	0.18	0.51	0.015	0.013	0.01	0.01	0.02	0.024	Ⓡ	43.9	49.0	35.0	68.8	155
											Ⓐ$_s$	31.0	40.1	46.1	70.0	143
	SWRCH 15 K	0.17	0.21	0.44	0.029	0.019	0.01	0.02	0.06	0.020	Ⓡ	41.1	49.3	34.7	55.2	166
											Ⓐ$_s$	33.7	41.6	41.8	64.9	144
	SWRCH 25 K	0.24	0.22	0.48	0.015	0.012	0.01	0.01	0.03	0.043	Ⓡ	43.8	54.8	31.4	52.6	175
											Ⓐ$_s$	33.3	42.8	40.6	68.1	148
	SWRCH 35 K	0.35	0.23	0.75	0.018	0.010	0.01	0.02	0.04	0.050	Ⓡ	51.2	64.0	28.0	50.0	203
											Ⓐ$_s$	37.9	48.6	39.8	64.0	171
	SWRCH 45 K	0.46	0.25	0.71	0.017	0.010	0.01	0.01	0.15	0.042	Ⓡ	59.7	74.6	23.0	48.0	227
											Ⓐ$_s$	41.7	54.1	33.0	58.0	181

引張試験片　標点距離 = $4\sqrt{A}$ = 59 mm　Ⓡ：圧延まま材　Ⓐ$_s$：球状化焼なまし材

し後，同じ寸法に冷間引抜きしたもの（球状化焼なまし材と称した）について試験した．変形抵抗は5.5.1項でのべた測定方法で，また限界据込み率は鍛造分科会の制定した方法（表5.3）に基づき実施されている．ただし，限界据込み率は $n=5$ 個の試験片がまったく割れない最大圧縮率で評価している．圧縮加工の平均ひずみ速度は $2\,\mathrm{s}^{-1}$ である．

図5.10（a）に圧延まま材について，図（b）に球状化焼なまし材の変形抵抗曲線をそれぞれ示す．ひずみがほぼ1.0以上の領域では，いずれの材料においても変形抵抗は図5.9と同様に一定もしくはやや低下の傾向を示している．

図5.11に限界据込み率と炭素当量 $\{C_{eq}=C+1/5\,(\mathrm{Si}+\mathrm{Mn})\}$ との関係を示す．圧延まま材の場合は C_{eq} が0.26以下，球状化焼なまし材の場合は C_{eq} が0.55以下の材料では，据込み率80％でまったく割れが生じていないことがわかる．

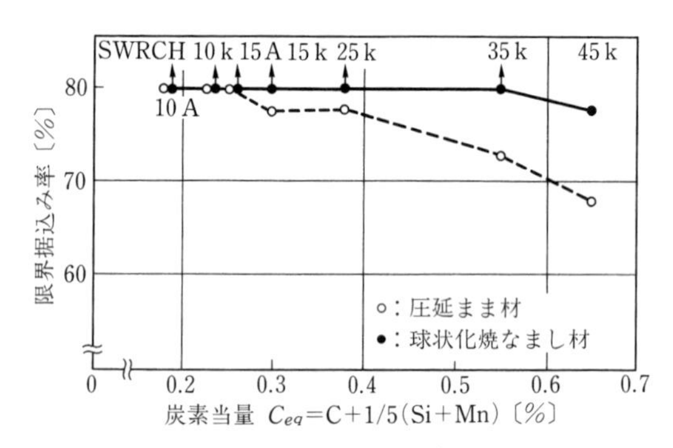

図5.11　限界据込み率と炭素当量の関係[18]（直径16.64 mm，1号B試験片）

5.5.3　変形抵抗と引張強さの関係

変形抵抗は鍛造性を評価する重要な因子であるが，これを測定することは決して容易ではない．ここでは，材料の引張強さ σ_B から変形抵抗 Y を間接的に求める計算式の例[19]を紹介する．

〔1〕　熱間圧延材，焼なまし材などのような冷間加工を受けていない素材

ひずみ ε_p のときの変形抵抗 Y は

$$Y=207\varepsilon_p+1.18\,\sigma_B \quad \text{〔MPa〕} \qquad （ただし，\varepsilon_p \geqq 0.2） \tag{5.3}$$

〔2〕 引　抜　き　材

$$Y=207\varepsilon_p+1.18\left\{\sigma_B-K_1\cdot\ln\left(\frac{A_0}{A_1}\right)^{K_2}\right\} \quad \text{〔MPa〕} \tag{5.4}$$

$$（ただし，\varepsilon_p \geqq 0.5）$$

ここに，A_0，A_1：引抜き前，後の材料断面積

$K_1=389$,　$K_2=0.520$　（圧延材）

$K_1=443$,　$K_2=0.749$　（球状化焼なまし材）

$K_1=403$,　$K_2=0.708$　（焼なまし材）

式 (5.4) は $A_0=A_1$, すなわち引抜きしていないときは式 (5.3) に一致する．

〔3〕 引抜き＋後方容器押出し，引抜き＋前方軸押出し，据込み＋後方容器押出し，の組合せ

素材予加工前の引張強さ σ_B が知られているとき，式 (5.3) において，$\varepsilon_p=$（予ひずみ）+（その加工のひずみ）を代入すればよい．

いずれにおいても，これらの間接的に求めた変形抵抗は直接求める方法と比較して精度は低下する．

5.5.4　割れの発生と絞りの関係

据込み時の割れの発生に対し，焼なまし材の場合は絞りと相関があるとの報告[20]があるが，冷間引抜き材の場合には**図 5.12**[21]に示すとおり，引抜き率とともに，絞りは単調に低下するにもかかわらず，割れの発生する限界据込み率は上昇することがあり，両者の間に相関関係は見られない．なお，素材の軸方向と直角方向から引張試験片を採取して求めた絞りと限界据込み率とは，**図 5.13** に示すように相関関係のあることが報告されている[22]．

多段前方押出し加工時のシェブロン割れについては，割れ発生までの押出し限界ひずみとその素材中心部から採取した引張試験片の絞りと相関のあることが報告されている（**図 5.14** 参照[9]）．しかし，素材直径，加工条件，炭化物形態ごとに別の相関曲線となっている．また，同じ絞り値の材料でも，パーライ

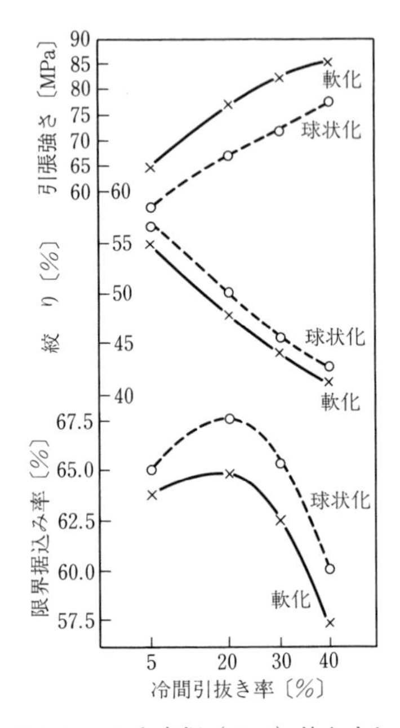

図 5.12　中炭素鋼（S45C）焼なまし材の引抜き率と限界据込み率および他の機械的性質の関係[21]

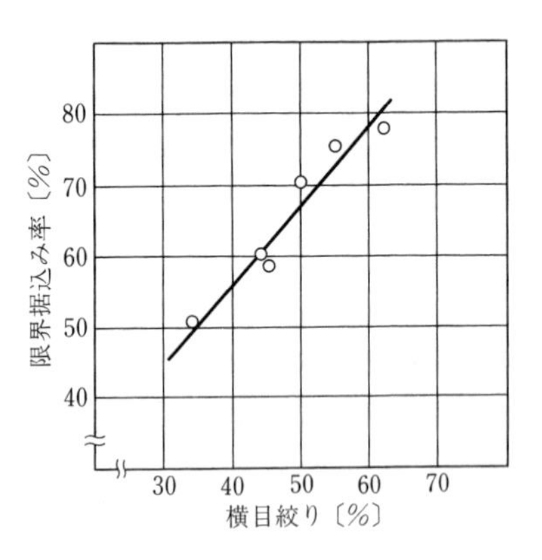

図 5.13　横目引張試験による絞りと限界据込み率[22]

ト粒のラメラー間隔が小さいほど，押出し限界ひずみが高くなるとの報告[10]もある．

5.5.5　冷間鍛造性に影響を与える因子

〔1〕 成　分　元　素

表 5.8 に各成分元素が鍛造性および機械的性質に及ぼす影響をまとめて示す[22]．**図 5.15** はS，NおよびOなどが限界据込み率へ及ぼす影響の例[23]である．

〔2〕 組　　　織

冷間鍛造性には鋼材組織が影響を及ぼす．低炭素鋼では組織の影響は比較的少ないが，中炭素鋼以上になると影響が顕著に現れる．変形能に対してはパーライト組織の形態が大きな影響を与え，層状のセメンタイトを球状化すると，

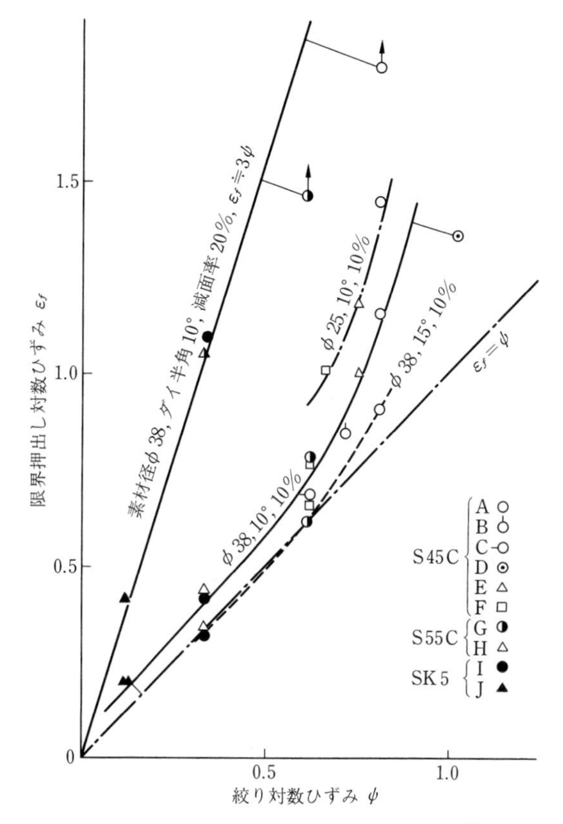

図 5.14　中心部（ϕ 5）絞りと押出し限界[9]

限界据込み率が向上する[24]．5.5.2 項および 5.5.3 項でのべたように球状化焼なまし組織は，圧延ままの組織と比較して冷間鍛造性が向上する．中炭素鋼では，完全焼なましによるものが最も変形抵抗が低い．しかし，パーライト粒径の粗大化とともに変形能が低下するので，熱処理に注意が必要である．冷間鍛造に適した熱処理の方法については，7.6 節を参照されたい．

〔3〕　表面きず，非金属介在物

材料表面にきずがあると鋼材の冷間変形能は低下する．特に棒鋼・線材に圧延方向のきずがある場合，ボルトなどの据込みを含むような部品形状では鋼材割れの原因となる．**図 5.16** には人工的な表面縦きず（切欠き）を設けた際の

表 5.8　冷間鍛造性に及ぼす成分元素の影響 [22]

合金元素（調査範囲%）	冷間鍛造性と機械的性質の両面への効果を考えた合金元素の評価
C（0.05～0.50）	単位%当たり最も冷間鍛造性に大きな効果をもつ元素であるが，機械的性質，特に材料強度，焼入れ性の面から重要な元素である．
Si（0.05～0.35）	単位%当たり，Cについで冷間鍛造性への効果は大きい．機械的性質への寄与はあまり大きくなく，少なくすることが望ましい．
Mn（0.50～1.60）	変形抵抗，加工硬化率を高くするが，変形能への効果は少ない．材料強度，焼入れ性の面から有益な元素である．
P（0.005～0.03）	実用鋼に含まれる量の範囲内ではあまり大きな効果はない．
S（0.005～0.065）	変形抵抗．加工硬化率への効果はほとんどないが．変形能に対して悪影響を及ぼす．特に異方性への効果が大きい．したがって，据込みなどのときに問題になるが，通常のレベルでは効果は少ない．
Cr（0.004～1.50）	変形抵抗，加工硬化率を大きくするが，変形能への効果は少ない．強度，焼入れ性，じん性などの面から低合金鋼用添加元素としては有益．
Mo（0.005～0.50）	Crの効果とほぼ同じ．
Al（0.020～0.10）	結晶粒度調整用として有用．この目的としての添加量では冷間鍛造性，機械的性質への効果はほとんどない．
N（0.001～0.013）	変形能への悪影響は大きいのであまり高くすべきではない． 結晶粒度調整用程度の量では問題はない．
Pb（0.0006～0.015）	変形能への悪影響は大きいので，できるだけ低く抑えるべきである．

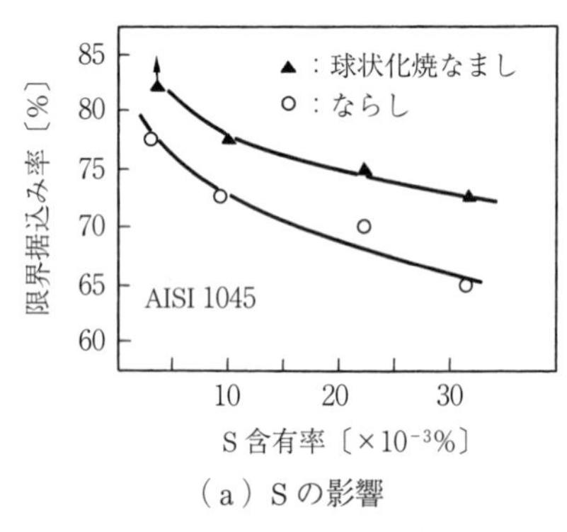

（a）S の影響

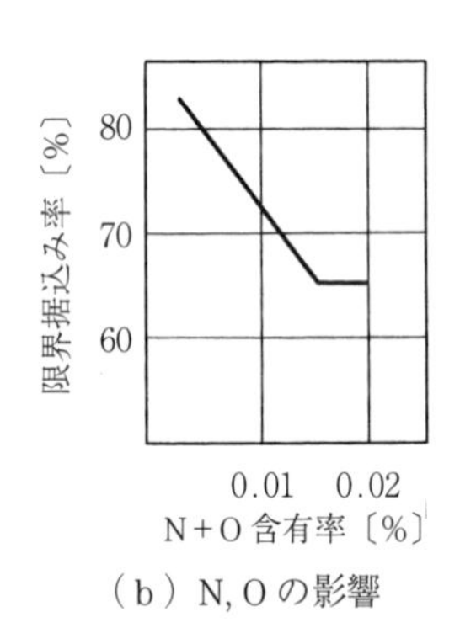

（b）N, O の影響

図 5.15　限界据込み率に対する不純物の影響 [23]

きず深さと限界据込み率との関係を，鋼材の製造履歴別に示す [28),29)]．

非金属介在物については，量もさることながらその種類や鋼中の存在形態によって，変形能は変化する．酸素量の低減や，Ca添加によるアルミナ系介在物の低減，MnSなどの硫化物系介在物をCaやTeの添加で球状化するなどの方法によって，変形能の改善が図られている．

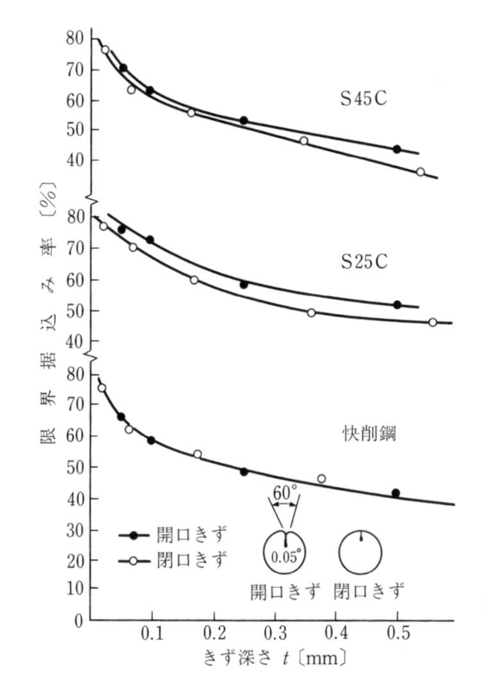

図 5.16 限界据込み率ときず深さ，形状との関係[25]

5.5.6 熱間・温間鍛造の加工特性

〔1〕 熱間鍛造の加工特性

熱間鍛造では冷間鍛造と比べ，変形抵抗は低く変形能は高いため，鍛造性が問題となることは少ない．変形抵抗に最も影響するのは温度であり，1 000～1 200 ℃の熱間鍛造変形抵抗は冷間変形抵抗の 1/5 程度の値となる．ひずみ速度依存性は高温になるほど大きくなり，ひずみ速度が増加すると変形抵抗は高くなる．一方，ひずみ依存性は回復や再結晶が生じるため，変形抵抗への影響は小さい．

成分元素については，冷間変形抵抗への影響の大きい C，Mn および Ni などは熱間変形抵抗にはあまり影響しないが，Nb，V，Ti および Mo などの炭窒化物形成元素は変形抵抗を高める．熱間変形抵抗に及ぼす Nb 添加量の影響の例を**図 5.17** に示す[30]．

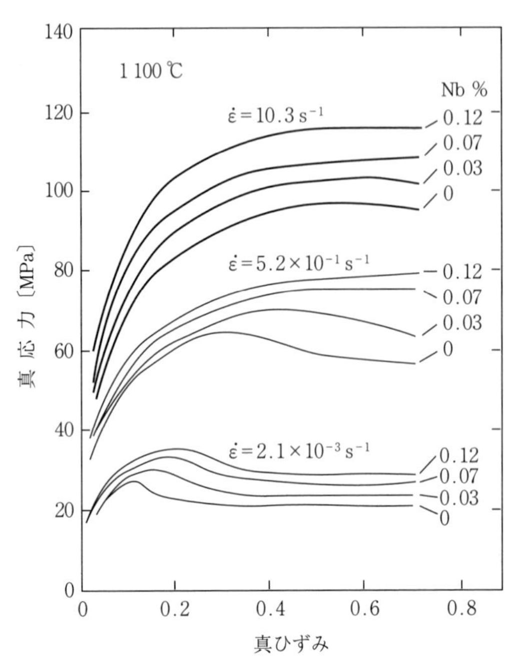

図 5.17　Nb 添加量が鋼材の熱間変形抵抗に及ぼす影響[30)]

〔2〕 温間鍛造の加工特性

温間鍛造の加工特性は，冷間鍛造と熱間鍛造の間となる．しかし，**図 5.18** の概念図に示すように，炭素鋼では温間において青熱脆性域と変態脆性域での脆性現象があり，これらの温間領域では必ずしも良好な変形能を示さないため，温度域の選定が重要となる．**図 5.19** は，軸受鋼 SUJ2 についての各種温

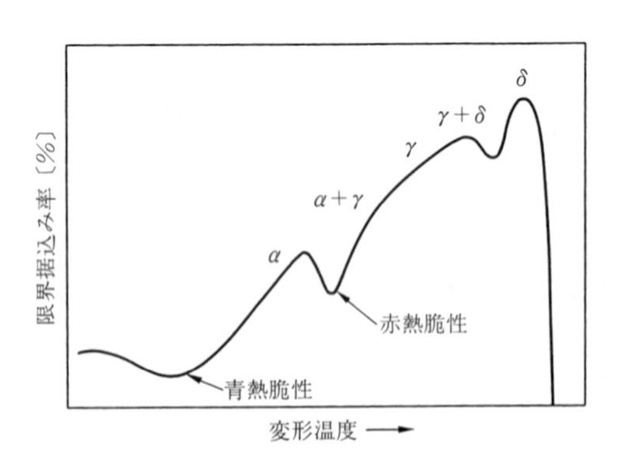

図 5.18　炭素鋼の変形能に及ぼす温度の影響の一般的な傾向

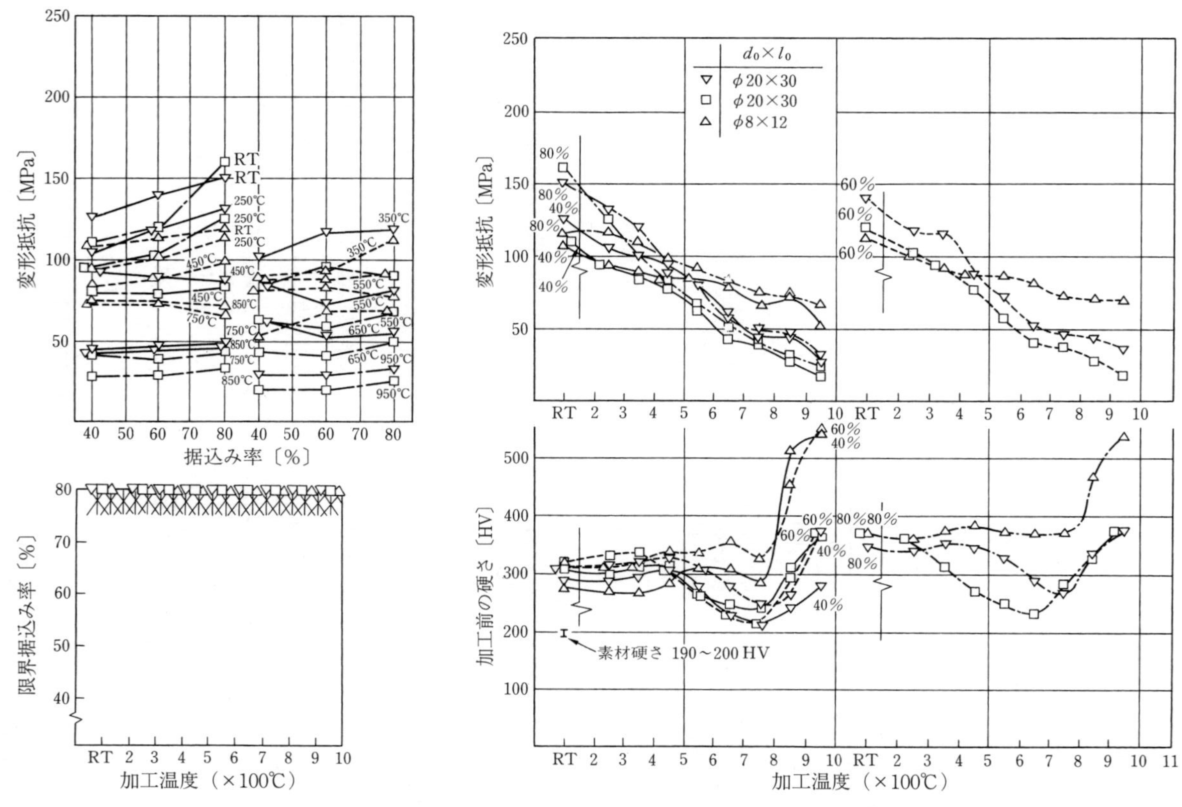

図 5.19　SUJ 2 の温間鍛造特性（変形抵抗・加工温度・据込み率の関係，限界据込み率，加工品の硬さ）[30]

間鍛造性を調査したデータシートの例[31)]である．

5.5.7　非鉄材料の鍛造性

鉄鋼以外の材料でも，最近ではニアネットシェイプあるいはネットシェイプ化への指向から，精密鍛造への関心が高く，冷間鍛造のほか恒温鍛造などの新しい試みがなされてきている．

鉄鋼についで，鍛造用の使用が多いのはアルミニウムおよびアルミニウム合金である．これらの鍛造は一般に熱間鍛造である．**表 5.9**[32)]に各種アルミニウム合金の鍛造温度を示すが，ほぼ400～500℃の温度域である．**図 5.20**[33)]には鍛造性を単位成形エネルギー当たりの変形量で相対比較した結果を示す．これは変形抵抗に反比例したような尺度である．**表 5.10**[34)]に，アルミニウム合金の材質別に冷間鍛造性を比較した例を示す．

アルミニウム合金のほかでは，銅合金の冷間鍛造の例[35)]の紹介がある．また耐熱合金，チタン合金などは，難加工材の筆頭で一般に高温で鍛造される．特に，超塑性現象を利用し，金型の温度と被加工材の温度を一定の温度に保持しながら鍛造する恒温鍛造の紹介例[36),37)]もある．チタンおよびチタン合金でも冷間鍛造の試みはあるようだが，まだ一般的ではない．チタン合金鍛造品の主要な用途は航空機であ

表 5.9　アルミニウム合金の鍛造温度[32)]

合　金	鍛造温度〔℃〕
2014	420～460
2219	430～470
2618	410～450
4032	415～460
5083	405～460
6061	435～480
7075	385～435
7079	405～450

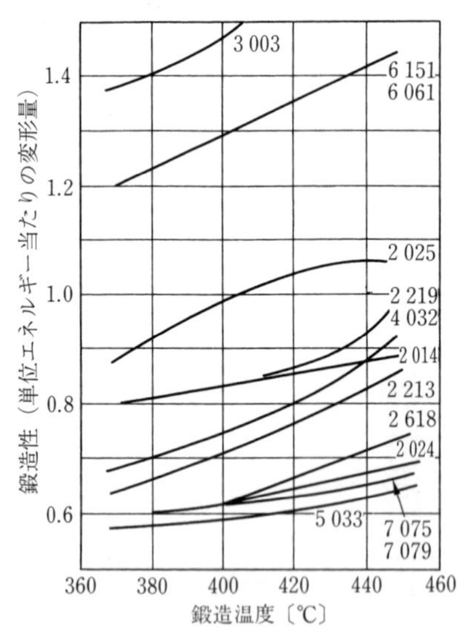

図 5.20　代表的な鍛造用アルミニウム合金の鍛造温度と鍛造性[33)]

表 5.10　冷間鍛造性の比較[34)]

材質＼加工性	鍛 造 性	仕上がり精度	型 寿 命
1050	良　好	普通以下	良　好
2014	困　難	多少ばらつく	短　命
2017	やや困難	良	短命のほう
2024	やや困難	良	短命のほう
3003	良	良	長命のほう
5052	良	良　好	長命のほう
5056	やや困難	ばらつく	短　命
6061	良	良	長命のほう
6063	良	良　好	良　好
7N01	やや困難	良	短命のほう

り，機体構造等にはTi–6Al–4V合金が用いられるほか，高い疲労強度と破壊じん性が求められるエンジン・ディスク部品にはTi–6Al–2Sn–4Zr–6Mo（Ti–6246）合金やTi–5Al–2Sn–2Zr–4Cr–4Mo合金等が用いられる．

図 5.21[38)]にTi–6246合金の熱間変形抵抗を示すが，このように加工軟化挙動を示す材料においては局所変形が生じやすく，特に比較的熱伝導率が低いチタン合金においてはその傾向が顕著となる．そのため，均一な組織・特性を得るためには，鍛造中の温度，ひずみを適切に制御する工程，設計が重要となる．

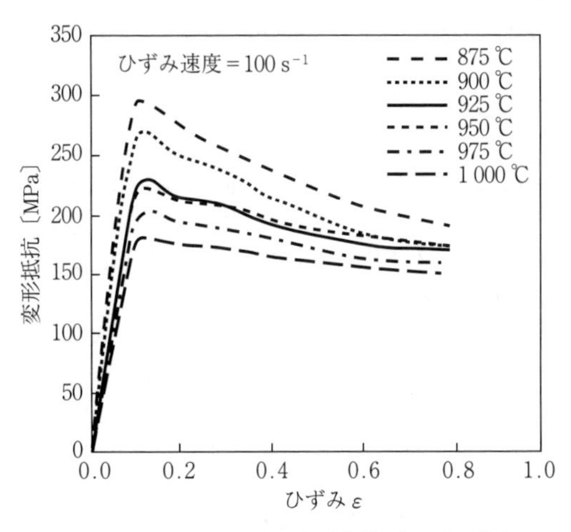

図 5.21　チタン合金Ti–6246の熱間変形抵抗（ひずみ速度：$100\ s^{-1}$）[38)]

引用・参考文献

1) 上村真彦：第 98, 99 回西山記念技術講座, (1984), 249–289.
2) 古澤貞良・松島義武：鍛造技報, **14**–37 (1989), 1–8.
3) 生田高紀：特殊鋼, **31**–12 (1982), 19–20.
4) 山口喜弘・下畑隆司：精密加工, **5**–3 (1975), 54–60.
5) 中村芳美・川上平次郎・三宮章博・大西稔泰：日本金属学会会報, **22**–5 (1983), 440–442.
6) 加藤哲男・阿武山尚三・斉藤誠・関谷重信・中村貞行：鉄と鋼, **66**–4 (1980), S532.
7) 松島義武・長谷川豊文：R&D 神戸製鋼技報, **47**–2 (1997), 46-49.
8) 日本塑性加工学会冷間鍛造分科会材料研究班：塑性と加工, **22**–241 (1981), 139–144.
9) Miki, T., Tamano, T. & Yanagimoto, S.：Proc. 6 th NAMRC, (1978), 185–192.
10) 高橋渉・須藤忠三・福田隆：住友金属, **35**–4 (1983), 19–36.
11) 戸澤康壽：塑性と加工, **22**–241 (1981), 105–109.
12) 戸澤康壽・小島昌俊・西田恒明・加藤登：塑性と加工, **18**–202 (1977), 923–929.
13) Osakada, K., Kawasaki, T. & Mori, K.：Ann. CIRP, **30**–1 (1981), 135–138.
14) 工藤英明・青井一喜：塑性と加工, **8**–72 (1967), 17–27.
15) 工藤英明・佐藤清・沢野岩吉：塑性と加工, **6**–56 (1965), 499–512.
16) 戸澤康壽：塑性と加工, **30**–343 (1989), 1131–1135.
17) 高橋裕男・丹野顯：塑性と加工, **26**–295 (1985), 876–882.
18) 塩崎武・川﨑稔夫：塑性と加工, **27**–304 (1986), 568–572.
19) 戸田正弘・三木武司・柳本左門・小坂田宏造：塑性と加工, **29**–332 (1988), 971–976.
20) Gill, F.L. & Baldwin Jr., W.M.：Metals Progress, **85**–2 (1964), 83–85.
21) 裏川康一：塑性と加工, **8**–81 (1967), 539–547.
22) 南俊弘・矢倉林之助・木下修司：R&D 神戸製鋼技報, **23**–3 (1973), 68–78.
23) 山田凱期：鍛造技報, **8**–15 (1983), 22–31.
24) Billigmann, J.：Stahl und Eisen, **71**–16 (1951), 826–836.
25) 福田隆・萩田兵治：塑性と加工, **16**–170 (1975), 255–263.
26) 宮川松男・篠原宗憲・浅尾宏：塑性と加工, **12**–122 (1971), 183–189.
27) 山口重裕・高橋稔彦・南雲道彦・遠藤道雄：塑性と加工, **12**–12 (1971), 190–196.
28) 小嶋昌俊・戸澤康壽：塑性と加工, **12**–131 (1971), 903–909.

29) Thomason, P. F.：Int. J. Mech. Sci., **11**-1（1969），65-72.

30) Ouchi, C. & Okita, T.：Trans. ISIJ, **22**-7（1982），543-551.

31) 日本塑性加工学会冷間鍛造分科会温間鍛造研究班：塑性と加工，**22**-241（1981），173-180.

32) 高田与男：軽金属，**32**-10（1982），553-568.

33) ASM（Ed.）：ASM Metals Handbook Vol. 2, p.128, ASM Int.（1970）.

34) 丸茂隆千：塑性と加工，**24**-271（1983），849-853.

35) 丸茂隆千：アマダ技術ジャーナル，**14**-74（1981），26-38.

36) 片岡宏：鍛造技報，**12**-30（1987），27-42.

37) 望月俊男：鍛造技報，**12**-30（1987），43-51.

38) 長田卓・大山英人・村上昌吾：R&D 神戸製鋼技報，**64**-2（2014），28-32.

6 鍛造工程の設計

6.1 工程の事例

高品質，複雑一体形状部品を一打で鍛造することは望ましいが，一般的には複数の工程をつなげる工程設計が必要となる．鍛造における材料流動は加工因子に敏感に影響されるため，工程設計の原則を一般化して論じることは容易ではない．それゆえ，鍛造工程は熟練技術者らの過去の経験に頼られた．

鍛造工程はそれぞれの生産現場において保有する鍛造設備の種類，技術的背景，関連部品との組合せ，生産ロット，後加工設備などの前提条件のもとに，鍛造仕上がり形状を想像しながら，最適と思われる加工の順序として提案される．企業や設計者が異なれば前提条件は異なるので，同じような製品であっても鍛造形状および工程が異なるのは普通であろう．また工程は技術の発展ならびに時代のニーズによっても変わるはずである．

鍛造の工程は使用する機械の種類および能力などと密接に関連するので，本章では機械の種類別に工程の事例を示す．ここに示す工程事例は，主として日本塑性加工学会鍛造分科会事例研究班において話題提供された実際の製品として量産に供された事例[1),2)]などではあるが，決して唯一ではなく参考例である．なお，工程事例内の記号を**表 6.1** に示す．

6.1.1 単動プレスを用いた鍛造の工程（図 6.1～図 6.10）

単動プレスは冷間鍛造機としてよく使われて多彩な工法を実施でき，使い勝

表6.1 工程事例記号表

［機械］	FB：シュウ酸塩皮膜処理（フェルボンド）
KJ：ナックルジョイントプレス	$+MoS_2$：二硫化モリブデン粉末塗布
CP：クランクプレス	GC：黒鉛微粉末皮膜処理
HP：油圧プレス	［熱処理］
LP：リンクプレス	A：軟化焼なまし
CF：フォーマー（冷間），ヘッダー（冷間）	LA：ひずみ取り焼なまし
HF：フォーマー（熱間）	SA：球状化焼なまし
SF：スラグフォーマー	［材料］
FR：鍛造ロール	—D：冷間引抜き材
HM：ハンマー	—P：ピーリング材
［潤滑］	—R：圧延材
B：リン酸塩皮膜処理（ボンデライト）	—PL：板材
BB：リン酸塩皮膜および金属セッケン処理（ボンデライト・ボンダリューベ）	

手はよく自由度は高い．単動プレスでも1台のプレスで複数の工程を連続的に実施する場合は，一つの加工に利用できる仕事量は小さくなる．

6.1.2 フォーマーまたはヘッダーを用いた鍛造の工程（図6.11～図6.14）

フォーマーおよびヘッダーは，偏心荷重の許容範囲，有効仕事量，送りピッチ，送り面高さ，などの制約があり，工程選択の自由度は小さい．線材を供給するフォーマーはビレット端面の整形が必要で，利用可能工程が減るため，ビレットを供給するフォーマーも作られている．

6.1.3 トランスファープレスを用いた鍛造の工程（図6.15～図6.20）

トランスファープレスを用いた鍛造には，鍛造の全工程を1台のプレスで行う場合と，2，3台のプレスを使用して工程を分けて行う場合とがある．複数のトランスファープレスを用いる理由は，工程の途中でひずみ取り焼なましや潤滑処理をする必要がある場合，温間鍛造と冷間鍛造とを継続して行う必要性のためである．熱間フォーマーと冷間フォーマーとを併用することもある．

6.1.4 複動プレスを用いた鍛造の工程（図6.21～図6.22）

複数の型を駆動させることができる複動金型機構は閉そく鍛造に採用される

ことが多い．複動金型を作動させるために，複数のスライドをもつプレスを使用する場合と，一般のプレスに油圧シリンダーやリンク機構などを搭載して用いる場合とがある．最近，プレス機械の多ラム化，プレス機械への油圧装置などの追加，サーボプレスの開発などは加速され，型の運動をプログラム化した複雑な工程も取り入れられている．

6.1.5　熱間鍛造プレスを用いた鍛造の工程（図 6.23～図 6.31）

熱間鍛造においても精密化のため抜け勾配や取り代を少なくした，冷間鍛造と似た考え方の工程が採用されている．素材の加熱温度を 1 000 ℃以下にした温間鍛造に近づく傾向もある．また冷間鍛造のように，ほとんど自由面のない鍛造品のすべての表面を型で拘束する半密閉型鍛造も採用されている．

6.1.6　ハンマーを用いた鍛造の工程（図 6.32～図 6.36）

鍛造品が型の上に安定して設置できることが大切であり，素材の体積配分，荒打ちにおける仕上がり形状が重要になる．生産性確保のため，3 打程度で成形することが求められている．

主工法	（冷間）後方押出し	成形機械	CP→CP→KJ	材質	1006-D	月産量	15 000

工 程：

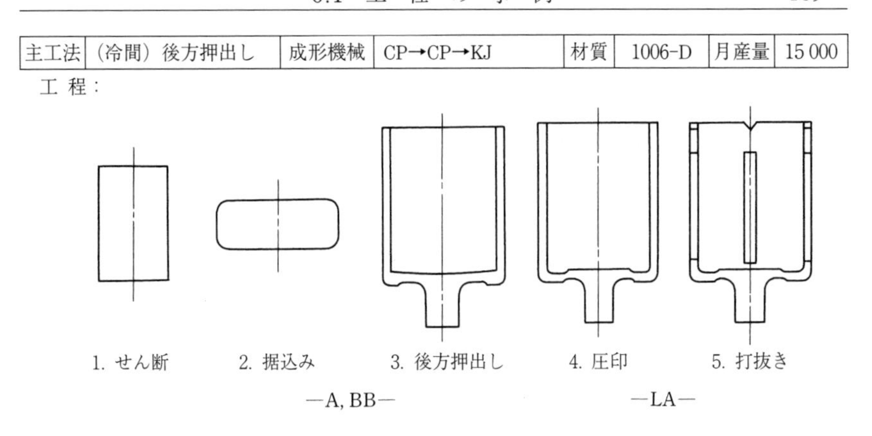

鍛造形状｜製品形状：

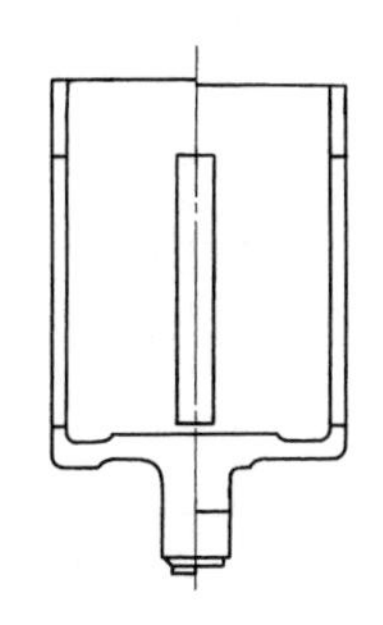

作成要領：

1） 2. 据込みは水平フローティングダイを使用してビレット外周の拘束面が均一になるようにする．ビレット外周がダイと接触する長さは5～10 mm.
2） 後方押出し部のスリットの5. 打抜きでは荷重軽減のためパンチにシヤー角をつける．押出し部分の変形をさけるため打抜き前に応力除去焼なましを行う．
3） 工程1., 2. は同時ストロークで行う．

問題点：

1） 3. 後方押出しは加圧長さが大きく断面減少率が高い（80%）ので付着滑りによって底の厚さが大きく変動する．リン酸塩皮膜を鉄サイドに調整し被膜量を増加して潤滑切れを防いだ．
2） 4. 圧印によって内径がふくらみ公差からずれるので，工程5. の前にしごき工程を入れた．（改良工程）
3） 3. 後方押出し後のノックアウトの際，底面が変形しやすい．

図6.1 容 器 の 冷 間 鍛 造

主工法	（温間）後方押出し	成形機械	KJ→KJ→KJ	材質	SUS403-D	月産量	30 000

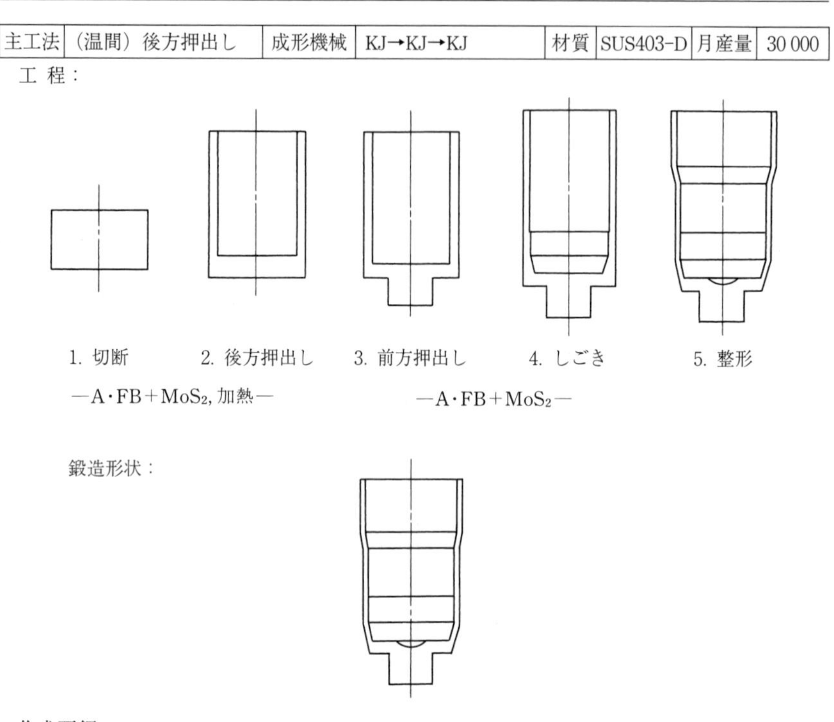

作成要領：

1）2. 後方押出しの成形荷重を下げるためにビレットを 280℃に加熱して成形する.

2）工程 2., 3. は温間，工程 4., 5. は冷間で，温間工程はトランスファーで連続作業とする.

3）ビレットは温間，冷間ともシュウ酸塩皮膜処理を行い，潤滑剤として二硫化モリブデンを使用する.

問題点：

1）後方押出しの偏肉対策としてビレットとダイとの隙間を 0.05 mm 以内に管理する.

2）温間成形用のパンチは SKH 51 の場合は表面処理をしたほうがよい.

図 6.2　ステンレス鋼の温間鍛造と冷間鍛造との組合せ鍛造

主工法	（冷間）後方押出し	成形機械	KJ	材質	S9CK-D	月産量	100 000

工 程A：

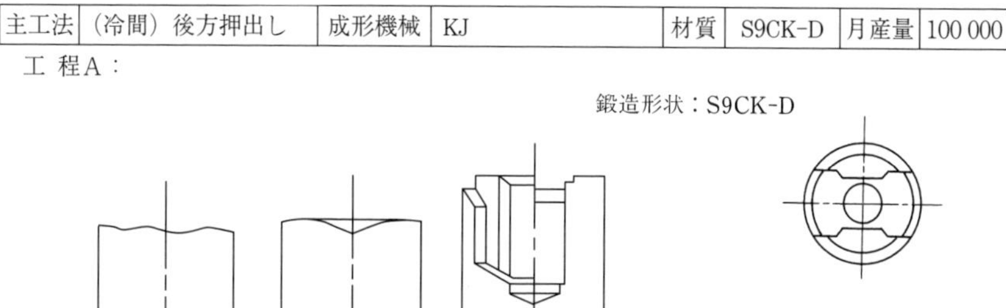
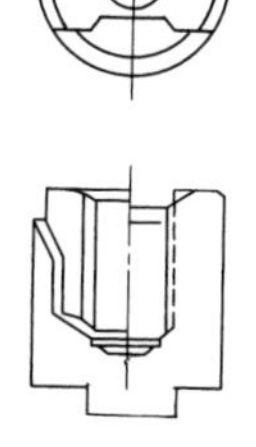

工 程B：

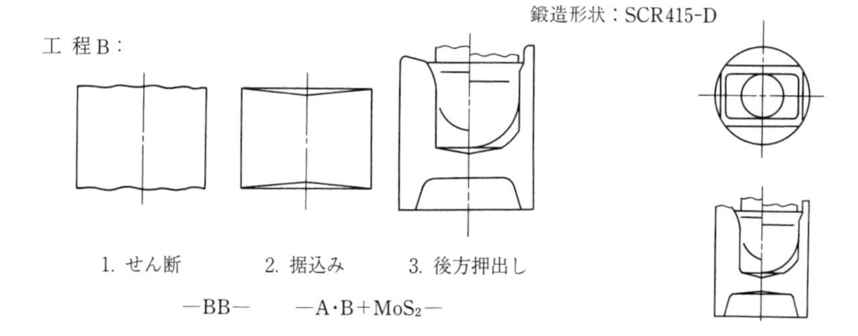

作成要領：

1) 2. 据込み品端面のテーパーは 3. 後方押出しパンチ先端形状によって決める．テーパーを両端面につけているのはビレットの自動供給に選別の必要をなくするため．

2) 3. 後方押出しの自由端は後加工が困難なためほとんど密閉で成形する．工程 A の底面突起部は過荷重軽減の捨て軸の役割もかねる．工程 B では受圧部の外周が捨て軸の役割をする．

問題点：

1) 異形穴の後方押出しでは薄肉部の引張り破断に注意する．危険なときには外径に切削代をつけて断面比率を下げる．

2) 工程 A の 3. 後方押出しはほとんど密閉状態になるので，受圧側での荷重の緩衝がないとパンチの早期折損が起こる．この部分の形状の決定には試行が必要．

3) 異形パンチにかじりが起こりやすいので，3. 後方押出しに供するビレットは全面を MoS_2 で潤滑している．

図 6.3　異形容器の冷間鍛造

主工法	（冷間）後方押出し	成形機械	CP→CP→CP→CP→CP	材質	1006-P	月産量	430 000

工　程：

1. せん断　2. 据込み　3. 後方押出し　4. しごき　5. 縁切り・面取り

—A, BB—　—A, BB—

鍛造形状｜製品形状：

作成要領：

1)　3. 後方押出しにおいては突起部分を成形するので密閉状態となりパンチを破損させることが予想される．このため成形荷重の上限を決めて金型が逃げられるようにクッションを利用する．
2)　中心穴の成形は行わない．
3)　3. 後方押出しにおいては爪部の成形の初期段階は側方押出しのため，2. 据込みでビレット外周のダイとの接触長さを小さくし角の影響をさける．
4)　4. しごきは積極的にばりを作り，金型に対する充満度を高める．

問題点：

1)　3. 後方押出しのパンチの凹部に材料が完全に充満する寸前で成形が終わるようにクッションの圧力を調整する．押出し形状は製品の形状を満足するよう試行によって決める．
2)　3. 後方押出しでクッションを用いるので製品の底厚が決まらない．

図 6.4　爪付き部品の冷間鍛造

主工法	（冷間）組合せ押出し	成形機械	KJ→HP→CP	材質	CH4SK-R	月産量	2 000

工 程：

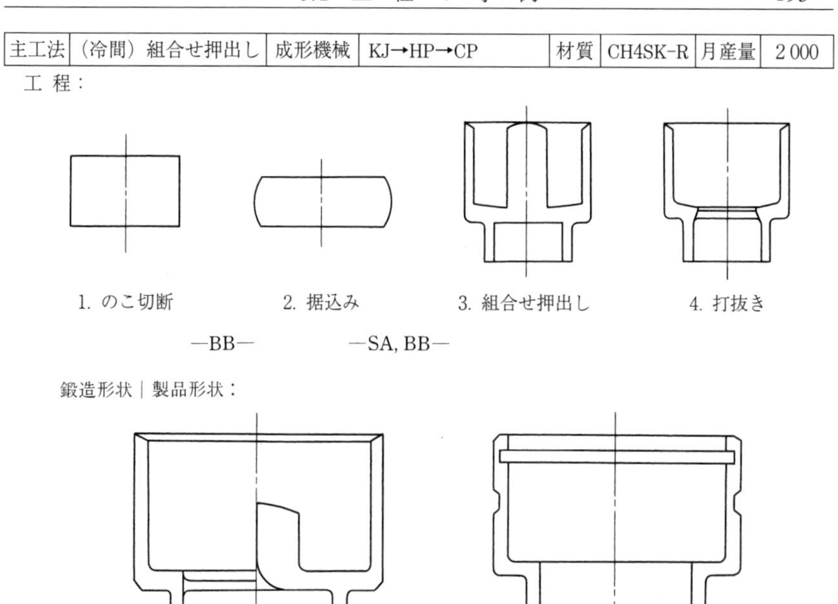

鍛造形状｜製品形状：

作成要領：

1） 工程：切断→据込み→後方押出し→打抜き→組合せ押出しを捨て軸を利用して工程の短縮と鍛造荷重の軽減を図る.
2） 上部に捨て軸（3. 組合せ押出しの内面上向きの軸）を付けることによって加工終了付近での材料の流れを制御し，底厚を捨て軸のない組合せ押出しの加工限界より小さくして製品に近づけた.
3） 3. 組合せ押出しの加工度は前方押出し部の先端でわずかに拘束されるように決める．結果として捨て軸を含め後方 73%，前方 84%となった.
4） 2. 据込みの後で SA を行うと球状化焼なましが促進される.

問題点：

1） 材料，焼なましのばらつきによって後方押出し内面コーナーのすぐ上で亀裂が起こるので，安全な底厚の限度を確認する.
2） 潤滑状態によって捨て軸と後方押出しの長さがそれぞれ変化する.
3） 設備の都合で油圧プレスで加工しているが，機械プレスのときは成形状態が変わるので捨て軸の大きさを変えなければならない.

図 6.5 段付き中空部品の冷間鍛造

主工法	（冷間）後方押出し	成形機械	CP→KJ→KJ→KJ	材質	1006-D	月産量	80 000

工 程：

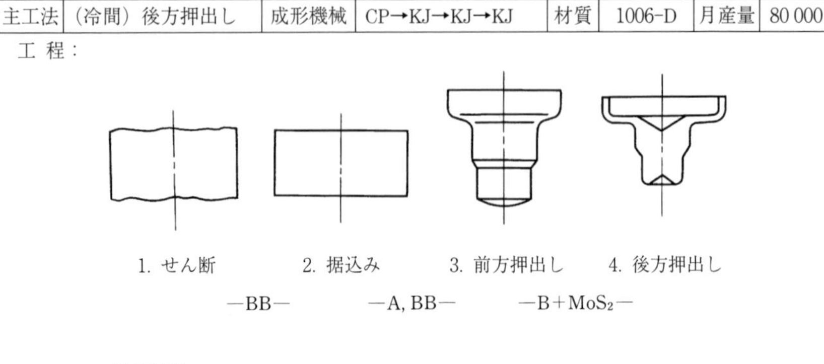

製品形状：

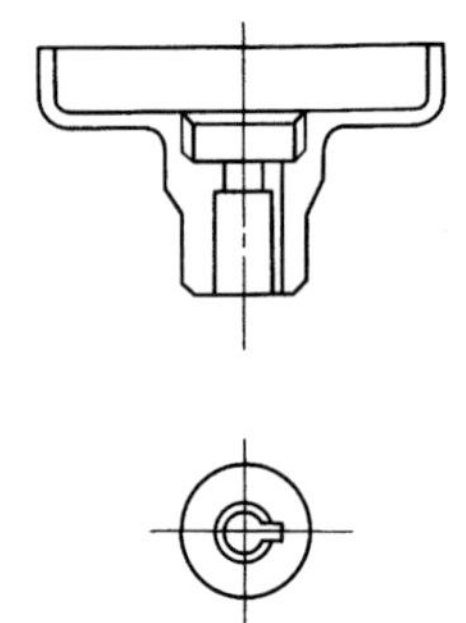

作成要領：

1） 2. 据込みから 4. 後方押出しまでを複合押出しで 1 工程で成形すると，軸部の先端形状が明瞭に鍛造できないので 3. 前方押出しを行う．
2） 4. 後方押出しは初期段階で据込みをするので，内外径の同心度が保証できず内面を切削する．
3） 製品の軸部内面の穴は成形工程が多くなり経済的でないので鍛造計画から除く．

問題点：

1） 4. 後方押出しは断面減少率が大きい（88%）のでボンダリューベを使用するとスティックスリップが起こり底厚が制御できない．MoS_2 を塗布して解決できた．
2） 軸部の強度を得るため焼なましは 2. 据込みの後で行う必要がある．
3） 2. 据込みでダイによる拘束が強すぎると 3. 前方押出しで大径外周にばりが残る．

図 6.6 軸付きカップの冷間鍛造

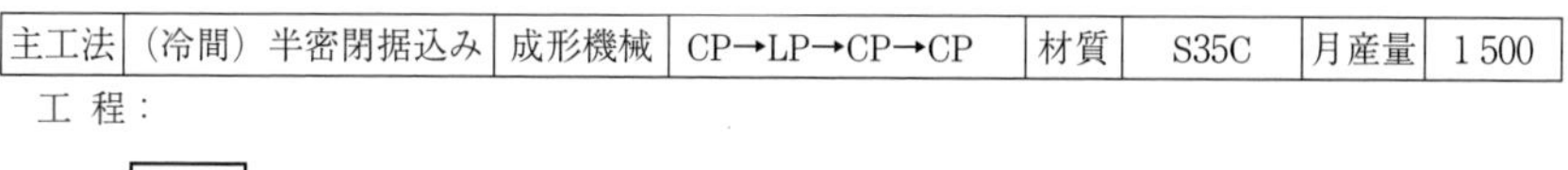

主工法	（冷間）半密閉据込み	成形機械	CP→LP→CP→CP	材質	S35C	月産量	1 500

工 程：

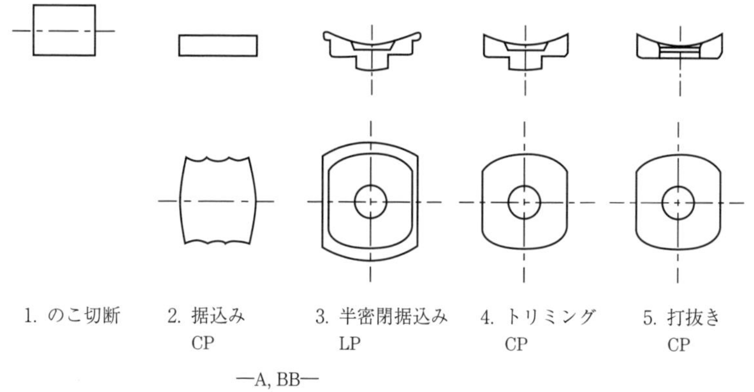

作成要領：

1）ビレット寸法形状：ϕ12 mm×16.5 mm.

2）製品質量：9 g.

3）2. 据込みは，円柱形ビレットを横向きに置いて．半径方向から圧縮する.

4）3. 半密閉据込みのインプレッション平面形状はほぼ四角形をしている．全周にばりを出す.

5）ばりの厚さは約 1.5 mm.

6）パンチが当たる上端面には楕円錐状の凹みを付けてあるので，5. 打抜き後，上面外周が均一な面取り状態になるようにする.

7）4. トリミングおよび 5. 打抜きの基準面は，四角部の側面（ダイで拘束した部分）.

問題点：

1）2. 据込みの荷重を低減するため，捨て軸（3. 半密閉据込みの下部下向きの軸）を設けた．捨て軸は薄くへん平な部品をノックアウトする荷重の低減にも役立つ.

図 6.7　スペーサーの冷間鍛造

主工法	（冷間）半密閉据込み	成形機械	CP→LP→LP→CP	材質	A6063	月産量	3 000

工 程：

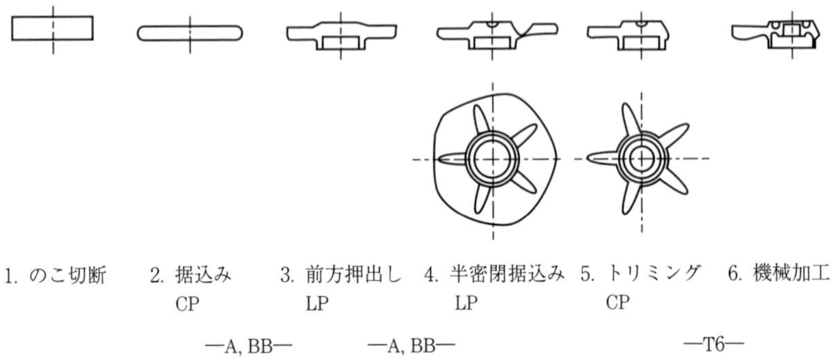

1. のこ切断　2. 据込み CP　3. 前方押出し LP　4. 半密閉据込み LP　5. トリミング CP　6. 機械加工

—A, BB—　—A, BB—　—T6—

作成要領：

1)　ビレット寸法形状：ϕ37.6 mm×10.5 mm.
2)　製品質量：7 g.
3)　2. 据込みは据込み率 44%の自由据込み.
4)　3. 前方押出しの断面減少率は 93%.
5)　4. 半密閉据込みは星型インプレッションの中で行い，ばりを出しながら行う.
6)　5. トリミングの基準面は星形部外径.
7)　切削後，アルマイト処理をする.

問題点：

1)　3. 前方押出しおよび 4. 半密閉据込みを同時に行うと，スリーブの長さが不足する.
2)　釣具の部品は美麗仕上げが求められる.
3)　トリミング面はバフ研磨，バレル研磨によって滑らかに仕上げている.
4)　材料流動を確実にするため，熱処理・潤滑作業をくり返している.
5)　釣具部品は機械加工仕上げであることが商品価値を高める場合もある.

図 6.8　スタードラグの冷間鍛造

主工法	（冷間）圧印	成形機械	CP→KJ→CP	材質	A5052-PL	月産量	20 000

工 程：

1. 打抜き　　2. 圧印　　3. 打抜き

—A, ラノリン—

製品形状：

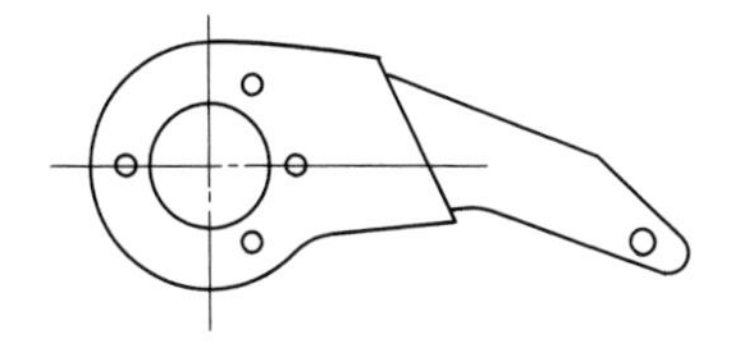

作成要領：

1) 2. 圧印は捨て軸付き圧印として，材料が型内に十分満たされるようにする．
2) 潤滑剤としてラノリンを油で薄めて用いると正確な圧印ができる．
3) ビレット取りは板材の打抜きとする．

問題点：

1) ダイ上面で加工するのでダイの成形面の剥離が予知される．ダイインサートの材質と熱処理方法を工夫して改善した．
2) 圧印で正確な金型の複製を得るためには，ボンデライトのような材料の流動性のよい潤滑処理よりも摩擦抵抗の比較的大きな潤滑剤を薄く塗布するとよいようである．潤滑方法の選定に注意することが必要．

図 6.9 異形へん平部品の冷間型鍛造

主工法	しごき	成形機械	LP→HP→HP→HP	材質	A6061	月産量	3 000

工 程：

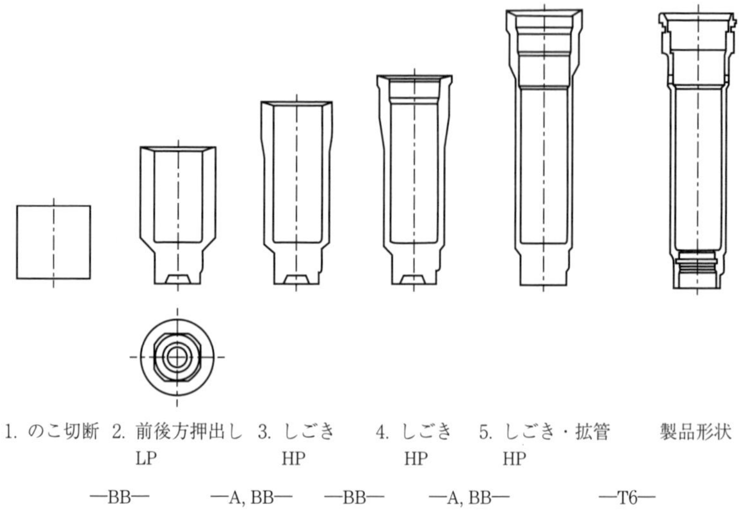

1. のこ切断　2. 前後方押出し LP　3. しごき HP　4. しごき HP　5. しごき・拡管 HP　製品形状

—BB—　—A, BB—　—BB—　—A, BB—　—T6—

作成要領：

1) ビレット寸法形状：ϕ52.7 mm×49.4 mm.
2) 製品質量：156 g.
3) 2. 前後方押出しにおける断面減少率は前方：58%，後方：42%.
4) 上端部のスリーブ部の壁の厚さは均一に仕上げる．最終の拡管工程で壁厚は減少するので，その分を見込んだ厚さにしておく.
5) 2. 後方押出し内径は3. しごきのマンドレル外径より0.2 mm大きくする．外径は鍛造仕上り品の最大径が得られるように定める.
6) 3. しごきは2枚ダイで行い，それぞれの断面減少率は17%および29%，合計断面減少率は41%.
7) 4. しごきおよび5. しごき・拡管の断面減少率はそれぞれ24%および30%.
8) 2. 前後方押出しにおいて，軸先端はカウンターパンチを当てる.

問題点：

1) 絞りの工程数を減らすため，鍛造品の外径の一部は拡管工程をして径を出している.
2) 一回のしごき断面減少率は30%以下にしている.
3) しごき加工することにより，内径の円筒度（深さ方向の直径の差）は向上する.

図6.10　サブタンクのしごき加工

主工法	（冷間）後方押出し	成形機械	CF	材質	SWRMS-D	月産量	150 000

工 程 A：

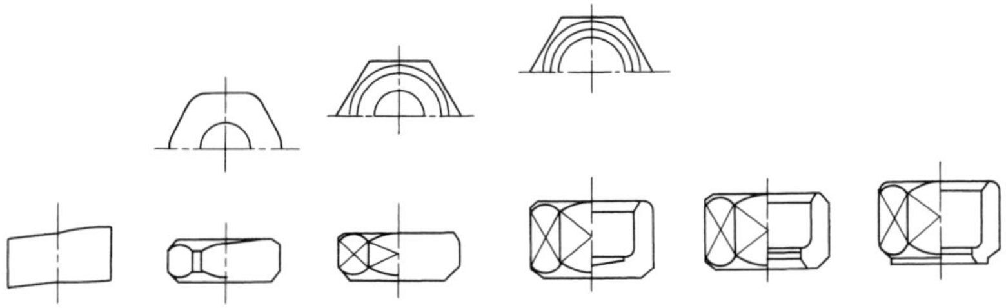

1. せん断　2. 据込み　3. 圧印　4. 後方押出し　5. 打抜き　6. 整形

工 程 B：

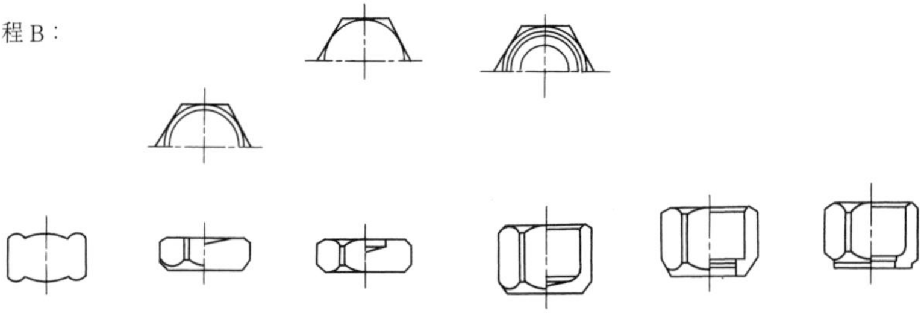

1. せん断　2. 据込み　3. 圧印　4. 後方押出し　5. 打抜き　6. 整形

作成要領：

1) 材料はボンデ処理を行った引抜き線材を使用する．
2) 2. 据込みは密閉据込みをさけ六角部がほぼ完全に成形できる程度にとどめる．
3) 3. 圧印は製品内径の面取りが残るようにする．
4) 6. 整形により製品外形の円形段付き部と，底厚さとを同時に成形する．
5) 2. 据込みはカウンターパンチ側の六角形状を整えるために円錐形の心付けが必要．

問題点：

1) これは製品の大きさによるパンチの寿命比較を行ったときの事例である．（A：47 g，B：30 g）
2) パンチの寿命は質量が小さい B のほうが長い（11 万/23 万）．ダイの寿命は質量が大きい A のほうが長かった（27 万/19 万）．

図 6.11 ナットのフォーマー鍛造

主工法	前方押出し 後方押出し	成形機械	CF	材質	S35C-D	月産量	

工 程：

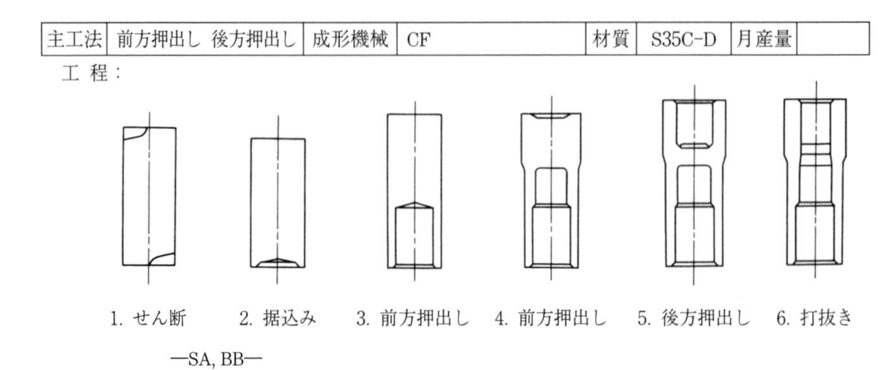

鍛造形状：

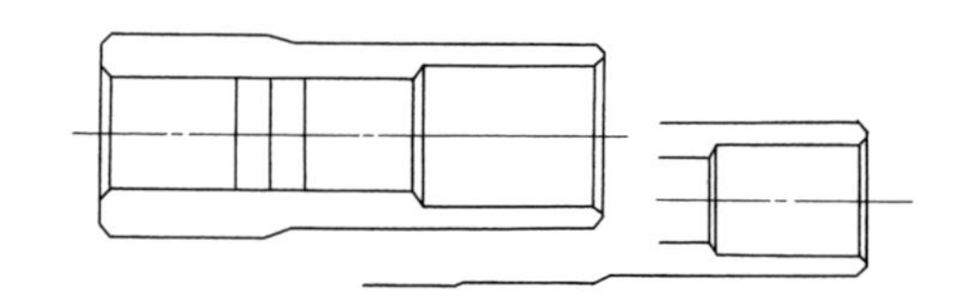

作成要領：

1) 成形は5段フォーマーを使用する.
2) SA, BB処理した線材を用い，成形においては塩素系の極圧潤滑油で潤滑する.
3) 2. 据込みは整形とともに次工程の押出しパンチ先端形状の心付けを行う.
4) 4. 前方押出しで大径の据込みと同時に次工程の後方押出しの心付けを行う.
5) 6. 打抜きはダイなしで行うので良好な破面を得るために工程5. の中間実体部の厚さを調整する必要がある.
6) 工程3., 4. の押出し加工は浮動ダイを用いて成形荷重を軽減し，工程4. では据込みを確実にする.

問題点：

1) 現工程では細径ビレットを据え込んでいるが，大径のビレットを用いて工程3. において内径の前方押出しと同時に小径部を成形するほうが工程4., 5. の押出しの同心度が確保しやすい.
2) 外径の段付きテーパー部に引けや縦割れが起こりやすい. 1) 項の方法によると改善できる.
3) 素材の球状化は1～2級. 冷鍛後の硬さは230 HVで要求を満足しているが切削性が悪い.

図6.12　多段中空部品のフォーマー鍛造

主工法	(熱間, 冷間)前方押出し	成形機械	HF→KJ	材質	S15C-R	月産量	500 000

工 程：

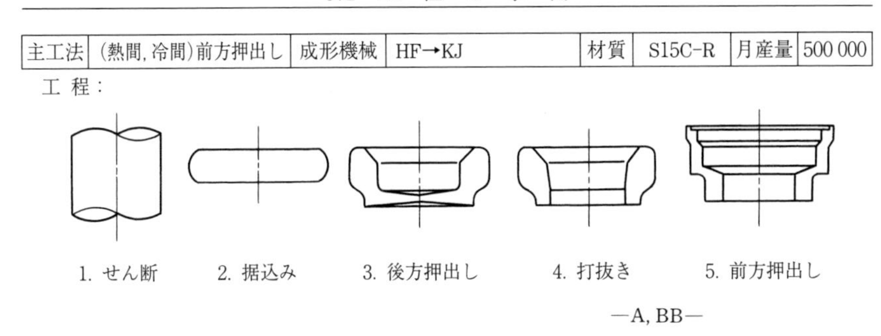

鍛造形状：製品形状

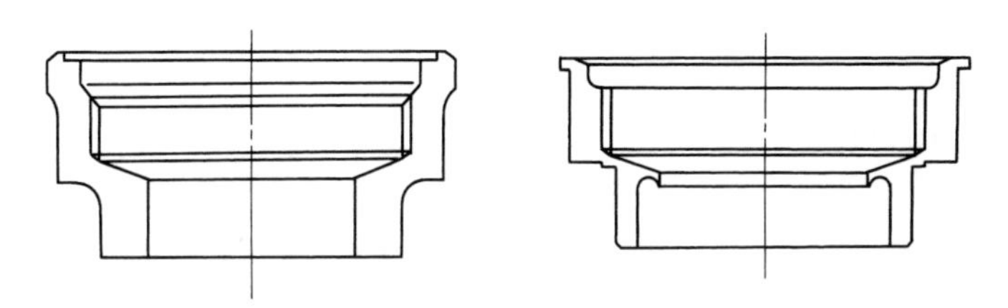

作成要領：

1) 内面のラチェット部分を鍛造のままで使用する設計とし，ラチェット部分は 5. 前方押出しで冷間で成形する．
2) 黒皮コイル材を使用する．
3) 冷間で成形していたものを工程 1. ～ 4. をホットフォーマーで加工して工程を短縮する．
4) 5. 前方押出しは成形初期は前後方に材料が流動する組合せ押出しであるが，後方押出し部の据込みが始まると前方押出しとなる．
5) 5. 前方押出しでの据込み厚さと底厚さは製品に関係なく成形に悪影響を与えないような厚さにとどめ外径と同時に切削で仕上げる．内面小径部は前方押出しに支障がない寸法に決め切削を前提とする．

問題点：

1) 3. 後方押出しの偏肉が 5. 工程のパンチの寿命に極端な影響を及ぼす．底面の突出し量は工程 5. の前方押出し長さを補足する程度に調整する．
2) 工程 5. の底厚さをあまり小さくするとラチェットに横方向の亀裂が生じる．

図 6.13　ラチェット付き部品のフォーマー鍛造

主工法	（冷間）据込み	成形機械	CF	材質	SCM440-R	月産量	45 000

工 程：

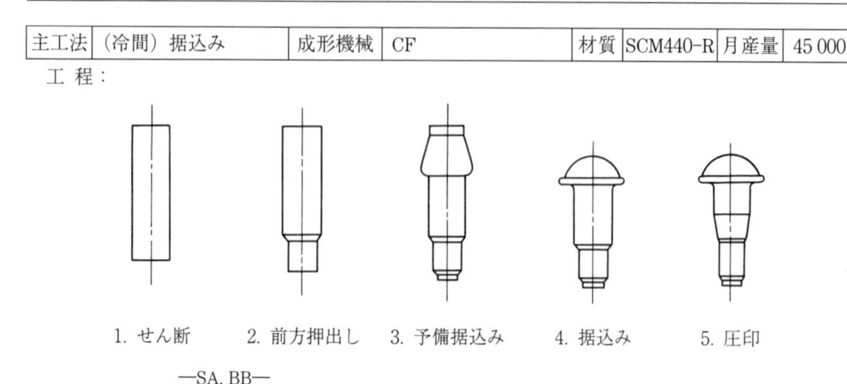

鍛造形状：

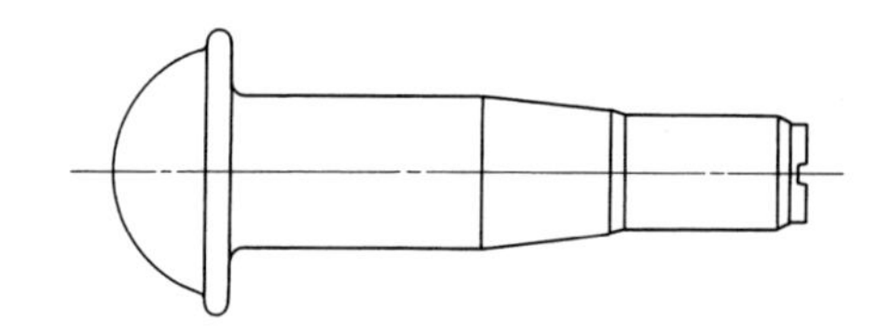

作成要領：

1）黒皮コイル材を使用する.
2）2. 前方押出しは密閉で行い整形も兼ねる.
3）頭部の据込み部分のビレットの長さ/直径比が大きく，偏肉をさけるために 3. 予備据込みを行う.
4）3. 予備据込みでは同時に軸部の直径の精度出しを行う．4. 据込みでは頭部の成形だけを行う.

問題点：

1）頭部の当たり精度はゲージに対して 60%以上が要求されているが不均一になりやすい.
2）頭部の成形はダイインサートの端面で行われるので補強が不完全になり，型が破損しやすい．また頭部と軸部との偏心が起こりやすい.

図 6.14　球頭軸状部品のヘッダー加工

主工法	(冷間) 後方押出し	成形機械	CP	材質	1006-P	月産量	10 000

工 程:

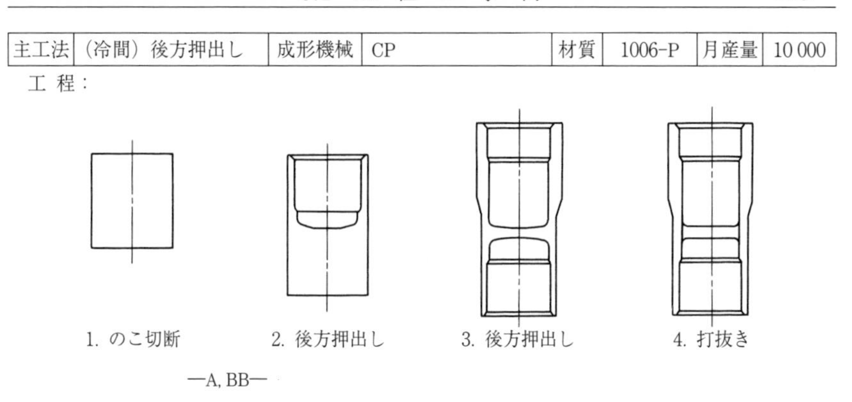

鍛造形状|製品形状:

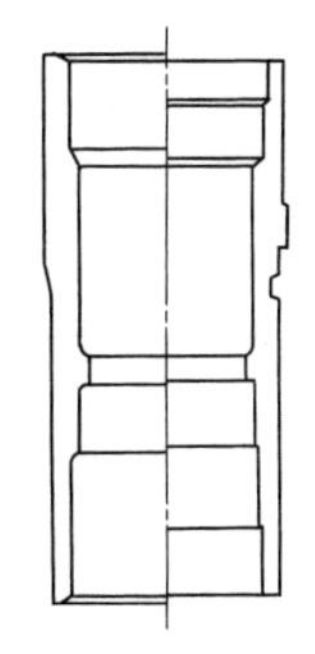

作成要領:

1) 素材の直径が大きいので帯のこ盤で切断する.
2) 3. 後方押出しは 2. 後方押出し品の上下を反転して加工して, 初期段階では据込みが行われる.
3) 工程 2., 3. とも段付き穴を 1 工程で成形する.
4) 工程 2. ~ 4. は 1 台のプレスでトランスファー加工を行う.
5) 素材はピーリング材を使用する.

問題点:

1) 段付き穴の後方押出しパンチの消耗が激しい. 特に 3. 後方押出しは加工長さが大きく, かつ据込みを伴うので潤滑切れを起こしやすい.
2) 3. 後方押出しは外径が大きくなりながら穴明けが行われるので金型に充満し難い. 場合によっては内径がひけたり外径軸方向に亀裂を起こすことがある.
3) 4. 打抜きはダイなしではばり, かえりが心配, ダイを使用すればダイの肉厚が小さく破損が心配である.

図 6.15 段付き中空部品の冷間鍛造

主工法	（冷間）後方押出し	成形機械	CP→KJ→CP	材質	5015-P	月産量	180 000

工 程：

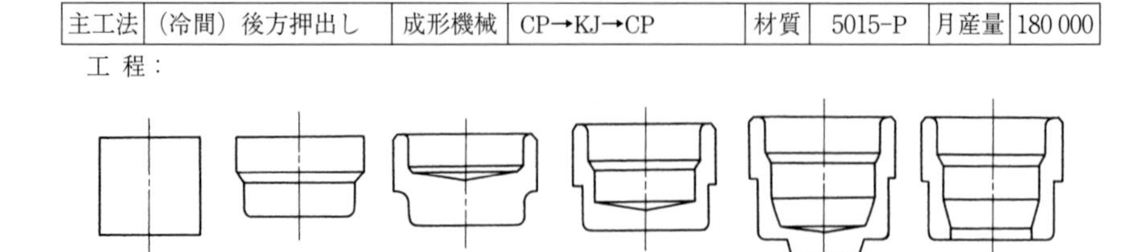

1. せん断　2. 据込み　3. 後方押出し　4. 後方押出し　5. 前方押出し　6. 打抜き

—SA, BB—

鍛造形状｜製品形状：

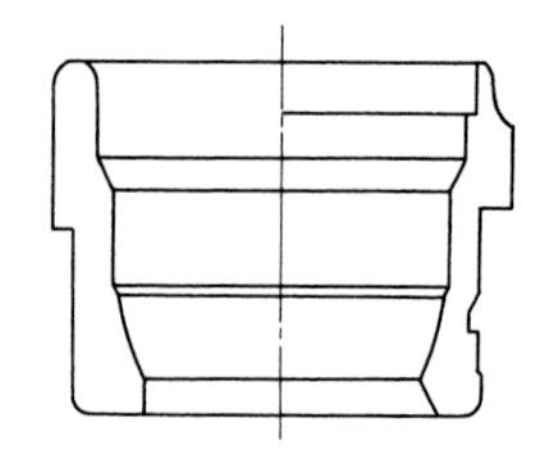

作成要領：

1) 2. 据込みの圧下率を約 20%とし球状化焼なましを促進する．
2) 3. 後方押出しの初期段階で据込みを併用する．
3) 4. 後方押出しでは外径段付き部の形崩れを防ぎ直角を保証するために，押出し部分の外径を拡張しながら押出しを行って軸方向の材料の流動を制約する．
4) 5. 前方押出しは球面の精度を保つために捨て軸を設け，球面下部の材料が後方に流動しないように配慮する．
5) 工程 3. ～ 6. は 1 台のプレスでトランスファー加工とする．
6) 素材はピーリング材を使用する．

問題点：

1) 2. 据込みにおいてダイとの接触長さは 60%以上とする．据込み不足のときは押出し穴の偏心が大きくなる．
2) 4. 後方押出しの外径段付き部の形を得るために，3. 後方押出しの外径の段の形状および小径部の長さの決定は試し打ちによる．
3) 5. 前方押出しには潤滑油を使用する．

図 6.16　球面付き中空部品の冷間鍛造

主工法	（冷間）前方押出し	成形機械	SF→KJ→CP→KJ	材質	S15C	月産量	250 000

工 程：

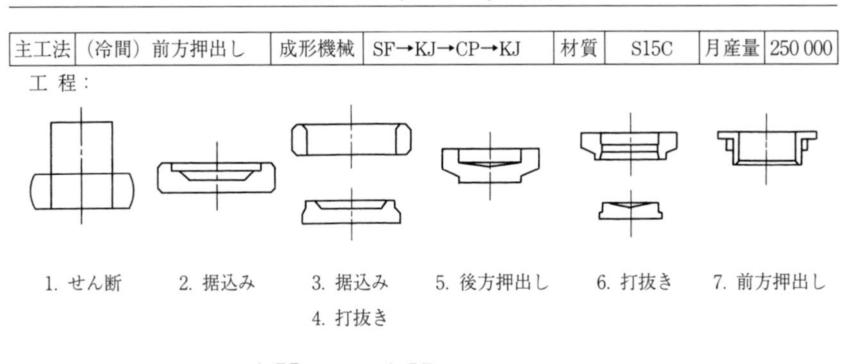

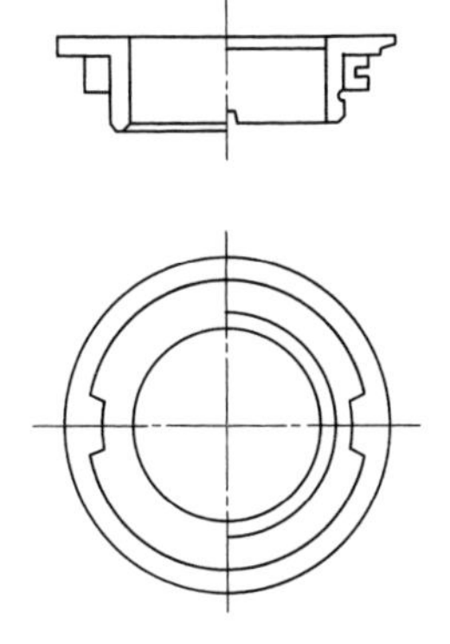

作成要領：

1) 工程 4., 6. において分離した部分は，同一生産数の関連製品のビレットとして利用する．
2) 工程 1., 2. はスラグフォーマーを使用する．
3) 工程 3., 4. および 5. 6. はトランスファー加工とする．
4) 工程 4. の打抜きと同時に加圧側の内外の面取りを成形する．
5) 工程 7. における異形部分の端面の変形を防ぐために，5. 後方押出しの外面のテーパーを決定する．
6) 前方押出しと同時にフランジ部の据込みを行う．

問題点：

1) 2. 据込みの機械能力から据込み直径が小さくなり，3. 据込みで偏心が起こりやすい．
2) 工程 1. ～ 4. をホットフォーマーで自動成形することもできるが，硬さのばらつきが大きく後工程のパンチの消耗が激しい．

図 6.17 三種の製品に対するビレットの親子どり冷間鍛造

主工法	前方押出し	成形機械	LP→LP→LP→LP	材質	S35C	月産量	18 000

工 程：

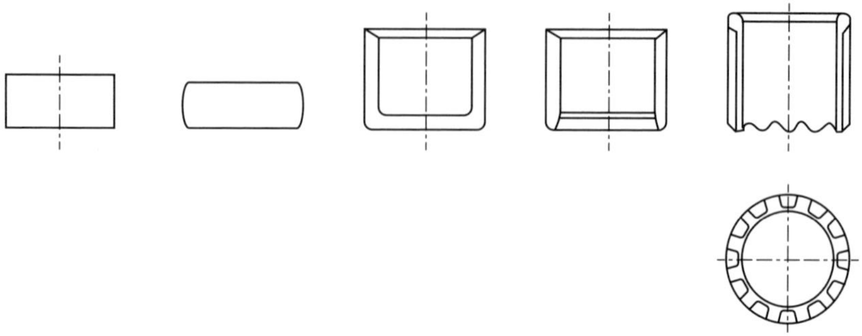

1. のこ切断　2. 据込み LP　3. 後方押出し LP　4. 打抜き LP　5. 前方押出し LP

—A, BB—　　—A, BB—

作成要領：

1) ビレット寸法形状：ϕ30 mm×13.2 mm
2) 製品質量：85 g
3) 2. 据込みは据込み率 13%の自由据込み.
4) 3. 後方押出しの断面減少率は 63%，深さ/内径比は約 0.8.
5) 打抜き代を少なくするため，後方押出しの底厚は壁厚と同じにする.
6) 底部角部がデッドメタルとならないように，金型に丸みをつける.
7) 4. 打抜きは外径基準.
8) 2. 据込みから 4. 打抜きまでは，トランスファー加工.
9) 5. 前方押出しにより 12 箇所のキー溝を成形しており，断面減少率は約 30%.

問題点：

1) 5. 前方押出しにより鍛造品の温度は 400 ℃を超えると予想される.
2) 5. 前方押出しにおける内径精度 50 μm を確保するため，マンドレルには熱膨張率の低い超硬合金を使用している.
3) 5. 前方押出しのダイは焼付きおよび摩耗防止のため超硬合金を使用している.

図 6.18　キーロックカラーの冷間鍛造

主工法	(温間)前方/後方押出し	成形機械	CP→KJ	材質	S53C-R	月産量	

工 程：

1. せん断　2. 前方押出し　3. 前方押出し　4. 据込み　5. 後方押出し　6. サイジング　7. 口絞り

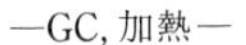

—A, BB—

鍛造形状：

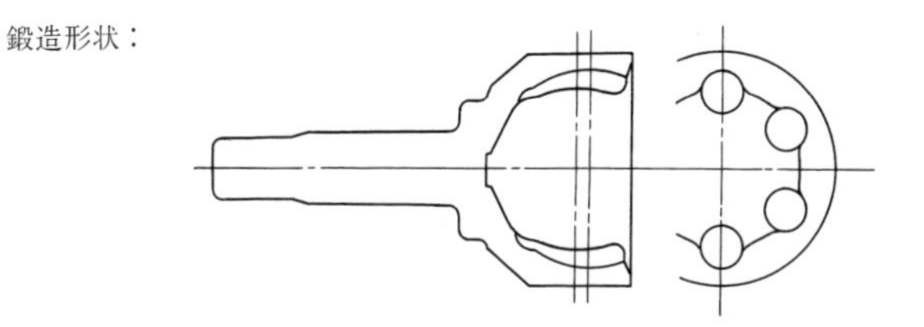

作成要領：

1) 工程 2. ～ 5. は温間トランスファー加工，工程 6., 7. は冷間で精度出しと口絞りを行う．
2) ビレットは黒鉛皮膜処理，金型は黒鉛水溶液を塗布して潤滑する．
3) 温間鍛造の後で焼ならしを行う．
4) ビレット加熱温度 840 ℃
5) 工程 6., 7. のサイジング代，絞り代は内径の寸法精度を考慮して温間における基準寸法を調整することが必要である．

問題点：

1) 温間部分において金型の潤滑剤の封入による製品の飛び上がりを防ぐために，各工程の製品形状を試し打ちにより決定する．
2) 金型に対する熱影響を防ぐため潤滑剤で十分に冷却する．
3) 製品の熱処理後の機械的強さを安定させるため，温間加熱温度の設定および焼ならし方法について検討し，試し打ちが必要．

図 6.19　軸付きカップ状部品の温間鍛造

主工法	密閉据込み	成形機械	LP→LP→LP→LP	材質	A6061	月産量	150 000

工 程：

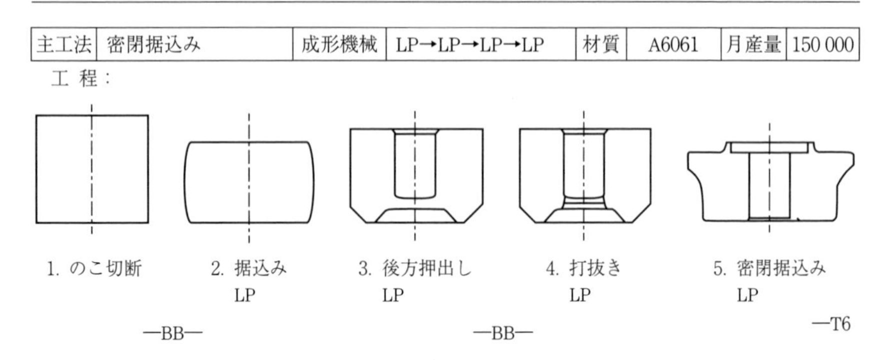

作成要領：

1) ビレット寸法形状：ϕ47 mm×42 mm.
2) 製品質量：197 g.
3) 2. 据込みは据込み率約 24%の自由据込み.
4) 3. 後方押出しで成形する下部の円錐部の形状は，5. 密閉据込みにおいてスリーブ部とつば部とが同時に成形されるように定める.
5) 4. 打抜きは，外径基準.
6) 2. 据込みから 4. 打抜きまではトランスファー加工.
7) 5. 密閉据込みは，4. 打抜きした鍛造品の上下を逆にして行う.

問題点：

1) ビレット質量誤差は±0.5%に管理している.
2) 3. 後方押出しの断面減少率が 10%と低く，同軸度 ϕ0.3 を確保することが課題となっている.

図 6.20　ストッパーの冷間鍛造

主工法	（温間）閉そく鍛造	成形機械	KJ→CP→KJ	材質	SCM420H	月産量	

工 程 A：温間・冷間

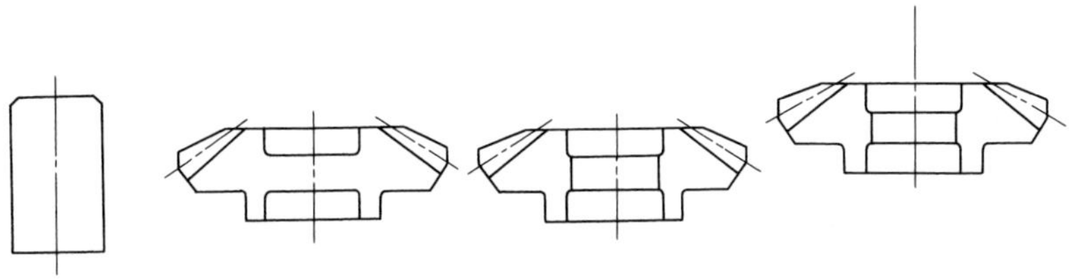

1. のこ切断　2. 温間閉そく鍛造　3. 温間打抜き　4. 冷間圧印

—CC, 加熱—

工 程 B：冷間（KJ→KJ→KJ→CP）

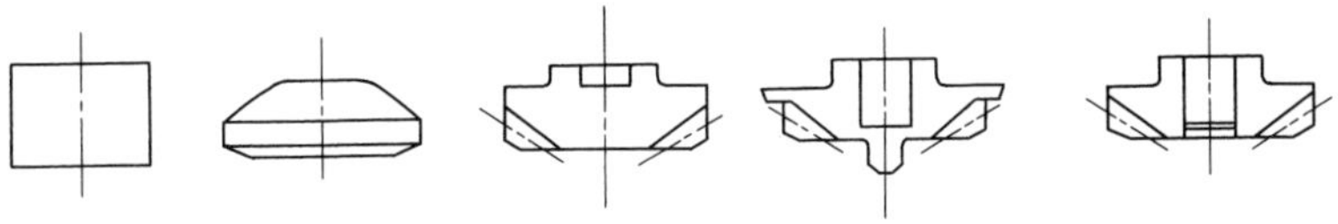

1. のこ切断　2. 据込み　3. 後方押出し　4. 圧印　4. 打抜き

—BB—　—A, BB—　—BB—

作成要領：

工程 A：1）温間部分はビレットに黒鉛の皮膜処理，金型に黒鉛水溶液を塗布して潤滑する．

2）ビレットと歯形との接触時間を短かくし，潤滑剤が滞留しないように歯形をパンチ側にする．

3）歯部の精度向上（JIS 3 級目標）と打抜きの変形を矯正するために圧印は冷間で行う．

4）ビレットの加熱温度は 850 ℃．

工程 B：1）歯部の金型に対する充満度を高め，精度を向上するために捨て軸を利用した圧印を行い歯部を成形する．捨て軸の先端を押して製品を突き出す．

2）後方押出し工程のダイの歯形の寿命を長くするため歯形の充満度を低くしておく．

問題点：

1）歯形の冷間成形では歯元外周のテーパーの成形が困難である．

2）工程 B で 3. 後方押出しの外周ばりのかみ込みを防ぐために 2. 据込み後面取り切削を行う．

図 6.21 ベベルギヤの温間閉そく鍛造と冷間鍛造との比較

主工法	(温間) 閉そく鍛造	成形機械	LP	材質	S58C-R	月産量	

工 程：

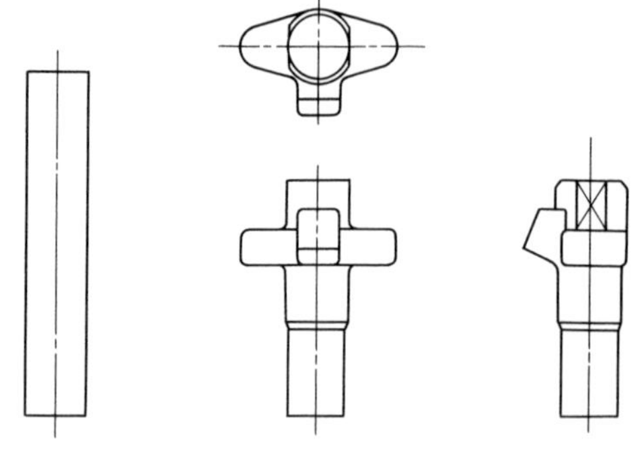

1. 切断　　2. 温間閉そく鍛造

—CC, 加熱—

作成要領：

1) 油圧型押えを装備した閉そく鍛造用の型組みを使用して側方押出しで成形する.
2) ビレット外径は製品の最小直径の寸法とし据込みを主体に計画する.
3) ビレットに付けた黒鉛皮膜の酸化を防止するため, 窒素雰囲気の誘導加熱を行う. 加熱温度は 900 ℃.
4) 金型には黒鉛水溶液(デルタフォージ 31)を毎回塗布する.

問題点：

1) ビレットの加熱温度を 900 ℃にしないと側方押出し部分が金型に充満しない.
2) 製品の加圧側の端部にばりが発生するので, パンチとダイの隙間を調整してばり切れが起こらないようにする.
3) 金型の成形部分に空気がたまらないように逃げを工夫する.

図 6.22　半径方向突出部をもつ軸状部品の温間閉そく鍛造

主工法	（熱間）半密閉型鍛造	成形機械	CP(6000t)→CP(500t)	材質	SCM435H	月産量	2 000

工 程：

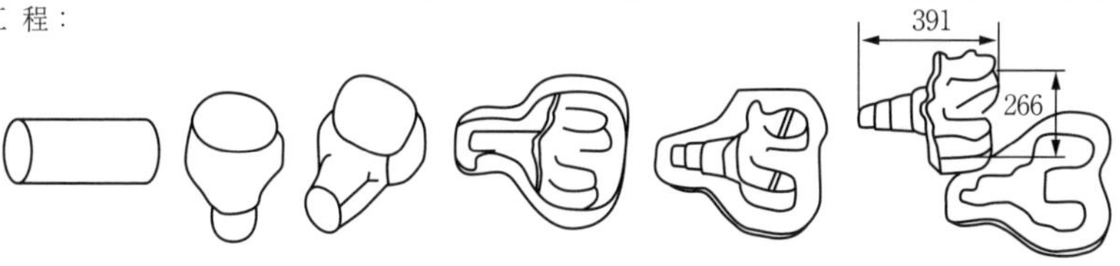

1. のこ切断　2. 据込み　3. つぶし　4. 荒打ち　5. 仕上げ打ち　6. ばり抜き

—加熱—

鍛造形状：

作成要領：

1） ビレット寸法形状：ϕ125 mm×314 mm.
2） 製品質量：24 kg.
3） 断面線図から理論荒地形状を設計する.
4） ビレット体積は理論荒地体積と等しくする.
5） スピンドル軸部の加工のためには細い素材が好ましいが，2. 据込みにおいて座屈しない径にする.
6） 2. 据込み時に素材が傾かないよう，下型の彫り込み穴の直径は素材寸法公差の最大値に素材径の伸び尺分を加算した値とし，抜け勾配は 0.5°とする.
7） 2. 据込みにおいて，スピンドル軸端面は凸面に成形する．軸端を凸面にすることは，4. 荒打ちで軸の伸ばし量が多い場合でも中央部のきずの防止に役立つ.
8） 3. つぶしの厚さは，4. 荒打ちにおける型満し性（フランジ部の肉上りおよび二股部の肉飛び）に影響する．また，据込み形状は 4. 荒打ち型に安定して置けるようにする.
9） 4. 荒打ち型はばりが流出し難い半密閉型構造（図 6.42 参照）にして，スピンドル部およびフランジ部を同時に成形する.
10） 4. 荒打ち型の半密閉型は全周を拘束せず，開放部を設けて，鍛造荷重の低減を図る.
11） 2. 据込みから 5. 仕上げ打ちまでは鍛造プレス，6. ばり抜きは別のプレスを用いる.
12） 2. 据込みと 5. 仕上げ打ちとは同時に行う.
13） 2. 据込みから 6. ばり抜きおよびばり搬出までの作業は，5 台のロボットを用いた完全自動ラインで行う.
14） ビレットは誘導加熱装置を用いて 1 220～1 260 ℃に加熱する.
15） 型には水溶性白色（非黒鉛）潤滑剤をスプレー塗布する.

問題点：

1） 4. 荒打ち型のスピンドル部流出口は材料流動が激しく摩耗するので，型の冷却および表面処理も考慮する.
2） 5. 仕上げ打ち型は，4. 荒打ち半密閉部に発生するばり返りが打ち込まれない形状にする.
3） 1. のこ切断されたビレット質量のばらつきは±0.8%以内とし，半密閉型を用いた 4. 荒打ちが過負荷にならないようにする.
4） 軽量化のため本ナックルの二股部にリブがないため横打ちできる.

図 6.23　ステアリングナックルの半密閉型鍛造（横打ち）

主工法	（熱間）半密閉型鍛造	成形機械	CP(6000t)→CP(500t)	材質	SCM435H	月産量	1 500

工 程：

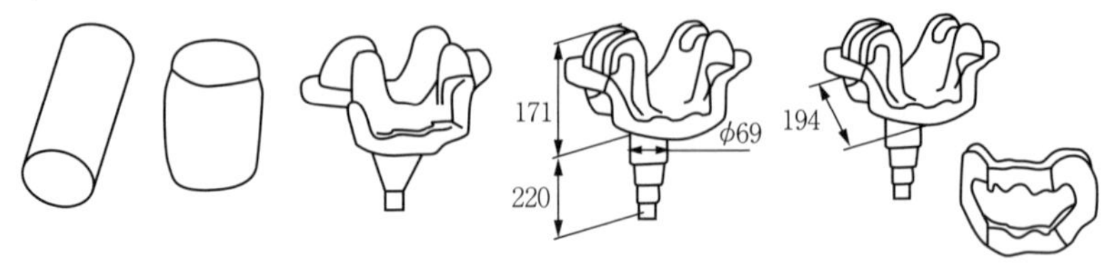

1. のこ切断　2. 据込み　3. 荒打ち　4. 仕上げ打ち　5. ばり抜き

—加熱—

鍛造形状：

作成要領：

1) ビレット寸法形状：φ125 mm×339 mm.
2) 製品質量：27.7 kg.
3) 素材径（φ125）が大きいので，1. のこ切断にした.
4) 2. 据込みは軸方向から行い，3. 荒打ちの型に入る高さまで据込む.
5) 3. 荒打ちのスピンドル部長さは，4. 仕上げ打ちスピンドル部長さより短かくして，スピンドル先端に欠肉が発生しないようにする.
6) 3. 荒打ち金型は部分的に半密閉型構造（図 6.42 参照）にして，スピンドル部の前方押出しを促す.
7) 2. 据込みから 5. ばり抜きおよびばりの搬出までの作業は 5 台のロボットを用いた自動ラインで行う.
8) 自動ラインにおいて，2. 据込みと 4. 仕上げ打ちは同時に行う．5. ばり抜きは別プレスを使用.
9) ビレットは誘導加熱装置を用いて 1 220～1 260 ℃に加熱する.
10) 型は水溶性白色（非黒鉛）潤滑剤をスプレー塗布する.

問題点：

1) 3. 荒打ちによるスピンドル先端直径は，4. 仕上げ打ち直径より 0.5 mm 細くする．3. 荒打ちによるスピンドル部長さは短かくして，4. 仕上げ打ちで軸長を伸ばす.
2) 3. 荒打ち型および 4. 仕上げ打ち型において，スピンドル部は材料流動量が著しく摩耗しやすいので，金型の硬度を高め，また，焼ばめ構造にする.
3) 4. 仕上げ打ち型は，3. 荒打ちで半密閉部に発生するばり返りが仕上で打ち込まれない形状にする.
4) 1. のこ切断した素材の質量のばらつきは±0.8％以内とし，3. 荒打ち荷重が過負荷にならないようにする.

図 6.24　ステアリングナックルの半密閉型鍛造（立打ち）

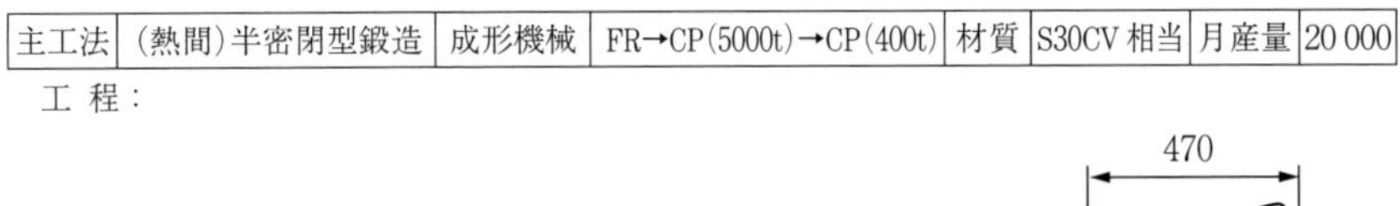

主工法	(熱間)半密閉型鍛造	成形機械	FR→CP(5000t)→CP(400t)	材質	S30CV 相当	月産量	20 000

工程：

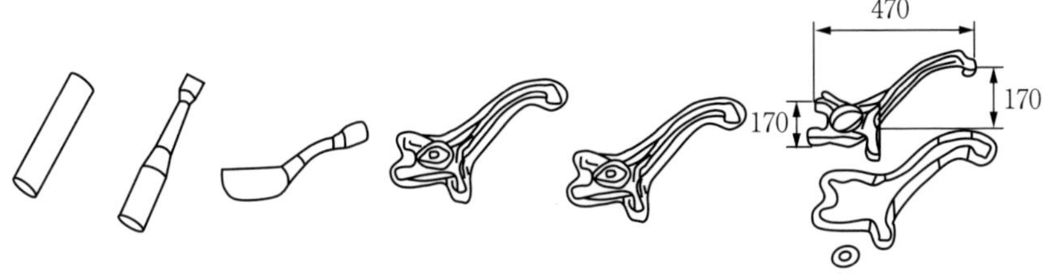

1. のこ切断　2. ロール鍛造　3. 曲げ　4. 荒打ち　5. 仕上げ打ち　6. ばり抜き

—加熱—

作成要領：

1) ビレット寸法形状：ϕ95 mm×295 mm.
2) 製品質量：9.7 kg.
3) 断面線図から理論荒地形状を設計しビレットの径および長さを決める.
4) 2. ロール鍛造は鍛造ロールを用いて 4 パス成形.
5) 3. 曲げ形状は，4. 荒打ち型割り面形状（PL）に合わせ，4. 荒打ち型上に安定して置けるようにする.
6) 4. 荒打ち，および 5. 仕上げ打ちの型割り面（PL）には段差があり大きい傾斜面があるので，型には水平方向の反力が作用する．型に水平方向の荷重が作用することへの対策として，インプレッションを傾けて（抜け度−1°）型に彫り込み，かついんろうを設けるなどの措置をとる.
7) 4. 荒打ち型は部分的に半密閉型構造（図 6.42 参照）にする.
8) 5. 仕上げ打ちと 3. 曲げとは同時に行う．6. ばり抜きでは，外ばりおよび内ばりを同時に打ち抜く.
9) 3. 曲げから 6. ばり抜き，およびばりを除去した鍛造品の空冷，水冷，ショットブラスト，磁粉探傷検査，荷姿までの作業を 7 台のロボットを用いた完全自動ラインで実施している.
10) ビレットは誘導加熱装置を用いて 1 200〜1 240 ℃に加熱する.
11) 金型に水溶性白色（非黒鉛）潤滑剤をスプレー塗布する.
12) 素材は非調質鋼であるので，6. ばり抜き後の空冷は，曲り防止のため製品を吊り下げて衝風冷却を実施.

問題点：

1) 4. 荒打ち型は材料の流動が激しく摩耗するので，金型は冷却し，表面処理をすることが望ましい.
2) 非調質鋼のため加熱温度を通常より低く設定し結晶粒の粗大化を防止.
3) 1. のこ切断した素材の質量のばらつきは±0.8%以内に管理して，4. 荒打ち型に過負荷が生じないようにする.

図 6.25 ハイマウントナックルの半密閉型鍛造

主工法	(熱間)型鍛造	成形機械	FR→CP(4000t)→CP(300t)	材質	S43CMV 相当	月産量	1 500

工 程：

420

1. せん断　2. ロール鍛造　3. 荒打ち　4. 仕上げ打ち　5. ばり抜き

—加熱—

鍛造形状：

作成要領：

1) ビレット寸法形状：ϕ90 mm×387 mm.
2) 製品質量：15.0 kg.
3) 断面線図から理論荒地形状を設計してビレットの径および長さを決める.
4) 鍛造品は軸方向において断面変化が著しいので，ビレットを 2. ロール鍛造をして体積配分をする．ロール鍛造は 4 パス成形.
5) 4. 仕上げ打ち型割面 PL は平面ではないので 2. ロール鍛造品を 3. 荒打ち型に安定して置け，かつ，3. 荒打ち品を 4. 仕上げ打ち型に安定して置けるように，3. 荒打ち型割面 PL 形状の工夫をする.
6) 2. ロール鍛造は鍛造ロール，3. 荒打ちおよび 4. 仕上げ打ちは鍛造プレス，5. ばり抜きは別のプレスを用いて行う.
7) ビレットは誘導加熱装置を用いて 1 200～1 240 ℃に加熱する.
8) 型には水溶性白色（非黒鉛）潤滑剤をスプレー塗布する.
9) 非調質鋼を使用しているので 5. ばり抜き後の鍛造品の冷却はコンベア上で衝風冷却をし冷却温度を制御する.

問題点：

1) 非調質鋼のため，加熱温度を通常より 20 ℃低く設定して結晶粒の粗大化を防止する.
2) 非調質鋼を用いており，鍛造品の冷却は 400 ℃以下まで制御して，硬さのばらつきを抑える.

図 6.26　クランクシャフトの型鍛造

主工法	(熱間)型鍛造	成形機械	FR→CP(3000t)→CP(210t)→HP(130t)	材質	S43CVS 相当	月産量	12 000

工 程：

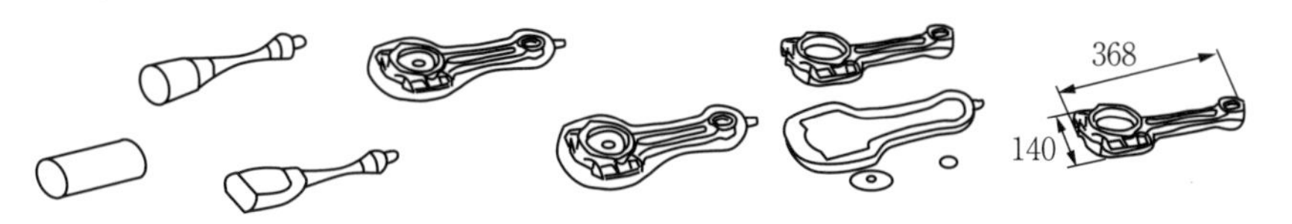

1. せん断　3. つぶし　4. 荒打ち　5. 仕上げ打ち　6. ばり抜き　7. コイニング
2. ロール鍛造
—加熱—

鍛造形状：

作成要領：

1) ビレット寸法形状：ϕ75 mm×233 mm.
2) 製品質量：5.4 kg.
3) 断面線図から理論荒地形状を設計し，ビレットの径および長さを決める.
4) 2. ロール鍛造は鍛造ロールを用いて 4 パスで行う.
5) 3. つぶしにより大端を成形する．据込み形状は 4. 荒打ちにおける型満し（肉飛びを防止）および位置決めを確実にできるようにする.
6) 非調質鋼のため，7. コイニングを実施して矯正工程は廃止.
7) 2. ロール鍛造は鍛造ロール，3. つぶしから 5. 仕上げ打ちまでは鍛造プレス，6. ばり抜きは別のプレス，7. コイニングは油圧プレスを用いて熱間で行う．ばり抜きには複式抜き型を用いる.
8) ビレットは誘導加熱装置を用いて 1 200〜1 240 ℃に加熱する.
9) 金型に水溶性白色（非黒鉛）潤滑剤をスプレー塗布する.
10) 非調質鋼を使用しているので 7. コイニング後の鍛造品はコンベア上で衝風冷却を実施して冷却温度を管理する.

問題点：

1) 非調質鋼のため加熱温度を通常より 20 ℃低く設定して，結晶粒の粗大化を防止する.
2) 非調質鋼のため 400 ℃まで冷却温度を制御して，硬さのばらつきを抑える.

図 6.27 コネクティングロッドの型鍛造

主工法	(熱間)後方押出し	成形機械	CP(5000t)→CP(400t)→HP(300t×150t)	材質	S48C	月産量	1 500

工 程：

179　368　ϕ92　ϕ63

1. せん断　2. 荒打ち　3. 仕上げ打ち　4. ばり抜き　5. 後方押出し　6. ばり抜き

—加熱—

鍛造形状：

作成要領：

1) ビレット寸法形状：ϕ110 mm×287 mm.
2) 製品質量：17.1 kg.
3) 鍛造品形状から押出し前の形状を設計する．押出し前の形状の断面線図より理論荒地形状を設計しビレット径および長さを決める．
4) 3. 仕上げ打ち軸部外径は押出し型に確実に入る寸法（厚さ，型ずれ公差を考慮）にする．
5) 4. ばり抜きにより，ばり残り，かえりが発生しないようにする．
6) 製品の回転バランスを保証するため，工法 5. 後方押出しを採用した．
7) 5. 後方押出しはコンテナーを固定し，カウンターパンチを後退させながら実施している．そのため張力付加鍛造（後方押出し）が行われている．
8) 張力を付加して後方押出しをすれば，パンチ圧力は，張力が付加しないときのパンチ圧力より低い．
9) 2. 荒打ちから 3. 仕上げ打ちまでは鍛造プレス，4. ばり抜きは別のプレス，5. 後方押出しから 6. ばり抜きまでは複動油圧プレスを用いて，ビレットの加熱は一回で実施している．
10) 2. 荒打ち→3. 仕上げ打ち→4. ばり抜き→5. 後方押出し→6. ばり抜きの作業を 6 台のロボットを用いて完全自動ラインで実施している．
11) ビレットは誘導加熱装置を用いて 1 220～1 260 ℃に加熱する．
12) 荒打ちおよび仕上げ打ち型には水溶性白色（非黒鉛）潤滑剤をスプレー塗布し，押出し型には水溶性黒鉛潤滑剤を吹き付け．

問題点：

1) 5. 後方押出しに用いるパンチには剛性が必要．
2) 5. 後方押出しパンチは高温になり寿命が短いので強制水冷却をする．パンチ材料は SKD61 にステライトを溶接肉盛りして使用．
3) パンチ温度が高くならないように，加工速度を速くし，パンチと鍛造品との接触時間を短縮する．
4) 5. 後方押出しにおけるカウンターパンチの圧力は製品ごとに設定値を変える．

図 6.28　スライディングヨークの熱間鍛造

主工法	（熱間）型鍛造	成形機械	CP	材質	S43C-R	月産量	

工 程：

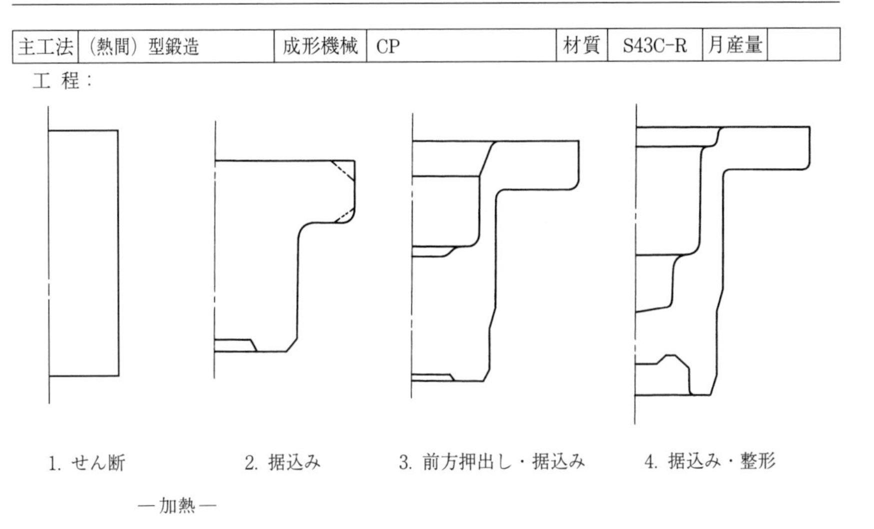

作成要領：

1) 1回加熱，3工程順打ちの型構成で密閉鍛造として計画する．抜け勾配は原則として設けない．
2) 3. 前方押出し・据込みはフランジ部の材料を移動せずに穴の押込みによって前方に材料を移動させるように計画する．この際，中空部のひけが起こらないように，2. 据込みのフランジ厚さを決める．
3) 4. 据込み・整形で内面の穴の押込みによって下端周辺に材料を移動させる．
4) スケールが生じないように誘導加熱を行う．

問題点：

1) 加熱温度は普通の鍛造温度より少し低めとし，1 000 ℃程度とする．
2) ビレットには潤滑処理を行わず，金型に毎回黒鉛水溶液をスプレーする．

図 6.29 ドライブシャフトの熱間鍛造

主工法	(熱間) 型鍛造	成形機械	CP→CP	材質	S48C-R	月産量	

工 程:

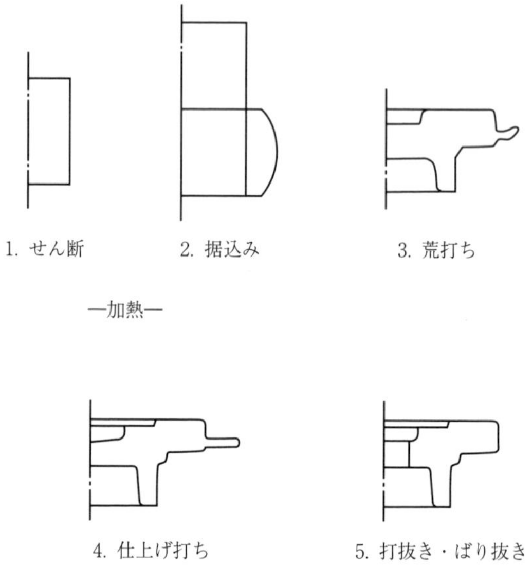

1. せん断　2. 据込み　3. 荒打ち

—加熱—

4. 仕上げ打ち　5. 打抜き・ばり抜き

作成要領:

1) 3. 荒打ちで概略の成形と製品部分の体積の配分を行い, 4. 仕上げ打ちでばりを含めて圧縮し金型の内圧を高めて細部の形状を作る.
2) 4. 仕上げ打ちまでは鍛造プレス, 5. 穴抜き・ばり抜きは別のプレスで熱間で行う.
3) ビレットは誘導加熱装置を用い 1 150 ℃に加熱する.
4) 金型に水溶性黒鉛をスプレーし, 素材には潤滑処理を行わない.

問題点:

1) 3. 荒打ちでは金型の変形を配慮して各部の隅丸み, 抜け勾配は大きくとる必要がある. 3. 荒打ちの形状は 4. 仕上げ打ちで表面の重なりきずが起こらないように設計する.
2) 据込みした材料が, 3. 荒打ちの金型に正確にはまるように 2. 据込みで据込み厚さを調整する.
3) ビレットは自由据込みできる材料の直径を選ぶ.

図 6.30 フランジの熱間型鍛造

主工法	（熱間）型鍛造	成形機械	KP→SP→CP	材質	SCM420-R	月産量	

工 程：

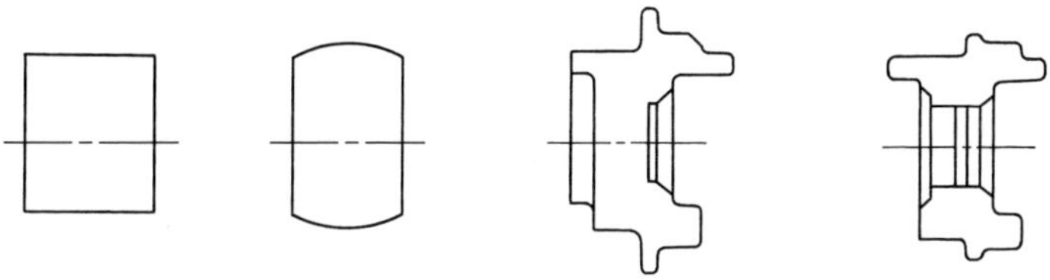

1. せん断　2. 据込み　3. 型鍛造　4. 穴抜き・ばり抜き

—加熱—　— 焼ならし—

鍛造形状：

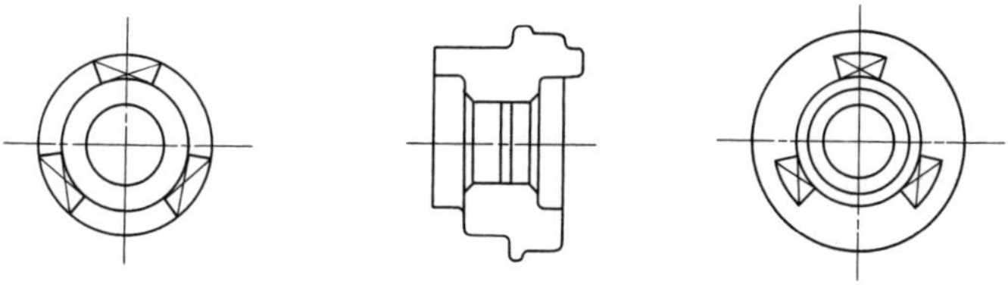

作成要領：

1) 3. 型鍛造のダイにビレットが正確にはまるための案内となる部分を 2. 据込みで作る.
2) 2. 据込み，4. 穴抜き・ばり抜きは冷間で行う．4. 穴抜き・ばり抜きの前に焼ならしを行い硬さを 82〜92 HR に調整する.
3) 扇形のドック部分が十分に押し出されるように素材の体積を調整し，余分の材料はばりとして残す.
4) 3. 型鍛造前には誘導加熱で 950 ℃に加熱し．スクリュープレスで成形する．潤滑は黒鉛水溶液を用いる.

問題点：

1) 3. 型鍛造のドック部分の金型に潤滑剤がたまると欠肉が起こる.
2) ドックの付け根部分の金型の丸みが摩耗しやすい.

図 6.31 ドッグ付き部品のスクリュープレス鍛造

主工法	ハンマー鍛造	成形機械	HM(3t)→CP(300t)	材質	SCM415H	月産量	4 000

工 程：

560

ϕ95

1. 切断　　2. 伸ばし　　3. 仕上げ打ち

—加熱—

4. ばり抜き

鍛造形状：

作成要領：

1) ビレット寸法形状：ϕ75 mm × 433 mm.
2) 製品質量：13.5 kg.
3) 断面線図から理論荒地形状を設計し，ビレットの径および長さを決める.
4) 2. 伸ばし型には目印線を入れ，体積配分作業を容易にする.
5) 仕上げ打ち型は金型の中央に配置し，3. 仕上げ打ち型の左右いずれかに 2. 伸ばし型を配置する．生産工程のハンドリングを考慮した型の配置にする.
6) 2. 伸ばしから 3. 仕上げ打ちまではハンマー，4. ばり抜きはプレスを用いて，熱間で行う.
7) ビレットは回転炉を用いて 1 220～1 260 ℃に加熱する.
8) 金型に水溶性白色（非黒鉛）潤滑剤をスプレー塗布する.

問題点：

1) 2. 伸ばしは生産性を考慮して 3 打程度とするため楕円形状となる.
 3. 仕上げ打ち型には楕円の長径を上下方向にセットする.
2) 4. ばり抜きのときに鍛造品が回転してばりが残ることがあるので注意.

図 6.32　アウトプットシャフトのハンマー鍛造

主工法	ハンマー鍛造	成形機械	HM(4t)→CP(300t)	材質	S48C	月産量	800

工 程：

346
148

1. せん断　2. 伸ばし　3. 荒打ち　4. 仕上げ打ち　5. ばり抜き

—加熱—

鍛造形状：

作成要領：

1）ビレット寸法形状：ϕ100 mm×246 mm.
2）製品質量：12.7 kg.
3）断面線図から理論荒地形状を設計し，ビレットの径および長さを決める.
4）2. 伸ばし型には目印線を入れ，体積配分の作業を容易にする.
5）2. 伸ばし長さが不足すると，3. 荒打ちでばりが発生しやすい.
6）3. 荒打ち型には 2. 伸ばし品を正確に置くための位置決めを設ける.
7）偏心荷重を減らすため，4. 仕上げ打ち型は中央に，2. 伸ばしと 3. 荒打ち型は左右に配置する．生産工程のハンドリングを考慮すること.
8）2. 伸ばしから 4. 仕上げ打ちまではハンマーを用いて，5. ばり抜きはプレスを用いて熱間で加工する.
9）ビレットは回転炉を用いて 1 220～1 260 ℃に加熱する.
10）金型に水溶性白色（非黒鉛）潤滑剤をスプレー塗布する.

問題点：

1）3. 荒打ちにおいて二股部は型満し不良（肉飛び）が生じやすく，内側抜け勾配と隅 R（型角 R）は大きくする.

図 6.33　スライディングヨークのハンマー鍛造

主工法	ハンマー鍛造	成形機械	HM(3t)→CP(300t)	材質	S53C	月産量	1 000

工 程：

480

ϕ90

1. 切断　2. 伸ばし　3. 曲げ　4. 仕上げ打ち　5. ばり抜き

—加熱—

鍛造形状：

作成要領：

1) ビレット寸法形状：ϕ70 mm×298 mm.
2) 製品質量：7.5 kg.
3) 断面線図から理論荒地形状を設計し，ビレットの径および長さを決める.
4) 2. 伸ばし型には目印線を入れ，体積配分作業を容易にする.
5) 型は中央に 4. 仕上げ打ち型を配置し，左右に 2. 伸ばし型と 3. 曲げ型を配置する.
   生産工程のハンドリングを考慮して配置すること.
6) 2. 伸ばしから 4. 仕上げ打ちまではハンマー，5. ばり抜きはプレスで熱間で行う.
7) ビレットは回転炉を用いて 1 220～1 260 ℃に加熱する.
8) 金型に水溶性白色（非黒鉛）潤滑剤をスプレー塗布する.

問題点：

1) 2. 伸ばし型には伸ばし後の長さの目印線を入れる.
2) 3. 曲げ形状は，4. 仕上げ打ち型彫り輪郭形状に合わせた形状にし，欠肉，きずの発生を防ぐ.

図 6.34　アイドラーアームのハンマー鍛造

主工法	ハンマー鍛造	成形機械	HM(4t)→CP(300t)	材質	SCr435B	月産量	1 500

工 程：

389
156
Ⓑ Ⓐ

1. せん断　2. つぶし　3. 荒打ち　4. 仕上げ打ち　5. ばり抜き　6. コイニング

—加熱—

鍛造形状：

作成要領：

1) ビレット寸法形状：ϕ95 mm×358 mm.
2) 製品質量：16.5 kg.
3) 断面線図から理論荒地形状を設計し，ビレットの径および長さを決める.
4) 2. つぶしは厚みのばらつきを少なくするために彫り込み内で行う.
5) 3. 荒打ち，および 4. 仕上げ打ち型には PL に段差があり水平方向荷重が作用する．型ずれ防止のため，水平方向の大荷重に耐えられるいんろうにする.
6) 3. 荒打ち型は 2. つぶし品が安定して確実に置けるような形にする.
7) 4. 仕上げ型は偏心荷重を考慮して金型中央に設置し，左右に 2. つぶし型と 3. 荒打ち型を配置する．生産工程のハンドリングを考慮して配置すること.
8) 5. ばり抜きは組合せ抜き型を用いて外・内同時に行う．6. コイニングにおいてはピンボス裏面Ⓐとブッシュ表面Ⓑの平行度を確保する.
9) 2. つぶしから 4. 仕上げ打ちまではハンマー，5. ばり抜きおよび 6. コイニングはプレスを用いて熱間で行う.
10) ビレットは回転炉を用いて 1 220〜1 260 ℃に加熱する.
11) 金型に水溶性白色（非黒鉛）潤滑剤をスプレー塗布する.

問題点：

1) 2. つぶし品の幅寸法が不足すると，3. 荒打ちで肉飛びが発生する．つぶし品の幅寸法は製品幅の 85% を目標にする.
2) リンクはピンボス裏面（Ⓐ）とブッシュ表面（Ⓑ）をチェーン状に組み付けて使用される．鍛造品の厚みはチェーン状製品の隙間や寸法を左右するので，厚み公差を考慮する．4. 仕上げ打ち型および 6. コイニング型には彫り寸法設定が必要.
3) 型にいんろうを設けたとしても，ハンマーのガイドの精度を維持することは重要.

図 6.35　リンクのハンマー鍛造

主工法	ハンマー鍛造	成形機械	HM(3t)→CP(300t)	材質	SCM420H	月産量	1 000

工 程：

ϕ240

38

1. 切断　　2. 据込み　　3. 仕上げ打ち

―加熱―

4. ばり抜き

鍛造形状：

作成要領：

1) ビレット寸法形状：ϕ90 mm×220 mm.
2) 製品質量：8.8 kg.
3) 製品とばりとの合計質量から，ビレットの質量を決める.
4) ビレットの長さ/直径比（L/D）は3以下とし，工程のハンドリングを考慮して決める.
5) 3. 仕上げ打ち型は金型中央に設置して，偏心荷重の影響をできるだけ少なくする.
6) 2. 据込みは，金型の当り面を用いて行うが，金型からはみ出さないよう注意する.
7) 2. 据込みと3. 仕上げ打ちはハンマー，4. ばり抜きはプレスを用いて行う．4. ばり抜きは組合せ抜き型を用いて外・内同時に行う.
8) ビレットは回転炉を用いて1 220～1 260 ℃に加熱する.
9) 金型に水溶性白色（非黒鉛）潤滑剤をスプレー塗布する.

問題点：

1) 2. 据込みが不十分では，3. 仕上げ打ちにおける肉流れが急激になり，肉飛びが起きるので注意を要する.
2) 軽量化のため，4. ばり抜きでは小穴を数箇所抜く．型の中から抜きかすを排出しやすい型構造にすること.

図6.36　ギヤブランクのハンマー鍛造

6.2 工 程 の 立 案

6.2.1 鍛造図の設計における検討項目

鍛造工程の設計は，与えられた生産条件下において材料の調達を含めて，望ましい鍛造品を得るための合理的かつ経済的な加工の順序を決めることから始まる．まず製品図をもとに鍛造仕上り品の寸法・形状を示した鍛造図を設計することとなるが，これは鍛造設備，加工温度および工法を想定して，形状付与は可能か，寸法精度は出せるかをおおまかに検討することから始まる．鍛造図の設計は製品図に示された機械的性質，精度，形状などの要求をかなえるとともに，コストバランスの観点から後加工に移行すべき項目をあらかじめ想定して行われる．鍛造図設計における主要な検討項目の相関を**図 6.37** に示す．

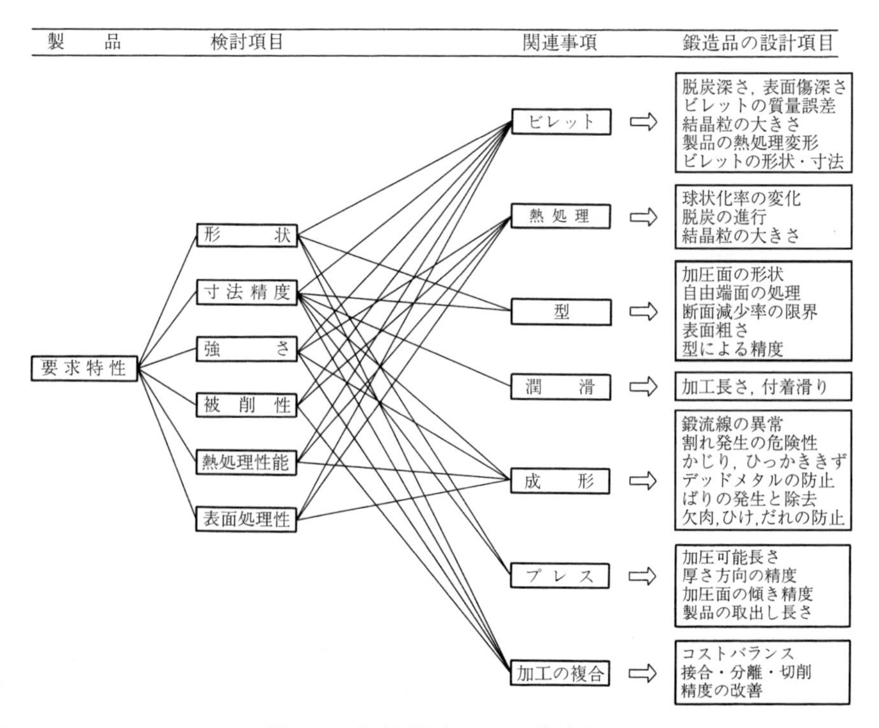

図 6.37　鍛造図設計における検討項目

6.2.2 品質からの検討

鍛造可能な部分を想定しながら，成形可能な品質はできるだけ取り込む．

1） 形状および精度の付与が困難な部品については，要求品質の変更，関連部品との一体化，後加工，分割，接合なども検討する[3]．

2） 鍛造肌で使用する部分の品質，後加工の取り代などの観点から，素材に必要な仕様：表面状態，欠陥の許容限度，寸法精度を策定する．

3） 要求される機械的性質に対して材質，結晶粒度，結晶粒粗大化などへの対策をする．冷間鍛造中に行う中間焼なましは最終硬さに影響する．

6.2.3 成形性からの検討

冷間鍛造における隅角部の丸み，テーパーなど，熱間鍛造における抜け勾配の許容限度は経験則[4]が参考になる．

1） 平面度，同心度，輪郭精度，円筒度，直角度，曲りなどの鍛造可能な精度と，要求される精度との調整を行い，改善のための追加工程の有無を決める．

2） 型への充満度および底厚，壁厚などの厚みの加工限度について検討する．

3） 鍛造割れ，鍛流線の異常，材料流動の停滞によるデッドメタルの形成などの欠陥が起こりやすい形状を排除する．これらは材料の成分，状態，温度などに影響される．

4） ビレット切断に起因する長さのばらつき，端面の状態の影響を考慮する．

5） 必要ならば，鍛造中の鍛造品の状態を観察して対策する．

6.2.4 後加工に対する検討

後加工の基準面と鍛造の基準面とは一致させる．

1） 後加工としての切削は，鍛造品表面に熱影響層があることを配慮して，通常，切削代は直径で1 mm程度にする．研削代は切込み回数を減らすため直径で0.1〜0.15 mm程度とする.

2) 鋼材の加熱，中間焼なましなどの熱処理により材料は脱炭することに配慮する．高周波誘導加熱を行う場合，表面脱炭層の厚さは0.5 mm以下にする.

3) 熱処理により，鍛造品は変形することを留意する.

4) 冷間鍛造用鋼材は球状化焼なましをして使用することは多いが，球状化組織は被削性を阻害することが多い.

5) 結晶粒度の粗大化，不均一は，めっきなどの表面処理のでき映えに影響することがある.

6) 鍛造品表面にビレット切断面の痕跡が残存することがある.

6.2.5 型鍛造に対する検討 [5),6)]

1) 比較的単純な形状の部品を鍛造する場合は仕上げ型のみで鍛造する.

2) 複雑形状の部品を鍛造する場合は，仕上げ型のほか，中間形状である荒型を用意する.

3) 軸状部品の軸方向の体積の変化が大きい場合は，棒状素材の軸方向の体積分布を製品の体積に近づける体積配分をする.

4) 体積配分はプレスまたはハンマーで予備成形として行う.

5) 複雑形状の体積配分には鍛造ロールやクロスロールを使用する.

6) 断面線図より理論荒地形状を設計する.

7) ステアリングナックルのように製品に傾斜面がある段付き型の場合，型には水平方向の力が作用するので，型を傾ける，いんろうを設けるなどの対策をする.

8) 仕事量の大きい工程は機械の中心で行い，偏心荷重を避ける.

9) ハンマー鍛造に用いるビレットの直径は，はしで挟める大きさにする.

10) 熱間鍛造は再結晶温度以上で行われるので，加工硬化はない.

11) 鍛造する前にスケールは除去する.

12) ばり部の温度は本体部の温度より低い.

13）　作業を自動化すると作業時間が正確になり，温度の管理は確実になる．

14）　高温の鍛造品はきずがつきやすく取り扱いに注意．

15）　金型の予熱温度は 150～200 ℃程度を目安にする．

16）　鍛造中の型温度は 150～250 ℃程度を目安にする．

6.2.6　公差からの検討

1）　寸法公差は応力および温度による変形を考慮して決める．鍛造後，製品は弾性回復し，また，冷却収縮する．

2）　寸法公差は型の摩耗，型再生による寸法の変化を吸収できるように設定する．

3）　過度に厳しい公差を指定し，型摩耗に対する許容限度を狭めない．

4）　ビレット質量のばらつきは，押出し長さに変動をもたらす．ビレット質量を測定・選別して使用する，中間で切削をするなどにより質量を管理することもある．

6.2.7　熱処理・潤滑からの検討[6)]

1）　冷間鍛造における工程間に行う素材の焼なましおよび潤滑は，必要最小限にする．

2）　熱間鍛造における加熱は一回であれば経済的である．

3）　素材を高温に加熱しすぎると結晶粒が粗大化し，針状フェライトが析出するなどの異常層が生じ，機械的強度が低下する．

4）　素材を長時間高温に保つと酸化皮膜（スケール）が増し，また脱炭する．

5）　誘導加熱装置を用いて素材を加熱すれば，燃焼炉を用いて加熱することに比べてスケールは 1/4 ～ 1/5 に抑制できる．

6.3 工程設計の要点

6.3.1 原始工程の作成

工程設計は，単純な形状の素材をいかなる工法を採用して製品形状に変形させるか，その順序を検討するものである．鍛造工法には，① 据込み：素材を圧縮してへん平にする，② 軸の前方押出し：コンテナーに入れた素材をパンチで押して狭い流出口から細径の軸を押し出す，③ 容器の後方押出し：パンチを素材に押し込んで中空容器状に変形させる，④ 型鍛造：素材を上下の型で挟んで強圧して，型に設けたインプレッションに充満させる，⑤ 背切り：棒状材料の変形領域と変形させない領域との境界に細い窪みをつける，⑥ ばり抜き・打抜き：型からはみ出した不要部分，鍛造品の不要部分をせん断力を用いて除去する，⑦ しごき：壁厚をさらに薄くするための断面減少率の小さい引抜き押出し，⑧ 圧印（コイニング）：通常の鍛造をした後に行う表面の整形，軽度な加工，局部的な圧縮加工，⑨ 矯正・サイジング：鍛造品の精度を高めるための再度の成形作業，⑩ 曲げ，⑪ ねじり，などがある．

これらの工法を用いて，まずは一打（一組の型，単型）で鍛造することを考え，つぎに工法を組み合わせたり，順次採用することを考える．主要な成形は主工法によりできるだけ一度に行う．細かな形状や精度を確保するためには圧印，矯正などを補助的工法として追加する．採用する工法の役割を明確にして，工法の組合せ，加工の順序を決める．工程数は少ないことは経済的に望ましい．この段階では加熱，熱処理，潤滑などには問題はないとする．

鍛造において所定の形状または寸法を得ようとしても，鍛造品に欠陥が生じる，加工圧力が高くなり型を破損する，などの課題が生じることがある．課題に対してはつぎのような対策がある．

6.3.2 予備成形の改良

加工前のビレットの寸法・形状は面取りも含めて材料流動に著しく影響す

る．ビレットの切断面には不整が生じやすく，これを修正するとともに，本加工への入念な準備をする．熱間鍛造におけるビレットの体積配分はできるだけ正確に行う．

6.3.3 捨　て　軸 [7)]

捨て軸とは，材料流動を制御するとともに加工圧力を低下させる目的で，鍛造品の形状には直接関係ない軸を余分に押し出す軸をいう．後に除去されるので捨て軸と呼ばれる．容器の後方押出しにおいて，底厚さが薄くなると加工圧力は上昇するが，底厚を薄くしても圧力が上昇しないように中心部に捨て軸を設けたりする．工程事例：図6.5，図6.7，図6.9および図6.16などに捨て軸が応用されている．

6.3.4 背圧付加鍛造 [8),9)]，張力付加鍛造 [10),11)]

鍛造品の材料流出部先端に圧力を付加して行う鍛造を背圧付加鍛造という．背圧を付加して鍛造することにより，各所への材料の流動制御が可能になり，欠陥防止の対策になる（**図6.38**）[8),9)]．多数の軸をもつヒートシンクの押出しにおいて，押出し軸の先端に背圧を付加して，押出し長さを均一にすることに成功した事例がある（**図6.39**）．押出し長さをそろえるための背圧はあまり大きくない．また，クッションを利用して型に一定以上の荷重が作用すると型が

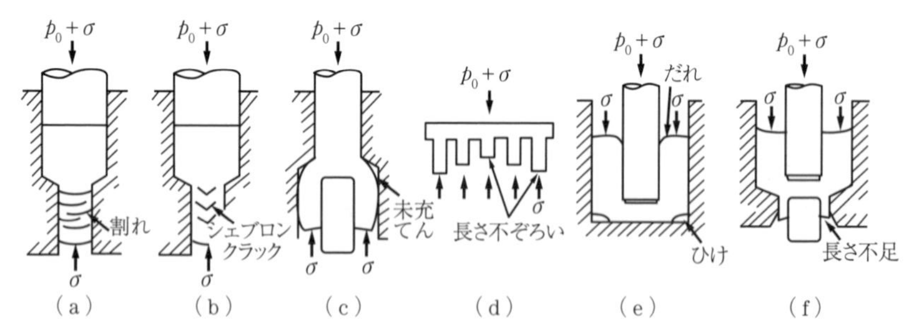

図6.38　成形に及ぼす背圧の効果（p_0：背圧が作用しないときの押出し圧力，σ：背圧，$p_0+\sigma$：摩擦がないか，あってもきわめて小さいときの背圧付加押出し圧力）[8),9)]

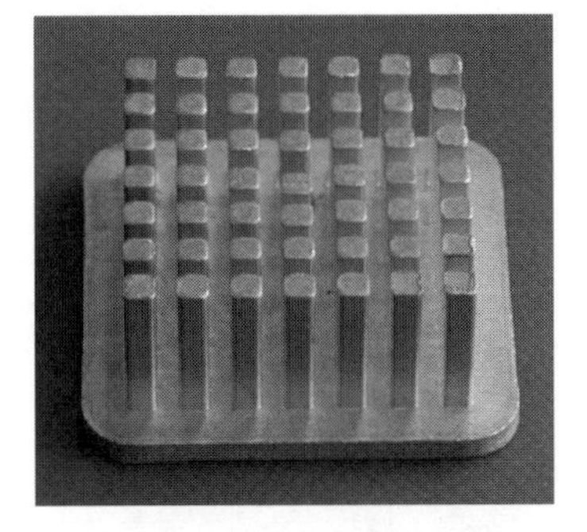
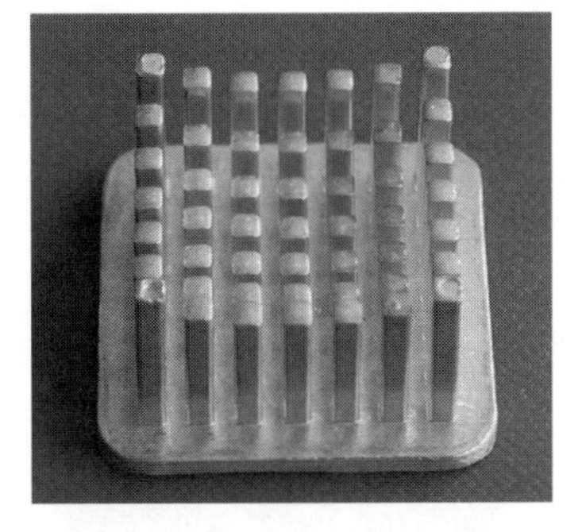

図 6.39 ヒートシンク（左：背圧あり，右：背圧なし）（A1070 アルミニウム）（宮本工業株式会社提供）

後退できるようにして，加工圧力の異常上昇を回避した例もある（図 6.4）.

ただし，背圧を付加して鍛造をすると材料割れ防止など成形性は向上するが，加工圧力は増加し，型には負担になる.

背圧とは逆に，鍛造品の一部に引張応力を作用させて行う鍛造は張力付加鍛造と呼ばれ，張力を付加することにより加工圧力は低下する[10),11)]．スライディングヨークの中空軸（図 6.28）の加工は，カウンターパンチに圧力を付加したまま後退させながら行われて，一見背圧付加押出しのように思われる.

しかし，本事例の系全体にカウンターパンチの後退速度と同じ大きさの上向きの速度を重ね合わせると，カウンターパンチは静止し，パンチ速度は減少し，コンテナーおよび押し出された部分は上昇することになる．すなわち押し出された部分はコンテナーとともに上昇し，変形域に張力を作用させながら加工が行われている．スライディングヨークの加工（図 6.28）は、張力付加押出しであり，パンチの圧力が低下し，座屈の防止に役立ち深穴加工用に成功した事例といえる.

6.3.5 素材の改質および 2 個取り

難加工材料の鍛造性を高めるためには，材料成分や結晶粒子などの材料改質についても考慮する．実際に珪素を約 11～13% 含む A4032 アルミニウム合金について，結晶粒子を微細化して鍛造性を改良し，ピストンを一打で鍛造することに成功している（**図 6.40**）．また，異形押出し棒を切断したへん平な異形ブランクを用い，2 個取りの押出しをして，フランジ付き軸状の台座の冷間鍛造が行われている（**図 6.41**）．

図 6.40　ピストン（左：表面，右：裏面）（A4032 アルミニウム合金，11～13.5% Si）（宮本工業株式会社提供）

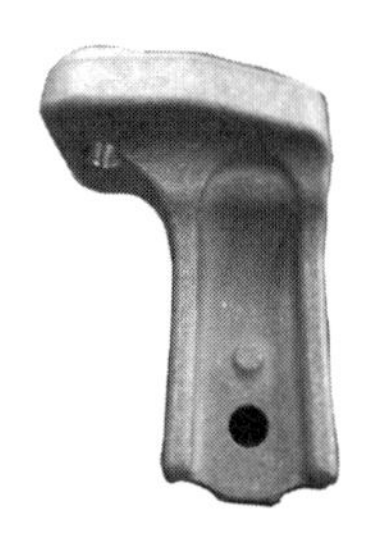
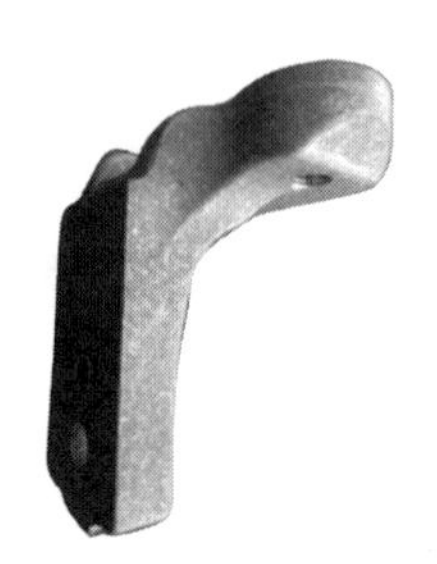

図 6.41　台座（左：表面，中：側面，右：裏面）（A6061 アルミニウム合金）（群馬精工株式会社提供）

6.3.6 半 密 閉 型

型鍛造において，ばりの流出面を立体化して，ばり流出抵抗を高めて材料の型満たしを促進する型を半密閉型という（**図 6.42**）．ステアリングナックル鍛造の 3 事例（図 6.23～図 6.25）は半密閉型が用いられている．しかし 3 事例とも全周のばりの流出を半密閉型にすると鍛造圧力が高くなりすぎるので，部分的に開放部が設けられている．

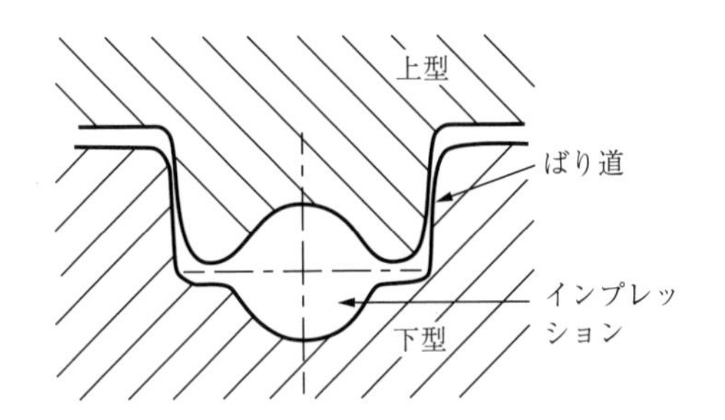

図6.42 半密閉型

6.3.7 確 認

試作段階において各工程の鍛流線，欠陥の有無などを確認し，必要なら工程および型を修正する．健全な加工ができることを確認することは非常に重要である．

6.4 予備成形形状

6.4.1 素材の準備

鍛造に供される素材としては，棒材をせん断，またはのこ切断をして作られる円柱状のビレット，あるいは板材から円板状のブランクを打ち抜いて使われることが多い．アルミニウム素材の場合は，異形押出し棒を切断して用いることもある（図6.41）．また，鍛造品や鋳造品も素材として用いられる．

6.4.2 ビレットの据込み

ビレットのせん断面は滑らかな平坦面ではなく，だれ，破断面，変形などの不整がある．ビレットの据込みは，せん断面の不整を正し鍛造欠陥を防止するとともに，次工程で用いるパンチの案内面の作成，ばりの防止，潤滑剤塗布面積の拡大，製品端面の向上などのために行われる．据込みには外周を自由にした自由据込み，外周をコンテナーで拘束する外周拘束据込みなどがある．外周拘束据込みにおいて，すべての側面がコンテナーと接触すれば密閉据込みとなり，圧力が急激に上昇して型を破損させるため，特に注意をする必要がある．ダイが半径方向に自由に移動できる水平フローティングダイ（**図 6.43**）を用いれば，ビレットを置いた位置に関係なくダイとの接触を均一にすることができる．拘束据込みと同時に次工程のパンチの案内面を成形する心付けも行われている（**図 6.44**）．前方押出しでは切断面が押し出されて引張り状態となり亀裂が生じやすいので，先端面をテーパーにしたり，球面にして切断面を縮小することも行われる（**図 6.45**）．据込みをしてビレットに圧縮ひずみを与えると，焼なましが促進される効果もある．

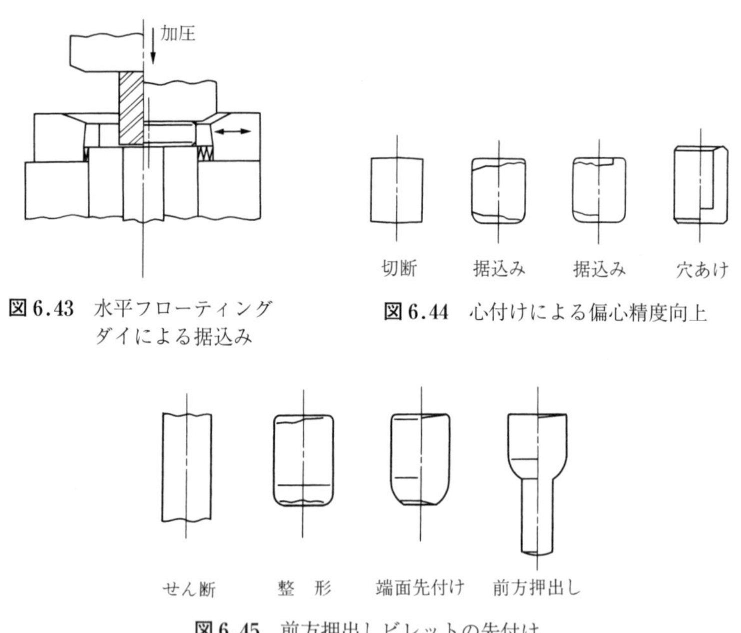

図 6.43　水平フローティングダイによる据込み

図 6.44　心付けによる偏心精度向上

図 6.45　前方押出しビレットの先付け

のこ切断したビレットは予備成形なしに主成形で用いることもあるが，一般にはせん断ビレットと同様の据込みをして使用する．特に黒皮材は直径精度が不十分なことがあり，その改善のためにしごき加工をしたり，切断面のばり（かえり）の除去とダイとの接触状態を改善するために切削でアール面取りを行うこともある．

打抜きブランクの破断面は製品表面に悪影響を及ぼすので，精密打抜きブランクを必要とする場合は，破断面のきわめて少ない方法：仕上げ抜き，精密打抜き，押出し打抜きなどを採用する．打抜きブランクは棒材ビレットに比べて質量のばらつきは少ないが，歩留まりが悪い短所がある．しかし，扁平なブランクは有利な面もある．打抜きブランクの繊維組織は鍛造方向と直角になるので，鍛造形状，工程順序において配慮する．超硬パンチを用いた押出し打抜き法を利用した工程：棒材のせん断→据込み→穴抜き（超硬パンチ），を用いて板厚/穴径の大きい中空ブランク（**図 6.46**）[12]を作ることもある．特に長さ/直径比の大きい長尺ビレットを座屈させないためには，せん断面の不整を正すため，予備成形は必要になる．

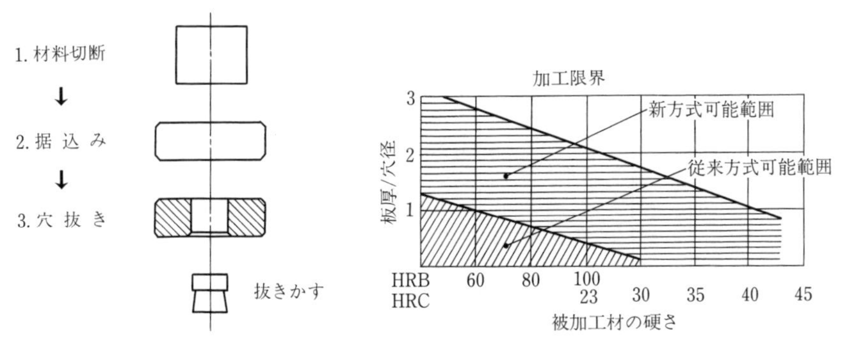

図 6.46 仕 上 げ 打 抜 き 法[12]

6.4.3 材質によるビレット形状の違い

ビレットの据込み形状は材質によっても異なる（**図 6.47**）[13]．据込みにより滑らかな平坦面（事例 1，2）で上下の面を平行にし，あるいはソロバン玉状（事例 5）や，窪みや突出部を設けて，次工程が健全に行われるように準備をする．ソロバン玉状にすると表面積が増えて付着する潤滑剤が増えるとともに，ばりが生じにくい効果がある．

製品が異形の場合には，異形押出し棒を調達して切断したり，板材から打ち抜いた異形ブランクを用いることもある（図 6.9）．

事例	ビレット材質	切　断	予備成形，焼なまし，潤滑
1	A 5056 引抜き材 ϕ 39.8	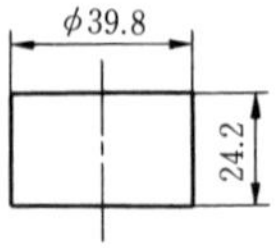 ϕ39.8 24.2 のこ切断　Δ=1%	焼なまし 380℃×6h Ⓑ（アルミニウム用） またはラノリン塗布
2	S15C 熱延鋼材 ϕ 32	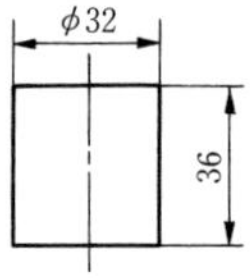 ϕ32 36 のこ切断　Δ=2%	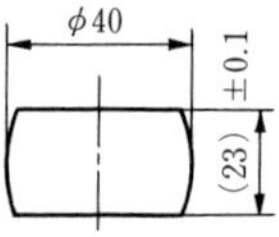 ϕ40 ±0.1 (23) 自由据込み 焼な 740° ×6 Ⓑ
3	S15C 引抜き材 ϕ 39.5	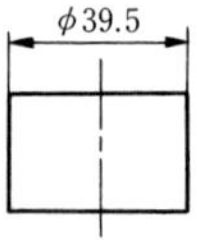 ϕ39.5 せん断　Δ=1%	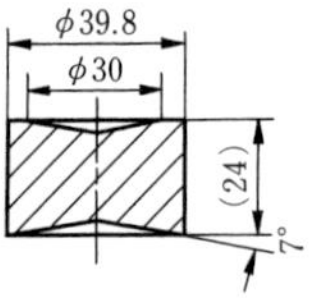 ϕ39.8 ϕ30 (24) 7° 外周拘束据込み 焼な 870° ×1 Ⓑ
4	SCM 21 引抜き材 ϕ 33	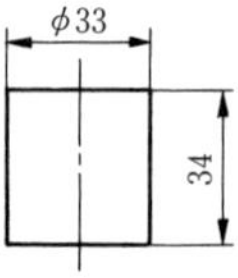 ϕ33 34 せん断　Δ=1%	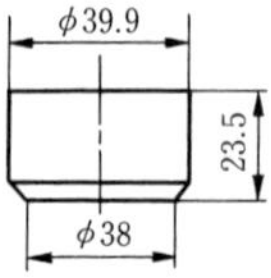 ϕ39.9 23.5 ϕ38 外周拘束据込み 焼な 870° ×2 Ⓑ
5	SUJ 2 黒皮コイル材 ϕ 30 球状化焼なまし Ⓑ，引抜き	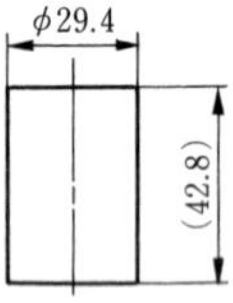 ϕ29.4 (42.8) せん断　Δ=1%	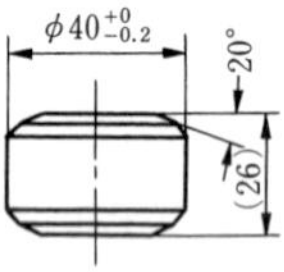 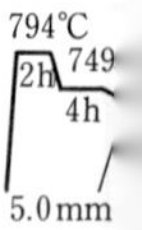 $\phi 40^{+0}_{-0.2}$ 20° (26) 外周拘束据込み 794℃ 2h 749 4h 5.0mm Ⓑ

注 (1) Ⓑ　：ボンデライト・ボンダリューベ処理

(2) Δ　：質量公差

(3) 事例 3, 4 の焼なましは連続炉を使用

図 6.47　ビレット材質の相違

成　　形	使用プレス	備　　考
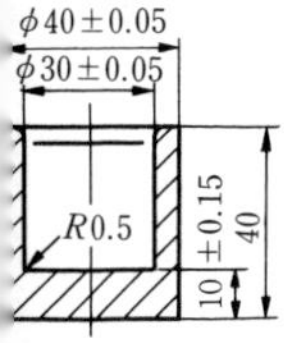 $\phi 40 \pm 0.05$ $\phi 30 \pm 0.05$ $R0.5$ 10 ± 0.15 40 10	250 t ナックル ジョイント プレス	(1)　アルミニウム合金は，据込み後焼なましをすると，結晶粒子の粗大化が生じることがあるので予備据込みは行わないほうがよい。 (2)　ビレット，端面エッジが押出し成形時に巻込みきずとなることがある。
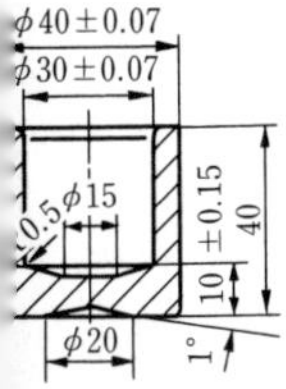 $\phi 40 \pm 0.07$ $\phi 30 \pm 0.07$ 0.5 $\phi 15$ 10 ± 0.15 40 10 $\phi 20$ 1°	300 t ナックル ジョイント プレス	(1)　自由据込みによって生じるビレットの太鼓形状が著しい場合，成形時に巻込みを残す。潤滑処理をして据込むと太鼓形変形は小さくなる。 (2)　のこ切断をすると端面にのこ目が残り，据込み金型表面が滑らかで，かつ潤滑が良好すぎると据込み真円度は悪くなる。金型表面粗さは $R_{\max}$ 20～25 がよい。 (3)　端面をわずかに円錐形にすると真円度は向上する。 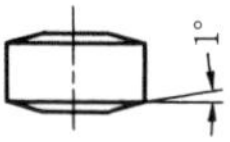 1°
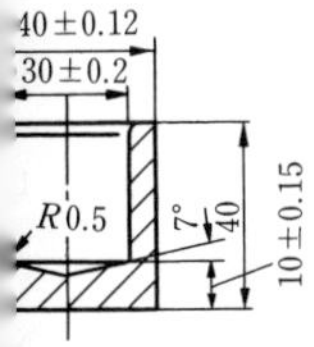 40±0.12 30±0.2 $R0.5$ 7° 40 10 ± 0.15	250 t クランク または ナックル ジョイント プレス	(1)　ボンデライト・ボンダリュ ーベ処理したビレットの外周拘束据込みにおいては，ビレット外周部の 70％以上が金型に接触するまで据込むことが多い。
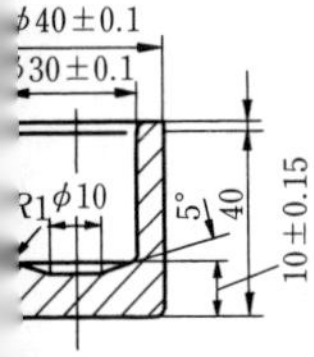 $\phi 40 \pm 0.1$ 30±0.1 R1 $\phi 10$ 5° 40 10 ± 0.15	250 t クランク または ナックル ジョイント プレス	(1)　細径ビレットの外周拘束据込みでは位置決めの装置を要す。 (2)　射出据込みをすれば高さ / 直径比の大きなビレットでも座屈せず据込める。 (3)　細径あるいはせん断によるゆがみの大きいビレットの据込みでは，水平に可動なダイを用いることもある。
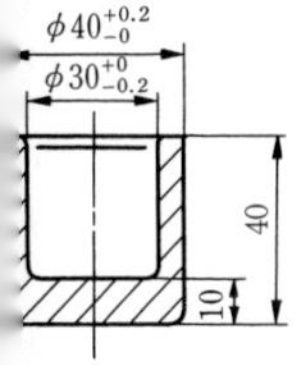 $\phi 40^{+0.2}_{-0}$ $\phi 30^{+0}_{-0.2}$ 40 10	400 t ナックル ジョイント プレス	(1)　軸受鋼のほか S50C，SCM 4 などの据込みにおいては高さ方向で約 30％以上の変形を与えると球状化焼なましは短時間でできる。 (2)　軸受鋼はビレット高さの 60％ くらいの据込みが可能である。 (3)　軸受鋼の据込みは 2 度に分け，途中でボンデライト・ボンダリューベ処理をして行うこともある。そうして割れ防止と真円度の向上を図る。

後方押出し工程設計の相違

6.4.4 ドーナツブランク[1),14),15)]

中空製品を鍛造する場合，中間の形状として中空ブランク（ドーナツブランク）に加工し，その後一打鍛造をすることが行われている．ドーナツブランクは基本的には円筒形であるが，熱間鍛造における体積配分に似た考え方で，なるべく製品形状に近い断面分布をもつ形状にする．ドーナツブランク設計においては，傾斜面，外径の変化，あるいは突出部などを設けて，最終工程における材料の流動性を高める工夫をする．ドーナツブランクを用いた一打で，最終形状が得られることが望ましい．

ドーナツブランクを用いた一打で，ラチェット付き部品（図6.13），キーロックカラー（図6.18），ストッパー（図6.20）などが鍛造されている．ほかにも二重容器，六角付き軸，フランジ付き部品などの鍛造事例[1)]もある．鍛造後，部分的な切削が伴われることはある．

6.5 し ご き

6.5.1 しごきの目的

一般にしごきは軸押出しあるいは容器押出し品の外径あるいは内径の精度や，表面粗さなどを向上させるために行われる．

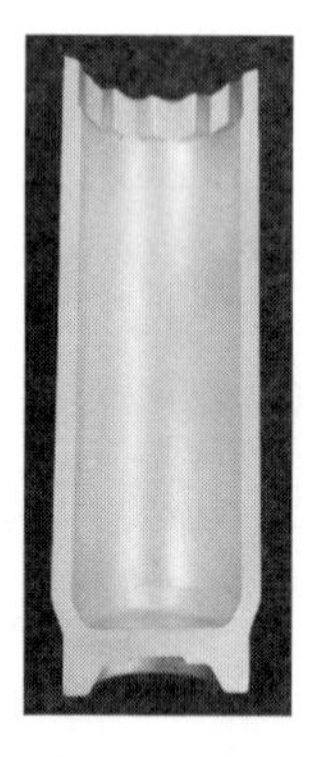

図6.48 六角レンチ内面をしごき加工したケース（A6061 アルミニウム合金）（群馬精工株式会社提供）

また，後方押出しパンチを容器から抜くときの容器の内面，前方押出し品をダイより抜くときの軸の外面は，意識しなくても軽度のしごきを受けているといえる．しごきに用いるパンチの根元部を異形にして，しごき加工終了直前に管端部を異形に成形する加工事例もある（**図6.48**）．

6.5.2　しごきによる効果

中空部品である自動車エンジン用のピストンピンの外径精度がしごきにより向上した測定事例を示す（**図6.49**，**図6.50**[16]）．押出し後，ウェブ部を打ち抜いた状態では外径は上下とも口開きの状態になっているが，しごくことにより口開きをなくすことができる．これにより例えば後加工の熱処理前の生研削工程が不要となり，仕上げ研削だけにすることも可能になる．

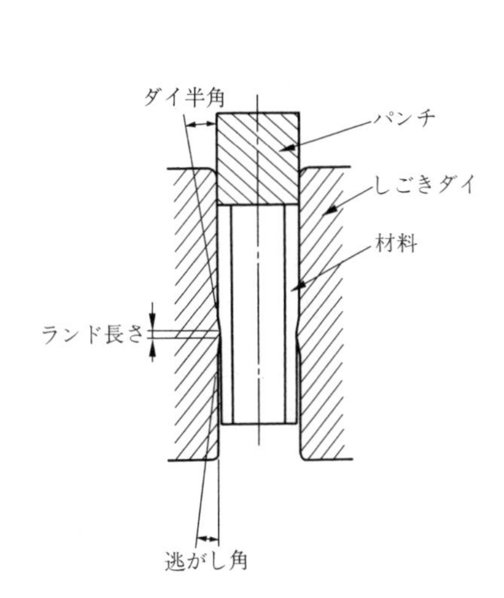

図6.49　中空部品のしごき加工例

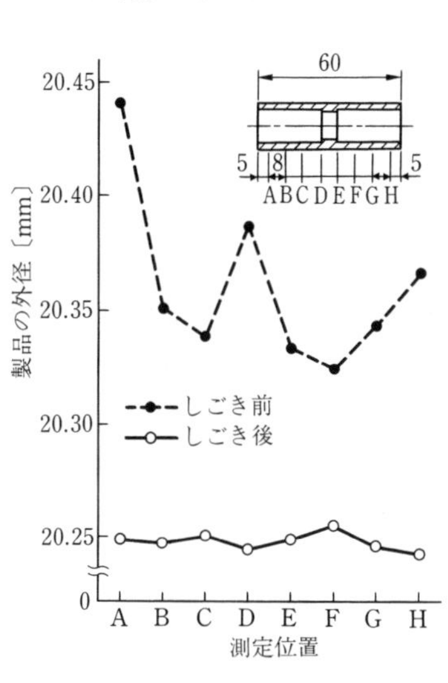

図6.50　ピストンピンのしごき前後の外径精度[16]

しごきによる中実部品の軸の円筒度向上の例を**図6.51**[17]に示す．しごきにより安定した軸径，面粗さが得られている．しごきはボルトのねじ下径を保証する手段としてよく利用されている．

容器の底をマンドレルによって押してしごく場合は，しごき力は容器壁を介して伝えられるため，容器壁には引張応力が作用する．しごきのために作用する引張応力が，容器壁の引張強さを超えれば壁部は破断する．したがって，しごき応力が小さくなるしごき率，ダイ角度を選定する必要がある．通常ダイ半角は10°前後がとられる．またしごく前に材料を焼なまして，硬さを下げる必要も生じる．

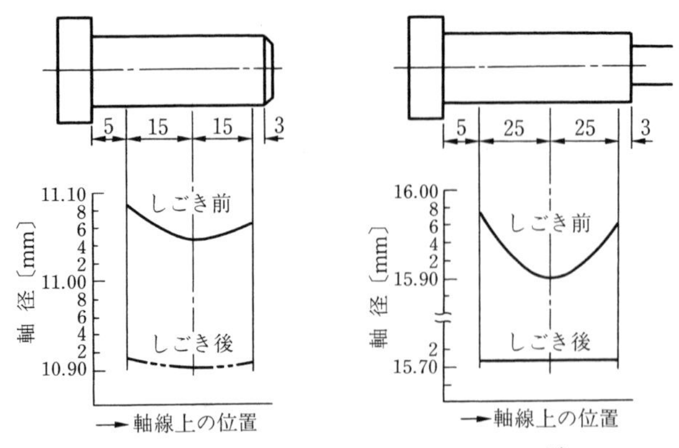

図 6.51　しごきによる軸部円筒度の向上[17)]

一般的には，しごき加工を1回で行うより，2回に分けたほうが加工限界が高い．押出しとしごきとを組み合わせることにより，押出しだけでは成形不可能な $l/d=10$ 以上の鋼製深穴容器を加工した例を**図 6.52**[18)]に示す．

また，後方押出しの断面減少率が高く押出しパンチの寿命が低下すると予想される場合，しごきを組み合わせることにより薄肉容器を精度よく加工する方

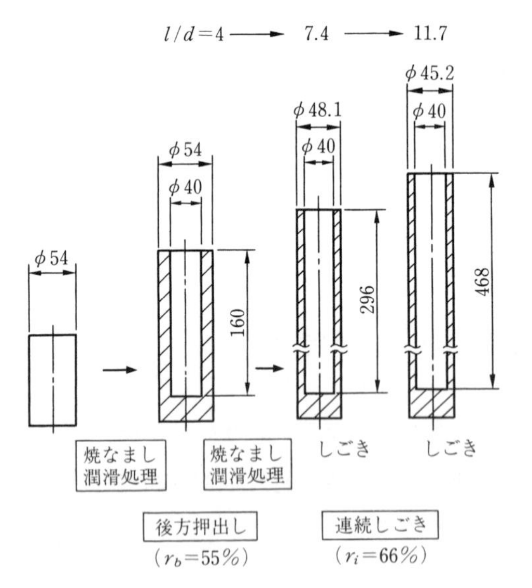

図 6.52　しごきを用いた深い中空体の加工工程（S 10 C）[18)]

法もある．

6.6 標準的な押出し品の形状，メタルフローの制御

6.6.1 標準的な押出し品の形状

一般的には製品の寸法，例えば**図 6.53** における容器内側の底面の円錐角度 α，隅の丸み r，前方押出しの成形部の円錐角度 θ，導入部の丸み R，熱間鍛造の抜け勾配などは，仕様として与えられることが多い．しかし厳密に守る必要がない仕様は，デッドメタル，割れ，きず，かじりなどの表面欠陥が起こらない限り，自由に選択できる．加工情報の一つとして，冷間・温間鍛造において望ましい材料流動が期待できると思われる押出し品の標準的な形状データが提案されている（図 6.53）．

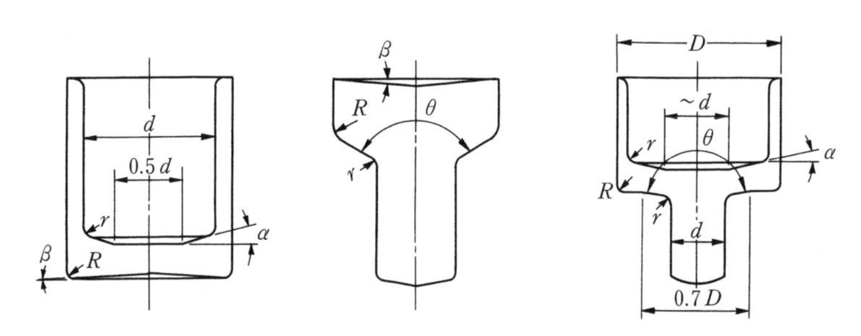

被加工材	後方押出し				前方押出し				組合せ押出し			
	r	R	α	β	r	R	θ	β	r	R	θ	α
低炭素鋼	0.2〜0.5	0.5〜1	0.5°〜3°	0.5°	0.5〜1.0	3	120°〜170°	0.5°	0.2〜0.5	1〜2	140°〜175°	0.5°〜3°
中炭素鋼	0.5〜1.5	1〜2	3°〜5°	1°	1.0〜1.5	3〜5	110°〜140°	1°	0.5〜1.0	2〜3	130°〜150°	3°〜5°
高炭素鋼	1.5〜3.0	2〜3	5°〜7°	1.5°	1.5〜2.0	3〜8	100°〜130°	1.5°	1.0〜2.0	3〜5	120°〜140°	5°〜7°
低炭素合金鋼	0.5〜1.2	1〜2	2°〜5°	0.5°	1.0〜1.5	3〜5	120°〜150°	1°	0.5〜1.0	1〜2	130°〜170°	2°〜5°
中炭素合金鋼	1.0〜2.0	2〜3	5°〜7°	1°	1.5〜2.5	5〜8	110°〜130°	1.5°	1.0〜1.5	2〜3	120°〜140°	5°〜7°
高炭素合金鋼	2.3〜3.0	3〜5	5°〜7°	1.5°	2.0〜3.0	8〜12	100°〜120°	2°	1.5〜2.0	3〜5	110°〜130°	5°〜7°
アルミニウム合金	0.2〜0.5	0.5〜1.0	0°〜2°	0°	0.2〜0.5	3〜5	140°〜170°	0°	0.2〜0.5	0.5〜1.0	150°〜178°	0°〜2°

図 6.53 押出し製品の標準形状（断面減少率 40％以上）

図6.53に示されたデータは，鍛造実務において型寿命，潤滑の保持，鍛造による欠陥防止などの経験から得られたものである．製品寸法仕様が標準的な形状データと合わないときは，推奨されるデータを用いて加工した後で，工程を追加して製品の数値に近づけることもある．自由押出しやしごき加工導入円錐角度は一般に20〜60°と選択幅は少ない．なるべく多くの条件下の加工情報をもつことは工程設計に役立つ．

6.6.2 メタルフローの制御

押出しにおいて軸方向に限度を超えて成形すると，端面中央にひけ（図3.41）を生じる．ひけ対策にはダイ形状を変更したり，ある程度の長さの押残り部を設けるなど，いろいろな欠陥対策情報を参照していただきたい．

複数の材料流出口がある組合せ押出しにおいては，それぞれの材料押出し長さを制御することは難しい．断面減少率に差があれば，先に押し出された材料の先端を拘束し，それ以上出ないように拘束することもある．しかし，ダブルカップの押出しにおいて，一方の材料の流出を止めると欠陥を招くことがあり，片方ずつ順次加工することも行われる．押出し長さ調整のため背圧を利用する場合もある．

現在は多工程を経て鍛造している部品（**図6.54**）も，将来は多ラムプレス機械を用いた複数ラムの運動を駆使して一変形工程で鍛造される可能性も期待される．

図6.54　釣具フレーム（A5052アルミニウム合金）（群馬精工株式会社提供）

鍛造におけるメタルフローは微妙で，型の隅角部の丸み，表面状態，寸法などのわずかな違いにも影響されることを忘れてはならない．

引用・参考文献

1） 日本塑性加工学会鍛造分科会事例研究班 編：冷間鍛造事例集 1，事例研究班報告 No. 1，（1986）．
2） 日本塑性加工学会鍛造分科会温熱間鍛造研究班 編：温間鍛造事例データ集，（1989）．
3） 日本機械学会 編：金属加工技術の選択と事例，（1986），137，日本機械学会．
4） 鍛造ハンドブック編集委員会 編：鍛造ハンドブック，（1971），364，日刊工業新聞社．
5） 日本鍛造協会鍛造技術テキスト作成委員会 編：鍛造技術講座（生産技術編），（2014），日本鍛造協会．
6） 日本鍛造協会鍛造技術テキスト作成委員会 編：鍛造技術講座（製造技術編），（2017），日本鍛造協会．
7） 澤辺弘：冷間鍛造の基礎と応用，（1968），産報出版．
8） 篠﨑吉太郎：多ラムプレス機械による冷間複働押出し加工法の研究，機械技術研究所報告第 148 号，（1989）．
9） 篠﨑吉太郎：絵とき鍛造加工基礎のきそ，（2009），日刊工業新聞社．
10） 篠﨑吉太郎・工藤英明：塑性と加工，**11**-117（1970），755-763.
11） 篠﨑吉太郎・工藤英明：塑性と加工，**14**-151（1973），629-636.
12） ダイジェット工業株式会社：ダイジェットニュース，No.111（1979）．
13） 日本塑性加工学会冷間鍛造分科会資料，No.**53**-4（1978），1-7.
14） 龍野信隆：設立 20 周年記念冷間鍛造技術資料集，（2017），7-13，冷鍛ファミリー会．
15） 篠﨑吉太郎：トコトンやさしい鍛造加工の本，（2013），66-67，日刊工業新聞社．
16） 岩崎功：日本塑性加工学会第 78 回塑性加工シンポジウムテキスト，（1982），70-81.
17） 楠兼敬・大西利美：塑性と加工，**5**-41（1964），431-435.
18） 鈴木隆充・高橋昭夫・永礼一郎・岡本守：トヨタ技術，**27**-4（1978），512-518.

7 ビレットの準備

7.1 望ましいビレット

図2.1～図2.3に示されているように，一般の鍛造による製造工程には材料メーカーにおいて作られた棒，管，形材を切断して切断片とした後，整形，前加工，前処理を施して本来の鍛造工程に供給すべきビレット（短いときスラグとも呼ばれる）を準備する工程が含まれる．**図7.1**[1]には，冷間鍛造による製造工程内において，この準備工程が付加価値の半分以上を占める例が示されており，よいビレット作りがいかに大切で手がかかるかが物語られている．

図2.6に見られるように切断前材料のもつ断面形状寸法，表面状態，欠陥などは，切断後のビレットに継承されるが，ビレット準備工程によってさらに，

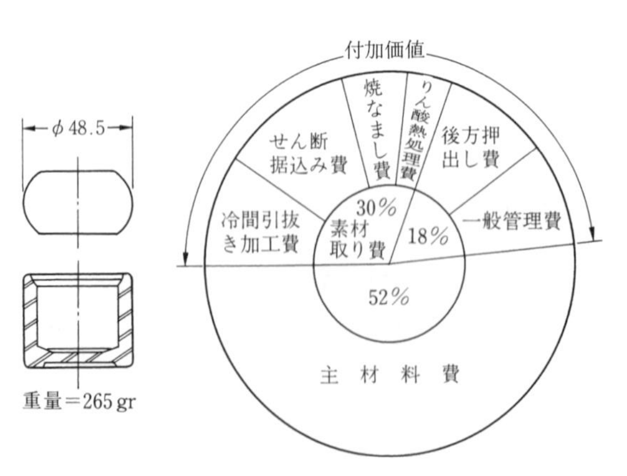

図7.1 自転車用ディスクブレーキピストンカップリングの製造価格[1]

長さ，切断面性状が作り出されるとともに，もとの材料の直径，断面形状，硬さの変化などが引き起こされる．そしてこれらが鍛造製品にいろいろな形で遺伝するばかりでなく，型寿命にも悪影響を与える．この影響を**表 7.1** に一覧し，その部を**図 7.2**[2]に示してある．特に最近のネットシェイプ鍛造においては，鍛造後の除去加工を極小にとどめるため，ビレットは正しい体積，寸法・形状をもち，表面欠陥もばりもなく，しかも硬さがそろって潤滑も適正に行われていることが望ましい[3]．

表 7.1 ビレット性状欠陥の鍛造型および製品に与える悪影響

項目		品質	与える影響		備考
			型に対し	製品に対し	
幾何性状	体積	過小	—	欠肉	
		過大	過負荷または破損*	寸法過大またはばり発生	*密閉式型の場合
	直径	過小	容器押出しパンチの曲げ（図 7.2 (c)）	非対称形状または局部ばり発生	コンテナー内での位置ずれによる
		過大	コンテナー内面の摩耗	外周面の焼付き	ビレットのコンテナー内への圧入による
	断面	ゆがみ	容器押出しパンチの曲げ（図 7.2 (c)）	非対称形状または局部ばり発生	非対称変形および不釣合い力による
	端面	非直角または非平行	同上	据込み曲り，押出し容器内外径偏心，局部ばり発生（図 7.2 (a)，(b)，(d)）	同上
		非平坦	—	残留非平坦，折込み欠陥（図 7.2 (b)）	段のある端面を型で加圧するとき折込みを生じる
	端面の角	鋭い角またはばり	この角が最初に接触する工具面の摩耗	折込み欠陥（図 7.2 (b)）	角が押しつぶされて，潤滑膜が切れる，つぶされた角の折込み
物理性状	硬さ	ばらつき	負荷，たわみの変動	寸法の変動	機械たわみの変動が大きい
	加工硬化	発生	負荷増大	硬化部の割れ	
	表面	粗面	—	残留粗面	特に無変形部，潤滑剤封入部
		割れ	—	口広がり，折込み欠陥	
	潤滑膜	過厚	保護	表面粗化，欠肉*	*潤滑剤のたまったところ
		過薄	焼付き，摩耗	すりきず	

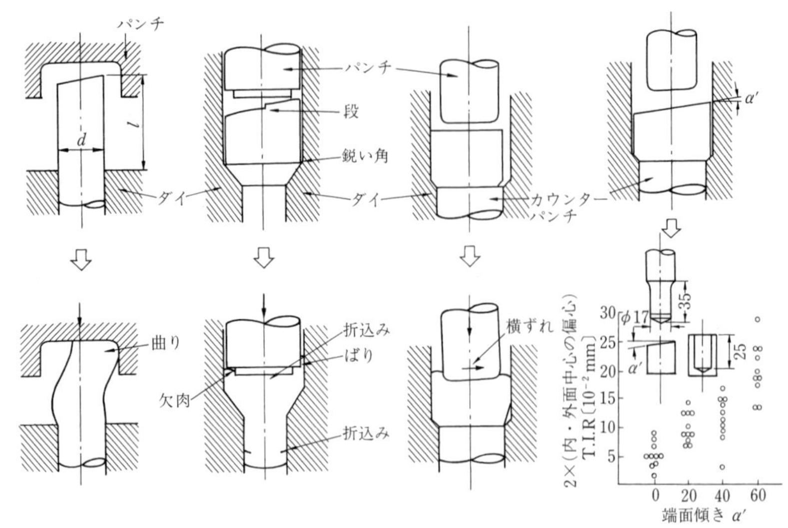

（a）据込み曲り　（b）段付き傾斜上端面と角付き下端面による欠陥　（c）過小直径またはゆがみ断面による欠陥　（d）傾斜上端面をもつビレットの後方押出し容器の偏心実例

図 7.2　ビレットの幾何性状不良のため製品に生じる欠陥[2)]

7.2　ビレットの切断・整形方法の選択

通常使用されている中実ビレットの素材からの切断方法を**図 7.3** に示す．この中で最も広く用いられているのは，ネットシェイプ鍛造品用ののこ切断なら

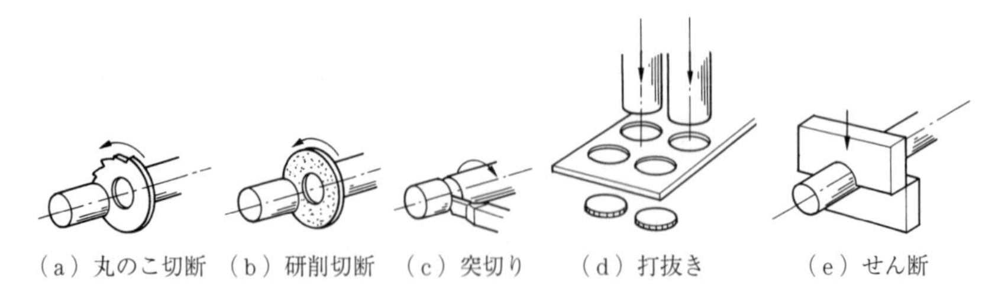

（a）丸のこ切断　（b）研削切断　（c）突切り　（d）打抜き　（e）せん断

図 7.3　素材から中実ビレットを切断する通常の方法

びに大量生産用のせん断またはシヤーリング，クロッピングである．のこ切断の方法および設備の詳細は7.3節および文献[4]を参照されたい．せん断技術については7.4節で説明する．

打抜き方法は偏平なビレット（スラグ）の製造，例えば薄肉チューブのいわゆる衝撃押出し用スラグに用いられている．打抜き面のクラックを避けるために，マイナスクリアランスを用い，パンチをダイ面手前で止めて後からスラグを突き落とすやり方もある．この円形スラグの打抜きにおいては材料損失が多くなるのを避けるために，六角形または四角形スラグにせん断して円形コンテナーに挿入する例もある．これらのスラグはパンチによって加圧される本来の鍛造成形の前につぶれてコンテナー内を満たすが，製品には最初の角部の痕跡は多少とも残る．

突切り，研削切断はのこ切断と同様に材料損失があり生産速度も低いが，非常に良好なビレットが長さの制限なしに得られる．特に高変形能材料でできやすいばりや突切りの際の中心切残しは，研削またはバレル仕上げによって除く．突切りに関してはドイツの作業標準[5]があるので参照されたい．

以上の切断法の特徴を対比したものが**表7.2**である．

中空ビレットの切断には継目なし管材のロール切断および突切りが普通に用いられる．ロール切断は鋭いそろばん玉状の3個のロールの間に材料を挿入，回転させながらロール間隔を接近させて無損失で分離を行う．切断面を軸に直角にすることは原理的にできず，また内面に多少のばりは避けられない．材料内に分かれている心金を入れてせん断加工をする切断法もフォーマーで実用化されている[6]．

一般に継目なし鋼管材は中実材と比べて高価であるため，中実材を切断後，容器形に成形してから底を抜く方法（**図7.4**（a），（b））[7]，厚板材をリング状に打抜き後，プレス成形によって薄肉リング状ビレットを作る方法（図（c）），棒，板を丸め接合してリングにする方法などもある．

表7.2 素材から中実ビレットを切断する種々の方法の比較

方法	使用条件				材料損失	ビレットの品質		備考
	ビレット直径〔mm〕	ビレット長さ/直径比	生産量	生産速度		寸法精度	切断面	
慣用せん断	鋼＜60 アルミニウム＜120	軟質＞0.8 硬質＞0.5	大	高	なし	良～中	良～悪：加工硬化，クラック，ばりあり	長さ/直径比が0.25～0.5のとき整形工程必要
軸圧力付加高速せん断	＜50	＞0.25	中	高	なし	良	良：加工硬化あり	実用例少し
衝撃せん断	＜25～50	＞0.4	中	中	なし	良	良：加工硬化あり	実用例少し
打抜き	制限なし	＜1～2	大	高	30～40%	良	良～中：加工硬化，クラック，ばりあり	スラグ断面変更により材料損失低減可
ロール切断	中空材，制限なし	制限なし	大～中	中	なし	良～中	良～中：加工硬化，ばりあり	—
のこ切断	制限なし	同上	中～小	低	＜50%：損失長さ＞3 mm/個	良 長さ±0.2 mm	良：ばりあり	ばり除去必要
突切り	同上	同上	同上	低	同上	きわめて良 長さ±0.1 mm	良：中心切残しあり	切残し除去要：同時角面取り可能
研削切断	同上	同上	同上	低	同上	きわめて良	良：わずかなばりを生じることあり	—

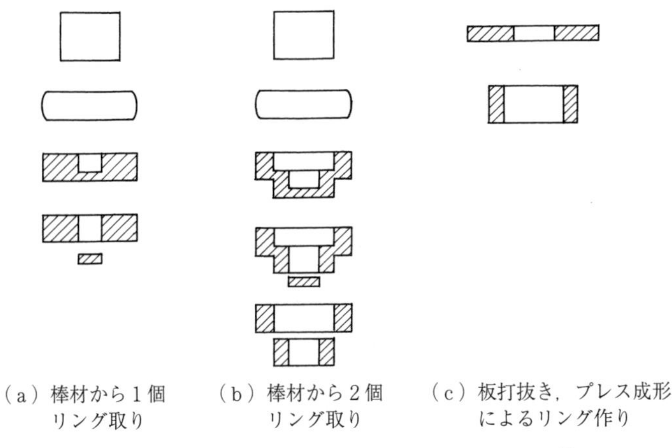

（a）棒材から1個リング取り　（b）棒材から2個リング取り　（c）板打抜き，プレス成形によるリング作り

図7.4 中実棒材および板材から中空ビレットの製作[7)]

7.3 ビレット切断機

ビレット切断は鍛造加工の第一工程に位置する．この工程が悪いと後の鍛造品の品質に悪影響を及ぼすため，切断には細心の注意が必要である．切断には，のこ切断，プレスなどによるせん断，旋削その他の方法がある．

7.3.1 のこ切断機

〔1〕 特　　徴

これはほとんどの鍛造メーカーが保有している切断機である．

長所として

1） アルミニウムのような軟らかなものから高合金鋼などの硬い材料まで無難に切断できる．

2） 切断長さ/素材径の比が小さな薄いものの切断に対しても変形もなく，平行度や直角度のよいものが得られるので，予備成形が省略できる．

3） 切断径の大きな場合でも比較的設備額が小さくてすむ．

4） 切断面に加工硬化や残留応力が生じない．冷間鍛造する場合，鋼種によっては焼なましが省ける．

5） 騒音，振動がないので公害対策が不用である．

などをあげることができる．一方，短所としては以下のことがらがある．

1） 切断速度が遅いので切断時間が長い．

2） 切断代により歩留まりが低下する．

〔2〕 のこ切断機の種類

（a） 丸のこ盤　剛性のある刃で素材を切断するため直角度，平行度などの精度はよいが，切断代が大きく歩留まりが悪い．刃先に超硬合金を使ったものもあり，再研磨も簡単にできるので工具費は比較的少なくてすむ．アルミニウム材の場合は高速切断ができるので，丸のこ盤が多く使われている．**図7.5**に丸のこ盤の例を示す．

図7.5　丸のこ盤

（b） 帯のこ盤　刃厚が1 mm以下であるので材料歩留まりがよい．大径材料の切断，あるいは小径材料の束ね切りをすると，刃が流れて，平行度や直角度が極端に悪くなり重量のばらつきが大きくなる欠点がある．高級な刃は刃先に高速度工具鋼が電子ビーム溶接されており，高速切断と寿命向上に役立っている．

7.3.2 ビレットシヤー

〔1〕 特　　徴

ビレットシヤー（**図7.6**）による棒材またはコイル材の切断は生産性，歩留

図 7.6 ビレットシヤー

まりともに高く，素材1個当たりの工具費も廉価になるため，冷間から熱間鍛造まで幅広く用いられている．しかし径が大きくなると設備が大きくなり，直径100 mm以下のものがよく使われている．シヤーの使用においてはつぎの点に留意する必要がある．

1） 材質により同じ切断径でも切断負荷は大きく左右される．したがって，切断荷重P，切断径（切断面積A），材質（引張強さσ）の以下の関係から，切断荷重を把握しておくこと．

$$P=\sigma\times \text{せん断係数}\,0.8\times A$$

2） せん断の際，大きなブレークスルーが発生するので，剛性が高く能力の高い切断機を選ぶこと．また，耐久性や故障防止の観点から切断緩衝機構を有する機械が望ましい．通常，クランクプレスを切断機として使用する場合は切断荷重の2倍近くの能力の機械を使用する．

3） 切断径が大きくて抗張力が高い材料は切断時の振動騒音が100 dBを超える場合があるので，機械本体に防振装置や防音装置の設置を考えておくこと．特に振動による電気・電子機器の不具合が発生しないように対策すること．

4） 素材切断重量のばらつきが少ないこと．今日では刃物直近の材料クランプ装置やアップホールディング装置などの拘束切断の開発が進み，材料直径公差を1/100精度で検出しつつ切断長を制御しながら切断するものもある．

5） 高炭素鋼，合金鋼ではせん断時の残留応力が高く置割れ，鍛造割れの危険がある．最近は材料クランプやアップホールディング装置が開発され大きく改善されたが，時効割れの可能性が高い材料については，材料を 150℃で予熱切断するか，引張強さ 1 GPa を超える高硬度材料（未焼鈍ベア鋼など）の場合には 600℃に暗赤加熱して切断している．

6） S20C 以下の軟質材の直角度，真円度は，のこぎり切断機に比べて劣る．特に切断長さ/素材径が 0.7 以下になると極端に変形が大きくなる．最近はプレス矯正機が付属して，真円度，直角度をのこぎり切断品と同等に復元し，しかも「面取り」まで行ったビレットを生産する切断機も実用化されている．

通常のプレスで切断に都合のよい高速度を得るために，空気式ラム加速装置によって 7 m/s までの速度を実現した事例もある[8]．

〔2〕 付 帯 装 置

せん断機にはつぎのような装置が必要である．

1） マガジン（棒材の場合） 素材を大量に整列しておく架台と本体に自動的に送り込むフィードローラーが装着されているもの．

2） ダイセットおよび金型交換装置 金型交換が簡単にできるように工夫されたダイセットが必要である．工具形状によっては素材を切断刃から排出するためのキッカーが設けられている．

3） 排出シューターとコンベヤー シューターには端材を確実に分離する機器があること．

7.4 せ ん 断 技 術

せん断方法はビレット製作方法のうち最も能率がよく安価な方法であり，長年にわたって用いられてきた．これによって作られたビレットの性状はせん断加工の諸条件によって左右され，そのためせん断メカニズムの理解のうえに，場合に応じた最適条件の選択が必要である．棒，管材のせん断加工に関しては新塑性加工技術シリーズ 4.「せん断加工」[9]に説明があるが，ここでは，特に鍛造用ビレットのせん断に重点をおいて，メカニズムと技術の説明を行う．

7.4.1 せん断メカニズム

せん断は**図7.7**[9)]の左上にあるように，材料を2個の刃形工具の間に挟んで工具を互いにずらすことによって行う．一般に固定刃上の材料は押えによって持ち上がらないようにされている．移動刃の下の材料がビレットになるのであるが，移動刃が半丸穴形の場合は押えはないから，材料は曲げモーメントによって曲る．両刃の食込みにつれて，はじめは材料表面にだれを生じ，食込みの進行によって刃の側面に接して現れる材料内部の面が光沢をもったせん断面を形成する．

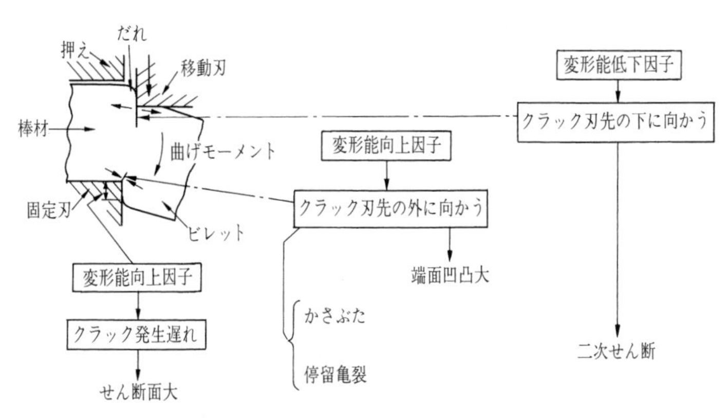

図7.7 せん断の条件，作用因子と材料ゆがみ，クラック進行方向および付随するビレット欠陥[9)]

やがて刃先からクラックが発生するが，図7.7の半丸穴移動刃の場合，上下のクラック発生時期は異なり，せん断面面積は異なる．当然曲げによる引張応力を受ける移動刃の角から先にクラックが生じる．図中「変形能向上因子」とあるのは，材料の低不純物のほか，高静水圧応力，高温，低速など，割れの始まるひずみを増大させる因子である．曲げによる引張応力，潤滑による引張応力は静水圧応力を減らし，不純物，低温，高速などとともに「変形能低下因子」である．

変形能向上因子が働いて遅く発生するクラックは，刃先角の二等分線の方向，すなわち刃先から外側（最大引張応力面方向）に向かう傾向を示す．逆の場合にはクラックは早く発生し，刃先の下方（最大せん断ひずみ面方向）に向かおうとする．これらは図7.7に示されており，せん断がさらに進行すると上からのクラックは**図7.8**（b）のように固定刃先に向かって進行するが，あまり進まない下からのクラックとは会合せず，破断面に図7.8（b），**図7.9**（a）のような停留亀裂を残す．

棒材側，ビレット側とも押えによって曲りを防ぐ場合，クラックは両刃先か

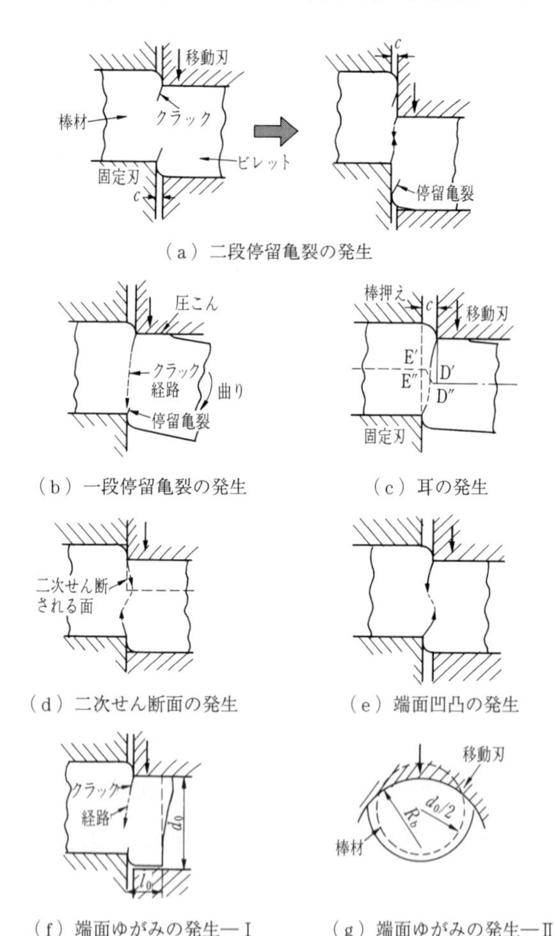

図7.8　種々のせん断欠陥の成因

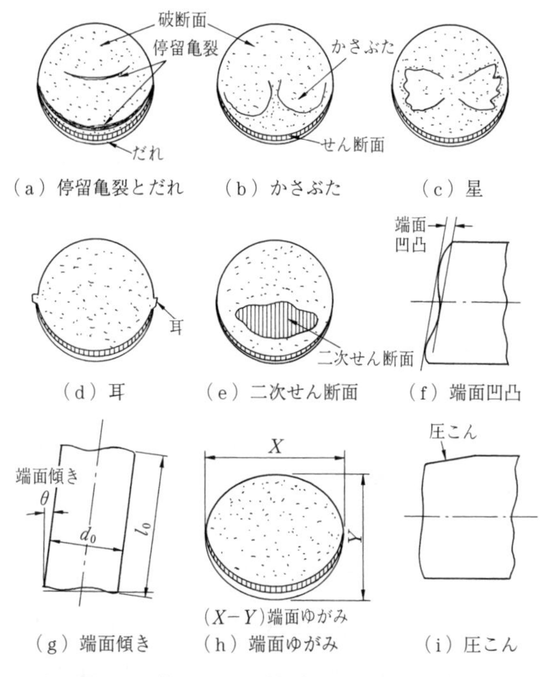

図 7.9 種々のせん断欠陥の見かけと定義

ら同時に対称的に入る．しかし両刃の間隔（クリアランス）cが小さく，かつ変形能向上因子が作用しているときには，図 7.8 (a) に見られるように，最初の刃先から外に向かったクラックはともに進行せず，せん断がさらに進んだ後で新たにクラックを生じて分離が終わる．このときも停留亀裂が生じる（図 7.9 (a)）．

もしこのときクリアランスcを大きくすれば，変形能低下因子も作用して，図 7.8 (c)，(e) のように，移動，固定両刃先から最初に発生したクラックは成長会合する．しかし，材料のせん断方向に直角な直径の両端（図 7.8 (c) の D′，D″および E′，E″）においては，せん断長さはゼロであり，それに対してクリアランスは過大になるので発生したクラックは横につながって引きちぎられ，図 7.9 (d) のような耳と呼ばれる欠陥を生じる．クリアランスを中くらいに選べば耳はなくなるが，上，下または側面からのクラックの食違いが局部的に生じ，停留亀裂とはいかないまでも破断面上に段を生じる．これらがかさぶたまたは星（図 7.9 (b)，(c)）と呼ばれる欠陥であり，後述の据込みによって段を消すことは難しい（図 7.2 (b) 参照）．

加工硬化材のような変形能低下条件下のせん断においては，図 7.8 (d) のように両クラックが走り，食違いなく会合するが，分離後に固定されている棒材側の突出した破断面が移動刃によってシェービングされ，二次せん断面を生じる（図 7.9 (e)）．

以上のような切断面欠陥のほか，図 7.9 (f) に示す端面凹凸や，特に棒押えを用いないせん断やクリアランスの大きなせん断で著しくなる端面傾き（図 7.9 (g)）や圧こん（図 7.9 (i)）も表 7.1，図 7.2 に示すように，後の鍛造プロセスや鍛造品に悪影響を与える．切断されるビレット長さ l_0 が直径 d_0 の 0.5〜0.8 倍以下の場合（図 7.8 (f)），あるいは刃の穴の曲率半径 R_b が $d_0/2$ に比べて大きすぎるとき（図 7.8 (g)），ビレット側材料の上面に過大な圧力が加わり，断面がつぶれて端面ゆがみ（図 7.9 (h)）を生じる．このようなゆがみをもつビレットから後方押出しによって作られた容器の偏心測定例を**図 7.10**[10] に示す．

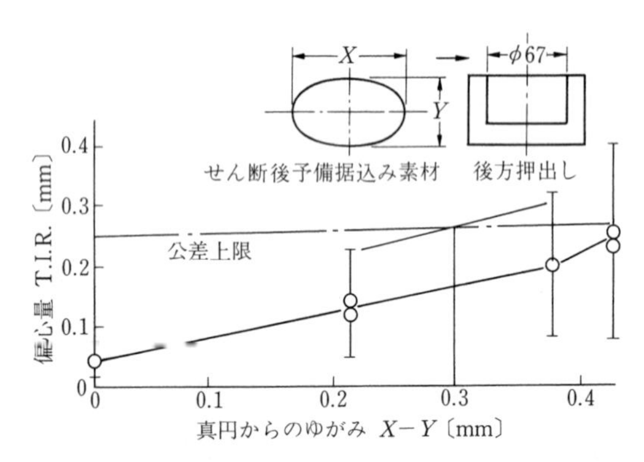

図 7.10　予備据込みしたせん断ビレットのゆがみが鋼後方押出し容器の偏心量に及ぼす影響[10]（トヨタ自動車株式会社）

他のせん断欠陥，だれ，ばり，影，ヘアクラック，加工硬化，体積変動などの外観および成因は**図 7.11** のとおりである．切れ刃の摩耗による丸みが，だ

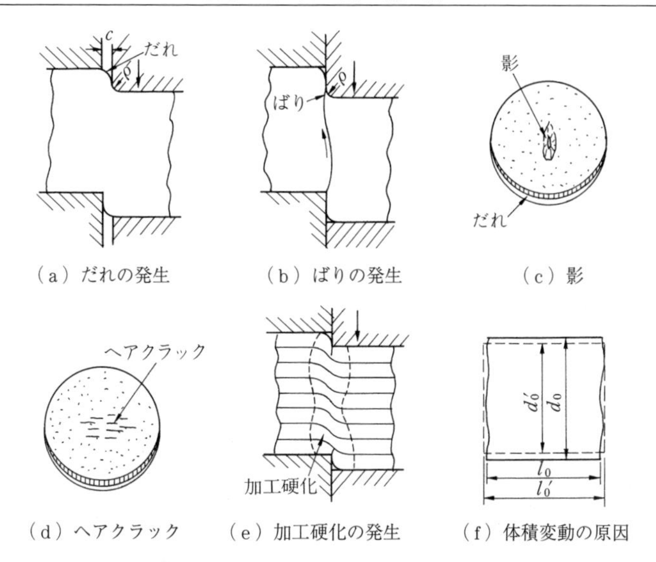

（a）だれの発生　（b）ばりの発生　（c）影

（d）ヘアクラック　（e）加工硬化の発生　（f）体積変動の原因

図 7.11　他のせん断欠陥の外観と成因

れやばりの原因になるのは，板の打抜きの場合と同様である．図（c）の影の成因は，せん断ひずみ発熱と，切断された面どうしの摩擦熱とによるものと考えられている[11)]．図（d）のヘアクラックの原因は主として材質的なものと考えられている．後加工の際に悪影響を生じる加工硬化の発生はせん断ひずみと切断後の摩擦とによることは明らかである．ビレット体積の変動は，切断の際の破断面経路の変動ばかりでなく，もとの棒材の直径のばらつきも原因となる．

7.4.2 せ ん 断 方 法

前述した種々のせん断欠陥をできるだけ小さく，あるいは防止する指針はやはり前述したせん断メカニズムから導き出され，それに応じた対策とともに**表 7.3**[12),13)]にまとめてある．以下これを材料，工具，特殊対策の諸項目に分けて説明する．

〔1〕 材料および前加工

材料の寸法の均一と表面の平滑さとのビレットに及ぼす影響は既述のとおり

表7.3　種々のせん断欠陥に対する対策（文献12), 13）の改訂）

せん断素材欠陥	欠陥防止に対する指針	具体的対策
端面ゆがみ	材料変形能の低下 せん断時の曲げ防止 棒材の均一保持 l_0/d_0 を大	棒材を冷間予引抜きする 焼なましを後にする 丸穴刃を使用する 棒材と丸穴のクリアランスをつめる せん断速度を上げる
端面傾き	材料変形能の低下 せん断時の曲げ防止 亀裂方向の制御 l_0/d_0 を大	棒材を冷間予引抜きする 焼なましを後にする クリアランスを減少させる 棒軸を傾ける 丸穴刃を使用する ストッパーを使用する せん断速度を上げる
だ　れ	材料変形能の低下 切れ刃の鋭利化	棒材を冷間予引抜きする クリアランスを減少させる 切れ刃を再研磨する せん断速度を上げる
圧こん	材料変形能の低下 せん断時の曲げ防止 棒材の均一保持 l_0/d_0 を大	棒材を冷間予引抜きする 焼なましを後にする 丸穴刃を使用する クリアランスを減少する ストッパーを使用する
耳	クリアランスの減少	クリアランスを減少させる 全断面均一（クリアランス/せん断長さ比）を採用する 棒軸を傾ける せん断速度を上げる
ば　り	切れ刃の鋭利化 材料変形能の低下 軸方向拘束の解放	切れ刃の再研磨をする 潤滑を行う 冷間予引抜き材を使用する 丸穴刃を使用する
影	材料変形能の増加 軸方向拘束の解放	せん断速度を下げる 棒材焼なましを行う 丸穴刃を使用する
せん断面*	材料変形能の低下 軸方向拘束の解放 切れ刃の鋭利化	棒材を冷間予引抜きする 丸穴刃を使用する クリアランスを増加する 切れ刃の再研磨をする
星	亀裂方向の制御	クリアランスを増加する 均一クリアランス/せん断長さ比を採用する 棒軸を傾ける

表7.3 （つづき）

せん断素材欠陥	欠陥防止に対する指針	具体的対策
端面凹凸	材料変形能の低下 亀裂方向の制御 切れ刃の鋭利化	棒材を冷間予引抜きする 焼なましを後にする 適正クリアランスを採用する 半丸穴刃を使用する 切れ刃を再研磨する せん断速度を上げる 潤滑を行う
かさぶた	材料変形能の低下 亀裂方向の制御	棒材を冷間予引抜きする 焼なましを後にする クリアランスを増加する 半丸刃を使用する 均一クリアランスを採用する 棒軸を傾ける せん断速度を上げる 潤滑を行う
停留亀裂	材料延性の低下	棒材を冷間予引抜きする 焼なましを後にする クリアランスを増加する 半丸穴刃を使用する 潤滑をする
二次せん断	材料変形能の増大 亀裂方向の制御	棒材を冷間予引抜きする クリアランスを増加する 丸穴刃を使用する 棒軸方向拘束を解放する
ヘアクラック	材料変形能の増大	棒材焼なましを行う 無内部欠陥棒材の使用 加熱せん断を行う せん断速度を下げる
端面硬化	材料変形能の低下 切れ刃の鋭利化	棒材を冷間予引抜きする クリアランスを減少させる 棒軸方向拘束を解放する 切れ刃の再研磨をする せん断速度を上げる 潤滑をする
重量ばらつき	端面ゆがみ，傾き，凹凸，だれおよび圧こんの減少 棒材直径をそろえる 直径に応じた切断長さにする	棒材を冷間予引抜きする 焼なましを後にする 丸穴刃を使用する 切れ刃の再研磨をする せん断速度を上げる

＊ 欠陥とは限らない.

である．これらを良好にして鍛造後の仕上げ加工を不要にするために，精密圧延，引抜き，側面のピーリング，ときには研削仕上げなど前加工が行われている．ビレットの直径 d_0 に比べて切断長さ l_0 が短いときのせん断による端面凹凸およびゆがみを避けるには（切削切断の際の材料損失を減らすためにも），所要ビレット直径よりも細い材料から細長い棒片を取り，これを後で据え込む方法（7.5 節参照）も広く採用されている．

せん断欠陥のうち，ヘアクラックは材料の偏析や過度の加工硬化によって生じるものもあるが，一般的に，材料の化学成分や加工硬化に基づく低変形能は滑らかな切断面を得るうえに都合がよい．

〔2〕 工　　　具

切れ刃の角の摩耗は不都合なので硬い工具材料あるいは硬質被膜が望ましく，あるいは適時の再研磨も必要である．丸棒のせん断には固定刃も移動刃も丸棒径より送りに必要最低限だけ大きい内径の丸穴をもった形が望ましい（**図 7.12**[14]，**図 7.13**[14]）．これによって図 7.7 に見られるような切断の際の材料曲りが防がれ，端面の傾き，ゆがみ，圧こんを小さくすることができる．丸穴刃が割り型で材料を締め付けたり，ストッパーがせん断ストローク中効いてい

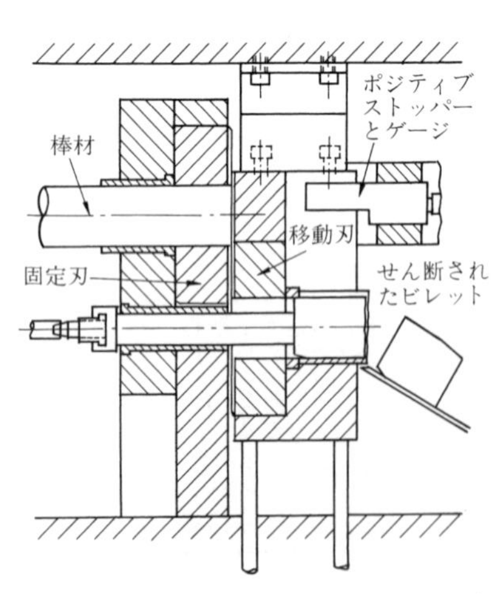

図 7.12　両丸穴刃による棒材のせん断[14]
(Verson Allsteel Press Co.)

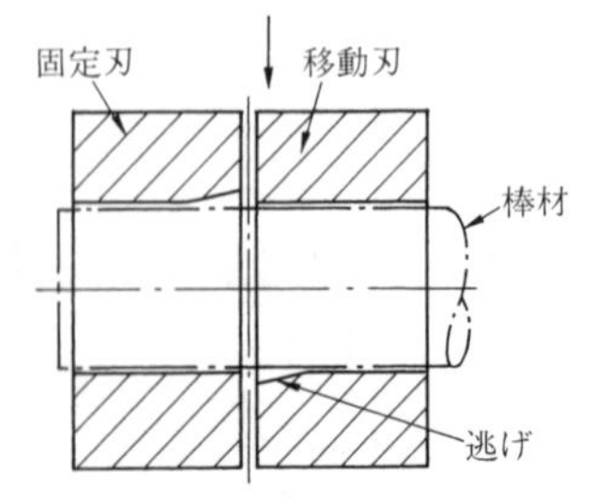

図 7.13　圧こん防止用逃げを設けた丸穴刃[14]

ると，材料の動きがとれずに高い静水圧が生じるため停留亀裂を生じることがある．そのためストッパーは，刃の食込み直後にすぐ外れるようにするのがよい．

圧こんを防ぐ方法として，図7.13のように丸穴切れ刃部に逃げをつけて食込みを小さくすることができる．丸棒のせん断において，切れ刃間のクリアランス c のせん断距離 h に対する比を，全断面上で適正一定値に保つには，**図7.14**に示されるような刃の端面の研削加工が有効である．図（a）は移動，固定両刃端面の切断縁側にだ円形輪郭でせん断方向に平行な溝をつけている．図（b）は同じ端面に傾斜平面底をもった長方形断面の溝をつける．いずれも，せん断距離 h が小さい端のほうで c が減るようになっている（図（c））．軟質材料ではこの c_{max} は棒径 d_0 の10%くらいとし，硬質になるほど少なくとる．

丸穴移動ダイの場合，移動刃はプレスラムの上昇から切り離して固定刃と同心位置に停止させ，材料送りをする一方，下死点で素早くノックアウトしなくてはならない．これを

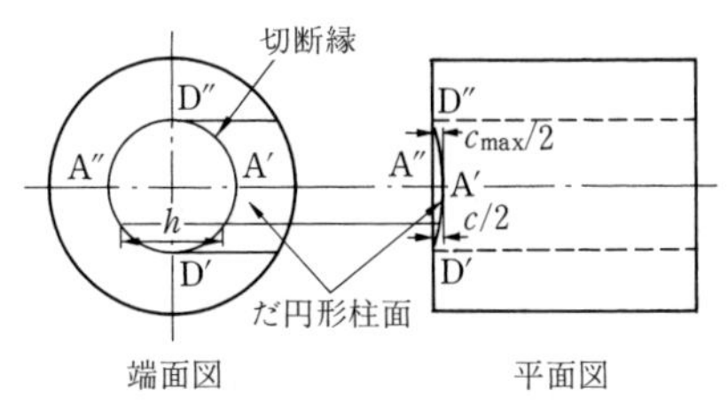

（a）端面だ円形逃げ溝

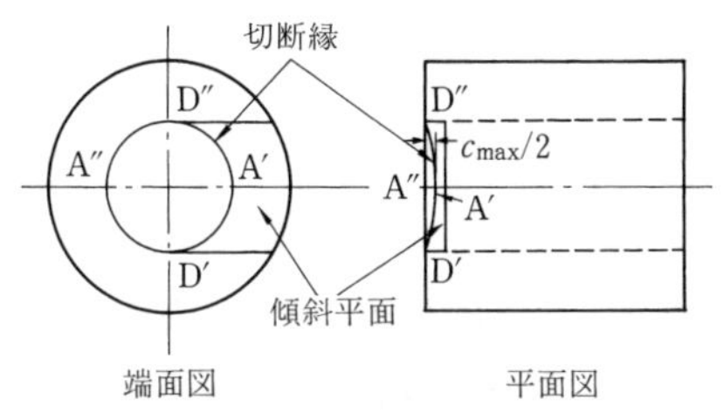

（b）端面傾斜平面形逃げ溝

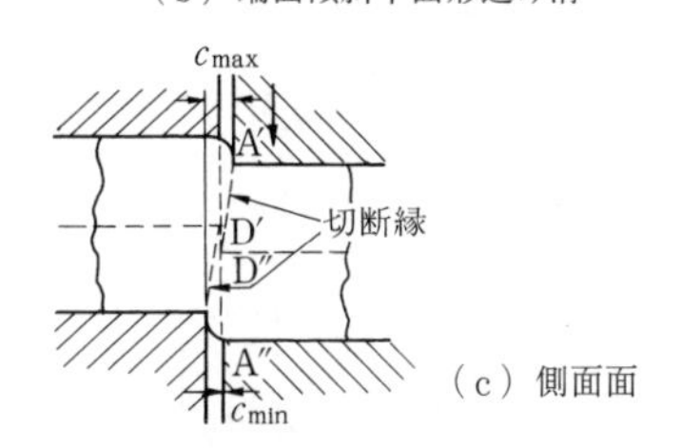

（c）側面面

図7.14　クリアランス c とせん断距離 h の比を均一にするせん断刃の設計

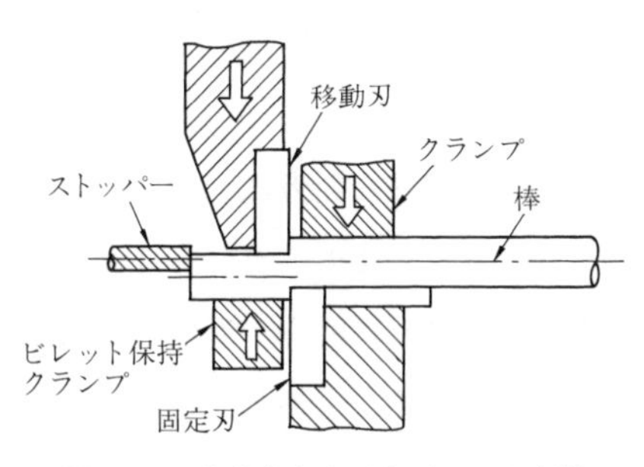

図7.15　移動半丸穴刃とビレット保持クランプの組合せ[12)]

簡単化するには半丸穴移動刃を用い，別に作動するビレット保持クランプ（**図 7.15**[12]）を用いればよい．

この際，クランプ力が直接ビレットに作用すると，ビレットはストッパーから外れても拘束され続け，停留亀裂が発生する．保持クランプがビレット側面との間に十分の数 mm の隙間を保って移動刃に押し付けられるようにすれば，上に述べた隙間のある丸穴移動刃と同様の効果が得られる．この保持クランプ力はせん断荷重（≒(0.6～0.7)×棒材断面積×引張強さ）[15]の 15%以上付加すればよい[16]．

もう一つの簡便法は，半丸穴移動刃を用いクリアランスを大きくする必要のある場合に対する傾斜せん断法（**図 7.16**[12]）である．これによって端面傾きを補正できるばかりでなく，刃の端面が平面であっても図中の移動刃縁の矢印で示した移動経路からわかるように，棒断面横からクラックが入り始めるときのクリアランスは小さく，断面の上のほうにいくにつれてこのクリアランスは大きくなって，図 7.14 の刃と同様な効果が得られる．ストッパーは切込み開始とともに逃げ，それに付いているサポートはビレットの曲りを防ぐ．

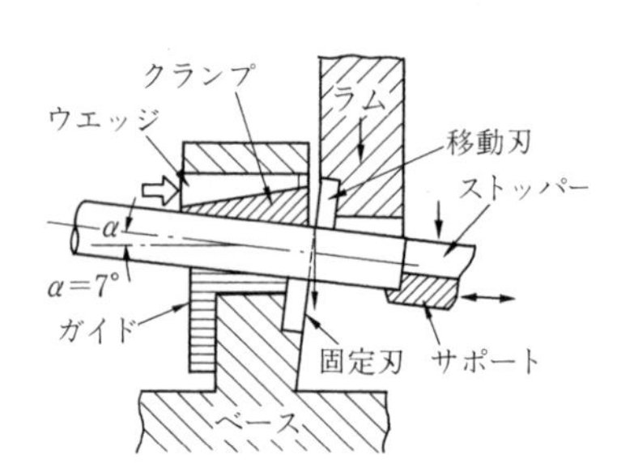

図 7.16　Colforge 社の傾斜せん断法[12]

〔3〕 特殊せん断方法

クリアランスをゼロとして材料とビレット両側をしっかり固定，あるいは材料をストッパーに向かって積極的に加圧しながらせん断を行うと，静水圧上昇によって変形能が上昇し，軟質材料の場合にはせん断中クラックをまったく生じることなく，塑性ずれによって材料が分断される．このようにして作られたビレットはほぼ完全な形状をしており実用も試みられたが，今日ほとんど利用されていない.

加熱せん断も試みられている. 冬期低温時, あるいは低変形能材に現れるヘアクラックは, 数十～200 ℃の加熱せん断によって避けることができる. 鋼材の場合さらに温度を上げて200～500 ℃付近の青熱脆性を出現させることにより, 欠陥の少ないビレットが得られることがわかっているが[12], ほとんど利用されていない. しかし熱間鍛造用鋼材に対して, 鋼材を誘導加熱炉で鍛造温度に連続的に加熱してせん断し, 脱スケール後すぐ鍛造するホットフォーマーや鍛造ラインはしだいに広まっている.

7.5 整 形 方 法

棒材からビレットを切断する最も能率のよい方法はせん断であるが, これは最も欠陥が多い方法でもある. この欠陥を修正する一番能率のよい方法は塑性変形を利用する据込みおよび圧印である.

ビレットの形状のくずれが激しいほど整形には大きな高さ減少率の据込みが必要である. 一方, それによる加工硬化は球状化焼なましを容易にする. 据込みおよび圧印によって, ビレットを後の鍛造に好都合な形状に整形することもできる.

例えば**図 7.17**（a）のようなたる形ビレットの予備成形によって, つぎの加工のはじめに材料はまずダイのあちこちの隙間を満たしてから本来の成形へと進むので, 荷重の上昇が緩やかになる. すなわち, 工具の受ける衝撃が弱くて

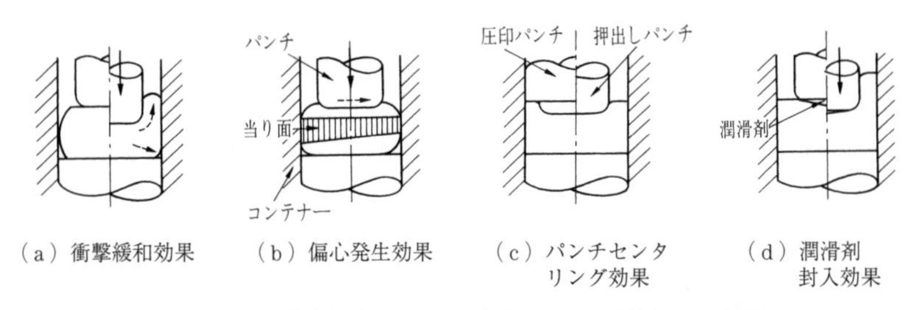

（a）衝撃緩和効果　（b）偏心発生効果　（c）パンチセンタリング効果　（d）潤滑剤封入効果

図 7.17 容器後方押出し用予成形ビレットの形状とその効果

すむ．しかし，このたる形ビレットのコンテナーへの当り面積が狭くて周辺上で不均一のときには（図（b）），パンチが加圧し始めたとき材料横流れが片寄るため，パンチに曲げ応力が発生するとともに，加工品に偏心を生じる．通常，精密鍛造品用ビレットのこの当り面は全側面積の70～90％は必要と言われる．しかも，ビレットをコンテナー中に押込む必要のあるくらい直径を大きくする場合がある．

ビレット端面に，十分案内された圧印パンチを用いて中心に正確にくぼみを圧印しておくと，その後，押出しパンチが押し込まれる際，中心に案内される（図（c））．これはしばしば利用されている．冷間容器押出し用パンチの下に潤滑油を封入するくぼみを成形して，深孔成形に対する潤滑剤を確保する方法も実用化されている（図（d））．

ビレット形状を**図 7.18** のように変えても，最高押出し圧力にはほとんど違いが生じないが，押出された容器の壁の上縁の形状に図のような違いを生じ，上端の仕上げ代が大きくなったり小さくなったりする[17]．

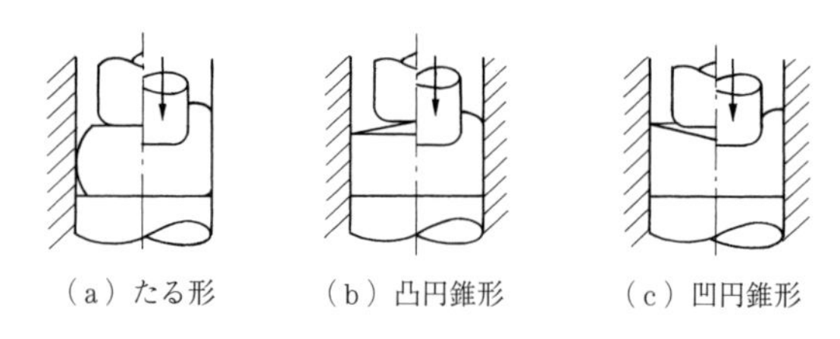

図 7.18　容器後方押出し用予成形ビレット形状の押出し壁上縁形状に与える影響

せん断後据え込んだビレットを用いた熱間密閉鍛造品の調査によっても，せん断欠陥がある程度以下なら，据込みによって悪影響を消せることが示されている[18]．

ビレット角のばりや鋭角を除くにはバレル研磨や研削が用いられる．ビレット端面角の面取りには旋削を行う場合もある．特に精密冷間鍛造品を作るためにビレット外径を研削仕上げする例もある．

7.6 熱　処　理

一般に冷間鍛造用材料は，ごく軟質（添加成分が少ない）のものを除いて，変形抵抗の低下と変形能の向上を狙って，棒，線状態あるいはビレット状態で種々の熱処理が施される（5.5節参照）.

〔1〕　鋼

低炭素鋼の軽加工では熱間圧延のまま熱処理を行わないことがある．最も簡単な処理は焼ならしであり，これは Ac_3 変態点上 20℃に 15 分以上加熱後空冷すればよい．C＜約 0.25％の鋼で軽い変形を与えるのならこれで十分である．なお焼ならしは球状化焼なまし処理時間の短縮，鍛造中間焼なましにおける結晶粒粗大化防止，あるいは球状化焼なましした鋼の後切削工程における切削性改善のためにも行う．代表的顕微鏡組織は**図 7.19** の上段に示してある．

完全焼なましは C＜0.25％までの鋼に十分な冷間鍛造性を与える処理法とし

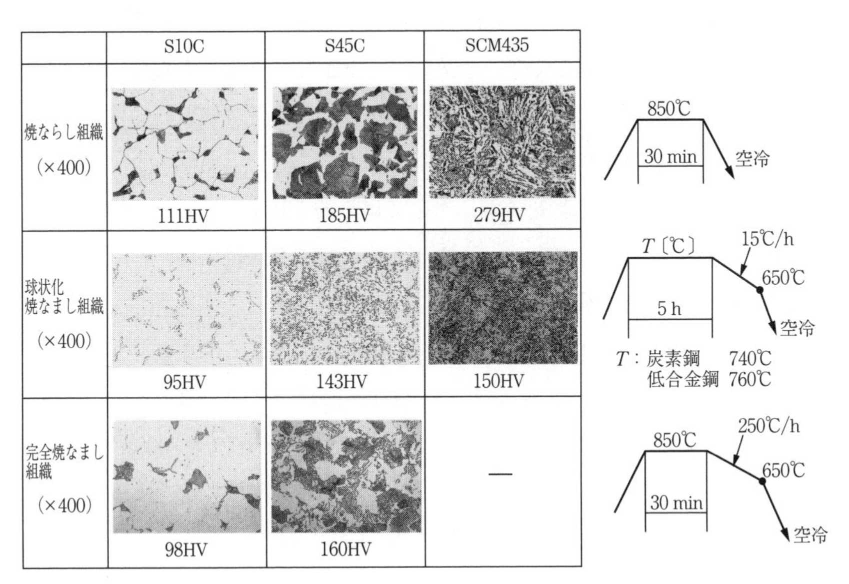

図 7.19　鋼の種々の熱処理に対する顕微鏡組織（株式会社神戸製鋼所提供）

て，わが国[19]およびアメリカ[14]の本で薦められている（図7.19下段）．これは，Ac_3変態点上30～50℃に加熱保持後徐冷して層状パーライトを形成させる方法である．これはICFG[20]によってもVDI[21]によっても薦められていない．

C>0.35％の炭素鋼および低合金鋼に対し十分な変形能と低い変形抵抗を与える熱処理は，球状化焼なまし（VDIでは軟化焼なましと呼んでいる）である．これはAc_1変態点（約830℃）の近くに保持または上下させながら4～8時間加熱後，550℃まで2℃/minよりもゆっくり冷やし，以後空冷する方法であり，層状パーライト組織をセメンタイトの小球状に分布した組織に変えるものである（図7.19中段）．かなり時間のかかる処理であるが，前に受けた低仕上げ温度の熱間圧延，冷間引抜き，据込み，焼ならしなどは時間短縮に効果がある．

わが国では軟化焼なましと呼ばれるAc_1点以下における熱処理は，ICFGおよびVDIによっては再結晶焼なまし（600～720℃，15～60 min保持後550℃まで<5℃/min徐冷，以後空冷）と回復または応力除去焼なまし（再結晶温度以下の450～550℃で15～60 min保持後空冷）に分けられている．前者は加工硬化および残留応力を除くが，セメンタイトや介在物の分布形態は変えないので，球状化組織の加工中間熱処理に用いられる．後者は残留応力除去による材料変形能のわずかな回復に利用される．

オーステナイト系ステンレス鋼に対しては，約1 100℃に加熱保持後水冷してマルテンサイト変態を阻み，オーステナイト組織を保持する．

〔2〕 非　鉄　金　属

アルミニウム系材料は一般に再結晶温度以上に加熱して焼なましする．加熱温度〔℃〕と最少保持時間〔h〕は，A 1000系に対し（300～380℃）×0.5 h；A 3000，5000，6000系に対し（340～400℃）×(0.5～1 h)；A 2000，7000系に対し（360～450℃）×(0.5～1 h)である．冷却はA 1000系以外は一般に遅く行う．

A 2000，6000，7000系合金はそれぞれ（490～510℃），(510～540℃)，(455～480℃）において最短で15～20 min保持して溶体化後水冷し，時効硬化の起こる前に冷間鍛造することが可能である.

銅系材料の焼なましは，C 1000 系の場合，650 ℃で最低（0.5～1 h），C 2000 系では（580～680 ℃）で最低（0.5～1 h）保持する．VDI 3143 Blatt 2[22] には，ニッケルおよびチタン合金の焼なまし条件も与えられている.

冷間鍛造用材料は後加工を省くために，熱処理の際の雰囲気に注意して，悪い表面変化を避けなくてはならない．そのような熱処理設備は 10.8 節を参照されたい.

引用・参考文献

1）松本周三：塑性と加工，**12**–131（1971），910–916.
2）工藤英明：塑性と加工，**29**–324（1988），4–12.
3）水野高爾・白井徳雄・村松勁：平成元年度塑性加工春季講演会講演論文集，（1989），583–586.
4）鍛造技術研究所 編：鍛造技術講座—製造技術篇，鍛造技術研究所（1992）.
5）Ver. Deutsch. Ingre.：Rohteil Herstellung für das Kaltmassivumformen, VDI-Richtlinien,（1988），3144.
6）塑性加工技術ベンチマークデータ No. 47：塑性と加工，**40**–464（1999），873.
7）野方一勲：特殊鋼，**42**–7（1993），30–33.
8）野田治男：日本塑性加工学会第 20 回鍛造実務講座テキスト，（1990），13–28.
9）日本塑性加工学会 編：せん断加工，新塑性加工技術シリーズ 4，（2016），コロナ社.
10）工藤英明・中川威雄・田村公男：塑性と加工，**22**–241（1981），150–158.
11）村川正夫・古閑伸裕：塑性と加工，**33**–380（1992），1063–1068.
12）中川威雄・工藤英明・田村公男：塑性と加工，**24**–271（1983），830–839.
13）Int. Cold Forging Group Ed.：Cropping of Steel Bar–Its Mechanism and Practice, ICFG 1967–1992,（1992），19.
14）Verson Allsteel Press Co. Ed.（村松勁・高橋昭夫 訳）：インパクトマシニング，（1975），コロナ社.
15）工藤英明・田村公男：塑性と加工，**5**–43（1964），527–535.
16）古閑伸裕・村川正夫・呂言・海老原達郎・岡敏博：平成 5 年度塑性加工春季講演会講演論文集，（1993），723–726.
17）三木武司・戸田正弘・宮崎薫：第 35 回塑性加工連合講演会講演論文集，（1984），81–84.

18) 鍛造技術研究所・素形材センター 編：閉塞鍛造におけるビレットシヤーの切断精度の調査研究（II），素形材センター研究調査報告，(1993)，431.
19) 日本塑性加工学会 編：プレス加工便覧，(1975)，525，丸善.
20) Int. Cold Forging Group Ed.：Production of Steel Parts by Cold Forging, ICFG Doc., No.1/1978, Portcullis Press Ltd. (1978).
21) Ver. Deutsch. Ingre.：Stähle für das Kaltfliesspressen, Auswahl, Wärmebehandlung, VDI-Richtlinien, 3143, Blatt 1, (1975).
22) Ver. Deutsch. Ingre.：NE-Metalle für das Kaltfliesspressen, Auswahl, Wärmebehandlung, VDI-Richtlinien, 3143, Blatt 2, (1975).

8 潤　　　滑

8.1　鍛造用の潤滑剤

8.1.1　鍛造における潤滑の基礎

潤滑剤は，学術的にはトライボロジー（摩擦，摩耗，潤滑の科学と技術）で扱われる．鍛造のトライボロジーの基礎については，成書である日本塑性加工学会鍛造分科会編「わかりやすい鍛造加工」の8章[1)]，あるいは文献2）の7.2節などを参考にしてほしい．[†]ここでは，それらを割愛し，多く使われている鋼の鍛造用潤滑剤について説明する．

塑性加工用の潤滑剤について注目したいことは，1990年代以降に環境負荷低減を目指した開発に方向が大きく変わったことである．これを振り返るように，平成26（2014）年度塑性加工春季講演会ではテーマセッション「先進塑性加工のためのプロセストライボロジーの現状」が企画され，「日本における環境対応潤滑剤の開発の現状」[3)]が議論され，関連する79件の文献が紹介された．これらには鍛造用の潤滑剤に関する文献も多く含まれている．

8.1.2　鍛造における温度域ごとの潤滑条件

冷間鍛造で特徴的な潤滑条件[4)]は，①高面圧（Y～$5Y$程度（Y：材料の降伏応力）），②変形発熱と摩擦発熱（室温～数百℃程度），③被加工材表面の

---

† 今後刊行予定の新塑性加工技術シリーズ3「プロセス・トライボロジー－塑性加工の摩擦・潤滑・摩耗のすべて－」の7章においても，鍛造におけるトライボロジーについて解説される．

拡大（表面積拡大比 1 ～数百）である．冷間鍛造では，潤滑剤を被加工材に塗布する．油潤滑であれば，型が被加工材に接近するときにスクイーズ効果[5]やくさび効果によって，油が型と被加工材との間で捕捉される．固体潤滑では，初期の塗布量がそのまま型と被加工材との間で補足される．塑性変形する被加工材表面に潤滑剤が追従すれば，潤滑剤は高圧・高温にさらされながら，表面積拡大比の逆数に比例して薄く延ばされる．

被加工材端面に凹部を付ける封入潤滑法[6]などによって初期に補足される潤滑剤の量を増やせば，潤滑膜は破れにくい．しかし多すぎると，製品に油しわや型を傷つけるなどの問題も生じるとされている．前工程形状と型形状との最適な関係[7]が模索されているが，まだ潤滑設計の一般論には達していない．新しい方法として，油潤滑でも，サーボプレスを用いた繰り返し潤滑法によって，著しく深い後方押出し[8]やスプライン付きの後方押出し[9]が提案されている．また，後述する 8.3 節では，固体潤滑では化成型潤滑被膜に代る塗布型固体潤滑被膜が実用化された．表面積拡大比と滑り距離[10),11]（または表面積拡大比と加工度）[12]が，より大きくなる自動車部品へも適用範囲が拡大している．

熱間鍛造で特徴的な潤滑条件は，① 高温（最大でおおむね材料加熱温度），② 滑り距離（～数百 mm），③ 高面圧（～$3Y$ 程度）である．高温になる被加工材に潤滑剤をあらかじめ塗ることはできないので，潤滑剤は型の表面に塗布する．現在では，水に分散させた潤滑成分やバインダー成分を加温された型にスプレーで吹き付けて，潤滑に用いることが一般的である．型温が適切であれば，鍛造の短いインターバルで水分が蒸発して，型表面に所定量の潤滑膜を付着できる．型温は場所によって異なり，しかも時間とともに変化するので，必要な部分に必要な厚みの潤滑膜を付着させることが重要である．

潤滑剤は最後の離型まで残っていられるだけの耐熱性が必要で，できれば高温の材料から型へ熱を伝えにくいように断熱性も求められる．従来は水溶性黒鉛系潤滑剤が多く用いられてきたが，最近では徐々に，より複雑形状で生産サイクルタイムの速い自動車部品の鍛造に対しても，水溶性白色系潤滑剤の適用[10),11)]が進められている．これらの熱間鍛造用の潤滑剤の性能や特徴については，8.2節で解説する．

冷間鍛造と熱間鍛造の間の温度域で行われる温間鍛造も開発された．この温度域では，素材の加熱に必要なエネルギーコストが熱間より低く抑えられ，素材の酸化スケールを少なくし，良好な製品表面を得ることができる．また，この温度域まで素材温度を上げれば，素材の変形抵抗が冷間より低くなり，従来の設備でもより大きな鍛造品やより強い素材を鍛造することができると期待された．ところが，適切な型材，潤滑剤は簡単には見つからなかった．温間鍛造の潤滑条件は，① 高面圧（～$5Y$程度），② 高温（最大でおおむね材料加熱温度），③ 被加工材表面の拡大（表面積拡大比 1～数百）となり，冷間鍛造と熱間鍛造の両方の厳しさとなるからである．

まず1970年代に温間トランスファー鍛造が研究され，このときの潤滑[13)]についても検討されていた．その後1980年代に自動車のFF化に伴う高強度部品の等速ジョイントなど，冷間鍛造するには大きすぎ，熱間では内面の精度が出せないような部品が大量に必要となり，温間鍛造が注目された．その量産を支えるために型材料や潤滑剤の開発が活発に進められた．このときの潤滑には，温間鍛造用に改良された水溶性黒鉛系潤滑剤を型に吹き付ける方式が採用された．最近では，水溶性白色系潤滑剤に切り替えが進められている．

温間鍛造については，1970年代に日本塑性加工学会冷間鍛造分科会（温間鍛造研究班）も，後方押出し圧力の計測[14)]，温間鍛造用の潤滑剤のリング圧縮による摩擦係数の測定[15)]を共同で行っている．いずれも将来に備えて，試験条件の違いが得られるデータのばらつきへの影響を調べるのが目的であった．当初は700℃までの被加工材加熱温度で，潤滑剤は黒鉛を被加工材に塗布するという冷間鍛造のような考え方もあった．この発想は，より耐熱性の高い低融点のガラスを用いる提案[15),16)]につながり，その考えは継承され[17),18)]，実用化[19),20)]している．しかし，現在では多くの鋼の温間鍛造は熱間に近い温度域で行われる例が多く，型に潤滑剤を吹き付け，潤滑と型冷却を併用する方法が一般的である．

8.2 熱間鍛造用の潤滑剤

8.2.1 熱間鍛造用潤滑剤の変遷

かつて，熱間鍛造では「すす」や「おがくず」を金型に撒(ま)く，あるいは重油や原油蒸留後のタール分を金型に塗り，これらが赤熱された被加工材の鉄に接触し，さらに型が閉じた後で爆発的に生じるガス圧によって，型と被加工材の貼り付きを防止（離型）したことが潤滑作業の始まりとされる．

その後，熱間鍛造品の精密化や複雑形状が志向されるにつれ，「滑り」の機能も求められるようになり，黒鉛が使用されるようになった．熱い金型にも塗れるように，重油に黒鉛を混ぜたものも用いられた．その後，作業環境悪化や火災の問題などから，水に黒鉛を分散させた水溶性黒鉛系潤滑剤が使用されるようになり，型の冷却と潤滑を兼ねるようになった．しかし大量に噴霧する黒鉛系潤滑剤には作業環境の悪化，電気系設備トラブルが多発した．

これらを改善するために，非黒鉛系の水溶性白色系潤滑剤が開発されてきた．現在の水溶性白色系潤滑剤は，高温付着性や潤滑性を向上させるために水溶性高分子が適用されるようになり，水溶性黒鉛系潤滑剤の代わりに熱間鍛造の現場に普及しつつある．いまでは，水溶性熱間鍛造用潤滑剤は，離型や材料流動を促すだけでなく，焼付き・摩耗・割れ・型の変形を抑制し，型寿命を延ばすための性能が求められるようになってきた．

8.2.2 水溶性熱間鍛造用潤滑剤に必要とされる特性

水溶性熱間鍛造用潤滑剤は，必要な濃度に水で希釈され，多くの場合に金型表面にスプレー塗布される．

図 8.1 に水溶性熱間鍛造用潤滑剤の被膜形成サイクルと必要性能 [21] を示す．スプレーされた潤滑剤液は金型表面に付着し，同時に水分の蒸発と水分への熱伝達によって，金型表面を冷却する．そのため，潤滑剤には付着性と冷却性が必要とされる．付着した潤滑剤液は乾燥し，金型表面に潤滑被膜を形成する過

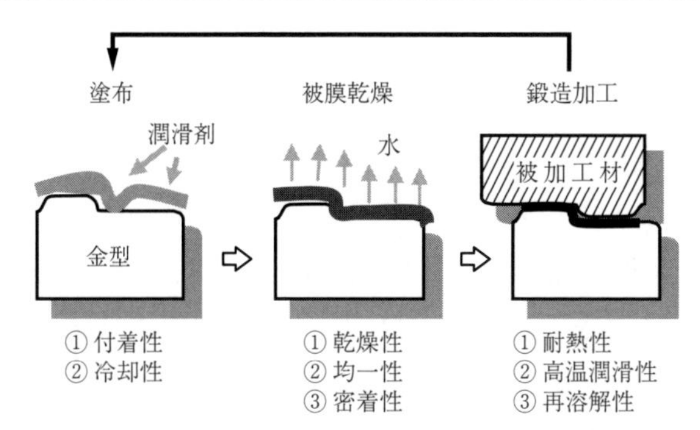

図 8.1 水溶性熱間鍛造用潤滑剤の被膜形成サイクルと必要性能[21]

程で，乾燥性，均一性，密着性が要求される．形成した潤滑被膜は鍛造に供され潤滑・離型の働きをするため，耐熱性や高温潤滑性を発揮する．鍛造に供された後の残渣や余分な被膜は，つぎの塗布によって容易に再溶解し，新たな潤滑被膜に置き換えられるような再溶解性も必要である．

8.2.3 水溶性黒鉛系潤滑剤

黒鉛は**図 8.2** に示すように層状の結晶構造を有するため，層間滑りによる優れた潤滑性を有し，また**図 8.3** に示すように耐熱性が高く優れた離型効果[22]も発揮する．

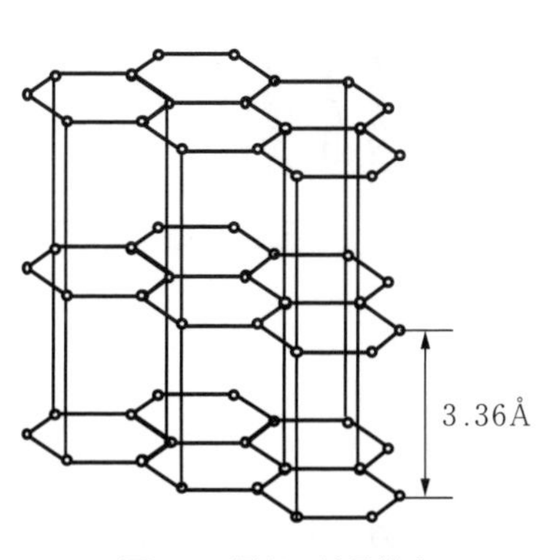

図 8.2 黒鉛の結晶構造

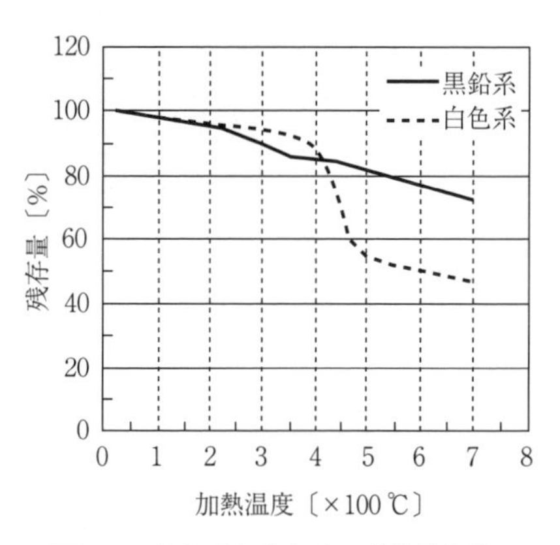

図 8.3 黒鉛系と白色系の耐熱性比較

しかし水溶性黒鉛系潤滑剤の課題として，作業現場が黒くなり，付着物が水洗いなどで容易に除去できない，また黒鉛の通電性による設備トラブルが多発した．さらに，循環使用した場合に廃棄物の発生量が多いことも課題である．一例として，**図 8.4** に水溶性黒鉛系潤滑剤と水溶性白色系潤滑剤の油水分離性試験結果[23]を示す．潤滑剤希釈液に作動油を投入し，激しく振とうしたのち静置して油分の分離を時間とともに観察する．白色系では 90 s 後には油分の分離が確認できるが，黒鉛系では 120 s 後でも油分の分離は見られない．白色系を循環使用した場合には，専用の浄化設備によって浮上した油分だけを選択的に除去でき，下層の潤滑液は再使用できる．これに対し，黒鉛系では油分の分離が困難なため油分だけを選択的に除去できず，まだ使用可能な潤滑液も含めて大量に廃棄物処理することが，環境的にも経済的にも問題[24]である．

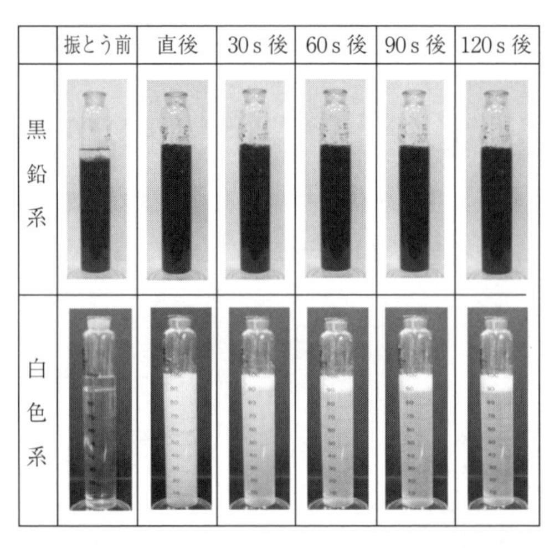

図 8.4　水溶性黒鉛系潤滑剤と水溶性白色系潤滑剤の油水分離性試験結果[23]

8.2.4　水溶性白色系潤滑剤

〔1〕　水溶性白色系潤滑剤の特徴

水溶性白色系潤滑剤はカルボン酸塩をベースに，**表 8.1** に例を示す水溶性高分子[25]，無機塩などを配合し，必要に応じて固体潤滑剤も添加される．

表 8.1　使用される水溶性高分子の例[25)]

名　称	構　造	特　性
ポリアルキレングリコール (PAG)	$H-[CH(OH)CH_2-O-CH_2CH_2-O]_n-H$	分解されやすい 被膜保持性が弱い
ポリビニルアルコール (PVA)	$H-[CH(OH)CH_2-CH(C(=O)-O-CH_3)CH_2]_n-H$	塩析されやすい 熱重合しやすい
カルボキシチメルセルロースNa塩 (CMC-Na)	$[\,C_6H_7O_2(OH)_2-O-CH_2-O-C(=O)-O-Na\,]_n$	増粘性大きい 被膜密着性が弱い
ポリアクリル酸Na塩 (PA-Na)	$H-[CH_2CH(C(=O)-O-Na)]_n-H$	分解されやすい 被膜密着性が良好
アルキル-マレイン酸重合体Na塩 (PAM-Na)	$H-[C(CH_3)_2-CH_2-CH(C(=O)-O-Na)-CH(C(=O)-O-Na)]_n-H$	被膜密着性が良好 廃液処理性が悪い
ポリスチレンスルホン酸Na塩 (PSS-Na)	$H-[CH_2CH(C_6H_4-S(=O)_2-O-Na)]_n-H$	濡れ性が悪い
ポリエチレンイミン (PEI)	$H_2N-[CH_2CH_2N(CH_2-CH_2-NH_2)]_n-[CH_2CH_2-NH]_m-H$	発泡性あり 臭気の発生

水溶性黒鉛系潤滑剤に比べ水溶性白色系潤滑剤は作業環境を良好に保つことができ，また油水分離性に優れるため，循環使用した場合は廃棄物を減らすことができる．水溶性白色系潤滑剤に使用される水溶性高分子は潤滑剤に濡れ性，付着保持機能，被膜形成機能，残渣生成の特性を与えるために添加される[26)]．水溶性高分子にはそれぞれ異なった特性があり，対象となる鍛造条件に最適なものを選択して適用することが重要となる．また同じ種類の水溶性高分子でも分子量の違いにより，粘度，付着性，冷却性，耐熱性などが大きく異なるため，どの性能を最も重視するのかによって選択することが必要である．

〔2〕 水溶性白色系潤滑剤の塗布条件と付着

熱間鍛造用潤滑剤は塗布条件（金型温度と塗布時間）によって，付着量や付着状態が大きく変ること[27),28)]が知られている．一例として，以下の図8.5や図8.6に潤滑剤の塗布条件と付着量・付着状態を示す．これらの関係を把握しておくことは，良好な操業条件を効率よく見つけるために有効である．

図8.5に，金型を想定した試験片温度と付着量および付着状態を示す．この試験片に水溶性白色系潤滑剤をスプレー塗布する．試験片温度200℃で最も付着量が多くなっている．試験片温度100℃で潤滑剤の付着量が少ないのは，塗布された潤滑剤が乾燥・付着する前に，流れ落ちるためである．試験片温度300℃以上で潤滑剤の付着量が低下するのは，型表面温度が下がるまで水蒸気膜によって潤滑剤が金型に接触できない現象（ライデンフロスト現象）が生じ，潤滑剤が型に付着する前に吹き飛ばされたためである．潤滑剤の付着状態についても，試験片温度100℃では潤滑剤が流れた痕跡が残り，150～200℃では良好に付着し，300℃以上ではスプレーが高い圧力で直接当たった部分に

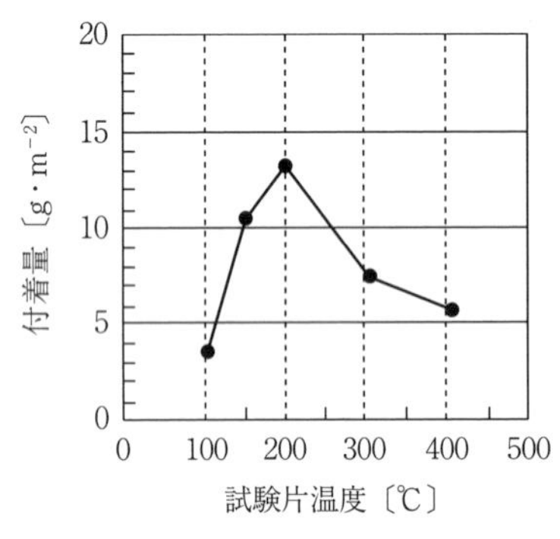

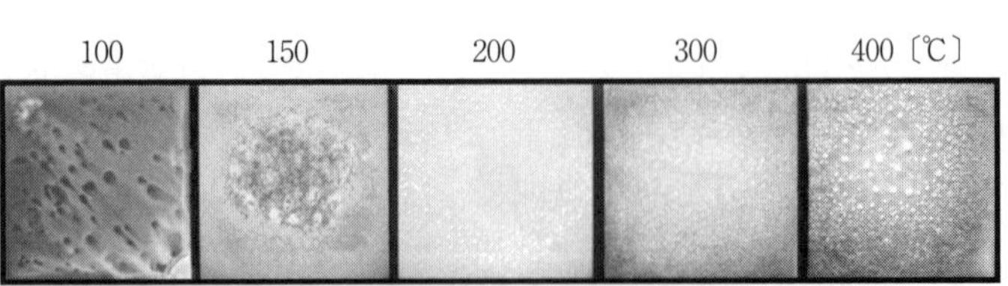

図8.5　金型を想定した試験片温度と付着量および付着状態

だけ付着している.

図 8.6 に潤滑剤の塗布時間と付着量および付着状態を示す．ここで金型を想定した試験片の温度は 200 ℃で，図 8.5 と同様に水溶性白色系潤滑剤をスプレー塗布する．塗布時間が長いほど付着量は増加している．一方，塗布時間が長いほど不均一な付着状態となっている．特に，噴霧が直接当たる部分では潤滑膜が十分な厚みで付着していない．金型温度と付着量との関係（図 8.5）を参考にすると，この部分の試験片の表面温度が下がりすぎ，潤滑被膜が乾燥・付着できず，一部は流れ落ちたと考えられる．

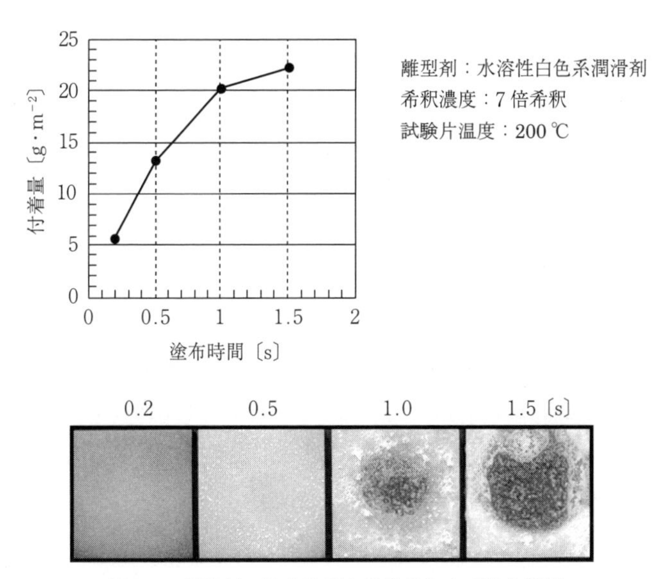

図 8.6　潤滑剤の塗布時間と付着量および付着状態

8.3　冷間鍛造用の潤滑剤

8.3.1　厳しい冷間鍛造に必要とされる潤滑膜

冷間鍛造の加工面には，被加工材の流動を促すための摩擦低減，および金型表面への被加工材の凝着を抑制するなどの目的で潤滑剤が必要とされる．潤滑膜は，あらかじめ被加工材表面に油膜もしくは固体被膜として形成される．加

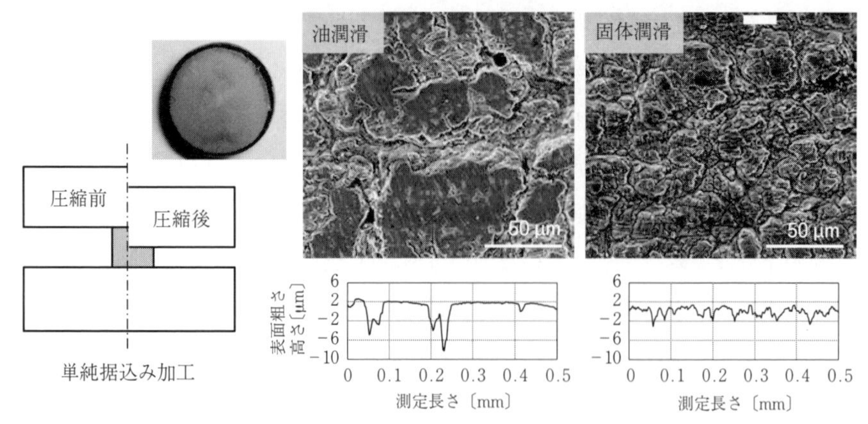

図 8.7　油潤滑と固体潤滑による単純据込み後の圧縮の外観と断面曲線の比較 [29)]

工変形量が大きい場合には一般的に固体被膜が用いられる．**図 8.7** に，単純据込み加工における油潤滑および固体潤滑での圧縮面の外観と断面曲線 [29)] を示す．なお，いずれも圧縮後の材料表面に残った潤滑剤を洗浄除去した表面である．油膜潤滑では加工面で油膜を均一に保持しにくく，加工圧縮された被加工材表面には平坦化した部位が多く見られる．これらの平坦化した部分にはごく薄い油膜があると推定され，金型と被加工材の直接接触が起こりやすく，加工中に凝着が発生しやすくなる．一方，固体潤滑での圧縮面には平坦化した部分は見られず，被加工材と平滑な金型表面との間に一定の厚みをもった潤滑膜が保持されていたと判断される．

このように潤滑膜は薄く引き延ばされながらも，数百℃にもなる摩擦面温度と高接触圧力下で金型面を大きく流動する被加工材の表面を被覆保護し続け，潤滑切れを生じさせないことが冷間鍛造の潤滑剤に求められる特性である．そのため，冷間鍛造で油潤滑の際には，硫黄系やリン系，有機モリブデン化合物などの極圧添加剤を配合することが多い．かつて塩素系の添加剤も使用されたが，最近では環境負荷が高いという理由で塩素系添加剤の使用や製造が制限されている．

これらの極圧添加剤は加工熱や摩擦熱などにより分解し，鋼材表面との反応膜や二硫化モリブデン薄膜を生成することで型と材料との焼付きを抑制する．

さらに大きな変形が必要な場合には，加工面への油膜の導入，形成，および保持が困難になるため，油潤滑だけでは良好な潤滑状態を維持しにくくなる．このような状況が，厳しい冷間鍛造では固体潤滑被膜がおもに用いられる理由である．

冷間鍛造で用いられる代表的な固体潤滑被膜は，化成型潤滑被膜と塗布型潤滑被膜に分けられる．化成型潤滑被膜処理では，被加工材表面を酸性処理液で溶解しながら処理液中の溶解成分と溶出金属とからなる微細な金属塩結晶が被加工材を覆うように晶出する．一方，塗布型潤滑被膜処理では，被加工材表面への処理液を塗布する工程と乾燥工程により潤滑被膜処理を完成する．ここでは，冷間鍛造で使用される固体潤滑被膜について紹介する．

8.3.2　化成型潤滑被膜

〔1〕　化成型潤滑被膜の潤滑処理

代表的な化成型潤滑被膜処理が通称ボンデ処理と呼ばれるリン酸塩被膜処理である．おもにリン酸に亜鉛などの金属を溶かし込んだ酸性処理液により鋼材表面が溶解され，その反応界面 pH の上昇により処理液中の溶解成分からリン酸塩結晶が晶出する．その後の水洗工程で処理液を洗い流して被膜処理工程は完了する．塑性加工用リン酸塩被膜としては，おもにリン酸亜鉛 Hopeite（$Zn_3(PO_4)_2 \cdot 4H_2O$）とリン酸亜鉛鉄 Phosphophyllite（$Zn_2Fe(PO_4)_2 \cdot 4H_2O$）を基本組成とするリン酸亜鉛系被膜と，耐熱性が高い Scholzite（$Zn_2Ca(PO_4)_2 \cdot 2H_2O$）を混在させて用いるリン酸カルシウム系被膜が一般的である．

図 8.8 はリン酸塩処理の晶出機構[30)]である．まず，酸により鋼表面が溶解するアノード反応（$Fe \rightarrow Fe^{2+} + 2e^-$）からはじまり，鉄の溶解に伴い生じた電子が処理液中の水素イオンを還元して水素ガスを放出するカソード反応（$2H^+ + 2e^- \rightarrow H^2 \uparrow$）につながる．処理液中に配合される硝酸イオン（$NO_3^-$）は水素イオンよりも還元されやすいことにより，物理的に被膜形成を阻害する多量な水素ガス発生を抑える．カソード近傍では水素イオンの消費により界面 pH が上昇する．そのため，リン酸塩の平衡反応は下式の方向に進行する．す

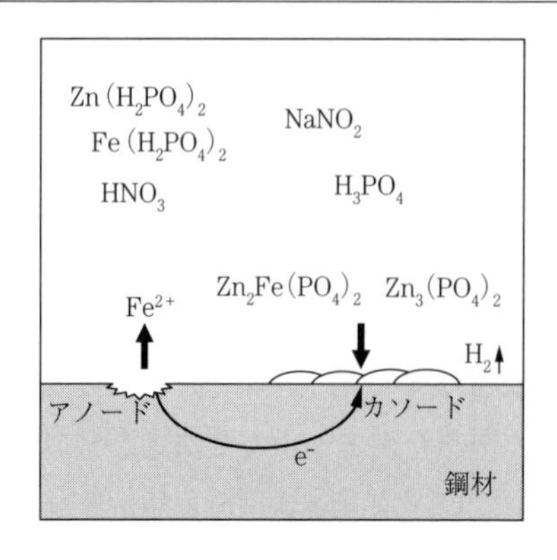

図 8.8　リン酸塩被膜の晶出機構[30)]

なわち，リン酸亜鉛および溶解した鉄を取り込んだリン酸亜鉛鉄の結晶が，それぞれ式（8.1），（8.2）に示すように晶出する．

$$3\,Zn(H_2PO_4)_2 \longrightarrow Zn_3(PO_4)_2 + 4\,H_3PO_4 \tag{8.1}$$

$$Fe(H_2PO_4)_2 + 2\,Zn(H_2PO_4)_2 \longrightarrow Zn_2Fe(PO_4)_2 + 4\,H_3PO_4 \tag{8.2}$$

結晶生成と成長により鋼表面が結晶被膜でち密に覆われていくと，鉄が溶解しにくくなり，結晶は成長しなくなる．**図 8.9** に塑性加工用リン酸塩被膜の SEM 像を示す．塑性加工用リン酸塩の被膜重量は通常 5〜15 g/m^2 で，厚みに換算すると 3〜10 μm 程度である．

リン酸塩被膜処理では鉄を溶解して被膜を形成させるため，処理液中の鉄イ

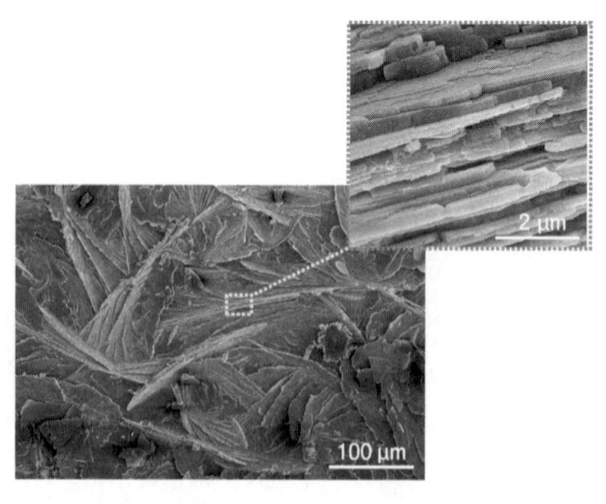

図 8.9　塑性加工用リン酸亜鉛被膜の結晶像

オン濃度は増加していく．処理液組成の適正バランスを保つため，溶出した鉄は亜硝酸イオン（NO_2^-）などの酸化剤によって２価から３価へと酸化することでリン酸鉄（スラッジ）として沈降させ，系外へ産業廃棄物として排出される．

以上は鋼の場合であったが，その他の材料を対象とした化成型潤滑被膜処理として，例えばステンレス鋼の表面は，腐食しにくくリン酸塩被膜の形成が困難であるため，シュウ酸，酸化剤，フッ素系エッチング剤などからなる処理液により，シュウ酸第一鉄被膜（$FeC_2O_4 \cdot 2H_2O$）を形成する．アルミニウムに対してはフッ化アルミニウム系処理，チタンにはフッ化チタン系処理が使用される．

〔２〕　塑性加工におけるリン酸塩被膜の特性

塑性加工で用いられる固体潤滑被膜に求められる機能は，塑性変形により広がっていく被加工材表面への追従と金型との相対すべり面での耐熱性，摩擦を低減させるために組み合わせる油やセッケン，固体潤滑剤などを加工面に導入し保持するキャリア性能などである．これらすべての要件に対して，リン酸塩被膜は特に優れた性能を示す潤滑被膜といえる．被膜処理時に形成される鋼材表面のエッチング痕はリン酸塩結晶被膜の付着を助け，金型で擦られた場合には，結晶格子間の結合力が弱いへき開面で，容易にへき開性破壊が起こることでせん断抵抗を低減し，結晶片が加工面を展延し鋼表面の露出を防ぐなど，リン酸塩被膜は薄くなっても優れた耐焼付き性能を有する．

図 8.10 は，リン酸亜鉛被膜処理した鋼材を金型にて加圧した前後の結晶面の配向状態を比較した結果[31]である．X 線回折チャート上でのリン酸亜鉛（$Zn_3(PO_4)_2 \cdot 4H_2O$）のへき開面ピーク（020）とそれ以外の特徴ピーク（311）との強度比（020）/（311）が加圧後に顕著に増大しており，加圧によるリン酸亜鉛結晶のへき開が促され，へき開面（020）の面配向が強まったものと考えられる．このようなリン酸亜鉛結晶の特性は，結晶水をすべて失う温度（275 ℃付近）まで維持される．

〔３〕　リン酸塩被膜の上層に組み合わせる潤滑剤

通常，化成型潤滑被膜の上層には摩擦を低減するための潤滑剤を付与する．

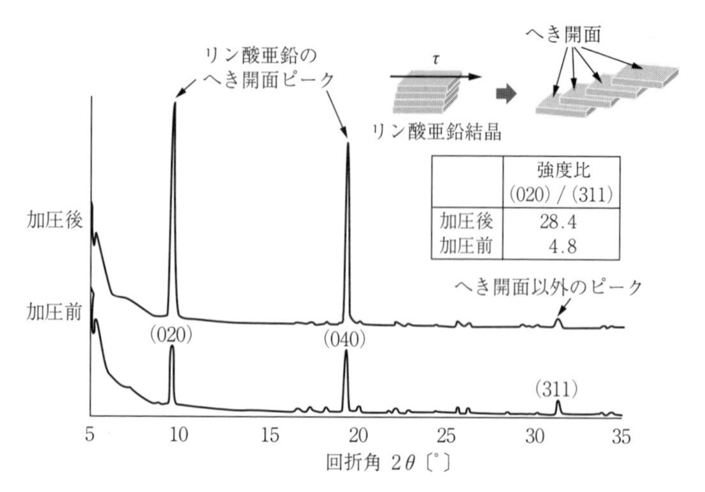

	強度比 (020) / (311)
加圧後	28.4
加圧前	4.8

図 8.10　加工前後でのリン酸亜鉛被膜の結晶面配向の変化[31]

上層の潤滑剤の選定は用途により異なり，場合によっては油も選定されるが，一般的にはセッケンの場合が多い．しかし，温度上昇が著しいときや局部的な面圧が高い場合などで，焼付きが生じやすい厳しい加工では，二硫化モリブデンのような固体潤滑剤も用いられる．

一般的には，リン酸塩被膜の上層に形成する潤滑層は，リン酸塩被膜処理後の被加工材をセッケン系水溶液への浸漬によって付与される．リン酸亜鉛被膜をアルカリ金属セッケン系水溶液に浸漬すると，式（8.3）の反応により亜鉛セッケンが生成し，リン酸塩結晶の上に沈着する．さらにその上層には未反応のままアルカリ金属セッケンも付着するため，その被膜の断面イメージは**図 8.11** に示すような三層構造となる．

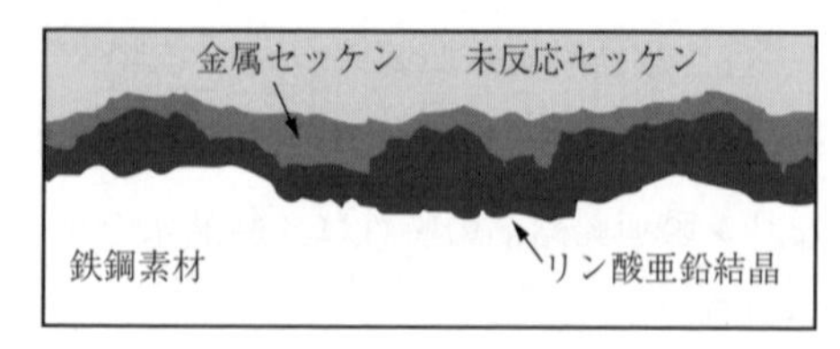

図 8.11　リン酸亜鉛とセッケン系潤滑被膜との組合せ断面イメージ

$$Zn_3(PO_4)_2 + 6\,C_{17}H_{35}COONa \longrightarrow 3\,Zn(C_{17}H_{35}COO)_2 + 2\,Na_3PO_4 \qquad (8.3)$$

8.3.3 塗布型潤滑被膜

〔1〕 一液型潤滑被膜処理

近年，特に注目されている潤滑被膜処理として一液型潤滑被膜処理があげられる．これらは塗布型潤滑被膜処理に類するが，優れた自己潤滑性能をもつことから通常は他の潤滑剤とは組み合わせずに単独で使用される．地球環境保護の観点から化成型潤滑被膜処理の代替技術として要求され，2000 年前後から塑性加工現場での採用が始まった．

図 8.12 に一液型潤滑被膜処理と化成型潤滑被膜処理とを比較した潤滑処理のライン構成比較例を示す．一液型潤滑被膜では大幅な工程短縮ができ，処理プロセスからの廃水や産業廃棄物の発生，工業用水使用量，エネルギーコストなどを著しく削減できる．また，潤滑被膜処理に要するスペースも小さく，コンパクトな潤滑被膜処理機を鍛造機に直結できるなどの点が，生産現場のレイアウトを大幅に改善している．いまでは冷間鍛造用途を中心に，欧米，アジアなど世界的に広がっている．

一液型潤滑被膜はおおむね二通りのタイプに分けられる．一つは，潤滑被膜

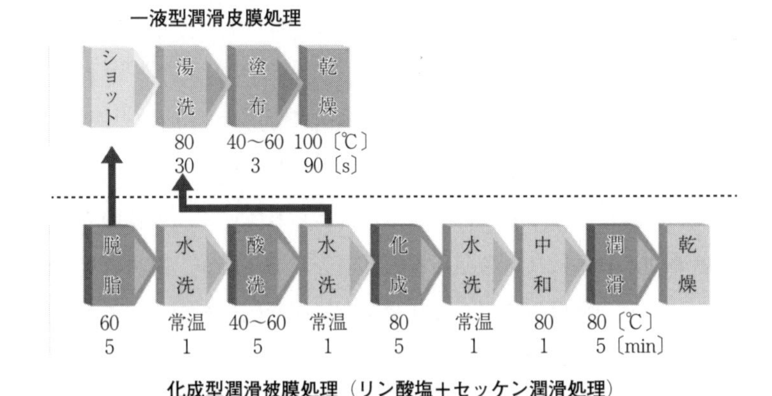

図 8.12 一液型潤滑被膜処理と化成型潤滑被膜処理のライン構成比較例

中に配合する油性物質による摩擦低減機能，および摩擦面の発熱環境で分解することで鋼表面にリンや硫黄を含む化合物層を生成する，焼付き抑制機能をおもな構成とする極圧剤型[32),33)]である．もう一方は，リン酸塩結晶のような耐熱性無機結晶皮膜中に，油性潤滑成分や固体潤滑剤などを封じ込めたまま加工面に入り込んで潤滑する固体被膜型[34)]である．

図8.13は，一液型潤滑被膜処理の被膜形成過程の一例を示したイメージ図[30)]である．水性処理液に含まれる無機酸のアルカリ金属塩と潤滑成分とが，媒体である水の揮発過程でそれぞれに偏在化しながら被膜化する様子が示されている．

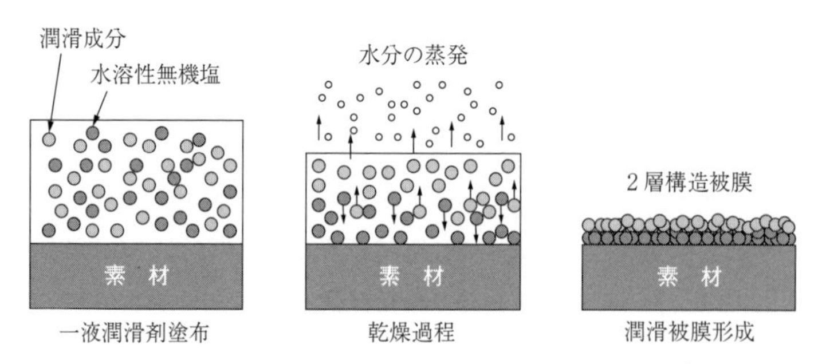

図8.13　一液型潤滑被膜処理の被膜形成過程の一例[30)]

〔2〕　一液型潤滑被膜の潤滑性能

図8.14は一液型潤滑剤に用いられている無機酸のアルカリ金属塩の焼付き抑制能を，鍛造油やリン酸亜鉛被膜と比較して評価した結果[31)]である．各しごき面の写真上方から下方に向かって球状金型でのしごき加工[35),36)]を行っており，鍛造油では，しごき加工初期から激しい焼付きが見られるが，リン酸亜鉛被膜では潤滑層がなくても焼付き発生が抑えられている．無機酸のアルカリ金属塩単独の加工荷重はリン酸亜鉛被膜と同等であったが，焼付き抑制性能は劣っている．一方，無機酸のアルカリ金属塩に潤滑成分を配合すると，大幅に摩擦が低減することで焼付きは発生しない．

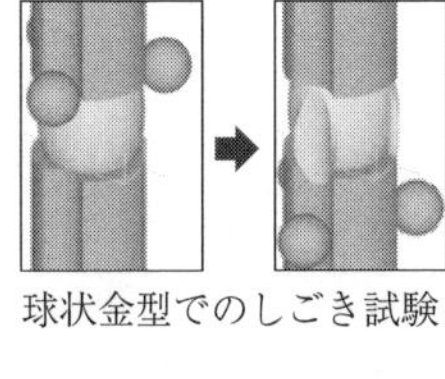

球状金型でのしごき試験

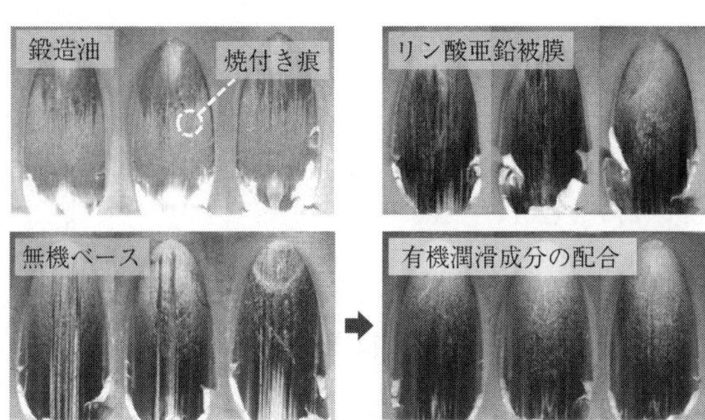

図 8.14　潤滑被膜成分と焼付き抑制性能[31),35),36)]

8.3.4　塗布型潤滑被膜のバリエーションとさらなる進歩

最近の冷間鍛造では各種ギヤの閉塞鍛造など，さらに過酷な加工面環境への対応が求められることから，耐熱性に優れる固体潤滑剤をより多く配合するものや，強固な二層潤滑被膜を二工程処理で形成するものなど，より優れた焼付き抑制能をもつ潤滑被膜[37)]が用いられている．さらに作業環境のクリーン化要求もあり，二硫化モリブデンや黒鉛などの黒色固体潤滑剤を性能的に代替できる高性能な白色固体潤滑剤[38),39)]が開発され，それらが配合されている一液型潤滑剤の採用も広まっている．

引用・参考文献

1)　日本塑性加工学会鍛造分科会 編：わかりやすい鍛造加工，(2005)，95-111，日刊工業新聞社．
2)　日本塑性加工学会 編：塑性加工におけるトライボロジ，(1988)，189-201，コロナ社．

3) 木村茂樹・池田修啓・石橋格・小見山忍：平成26年度塑性加工春季講演会講演論文集，(2014)，85–86.
4) 日本塑性加工学会 編：塑性加工におけるトライボロジ，(1988)，83，コロナ社.
5) 大矢根守哉・小坂田宏造：日本機械学会論文集（第3部），**34**–261 (1968)，1001–1008.
6) 工藤英明・篠崎吉太郎：塑性と加工，**9**–90 (1968)，466–476.
7) Kitamura, K. & Niimi, T.：Proc. IMechE 220, Part B, J. Engineering Manufacture (2006)，11–18.
8) Matsumoto, R., Hayashi, K. & Utsumomiya, H.：J. Materials Processing Technology，**214**–4 (2014)，936–944.
9) Maeno, T., Mori, K., Ichikawa, Y. & Sugawara, M.：J. Materials Processing Technology，**244** (2017)，273–281.
10) 清水秋雄：日本パーカライジング技報，**20** (2008)，33–39.
11) Morishita, K.：Proc. 3 rd International Conference on Tribology in Manufacturing Processes，(2007)，1–9.
12) 石川克彦：第18回国際鍛造会議報告書，(2005)，67–70.
13) 草田祥平・金子友義：小松技報，**22**–1 (1976)，51–60.
14) 日本塑性加工学会冷間鍛造分科会温間鍛造研究班：塑性と加工，**15**–156 (1974)，52–57.
15) 日本塑性加工学会冷間鍛造分科会温間鍛造研究班：塑性と加工，**18**–202 (1977)，946–952.
16) 佐賀二郎・有田恒一郎：塑性と加工，**13**–139 (1972)，588–592.
17) 佐賀二郎・能島博人・有田恒一郎：塑性と加工，**116**–179 (1975)，1156–1162.
18) 野々山史男・北村憲彦・渡辺三千雄・団野敦：塑性と加工，**34**–393 (1993)，1166–1171.
19) 野々山史男・北村憲彦・渡辺三千雄・団野敦：塑性と加工，**34**–393 (1993)，1172–1177.
20) Nonoyama, F., Kitamura, K. & Dannno, A.：CIRP Annals – Manufacturing Technology，**42**–1 (1993)，353–356.
21) 池田修啓：平成22年度素形材技術セミナーテキスト，(2011)，17–21.
22) 日本トライボロジー学会固体潤滑研究会 編：新版固体潤滑ハンドブック，(2011)，120–125，養賢堂.
23) 池田修啓：塑性と加工，**54**–630 (2013)，581–585.
24) 原田辰巳：塑性と加工，**44**–515 (2003)，1172–1176.
25) 日比徹・横山東司：鍛造技報，**18**–53 (1993)，41–48.
26) 宇田紘助・辰巳和夫・黒田将文・池田修啓：トライボロジー会議予稿集，2009–5 (2009)，325–326.

27) 土屋能成・堤亮介・王志剛：第 63 回塑性加工連合講演会講演論文集，(2012)，27–28.
28) 澤村政敏・与語康宏・田中利秋・中西広吉・鈴木寿之・渡邊敦夫・宮嶋伸晃：平成 16 年度塑性加工春季講演会講演論文集，(2004)，367–368.
29) 大竹正人・小見山忍：第 66 回塑性加工連合講演会講演論文集，(2015)，307–308.
30) 吉田昌之：第 84 回塑性加工学講座テキスト，(2001)，83–94.
31) 小見山忍：素形材，**54**–7 (2013)，35–41.
32) 樫村徳俊・竹内雅彦・小田太・河原文雄・尾嶋平次郎・伴野満：塑性と加工，**41**–469 (2000)，109–114.
33) 日比徹・辰巳和夫・池末冨三夫・八木勝春：第 186 回塑性加工シンポジウムテキスト，(1999)，23–32.
34) 吉田昌之・今井康夫・山口英宏・永田秀二：日本パーカライジング技報，**15** (2003)，3–9.
35) Hirose, M., Wang, Z.G. & Komiyama, S.：Key Eng. Mater., **535–536** (2013)，243–246.
36) Wang, Z.G., Komiyama, S., Yoshikawa, Y., Suzuki, T. & Osakada, K.：CIRP Annals – Manufacturing Technology, **64**–1 (2015)，285–288.
37) 石橋格・関澤雅洋・中村保：塑性と加工，**52**–611 (2011)，1263–1267.
38) 大竹正人：日本パーカライジング技報，**25** (2013)，36–42.
39) Oshita, K., Yanagi, M., Okada, Y. & Komiyama, S.：Surface and Coatings Technology, **325** (2017)，738–745.

9 型の設計・製作・保守

9.1 型の役割と受ける負荷

9.1.1 型の役割および管理など

〔1〕 被加工材に対する形状の転写

型は被加工材に変形を強制し，あるいは流動を制御することにより，その形状を材料に転写し，製品を形づくることをその役割とする．型により製品の形状・寸法が決まるので，型に作用する負荷に抗して寸法・形状を保つことが重要である．また，大きな破損が生じれば作業者に危険な場合もあるから，安全対策も設計段階で考慮しておくことが必要である．型摩耗が生じると製品の表面性状が悪化するなどの問題が生じる．このため型表面を滑らかにし，摩擦応力を低下させること，表面処理による耐摩耗性の向上を図ることが必要である．

〔2〕 型の管理

型が製作された後の受け入れ検査では，硬さ試験や表面粗さ計による表面仕上げ状態の評価程度しかできない．型材の耐力，衝撃値などは熱処理温度，処理時間によって決まり，硬さだけでは一意に定まらないこと，焼きばめ，テーパー圧入が行われている場合には，実際に与えられた締め代も指示どおりかどうかわからないなどの問題もある．したがって，製造の各段階において管理項目を定め，測定，評価，記録を行うことが大切である．

同じ型の部品でも寿命数がばらつく場合が多い．また寿命形態も，割れ，塑性変形などの破損，摩耗による製品の寸法公差はずれなど種々である．安定な寿命数を実現することは生産計画の実現，型の予備計画などにとって重要であるが，現状ではかなりばらつきがあるのが一般的である．設計段階で型寿命を的確に予測することはかなり難しい．型の使用履歴，破損形態や寿命実績をもれなく記録，管理することにより設計レベルの長期的視野における向上を図ることも，一つの方法である．パンチの破損形態を分類し，寿命および負荷，寸法因子などの記録と分析を行った例がある[1]．

〔3〕 型部品の標準化

インサートやパンチなど被加工材と直接接触する部品のほかの周辺部品，例えば補強リング，受圧板，ノックアウト，固定具などは，形状・寸法，材種，熱処理を標準化して管理費，部品在庫の削減を図ることが望ましい．

9.1.2 型が受ける負荷

加工荷重の算定は型設計の基礎となり最も重要なことであるが，被加工材の固有の強さ（変形抵抗 Y_m）およびその変化，型形状および摩擦による素材流動の拘束の大きさ（拘束係数 C），ならびに加工素材の寸法によって定まる．加工荷重の算定に当たっては，いかに実際の加工条件に近いものを選ぶかが荷重の精度を上げる重要なポイントである．

一般に加工荷重 P は次式で表される．

$$P = A \cdot C \cdot Y_m \tag{9.1}$$

A：加工素材の圧縮方向に直角の横断面積または型と素材の接触面積．

C：素材と型の形状および摩擦係数によって定まる値で拘束係数と呼ばれる．

Y_m：素材のある変形段階における平均の変形抵抗．

このうち A は成形品の大きさによって決まる値であり，拘束係数はつぎのような種々の因子の影響を受け，的確に決めることは非常に困難である．

＜拘束係数に影響を与えるおもな因子＞

a）　加工率（据込み率，断面減少率）

b）　型と素材の間の摩擦係数

c）　型の素材流出口の幾何学的形状（パンチアングル，ダイスアングル）

d）　型の素材流出口のランド部の表面粗さや長さ

e）　素材の幾何学的形状

したがって，実際の加工荷重は実験により初めて正確な値が得られるのであるが，類似形状あるいは他の材質の測定値から加工荷重を推定したり実験結果を整理する場合には，式（9.1）が役立つ．

〔1〕　据込み荷重の計算法

素材（直径ϕD_0，高さH_0）を直径ϕD_1，高さH_1に据込む荷重は，スラブ法で求めた拘束係数を用いると，式（9.1）はつぎのように書き換えられる．

$$P' = \frac{\pi {D_1}^2}{4}\left(1 + \frac{\mu D_1/H_1}{3}\right)\cdot Y_m \tag{9.2}$$

μ：摩擦係数．冷間鍛造では通常0.1～0.3の範囲の値であり，非常によく潤滑された場合，0.03.

Y_mは$\varepsilon = \ln(H_0/H_1)$を計算して，変形抵抗（$Y_m - \varepsilon$）曲線から$\varepsilon$に対応する$Y_m$を読み取ることで，求められる．

〔2〕　押出し荷重の計算法

拘束係数は鍛造品の形状に対し固有であり，厳密な拘束係数を求めることは容易ではない．しかしいくつかの形状に対して解析結果は報告されている．例えば，軸対称容器の後方押出しおよび軸の前方押出しに対する拘束係数は上界法を用いて工藤によって計算されており，断面減少率をもとにグラフから拘束係数（＝無次元化押出し圧力）を読み取ることができる（**図9.1**）[2]．この工藤の解は直角なパンチおよびダイに対する値である．実際には直角ではない場合や断面が軸対称でない場合が多いが，極端な例を除いて押出し圧力は断面減少率とよい相関があることが確認されている[3]ので，第一近似として工藤の解を利用する．図9.1には容器の後方押出しが実線で，軸の前方押出しが破線で，型と素材間に摩擦がない場合と潤滑剤がない場合とについて示されている．実際の摩擦条件は摩擦なしと潤滑剤なしの間であるので，良好な潤滑の場合は摩擦なしの線に近い無次元化押出し圧力を読み取れば，それが拘束係数と

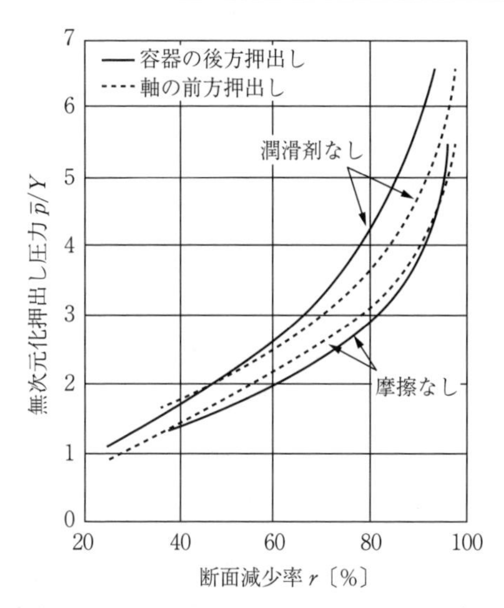

図 9.1　無次元化押出し圧力（拘束係数）[2)]

なる．

また，押出し荷重は式（9.1）に準じる加工硬化材の実験に基づく式[4)]がある．

$$P' = \frac{\pi D_0^{\,2}}{4}(1.5\cdot\ln R + 0.8)\cdot Y_m \tag{9.3}$$

ただし，素材直径 ϕD_0，押出し径 ϕD_1，押出し穴径 ϕD_2 であり

押出し比：$R = \dfrac{D_0^{\,2}}{D_1^{\,2}}$　　（軸）

$R = \dfrac{D_0^{\,2}}{D_0^{\,2} - D_2^{\,2}}$　　（円筒）

Y_m は押出し比の対数 $\varepsilon = \ln R$ を計算し，平均変形抵抗は変形抵抗曲線から $\varepsilon/2$ に対応する Y_m を読み取ることで求められる．

〔3〕　図表による算出方法

冷間鍛造研究者の国際組織である国際冷間鍛造グループ（ICFG）によって，容器の後方押出しおよび軸状部品の前方押出しに対する荷重ないし圧力算出用

図表がまとめられている[5),6)]．これらにより，素材硬さや断面減少率などの広い範囲にわたって実用上十分な精度で加工荷重を求めることができる．

〔4〕 実際に型に作用する圧力

これまでに述べた加工荷重は加工軸方向に作用する圧力の積分値であり，型面には局所的に平均圧力（P/A）より大きな圧力が作用することに注意しなければならない．押出しにおけるダイやコーナー内面，鍛造型の穴側面などにはたらく圧力は，FEM 解析などを用いなければ得られない．しかし，軸前方押出しにおけるコンテナー，容器後方押出しにおけるダイにはたらく最大圧力は素材横断面積当たりの押出し圧力にほぼ等しいと考えてよい．

製品形状が非対称のときにはパンチやダイなどに横方向推力も発生し，このためパンチの曲りによる折損事故が起こることもある．このような場合，2 個取りの方法によって全体としての対称性を確保することも有効である．また，製品そのものは対称形状でも型の製作，取付け精度によって，あるいは素材形状の不具合い，摩擦の不均一，プレスしゅう動部のがたなどに依存して，このような付加的な荷重が発生することに注意したい．

12 章で詳しく述べるが，近年，コンピュータならびに解析技術の急速な進歩により，鍛造中の材料および型の応力，ひずみ，変形，温度などの解析ができるようになり，必要に応じてさまざまなことを知ることができるようになってきた．

〔5〕 型に作用する摩擦荷重

摩擦力は，潤滑法，被加工材の材種と変形条件，型材料と型の表面処理および表面粗さ等によって定まる．摩擦係数がわかれば〔4〕の圧力の結果と結びつけることにより，摩擦応力の概略の値を得ることができる．摩擦係数の値は冷間鍛造で潤滑状態が良好のとき 0.03〜0.05，潤滑が良好でも大変形のため油膜が切れるようになると 0.1 程度であり，条件が悪いときには 0.15〜0.2 くらいである．それゆえ，摩擦応力は押出し圧力の値と比べてずっと小さいが，その影響は必ずしも小さくない．摩擦力は素材の流れに抵抗して加圧圧力を高めるからである．

〔6〕 熱的負荷

鍛造中の鍛造品の温度は，鍛造荷重，材料割れ，潤滑，製品寸法精度，型寿命などに影響する．塑性変形仕事の90％程度（塑性仕事の熱変換率$\beta=0.9$）は熱として放出され，材料の温度上昇に用いられる．断熱変形とみなすと，材料の温度上昇$\varDelta T_m$は次式によって見積もることができる．

$$\varDelta T_m=\frac{\beta\cdot Y_m\cdot\varepsilon}{c\cdot\rho} \tag{9.4}$$

ここで，Y_mは対数ひずみεにおける平均変形抵抗，cは定圧比熱，ρは密度である．高い加工率の鍛造では冷間鍛造であっても鍛造品は300～700℃程度に達することがある．十字穴付きねじの鍛造パンチの温度上昇の測定例[7]では，素材がSUS305で毎分200本の加工速度では約700℃に達している．

実際の鍛造では，材料の熱は熱伝達により接している型に伝達される．また，材料と型は高い面圧が作用した状態で滑るため高い摩擦熱が発生し，型の表面温度は上昇する．型の温度は鍛造品の熱や摩擦熱により昇温するが，時間の経過に従って型部品やプレス機械に伝達されて冷却し，ある一定の時間を経て温度分布は安定する．直接，材料と接触する型の表面の温度は型材の焼戻し温度以上になると型材の軟化を生じて硬さ（強度）は低下し，型の隅角部の不正変形の原因となる．特に熱間鍛造では生じやすく，冷間鍛造でも変形抵抗が大きい硬い材料を大きな加工率で加工する場合に生じることがある．

〔7〕 操作ミスによる異常負荷

正常な負荷のほかに，例えば自動加工の場合，直前の鍛造品の型からの取り出しを失敗したところへ新たな素材を挿入して鍛造する重ね打ちミスや，型穴への挿入ミスの状態で加工すると，きわめて大きな負荷が発生する．各種センサーにより確実にこのような状態を把握し，避けなければならない．

9.2 型材料の選択

鍛造作業を冷間鍛造，温間・熱間鍛造の2種類に分け，それぞれの標準的な使用型材料の選択についてのべる.

9.2.1　冷間鍛造用型材料の選択

型材料の選択は型の仕様・要求特性を踏まえて選択する. 最も重要な型部品であるダイとパンチを主体に考えると, 型の損傷状況を推定・把握することがまず必要である.

冷間鍛造では, 型は破損によるものと摩耗・かじりによる損傷が見られる. **図 9.2** に冷間鍛造型の破損現象と型材料の要求特性を示す. 冷間鍛造では型に負荷される応力は最大 2.5 GPa 以上に達するとも言われ, 負荷形態も引張り, 圧縮, 曲げ, ねじり, あるいはこれらが複合され多様である. そのため各種負荷形態に耐えうる材質特性が求められる.

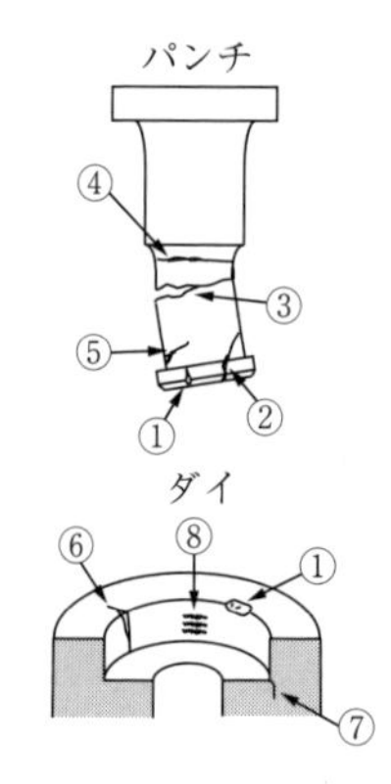

現象	応力発生主因	必要とする材料特性
①	異物喰み, 被加工物の取り付け不良等による過大衝撃力	じん性（シャルピー試験, 抗折試験), 圧縮強さ
②	摩擦による端面引張応力, 金型の膨れに伴う表面引張応力	引張強さ, 摩擦係数, 圧縮耐力
③	偏芯, たわみ等による曲げ応力	曲げ強さ, 圧縮耐力
④	圧縮, 引張り, 曲げの繰返し応力	疲労強さ
⑤	成形圧による圧縮せん断応力	圧縮強さ
⑥	内圧による引張応力	引張強さ, (焼ばめ, 圧入)
⑦	成形圧による圧縮せん断応力	圧縮強さ
⑧	摩擦による側面の引張応力	耐焼付き性, 引張強さ

図 9.2　冷間鍛造型の破損現象と型材料の要求特性

破損プロセスは一般に, ① 初期クラックの発生と微視的成長, ② 繰返し応力下でのクラック進展, ③ 限界の大きさに成長したクラックが不安定破壊して大割れ, の順に進む. ① のクラック発生は材料の強度, 特に耐力に支配される. ② のクラック進展特性は亀裂先端の微視的応力場における材料の塑性変形仕事量の大小に支配され, ③ は疲労亀裂がある限界の大きさにまで成長したときに不安定破壊を起こして大割れする現象で, 一般的には破壊じん性値で評価する. 型の廃却基準が型表面の微細クラックの発生も許さないのであれば①への対策が，ある程度クラックが口を開くまでであれば①と②への，大割れであれば①，②および③への対策が必要となる．

摩耗・かじりについては，被加工材中に含まれる炭化物などの硬質粒子や加工硬化した摩耗粉などが型表面を削りとるアブレッシブ摩耗と，相手材との間で接合と剥離を繰り返すうちに型材料側の一部が脱落するかじり摩耗とがある．それら要因と型材質面での対策の考え方について**表 9.1** に示す．

表 9.1 摩耗，かじりの要因と対策の考え方

種類	要因	対策	
すりへり（アブレッシブ）	被加工材の硬度差の影響	金型を硬くする	母材の硬さを上げる
			硬い炭化物を増やす
			硬い表面処理の適用
かじり，焼付き	相手と化学反応して凝着	化学反応抑制	炭化物を増やす
			表面処理の適用
			潤滑条件の適正化
	金型表面の凹凸により，金型に被加工材が付着	表面粗さの改善	ツールマークをきれいにする
			磨きによる表面粗さの向上
	金型表面の摩耗による	アブレッシブ摩耗対策	上記

冷間鍛造では以上のような損傷現象を踏まえ，要求に応じた特性が得られる材質を選択することになる．

型を製作する場合，型材料の選択とともに使用硬さも選択することになる．**表 9.2** におもな材質特性の硬さへの影響を概念的に示す．硬さが上がることで向上する特性や低下する特性がある．したがって，要求特性に応じた硬さ設定が必要となる．**図 9.3** におもな冷間鍛造用型材料の特性位置付け[8]を示す．標準的な材料は冷間工具鋼の JIS SKD11 である．または高速度工具鋼の JIS SKH51 となる．図 9.3 中にある「A」，「B」等の記号は JIS 規格にない改良鋼で，各鋼材メーカーがさまざまな鋼種を開発して実用化されている．

表 9.3 に一般的に用いられる冷間鍛造用型材料の代表化学成分[9]を示す．JIS（日本工業規格）と合わせてアメリカの規格 AISI で規格されているものはその記号名も示す．冷間工具鋼の SKD11 は C，Cr 量が多く，大きな Cr 系炭化物

表 9.2　硬さの違いによる材質特性の変化イメージ

	特性の硬さの影響	特　　徴
引張強度	強度　硬さ	硬さの適正値が存在（SKD11：約 57HRC）
圧縮強度	強度　硬さ	—
曲げ強度 （抗折力）	強度　硬さ	硬さの適正値が存在
疲労強度	強度　硬さ	引張特性に似ている 炭化物が少ない，型表面粗さ良好 ⇒ 疲労強度良好 型表面の圧縮残留応力は疲労強度を高める
じん性	じん性　硬さ	強度特性と反対の挙動
破壊じん性	K1C　硬さ	
耐摩耗性	耐摩耗　硬さ	炭化物多い ⇒ 耐摩耗性良好 （硬さの影響より大きい）

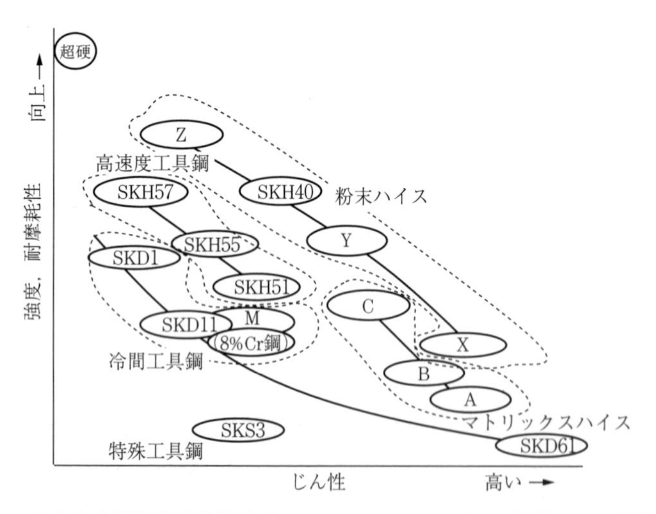

図 9.3　おもな冷間鍛造用型材料（M，A，B，C，X，Y，Z は JIS 規格にない改良鋼）[8]

を多く含み，耐摩耗性が良好なのが特徴である．高速度工具鋼の SKH51 は W，Mo，V を多く含むため，SKD11 に比べてより硬質な炭化物が存在し，耐摩耗性はさらに向上する．マトリックスハイス[10]は高速度工具鋼の炭化物を減ら

表 9.3 おもな冷間鍛造用型材料の化学成分

分類	記号			化学成分〔mass%〕							
	JIS	AISI	※	C	Si	Mn	Cr	W	Mo	V	Co
特殊工具鋼	SKS3	O1		1.0	0.3	1.0	0.7	0.7	—	—	—
冷間工具鋼	SKD11	—		1.0	0.3	0.4	12.0	—	0.9	0.3	—
	—	D2		1.0	0.3	0.4	12.0	—	0.9	0.7	—
	SKD1	D3		2.1	0.3	0.5	12.5	—	—	—	—
	—	—	8%Cr鋼	1.0	1.0	0.4	8.0	—	2.0	0.3	—
高速度工具鋼	SKH51	M2		0.9	0.3	0.4	4.2	6.5	5.0	2.0	—
	SKH55	—		0.9	0.3	0.3	4.2	6.5	5.3	1.9	5.0
	SKH57	—		1.3	0.3	0.3	4.2	10.0	3.5	3.5	10.0
マトリックスハイス	—	—	(A)	0.5	0.2	0.5	4.2	1.6	2.0	1.2	—
	—	—	(B)	0.6	1.5	0.4	4.3		2.9	1.8	—
	—	—	(C)	0.8	0.8	0.3	4.7	1.3	5.5	1.3	—
粉末ハイス	SKH40	—		1.3	0.3	0.4	4.2	6.0	5.0	3.1	8.0

※は規格がないため便宜的に名称付け

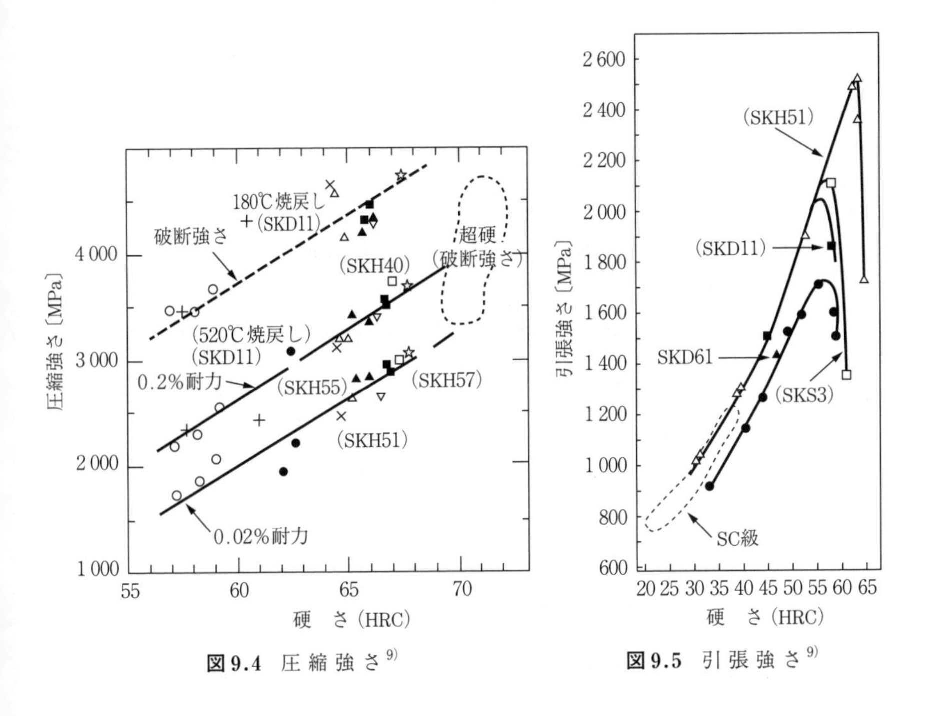

図 9.4 圧縮強さ[9)]

図 9.5 引張強さ[9)]

した組成であり，冷間工具鋼や一般の高速度工具鋼に比べてじん性が高い．粉末ハイス[11]はまず粉末を製造し，静水圧熱間プレスで固め，さらにプレス，圧延などの熱間加工を施して素材を製造する．粉末からのスタートのため炭化物が微細分散しており，耐摩耗性とじん性のバランスが良好である．

図 9.4 に圧縮強さ[9]，**図 9.5** に引張強さ[9]，**図 9.6** にじん性評価の代表的な

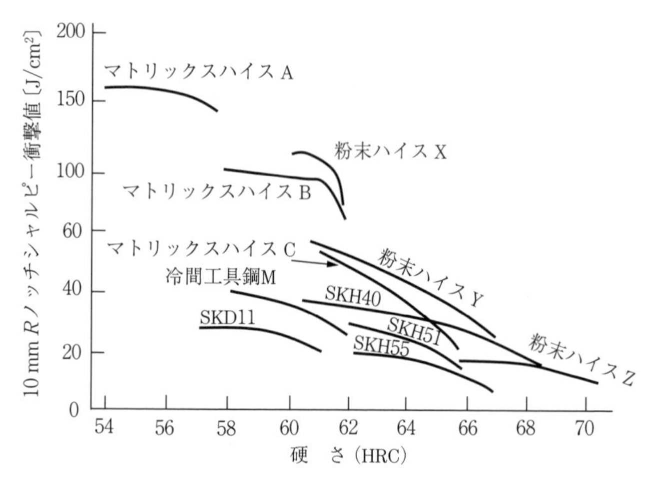

図 9.6　じん性（シャルピー衝撃値）（M，A，B，C，X，Y，Z は JIS 規格にない改良鋼）[9]

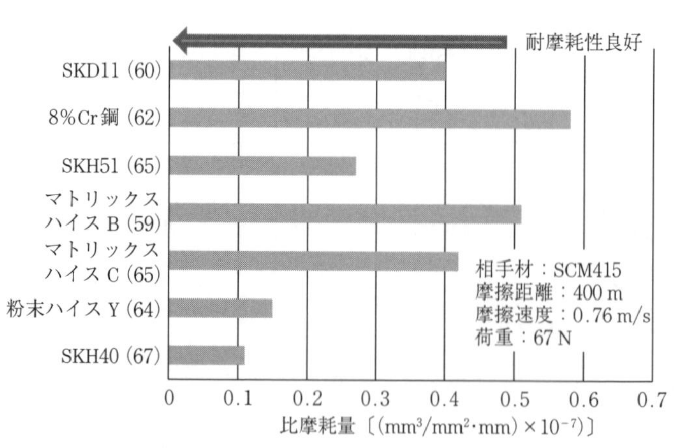

図 9.7　耐摩耗性（大越式摩耗試験）[12]　（ ）内：硬さ（HRC）

シャルピー衝撃値[9]，**図 9.7** に耐摩耗性評価によく用いられる大越式摩耗試験の結果[12]を示す．

例えば引張強度は，硬さが高くなると引張強度は高くなる傾向だが，ある程度の硬さ以上の高硬度になると引張強度は低下する。つまり引張強度は硬さに対して極大値（適正値）が存在するなど，各特性において表 9.2 に示した硬さが高くなる/低くなることによる各特性の向上/低下の傾向が見られる。耐摩耗性については，例えば 8%Cr 鋼（62HRC）は SKD11（60HRC）より高硬度だが耐摩耗性が悪い．これは硬質な炭化物量が SKD11 の方が多いためと考えられる．

型材料の選択は，SKD11（60HRC）を標準とし，これに対して耐摩耗性が必要な場合は高速度工具鋼の SKH51（62～64HRC）が使われる．じん性を高める場合はマトリックスハイス（58～64HRC）を，耐摩耗性向上や耐摩耗性とじん性のバランスを考慮する場合は粉末ハイス（60～68HRC）が用いられる．冷間鍛造用型材料の選択の考え方をまとめた一例を，**図 9.8** に示す．

耐摩耗性や弾性変形量が少ないことを最重視する場合は，耐衝撃性を備えた超硬合金（**表 9.4**）を用いることがある．

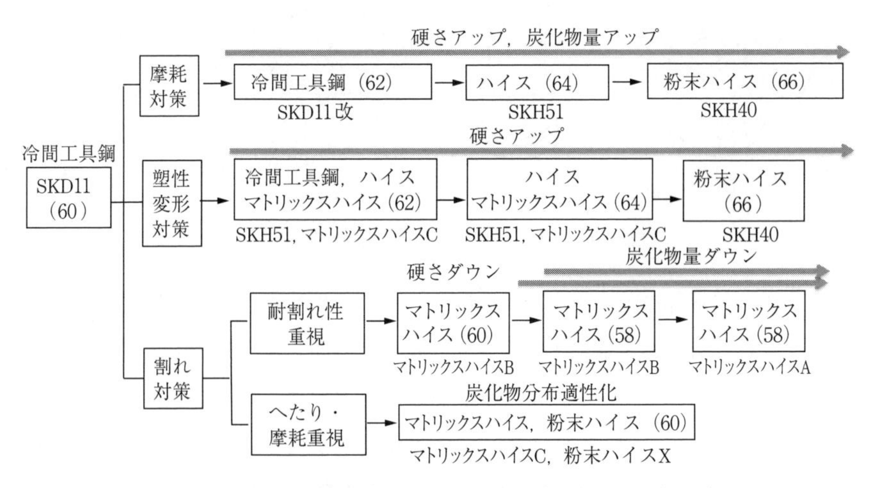

図 9.8　冷間鍛造用型材料の選択の一例　（ ）内：硬さ（HRC）

表 9.4　耐摩耗・耐衝撃用超硬合金の特性（ダイジェット工業株式会社提供）

CIS分類記号	硬さ	抗折力	比重	破壊じん性値	熱膨張係数	熱伝導率	圧縮強度	ヤング率	ポアソン比
	HRA	GPa		MPa·m$^{1/2}$	×10^{-6}/K	W/m·K	GPa	GPa	
VC-50	88.5	3.0	14.5	17.4	5.5	112	4.3	570	0.21
VM-30	91.0	2.8	14.4	11.3	5.5	85	5.4	600	0.22
VM-40	89.5	3.0	14.3	13.1	5.8	89	5.0	550	0.22
VM-50	88.5	3.3	14.0	14.4	6.0	77	4.7	525	0.23
VC-60	86.5	3.0	14.0	18.3	6.2	101	4.2	520	0.23
VC-60	85.5	3.0	13.5	21.7	6.7	83	3.6	480	0.24
VC-70	84.0	2.7	13.3	24.0	6.7	86	3.4	465	0.24
VC-70	82.0	2.7	13.0	28.0	7.3	80	3.2	440	0.24

9.2.2　温間・熱間鍛造用型材料の選択

温間・熱間鍛造用型材料の選択も冷間鍛造と同様に型の損傷状況を推定・把握して対策することが重要である．**図 9.9** におもな温間・熱間鍛造用型の損傷現象を示す．

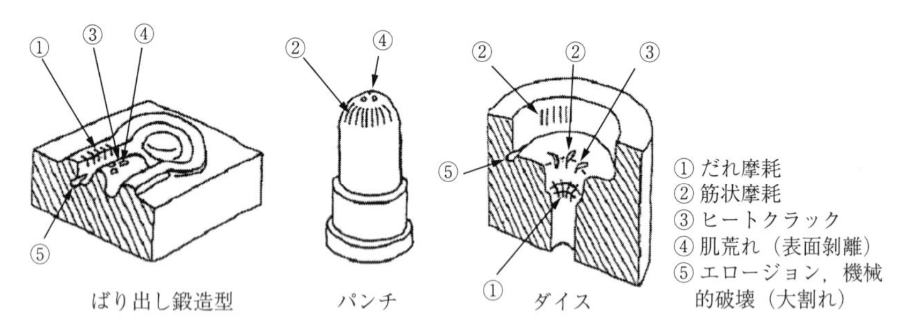

図 9.9　温間・熱間鍛造型の代表的な損傷現象

パンチの先端部や前方押出しの軸絞り部では，加熱された被加工材との接触時間が長いため，熱影響による型表面の軟化と熱間しゅう動による筋状摩耗がおもな損傷現象となる．また，フラッシュランド部は，鍛造素材との接触時間は短いものの，ばり出ししゅう動による摩擦発熱が大きいときには熱影響も大きい．場合によっては型材の A_1 変態点を超える発熱により型表面が再焼入れ状態となり，熱間摩耗とともに表面剝離，酸化滅失などの現象が発生する．

ヒートクラックは型のあらゆる領域で見られる損耗現象であり，加熱/冷却の繰返しで熱疲労が蓄積されることにより発生する．ヒートクラックは表面剝離や筋状摩耗の起点となり型損傷を加速する．

また温・熱間鍛造型の表面やエア抜き孔部に局部的にえぐりとられたような凹みやきずが発生することがある．これは潤滑剤の水分等が高温，高圧下で閉じ込められ，その発生ガスによりキャビテーション・エロージョンを発生したときの現象であり，型材の硬さを高めても低減効果は小さい．このような場合はガス抜き孔を増やすなど型設計を変更するか，潤滑剤の量を調整する，噴霧の方法を改善して液だまりをなくすなどの対策が必要である．その他の損傷現象としては鍛造の衝撃荷重による機械的破壊（大割れ）があげられるが，型材のじん性不足のほかにプレス機の剛性や，型の偏心，ボルスターやベッドのたわみなどの影響が考えられる．

表 9.5 にこれらの損傷現象と要求される型材の特性を整理する．型の寿命向上には，これらの要求特性に見合う型材を選択することになる．

温間・熱間鍛造型の摩耗やヒートクラックは型材料だけでは対策が困難で窒化や PVD 処理などの表面処理も多く使われている．表面処理については，9.6 節でのべる．

表 9.5 温間・熱間鍛造型の損傷現象と要求される型材の材質特性

損傷位置	損傷現象	鍛造条件	材質特性
パンチ先端軸の絞り部	金型表面熱軟化 熱間しゅう動摩耗	熱負荷（ワーク受熱），ワークの変形速度，潤滑条件(しゅう動発熱)	高温強度，軟化抵抗，A_1 変態点，表面処理（窒化特性）
インプレッション面	ヒートクラック発生，進展，合流，剝離	熱負荷（熱サイクル）	耐ヒートクラック性 （高温強度，常温延性）
フラッシュランド部	アブレッシブ摩耗， 熱間しゅう動摩耗	ばり出し条件，潤滑条件（しゅう動発熱）	内部硬さ，炭化物量 表面処理（窒化特性）
コーナー R 部	機械的破壊（大割れ）	製品（金型）R 形状， 成形荷重（肉張り）	じん性（衝撃値） 疲労強度

温間・熱間鍛造用型材料の位置付けとして，高温強度や温間・熱間における耐摩耗性とじん性の関係を**図 9.10** に示す[9]．代表的な温間・熱間鍛造用の型材料は熱間工具鋼の JIS SKD61 である．また各型材料メーカーは独自の JIS 改

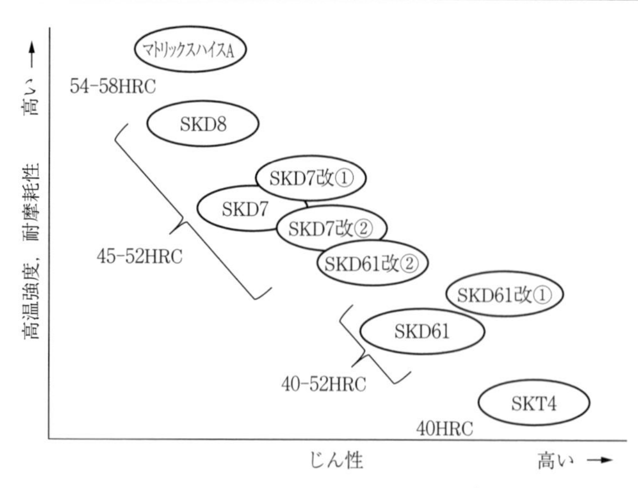

図 9.10　温間・熱間鍛造用型材料[9)]

良材やマトリックスハイス[10),12)]を開発しており，実際はJIS規格鋼種以外の型材料が使われていることも多い．**表 9.6** におもな型材料の代表的な化学成分を示す[9)]．

表 9.6　おもな型材料の化学成分

分　類	記　号			化学成分〔mass%〕								
	JIS	AISI	※	C	Si	Mn	Ni	Cr	W	Mo	V	Co
熱間工具鋼	SKD61	H13		0.4	1.0	0.4	—	5.2	—	1.3	0.9	—
	SKD7	H10		0.3	0.3	0.3	—	3.0	—	2.8	0.6	—
	SKD8	H19		0.4	0.4	0.4	—	4.4	0.4	4.2	2.0	4.3
	SKT4	L6		0.5	0.3	0.9	1.8	1.3	—	0.4	0.2	—
高速度工具鋼	SKH55	—		0.9	0.3	0.3	—	4.2	6.5	5.3	1.9	5.0
マトリックスハイス	—	—	(A)	0.5	0.2	0.5	—	4.2	1.6	2.0	1.2	—
粉末ハイス	SKH40	—		1.3	0.3	0.4	—	4.2	6.0	5.0	3.1	8.0

※は規格がないため，便宜的に名称付け[9)]

図 9.11 におもな型材料の高温強度を示す[9)]．SKD61で硬さが高い方が高温強度は高くなる．またSKD61に比べSKD7やマトリックスハイスは高温強度が高い．ただし試験温度が高くなると高温強度の鋼種差が小さくなるため，型の表面温度が上がりすぎないようにすることも必要となる．一方で**図 9.12** に

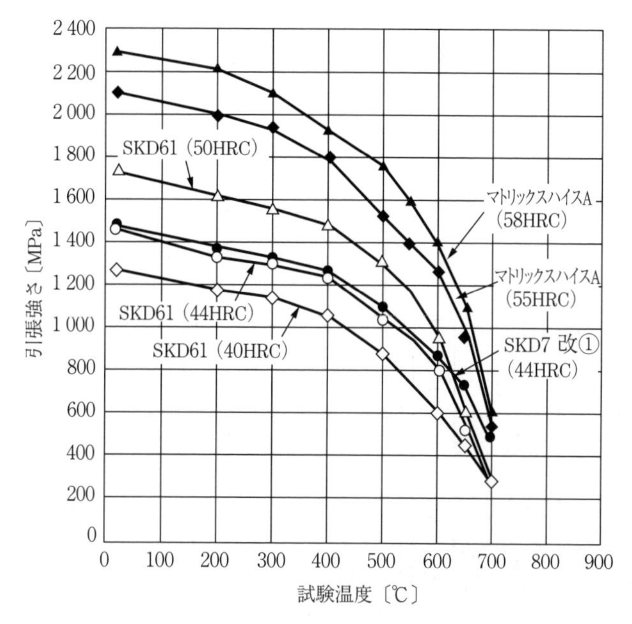

図 9.11 おもな型材料の高温強度

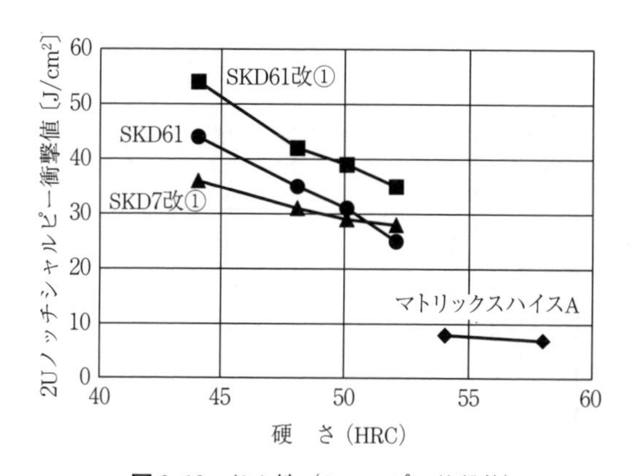

図 9.12 じん性（シャルピー衝撃値）

示すとおり，じん性は SKD61 に対して SKD7 やマトリックスハイスは低くなる[9]．

図 9.13 に温間・熱間鍛造型の損傷対策例を示す．SKD61（約 45 HRC）を標準に損傷に応じて型材料や硬さを調整し，さらに窒化の適用を考える．

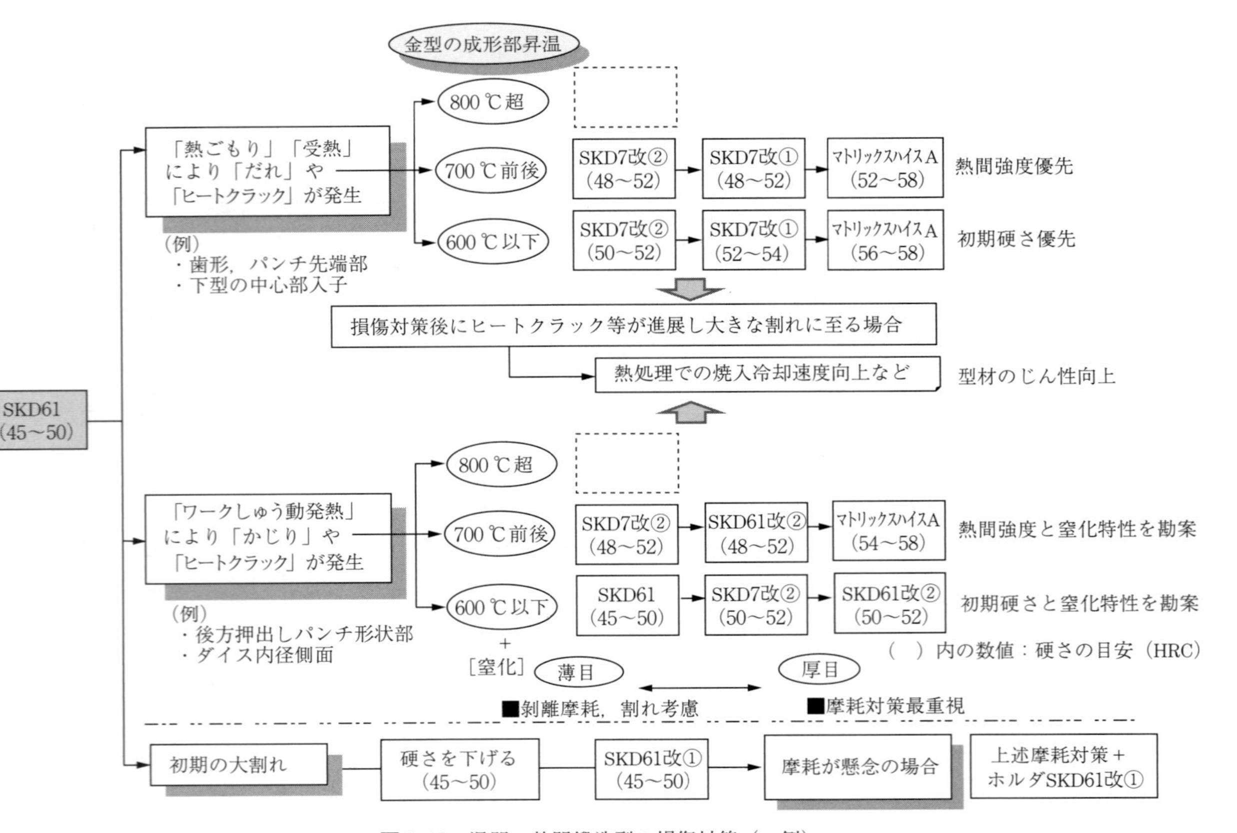

図 9.13　温間・熱間鍛造型の損傷対策（一例）

9.3 型 の 設 計

9.3.1 型要素の設計

〔1〕 パ ン チ

一様な断面をもつ長い棒の一端に一様な圧力がはたらく場合，この圧力はそのまま棒の内部を伝わり，それ以外の応力は発生しない．しかし，一般の段付き形状のパンチや内圧がはたらくダイの場合には，無視しえないほどの応力の生じることが一般的である．

図 9.14 にパンチアール部における応力集中率[13]を示す．**図 9.15** に示すように形状が大きく変化するところは角度と R で急激な変化を避ける．パンチ

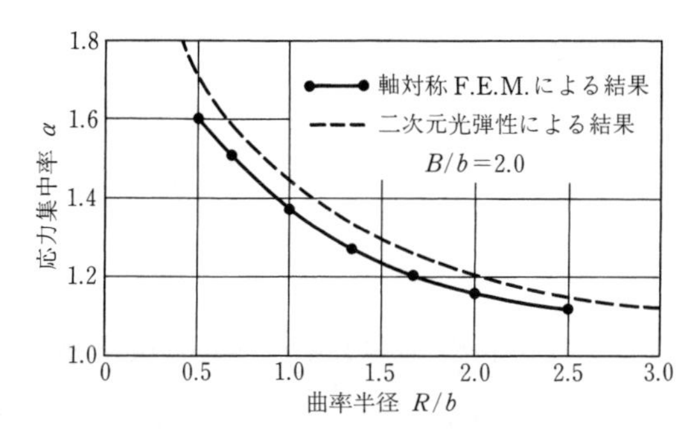

図 9.14 パンチアール部の応力集中（R：パンチアール，b：パンチ直径，B：シャンク部半径）[13]

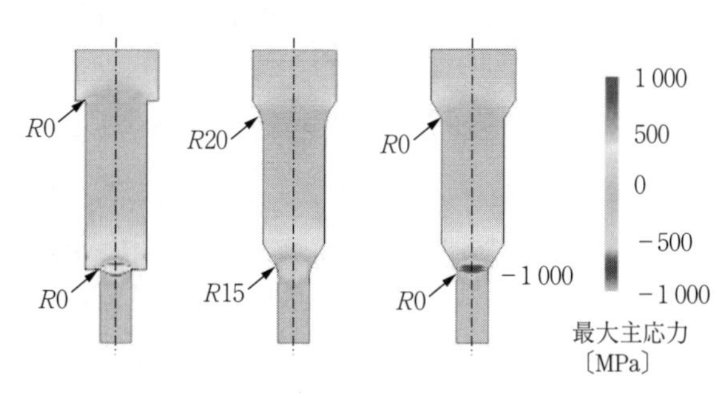

図 9.15 形状と R の影響（株式会社ヤマナカゴーキン提供）

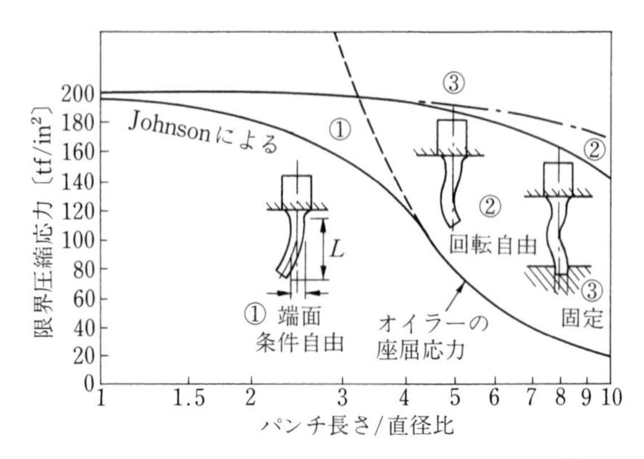

図 9.16 パンチの座屈と長さ/直径比の関係 [14)]

が長い場合には座屈の危険があり，**図 9.16** にパンチの長さ/直径比と限界圧縮応力の関係 [14)] を示す．先端の支持条件によってかなり相違があるが，長くなると強度の低下を見込まなければならない．

パンチやカウンターパンチ，あるいはエジェクターに加わる荷重は最終的にはプレスのスライドやボルスター面に伝わり，これらによって支えられなければならない．

〔2〕 ダ　　イ

ダイが厚肉円筒で，内壁全面に一様圧力 p（$=1\,470$ MPa）がはたらく際のダイ内に生じる応力の分布 [15)] を**図 9.17**（a）に示す．σ_r, σ_θ はそれぞれ半径および円周方向応力を示す．内壁では圧力を上回る大きさの円周方向応力が生じる．引張りと圧縮で強度の異なる工具材料を一般構造用材料と同様に扱ってよいかどうかは問題もあるが，最大せん断応力説に従うと，ダイの強度は二次応力を考慮しない場合の 1/2 以下になってしまうことになる．

鋼の冷間鍛造における負荷の大きさを考慮すると，このような簡単な構造で耐え得る強度水準の型材料はない．そこで，これを解決するために締りばめ構造が採用される．このときの応力の分布例を図（b）に示す．図（c）は図（b）と図（a）の二つの応力を加算したものである．内壁における円筒応力が図（a）と比べ非常に低い値に抑えられていることがわかる．締め代の値は，

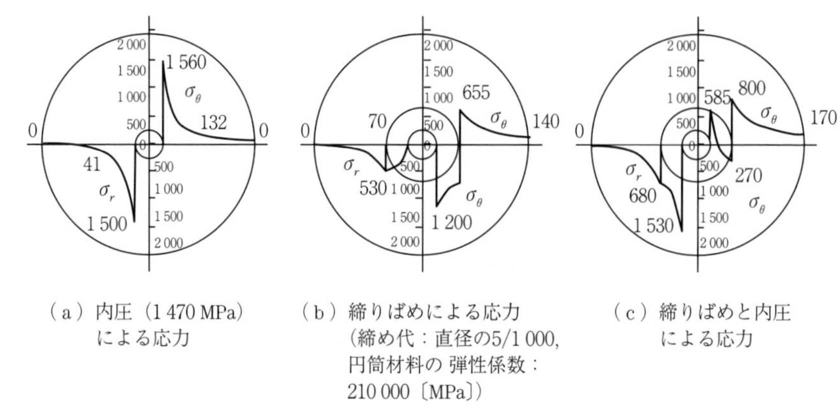

（a）内圧（1 470 MPa）による応力

（b）締りばめによる応力（締め代：直径の5/1 000，円筒材料の 弾性係数：210 000〔MPa〕）

（c）締りばめと内圧による応力

図 9.17 円筒締りばめダイに発生する応力（株式会社ヤマナカゴーキン提供）

ダイが内圧を受けたときインサートおよび補強リングが同時に降伏するように決定する（同時降伏条件）．ダイの耐えうる内圧の値は締りばめ面直径によって異なるので，これを最大にするよう選ぶのがよい．

このように締りばめによって，応力水準を型材料の許容範囲におさめることが可能であるが，金属材料の疲れと関係のある内圧作用による応力振幅そのものを変えることはできない．

ダイ形状は厚肉円筒でも圧力が限られた幅 l にわたってのみはたらく場合には，ダイ内に生じる応力は**図 9.18** に示すように l が小になるほど小さくなる[16]．しかし，このようなときでも締りばめ構造の採用は不可避である．**図 9.19** に締りばめ構造での各部の応力変化を示す．

ダイの締りばめ方法には，**図 9.20** のように焼ばめとテーパー圧入の方法がある．焼ばめの場合，補強リングの最低加熱温度 $\varDelta T=\delta/2\,\alpha\gamma$ により与えられる．

テーパー圧入の場合の圧入荷重 P の推定は式（9.5）による．ただし，D_0，D_m，D_2，H，θ，μ はそれぞれダイ内径，締りばめ面径，ダイ外径，ダイ高さ，締りばめ面の傾き角，締りばめ面の摩擦係数である．

$$P=\pi HD_m(\mu+\tan\theta)p \tag{9.5}$$

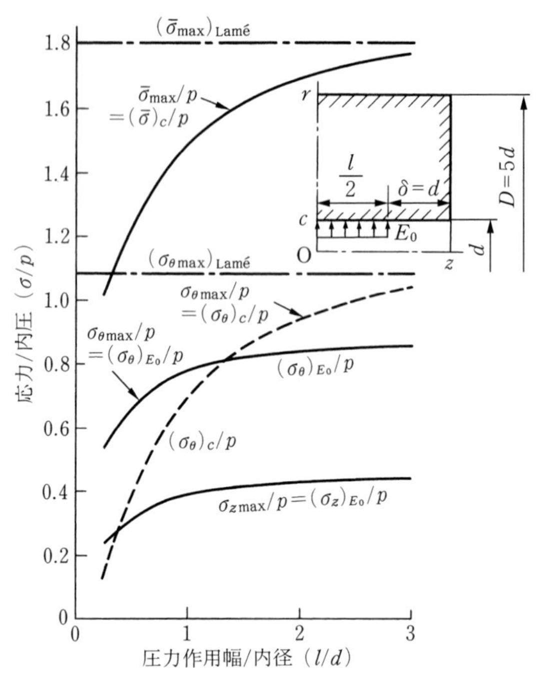

図 9.18　圧力作用域幅の影響（$\delta = \delta' = d$, $\nu = 0.3$）

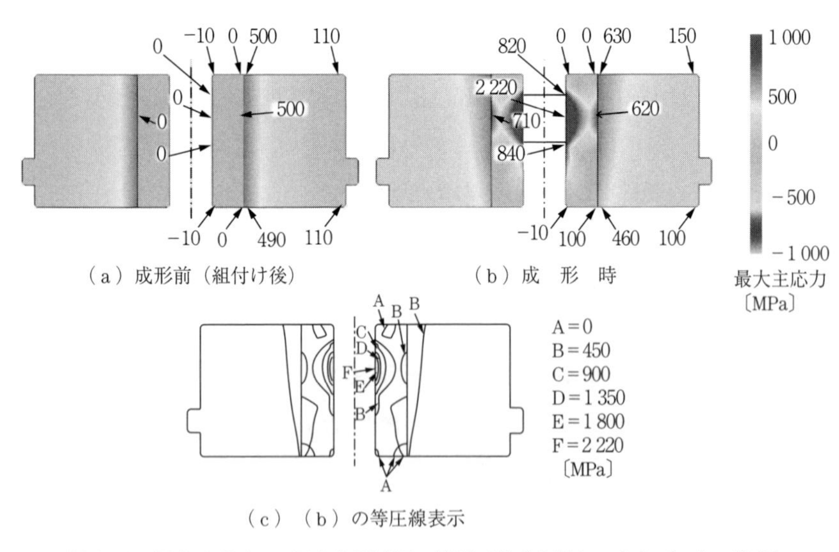

図 9.19　組合せダイスの圧力作用域幅の影響（株式会社ヤマナカゴーキン提供）

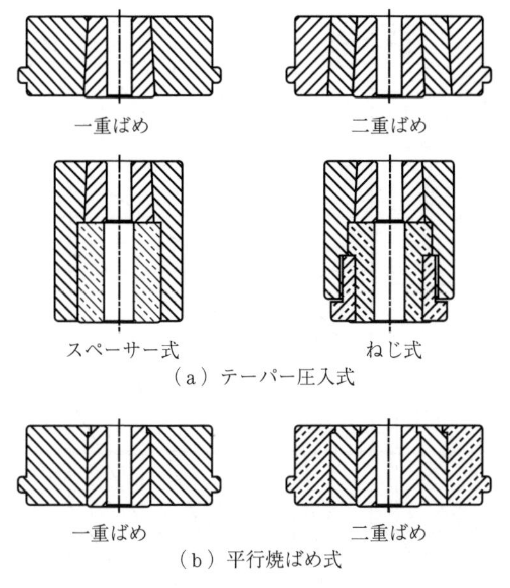

図 9.20 締りばめの構造の種類

ただし，p は

$$p=\frac{E\,(\delta/D_m)\,(D_2^{\,2}-D_m^{\,2})\,(D_m^{\,2}-D_0^{\,2})}{2D_m^{\,2}\,\,(D_2^{\,2}-D_0^{\,2})} \tag{9.6}$$

である．テーパー圧入の場合には，インサートが破損した場合にはこれを抜き取り，新しいインサートに交換することができる．

厚肉円筒ダイの設計計算法はいくつか提案されている．図式解法も提案されている．**図 9.21** にその一例を示す．負荷の程度によっては補強リングの数を増やすことも必要である．**図 9.22** に補強リングの個数とダイ外内径比がダイの許容圧力に与える影響[15]を示す．

インサートに超硬合金を用いる場合には，強い締め代を与えて使用する．これは圧縮応力には強いが引張応力には弱い特性をもつ超硬合金には，円周方向に圧縮応力を十分与えることが必要なためである．

穴形状が異形の場合にはコーナー部に応力集中が生じる．このためダイの許

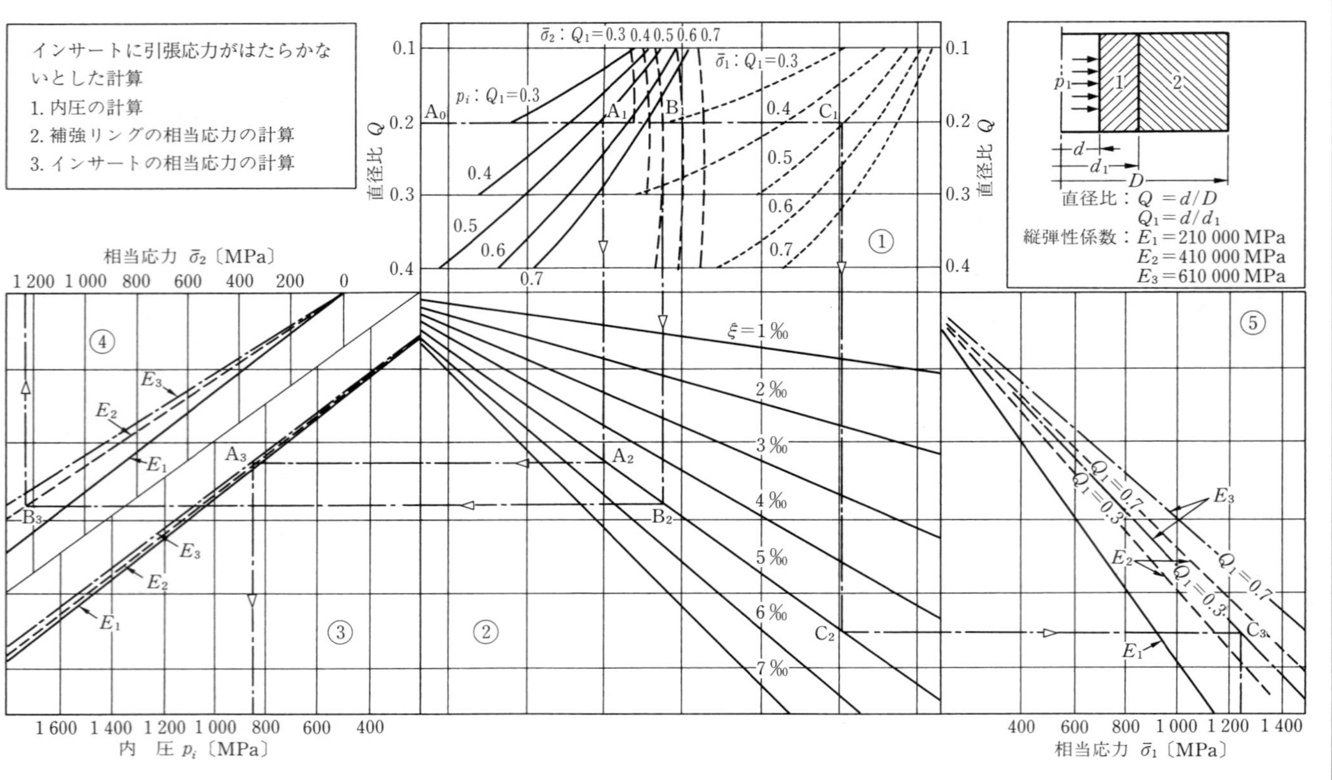

図 9.21　締りばめダイの設計図表（インサートに引張応力がはたらかない条件）

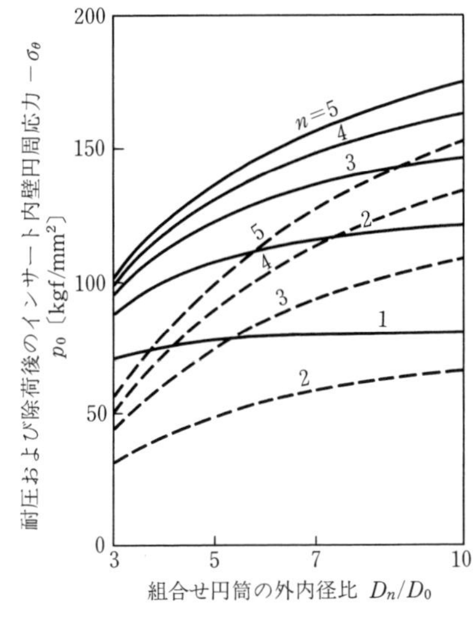

$c_1=0.6$, $c_2=c_3=\cdots\cdots c_n=1.0$
$Y_1=130$, $Y_2=Y_3=\cdots\cdots Y_n=90$ kgf/mm^2
——耐圧
----除荷時におけるダイインサート内壁の円周方向圧縮応力

図 9.22 円筒個数および組合せダイ外内径比と耐圧の関係 [15]

容圧力は円形穴の場合と比べて低下する．**図 9.23** に，四角穴をもつダイの応力集中に対するコーナー丸み半径の影響 [17] を示す．同図にはダイの許容圧力も示されている．

ダイが底つき穴をもつ場合には，**図 9.24** に示すようにコーナー部に応力集中が生じる [18]．製品形状が許す限りコーナー半径を大きくしたい．周方向応力は部位により異なるので，応力集中する部分は金型を分割して破損を防ぐ．周方向の応力集中の分布を**図 9.25** に示す．

実際のダイは段付き部をもつことが多い．パンチの場合と同様アール部で応力集中が起こる．これを低下ないし避けるため，丸みをつけることが必要になる．これも許されない場合にはインサートを分解し，組立て構造を採用しなければならない．**図 9.26** には組立て構造の例を示す．図（a）は縦割り構造であり，縦ばりが発生しやすいが外径側には欠陥が出にくい．図（b）はインサートの横割り構造なので，金型破損は生じにくいが，横ばりが出やすい．図（c）は横割りであるが，上下の組み替えをしたり，部分的な交換が可能である．

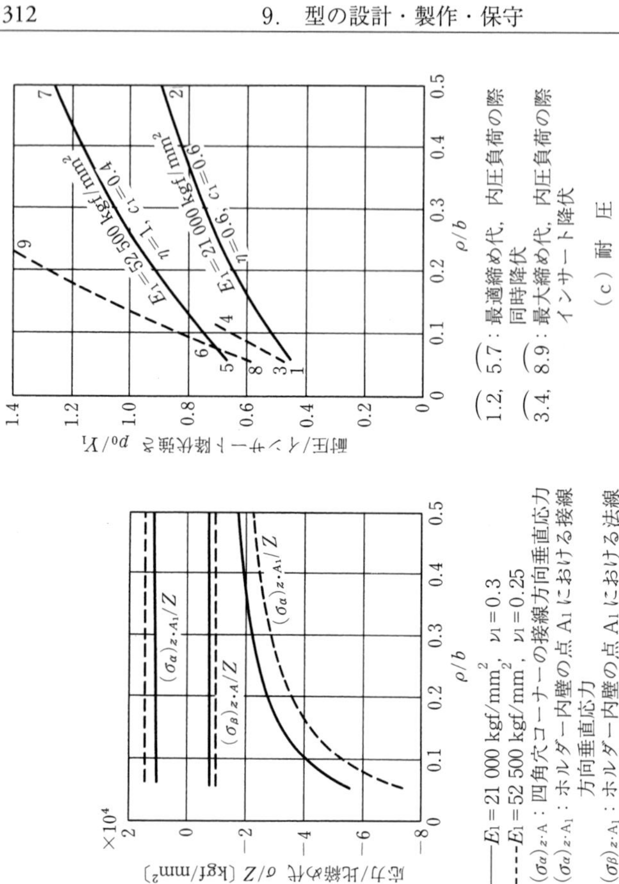

図 9.23　四角穴コーナーの曲率半径の影響[17]

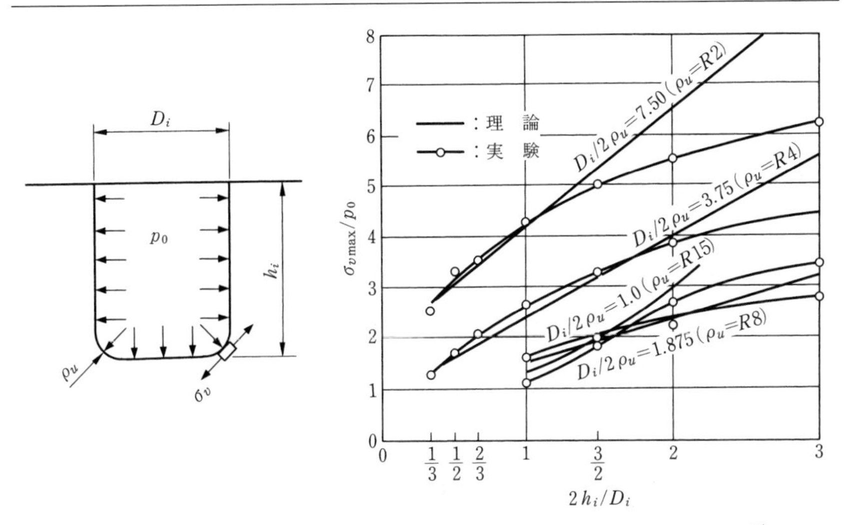

図 9.24 無次元化したインプレッション深さ $2h_i/D_i$ と応力集中率の関係 [18]

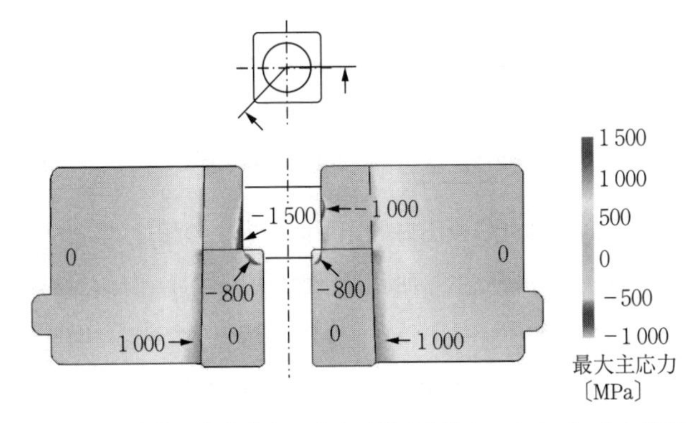

図 9.25 周方向の応力集中の分布（株式会社ヤマナカゴーキン提供）

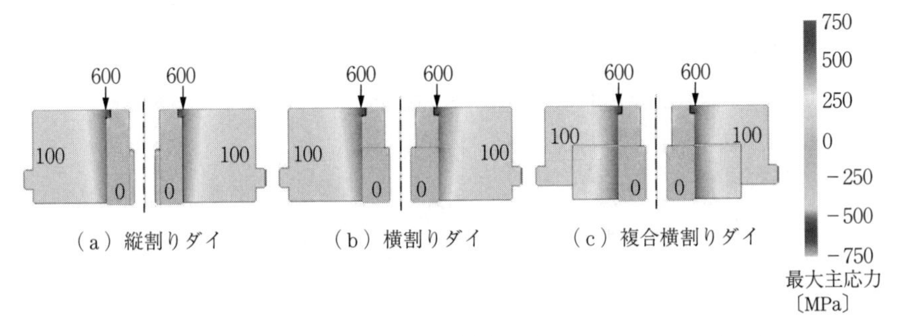

図 9.26 ダイの組立て構造の例（株式会社ヤマナカゴーキン提供）

〔3〕受　圧　板

冷間鍛造で発生する高い加工圧力を，プレスのボルスター面で支持しうる低い圧力（100～200 MPa 程度）に低下させるには，横断面積を著しく増大させなければならばない．このため，段付き部をもつ部品や直径の異なるいくつかの受圧板を重ねて使用しなければならない（**図 9.27**）．このとき，段付きのアール部や部品と部品の接合部で応力集中が発生する．これを低下させるため段付き部のアールを可能な限り大きくしたり，接合部のコーナーを滑らかに面取りすることが必要である．

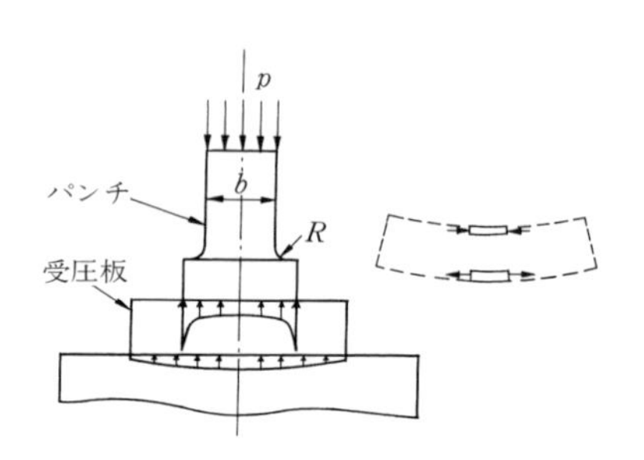

図 9.27　反力の分布と受圧板の曲り

受圧板の上，下面にはたらく圧力の作用域の広さの相違により受圧板が直径に対して薄いとき，曲りが発生し曲げの凸面で引張応力がはたらく．これを避けるには受圧板の厚さを直径の 1/3～1/2 に選ぶべきである（**図 9.28**）．受圧板は被加工材と直接に接触しないので，その強度は軽視されがちである．受圧板の破損が，例えばパンチの縦割れの原因になることもあるため注意が必要である．

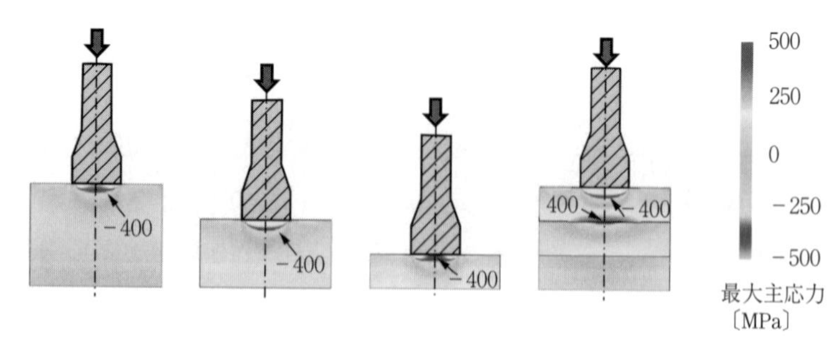

図 9.28　受圧板の厚みの違い（株式会社ヤマナカゴーキン提供）

〔4〕 ダイセット[20)]

ダイセットは**図9.29**に示すようにロアープレートに一端を埋め込まれたガイドポストに案内されてアッパープレートがしゅう動する構造をもつ．これに上下型を組み付けた状態で機械に取り付けたり外したりする．ダイセットは必ずしも使用しなくてよいが，用いれば次のような利点がある．

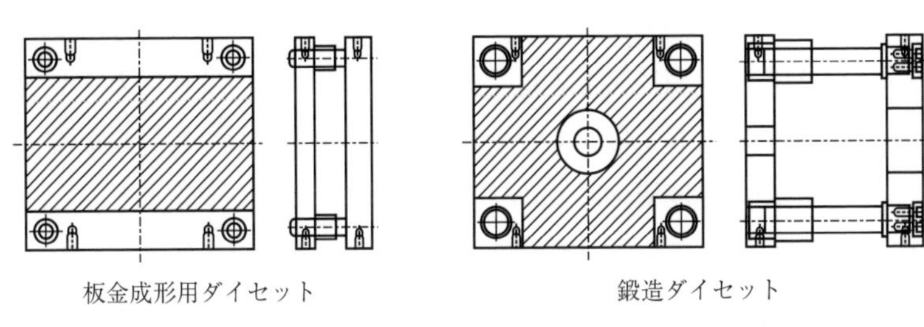

図9.29 ダイセットの例

1） 型の標準化

2） 型の保管

3） 型交換に伴う機械停止時間の短縮

4） 製品寸法精度の維持ないし向上

5） 型寿命の向上

主としてプレス加工に適したダイセットはJIS規格が制定されているが，鍛造用としては負荷の大きさの相違により適さないことが多い．そのため，より高い負荷に耐える構造にして使用する．

・ガイドポストの固定をネジ止めとする．

・ガイドポストを太いものにする．

・ガイドブッシュにはまっているポスト長さを長くする．

・ポストの保持剛性を上げるために配置を内側によせる．

・反り対策のために，プレートの厚さを厚くする．

・中央部に大きな荷重を受けるので，硬度の高い受圧板を置き，荷重の分散を図る．

しかし，ダイセットだけで横方向の剛性を確保することは困難であり，使用するプレス機械のスライドとギブの隙間の調整も忘れてはならない．またアッパープレートおよびロアープレートの厚みはプレスのダイハイトを食うので，中央部は熱処理したプレートを組み込んで負荷の分散を図り，受圧板としての機能を果たすようにすることが有効である．

〔5〕 センサーの組込み

加工力の監視のためひずみゲージをプレス機械に貼付することや，型温度を測定するため熱電対を型に埋め込むことが行われている．摩耗により型寸法が変化し，製品寸法精度も変化していく．これを監視するため放射性物質をパンチに与え，放射線の強度変化によりパンチランドの摩耗を測定することが可能である（**図 9.30**）[19]．補強リングの塑性変形により予応力の低下が起こり，インサートの破損を引き起こすことがある．超音波により締まりばめ面圧力を監視することも可能である．

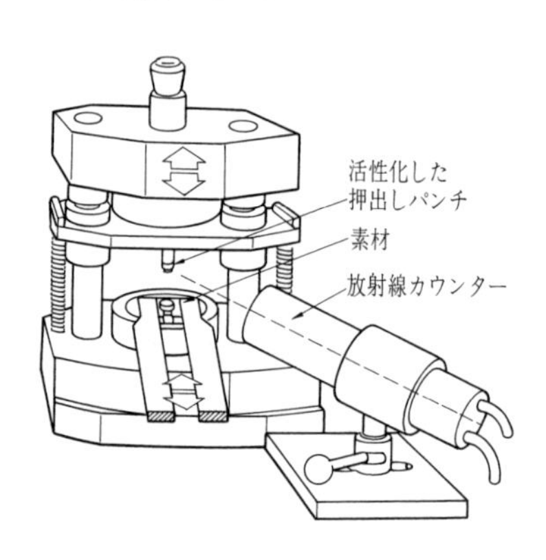

図 9.30　放射線を利用した金型摩耗測定システム[19]

9.3.2　据込み鍛造型の設計

図 9.31 に据込み鍛造型の代表例を示す．据込み鍛造型はダイと比べ強度的には余裕があるが，型穴をもつ場合には締りばめにする．据込みパンチは端面の中央部にのみ荷重を受けること，および荷重作用域の中心部で圧力が高いことが多いので，弾性たわみが中心で最大になる（**図 9.32**）．このため製品端面の平坦度が悪くなる．これを避けるためには型形状を中高にしておくことが有

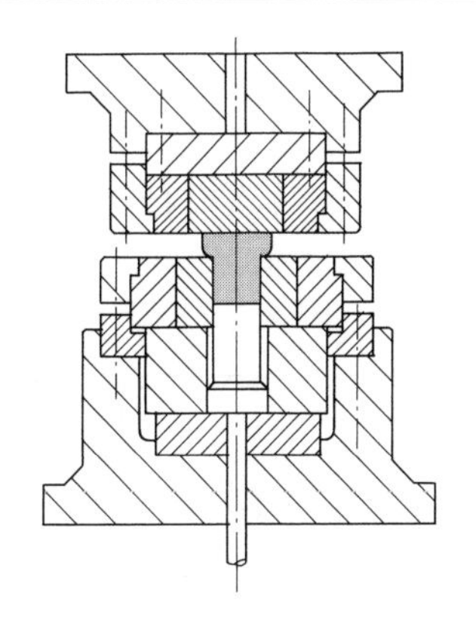

図 9.31 据込み鍛造型の構造の例

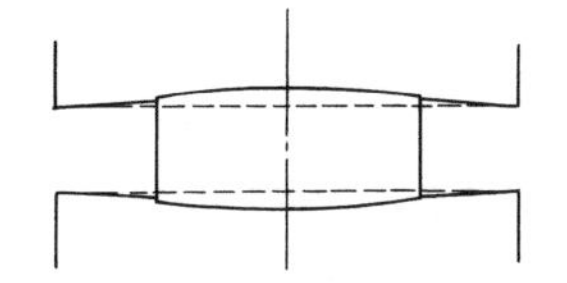

図 9.32 据込み鍛造型の変形

効である．据込部が長い場合には，座屈防止のため周囲を拘束した型を用いる．7 章で述べたように，せん断で作られた素材の形状を整えるために，据込む場合には，周囲をリングにより拘束して圧縮することが行われる．拘束リングは横方向には自由に移動ができるようにしておく．

9.3.3 押出し鍛造型の設計

図 9.33 に棒材押出し鍛造型の代表例を示す．コンテナーと材料の間で閉じ込められた空気が圧縮されて高圧になり，材料がコーナー部に出にくくなるこ

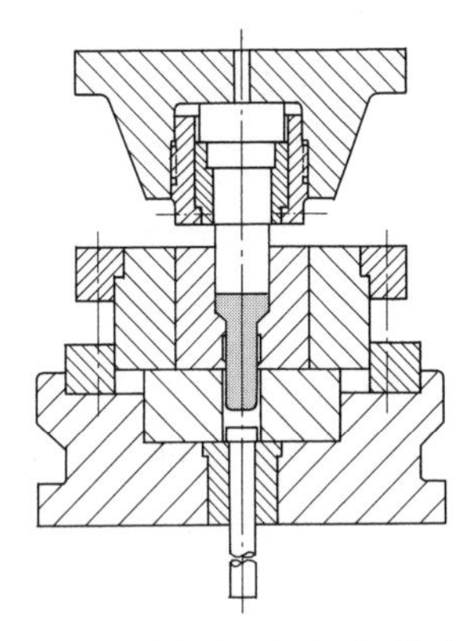

図 9.33 棒材押出し鍛造型の構造の例

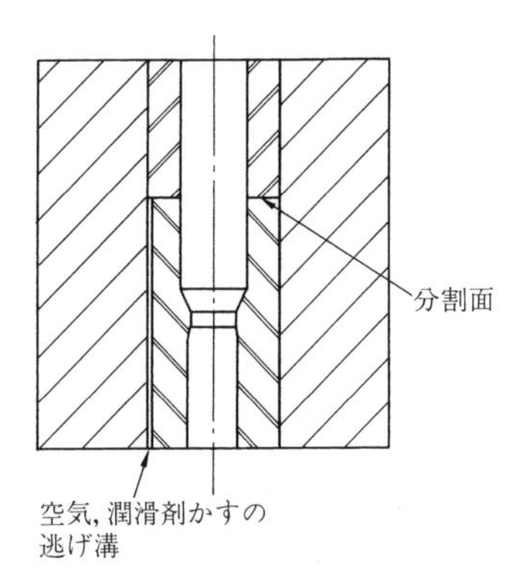

図 9.34 空気，潤滑剤かすの逃げを考慮したダイの設計

ともある．また型穴の底部では潤滑剤がたまりやすく，製品のコーナーが出にくくなることがある．このような問題の対策として，インサートを分割し，流出溝を設けた例を**図 9.34** に示す．ダイの出口の下部には材料の曲りを抑制するために数段のランドを設けるとよい（**図 9.35**）．

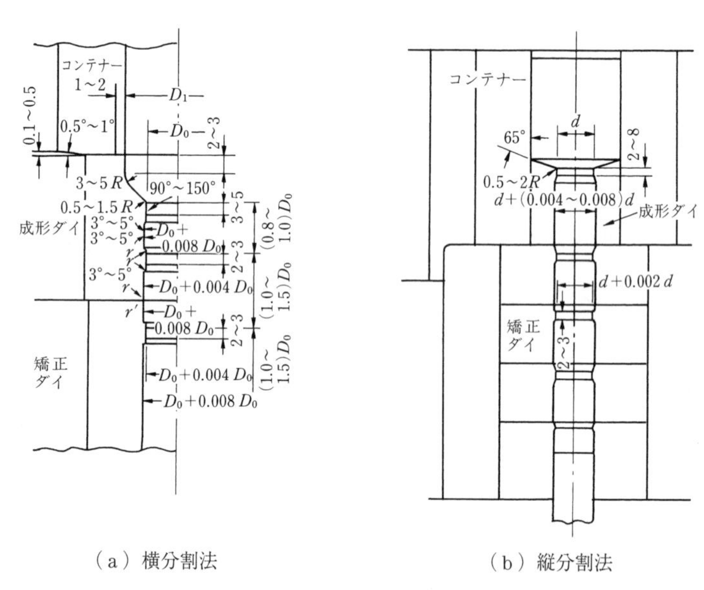

（a）横分割法　　（b）縦分割法

図 9.35　押出し材の曲りを抑制するため数段のランドを設けたダイの例

図 9.36 に容器押出し鍛造型の代表例を示す．プレスのスライドとギブの間の隙間が大きいと，製品の同心精度が悪くなることがある．パンチの偏心を抑えるためにダイの上部とパンチステム部が嵌合した後，成形が始まるようにするとよい（**図 9.37**）．このようにすると，パンチの破壊の場合にも破片が飛散しないので安全である．容器押出し用パンチ先端の標準的形状[20]を**図 9.38** に示す．中央部に平坦な部分を，周囲にテーパー部を，ランドとのつなぎ部に丸みをつけることが多い．これらの寸法の取り方により製品内壁の表面積の拡大の分布に違いができ，得られる容器深さの限界が影響を受ける．また内外壁同心精度も影響を受ける．ランドから逃げ部への接続部分は滑らかにする．それはパンチを抜き取る際，製品内壁の表面状態を傷めないためである．

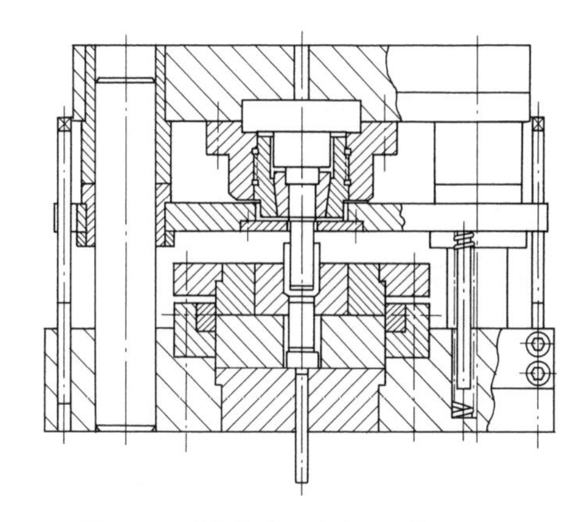

図 9.36 容器押出し鍛造型の構造の例

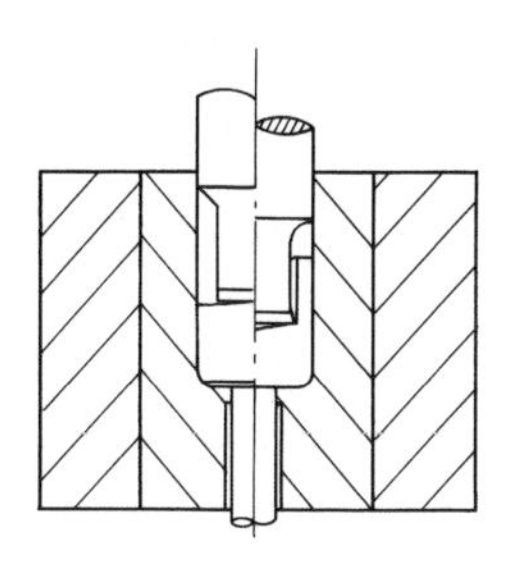

図 9.37 パンチの偏心を抑えるため パンチステム部ガイドする型の例

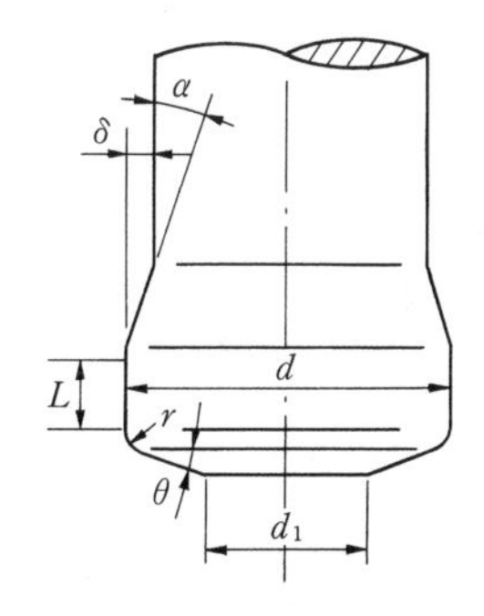

$d = 30$ mm
$d_1 = 0.5 \sim 0.7\,d$
$\delta = 0.1 \sim 0.3$ mm
$L = 0.5 \sim 2.5$ mm
$r = 0.5 \sim 2.0$ mm
$\theta = 0 \sim 8°$
$\alpha = 3°$

図 9.38 パンチ先端部の寸法形状[20]

パンチランド径は負荷によりつぎのように変化するので，設計段階でこれを見込んでおくことが望ましい．

$$\varDelta d = \left(\frac{\nu p}{E} + \alpha \varDelta T \right) d \tag{9.7}$$

ただし，p は成形圧力，E は工具材料の縦弾性係数，ν はポアソン比，α は熱膨張係数，$\varDelta T$ はランド部の温度上昇である．

カウンターパンチの高さとダイコーナー部の高さは，成形の際，受ける荷重の大きさおよび剛性の相違により沈む大きさが異なる．パンチの方が変形が大きい場合は，組み立てたときにパンチ面の方が高くなるようにする．

容器押出しは前方押出しの形式でも可能である．予成形された素材の前方押出しにより深いチューブを製作する型の例を**図 9.39** に示す．

パンチ部は**図 9.40** に示すように，マンドレルが長い場合には材料内壁との摩擦により大きな引張力がこれにはたらき，マンドレルの付け根部に応力集中が生じるので，パンチ部とマンドレル部を分割するのがよい．

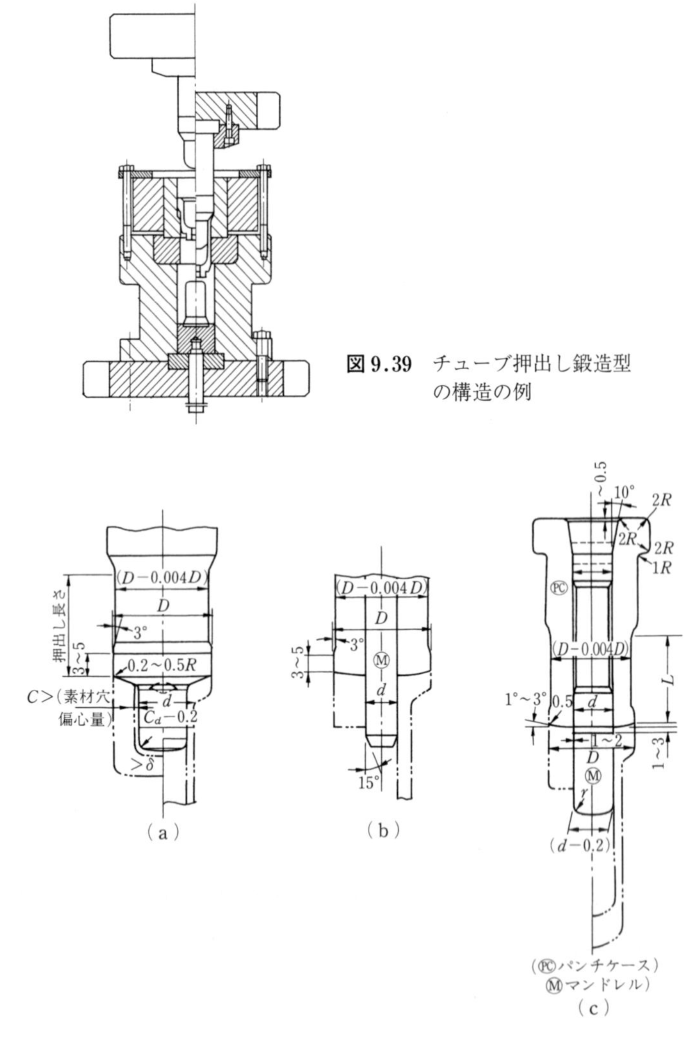

図 9.39　チューブ押出し鍛造型の構造の例

図 9.40　チューブ前方押出し鍛造用パンチとマンドレルの設計例

9.3.4 ばり出し型鍛造型の設計

ばり出し型鍛造は成形の最終段階で密閉になるので，最終段階の形状部を金型の分割面として成形度の向上と金型の破損を防ぐ．**図 9.41** にばり出し型鍛造用型の例を示す．

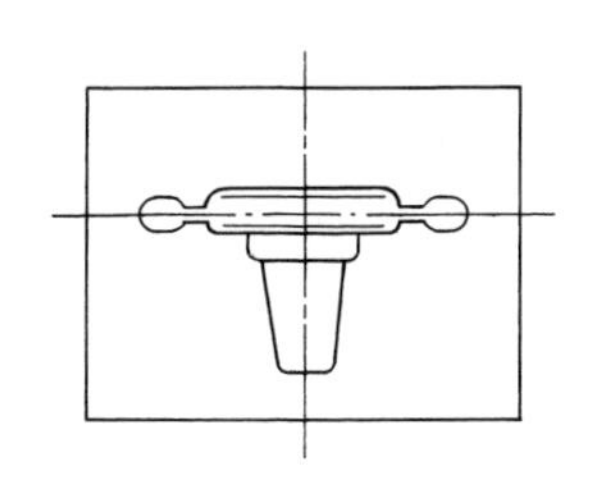

図 9.41 ばり出し型鍛造用型の例

〔1〕 型 割 り 線

図 9.42 のように，型鍛造品の鍛造線図上で一組の型が互いに合わさる面を型割り線と呼ぶ．型割り線が平面上にないとき，一般に横推力が発生する．この力は上下型の横ずれによる製品寸法精度の低下をきたしたり，プレス機械に好ましくない影響を与える．この対策としては型穴を適度な角度だけ傾斜させることや，小物部品のときは 2 個取りを採用し全体としては対称性を確保する

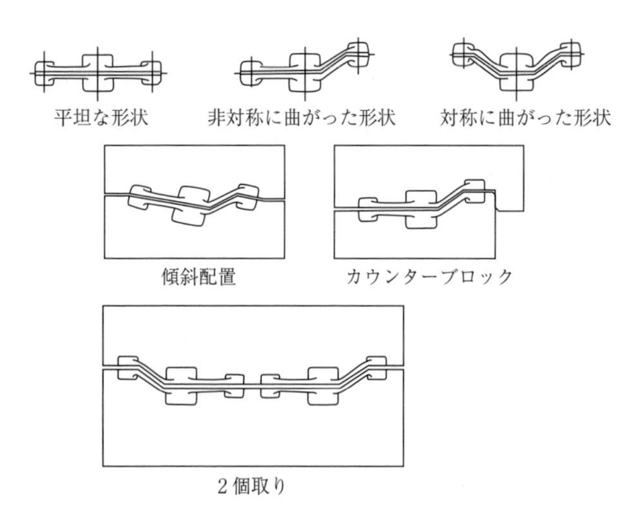

図 9.42 型 割 り 線

こと，カウンターブロックを設け上下型がずれないようにすることなどが考えられる．

〔2〕 抜 け 勾 配

鍛造の際の材料流れおよび鍛造後の鍛造品の型からの取出しを容易にするため，鍛造品の側面を鍛造軸方向に対して傾けるためにつける勾配を抜け勾配と呼ぶ．これは後切削加工における削り代を多くする要因でもあるから，必要以上に大きくしないことが重要である．

表 9.7 に JIS の規定された抜け勾配の角度と許容差を示す．型からの取出しの点では，ノックアウト機構を採用することにより抜け勾配を小さくする傾向がある．また同じ目的で分解するとき，ガス圧を生じる性質の潤滑剤の助けを借りて鍛造品を取り出すこともある．

表 9.7　抜け勾配の角度の許容差〔単位：度〕

角度の区分	5	7	10
許 容 差		+2 −1	

〔3〕 ば り だ ま り

ばりが完全に出ないようにすると成形荷重が過大になる場合があり，適度にばりが出るようにする．ばり道の外側にばりだまりを設けるのは，これがないとばり自体を据込んでしまい，過大荷重を発生させてしまうためである．

〔4〕 ば り 抜 き 型

上下型の隙間からはみ出してできる薄いばりを分離するために，**図 9.43** に示すような型を用いてせん断する．

〔5〕 複　　式　　型

ドロップハンマーによる型鍛造に用いられる複式型の例を**図 9.44** に示す．一組の型で体積配分，荒打ち，仕上げ打ちまで実行できる．

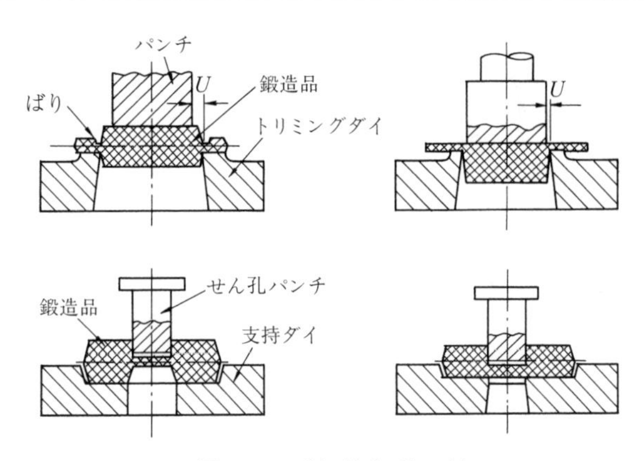

図 9.43 ばり抜き型の例

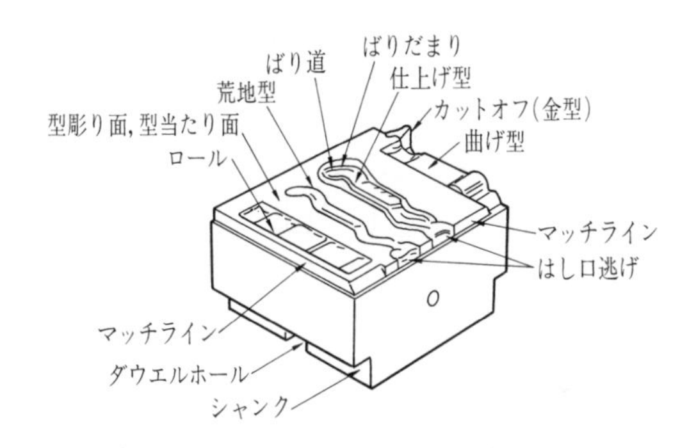

図 9.44 ドロップハンマーによる型鍛造に用いられる複式型の例

9.3.5 閉そく・密閉鍛造型の設計

閉そくないし密閉鍛造型の構造は，製品形状に応じて種々の形式を用いることが必要である．**図 9.45** にそれらの例 [21] を示す．成形方案に対応して複数の型が同じ方向に運動する形式のものと，互いに直交方向に運動するものがある．このため閉そく鍛造では複動プレスを用いることが多いが，リンク機構や補助的加圧装置を組み込み，単動プレスにより加工を行うこともしばしば行われる．鍛造品がアンダーカットをもつ場合や両端にフランジなどの出張りをもつときなどでは，鍛造品の排出のため割り型構造とし，成形中に型が開かない

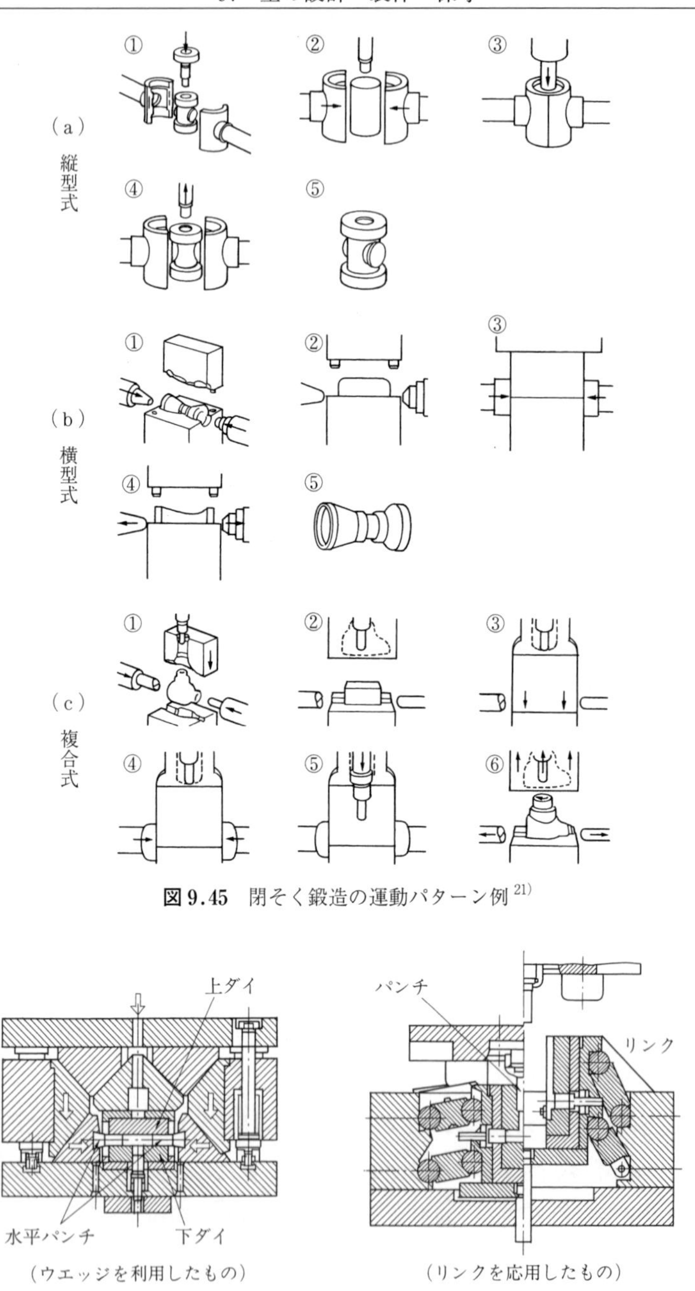

図 9.45　閉そく鍛造の運動パターン例 [21)]

図 9.46　型 押 え 機 構 の 例

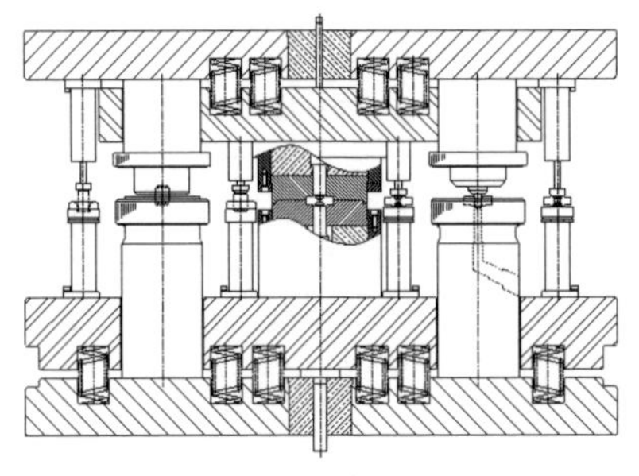

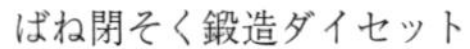

ばね閉そく鍛造ダイセット

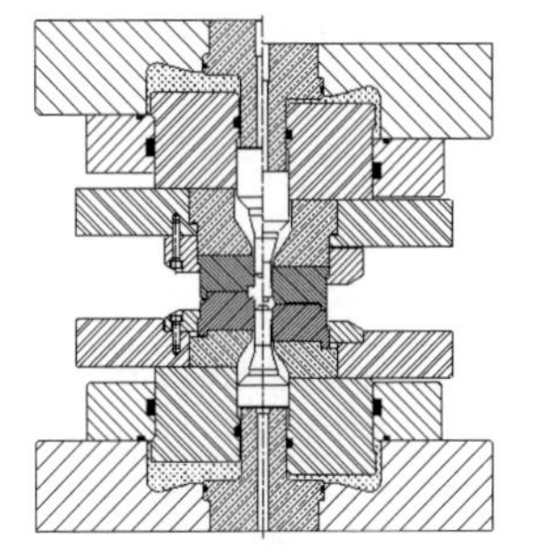

油圧閉そく鍛造ダイセット

図 9.47 閉そく鍛造ダイセットの例

よう力を加えなければならない．**図 9.46** に型押え機構の例を示す．**図 9.47** に閉そく鍛造ダイセットの例を示す．

9.4 型 の 製 作

鍛造型は製品の形状や鍛造方法によりいろいろなものがあり，熱間型鍛造ダイスのように一体であるものや，冷間・温間鍛造用ダイスに見られるように，いくつかの部品を組み立てることにより構成されるものもある．型の製作には，各種工作機械による切削加工，放電加工など多くの加工法がある．鍛造型は消耗品であり，型寿命に達したら交換しなくてはならないため，再現性のある型製作法を採用する必要がある．

このほかに，型の使用目的，要求される精度・形状，使用量などを考慮して，適切な加工方法を選択し，能率よく経済的に製作することが重要である．金型加工機械には高精度・多機能・高能率がますます要求されており，加工方法も従来の手作業から，ならい加工，さらに効率的な NC 加工への転換が図られている（**表 9.8**[22]）．各種加工法と精度の一般的レベルを**表 9.9**[23]に示す．

鍛造用型には高い応力が作用し，また，中・大量生産用の型には耐久性も要求されるため，型の熱処理は非常に重要である．鍛造用型部品の一般的な製作は，通常の型材料では，**図 9.48**[24]に示すように，切削加工→焼入れ・焼戻し

表 9.8　型加工の合理化ステップとその内容（文献 22）から一部変更）

合理化のステップ	期待される効果	おもな内容または機械
手作業		やすり加工，タップおよびリーマー加工，グラインダー作業，電動および空気工具による仕上げ，金のこによる切断
機械加工	加工能率の向上	ボール盤，フライス盤，コンターマシン，平面研削盤，成形研削盤
自動加工	ながら作業，作業者の肉体的負荷低減	主として油圧を利用した自動送りフライス盤，ならいフライス盤，平面研削盤，ならい成形研削盤
NC 化	ながら作業の発展，一定時間の無人化	各種 NC 工作機械，マシニングセンター，ワイヤー放電加工機，NC 放電型彫り盤，NC 冶具研削盤，NC 成形研削盤
CAM	プログラミングの合理化，加工全体の合理化，モデルレス形状加工	自動プログラミング装置，三次元測定機，NC 工作機械
CAD/CAM	設計から加工までの総合的な合理化	金型製作用，CAD/CAM システム，NC 工作機械
FA	工場全体の物と情報の流れ，および加工の合理化	CAD/CAM

表 9.9　加工方法と精度（文献 23）から一部変更）

加工法	可能精度〔mm〕	経済的精度〔mm〕
ならい型彫り	0.02～	0.1
NC 加工	0.01～	0.02～0.03
ならい研削	0.005～	0.01
ジグボーラ	0.002～	0.01
放電加工	0.005～	0.02～0.03
ジグ研削	0.002～	0.005～0.01
ワイヤー放電加工	0.005～	0.01～0.02

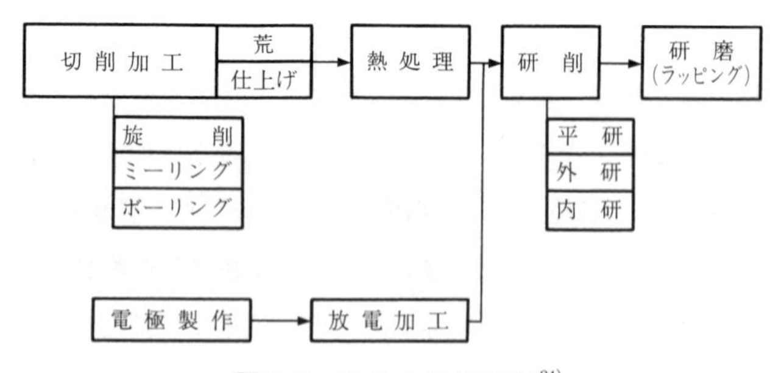

図 9.48　工具の製作工程[24]

→研削加工・放電加工→研磨仕上げ→（組立），という工程で行われることが多い．ドロップハンマーによる熱間型鍛造では型組みが大きく異なり，上・下一組の一体の型からなっており，一般に，熱処理済みの鋼材（プリハードン材）を購入し，外形成形→型彫り→仕上げ，という工程で製作される．

型製作の各段階においてNC工作機械を使用する場合，設計の際のCADデータを応用してCAM（NC自動加工）データが作成されている．型の製作においては共通する点が多いのでまとめて論じ，おもに製作上の留意点について述べることにする．

9.4.1 素材および素材取り

一般に，メーカー（素材供給業者）から納入された型用鋼材は焼なましが完了しているため，ユーザーは硬さや顕微鏡組織検査により焼なましが十分に行われているか否かをチェックすればよい．不十分な場合には完全焼なましを施してから機械加工を行う．また，型によってはあらかじめ調質を施したプリハードン材や超硬合金を素材として用いる場合もあり，製作工程は多少異なる．

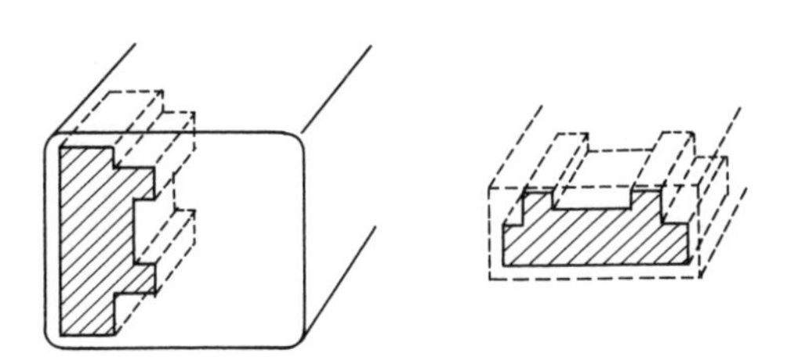

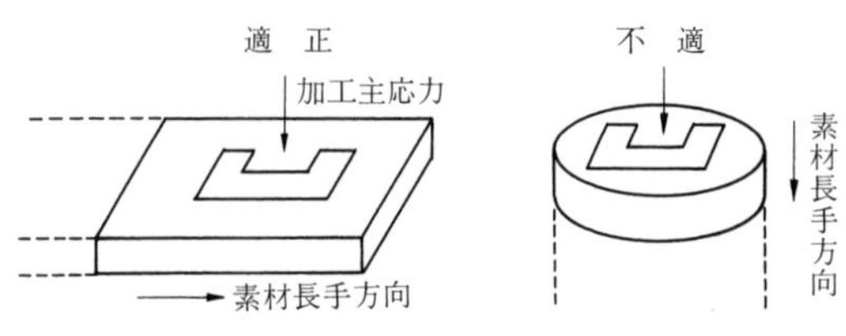

図 9.49 正しい素材作り方法の例[25]

素材取りに際しては，材料歩留りや加工に要する時間ばかりでなく，材料の鍛造または圧延による繊維状組織も考慮に入れて，より合理的な素材取り方法を採用する必要がある．場所により段差の大きい型の場合には近い形状に鍛造

表 9.10　AISI 制定工具鋼の最小削り代（熱処理前）[26)]

（a）丸，六角，八角の場合　　（片肉：mm）

寸法＼種類	圧 延 材	鍛 造 材	荒削り材	冷間引抜き材
12.70 以下	0.40	—	—	0.40
12.70～25.40	0.78	—	—	0.78
25.40～50.80	1.21	1.82	—	1.21
50.80～76.20	1.60	2.38	0.50	1.60
76.20～101.60	2.23	3.04	0.61	2.23
101.60～127.00	2.84	3.68	0.81	—
127.00～152.40	3.81	4.31	1.01	—
152.40～203.20	5.08	5.08	1.21	—
203.20 以上	—	5.08	1.82	—

*脱炭許容量は片肉で上表の数字の 80％ 以下

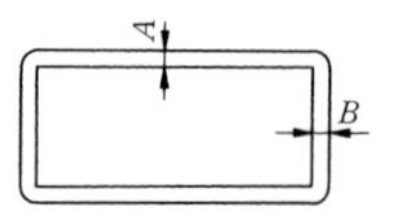

（b）平，角材の場合（熱間圧延材）　　（片肉：mm）

B：幅＼A：厚さ		12.70 以下	12.70～25.40	25.40～50.80	50.80～76.20	76.20～101.60	101.60～127.00	127.00～152.40	152.40～177.80	177.80～201.20	201.20～228.60	228.60 以上
12.70 以下	A	0.63	0.63	0.76	0.89	1.01	1.14	1.27	1.39	1.52	1.52	1.52
	B	0.63	0.91	1.11	1.42	1.72	2.33	2.64	3.04	3.45	3.66	3.86
12.70～25.40	A	—	1.14	1.14	1.27	1.39	1.52	1.78	1.78	1.90	1.90	1.90
	B	—	1.14	1.32	1.62	2.03	2.24	3.04	3.45	4.06	4.06	4.06
25.40～50.80	A	—	—	1.65	1.65	1.78	1.78	1.90	1.90	2.28	2.41	2.54
	B	—	—	1.65	1.90	2.13	2.84	3.14	3.66	4.26	4.57	4.57
50.80～76.20	A	—	—	—	2.16	2.16	2.16	2.16	2.28	2.54	2.54	2.54
	B	—	—	—	2.16	2.29	3.04	3.45	4.06	4.57	4.82	4.82
76.20～101.60	A	—	—	—		2.92	2.92	2.92	2.92	3.18	3.18	3.18
	B	—	—	—		2.92	3.22	3.55	4.57	4.82	4.82	4.82
101.60～127.00	A	—	—	—			3.81	3.81	3.81	3.81	3.81	3.81
	B	—	—	—			3.81	4.19	4.57	4.82	4.82	4.82
127.00～152.40	A	—	—	—				4.82	4.82	4.82	4.82	4.82
	B	—	—	—				4.82	4.82	4.82	4.82	4.82
152.40 以上	A	—	—	—					6.35	6.35	6.35	6.35
	B	—	—	—					6.35	6.35	6.35	6.35

した素材を，また径が大きい補強リングの場合には鍛造したリング状素材を使用することがある．型用鋼材は耐摩耗性の向上に顕著な効果のある一次炭化物を多量に含む組織であるため，素材取り方向が不適当な場合，型性能を大幅に損なう危険性があるので，**図 9.49**[25]に示すように，素材の長手方向は実加工中に発生する主応力と直角になるように採取する必要がある．

また，一般に素材には表面に脱炭層が存在している．型の表面に脱炭層が残存すると，焼入れ時に引張応力が発生し，割れが生じることがある．したがって，型の製作に当たっては，**表 9.10**[26]に示す最小加工削り代を厳守する必要がある．

9.4.2 一 次 加 工

素材取りされた後，必要に応じてひずみ取り（低温）焼なましを施し，まず各種の工作機械を用いて切削加工により最終型形状に近い形状寸法まで荒取り加工が行われる．切削加工で大きな部分を取り去ると材料の内部応力によりひずみが生じる．ひずみが大きい場合には，荒取り加工の中間で応力除去のための低温焼なましを施し，さらに仕上げ切削を行うこともある．切削加工した後，焼入れ・焼戻しの熱処理を施してから研削加工あるいは放電加工により仕上げ加工が行われる．仕上げ代は経験的に決められるが，切削加工によるひずみや熱処理によるひずみおよび表面のツールマークや熱処理の際に生じる脱炭層を取り除くために，十分な仕上げ代を設けることが必要である．切削加工は仕上げ代を残す加工であるから，できるだけ重切削を行うことが得策である．しかし，仕上げ代が大きすぎると高いコストを要する仕上げ加工が増えるので望ましくはない．

切削機械や切削用工具材料の進歩により，かなりの重切削や硬い材料の切削加工が可能である．複雑な立体形状（キャビティ）をもつ型の製作は，非常に技術，時間，費用，人手を要する．この加工を自動的，能率的かつ高精度で行うために，ならい装置を備えた各種の工作機械やアタッチメント，専用の型彫り加工機およびNC工作機械が使用されている．

9.4.3 熱　処　理

工具鋼の熱処理には，焼なましと焼入れ，焼戻し（調質）がある．素材の鍛造の後あるいは重切削の後に有害な応力（ひずみ）除去のために低温焼なましを行う．これは材料内部に応力が残留していると，次工程の焼入れの際に焼入れひずみが大きくなったり，焼割れが生じやすくなるのを防止するためである．応力除去の焼なましは，一般に工具鋼では650～700℃，調質材の場合には調質時の焼戻し温度以下の焼戻し温度を選定して1～2時間加熱保持し，炉中で徐冷する．

型用鋼材は焼入れ焼戻しを施すことによって強度（硬さ）やじん性が増すので，耐久性を要求される型は調質状態で使用される．調質状態は，一般に硬さでチェックされている．しかし，硬さは焼入れ温度および焼戻し温度などの熱処理条件により影響を受け，硬さが同じであっても熱処理条件が異なると強度やじん性は異なり，その結果，型寿命は異なる．したがって，所望の強度やじん性が得られるような熱処理条件を選択することが重要である．所望の特性が得られるような熱処理条件は，工具鋼メーカー（供給業者）の推奨する条件を参照し，経験的に決定される．繰返し生産の場合には，寿命の原因が疲労（じん性不足）であるかあるいは摩耗（硬さ不足）であるかをチェックして，熱処理条件を変えることによりある程度は型寿命を改善することが可能である．熱処理条件とその管理は，型の寿命を左右する非常に重要な因子であることを十分に認識すべきである．

型の熱処理の場合，急速加熱は行わず，徐々に均一に加熱することが大切である．急速に加熱すると熱応力による割れや焼入れ硬さの不均一の原因となる．加熱速度は一般に200℃/hが基準となるが，変形や脱炭などを防止するためには予熱を行い，昇温時間を短縮することが必要である．予熱温度は約600℃あるいは焼入れ温度より50～100℃低い温度が選ばれる．特に熱ひずみの防止が必要な場合には，あらかじめ約300℃で予熱する．予熱温度で保持する時間は型の形状や寸法によって異なるが，一般に5～10分間とする．焼入れ温度に保持する時間は，予熱が適正に行われていれば，高合金工具鋼（SKD）

で 10～20 分間，高速度工具鋼（SKH）で 2 ～ 5 分間，低合金工具鋼では 5～20 分間とする．高速度工具鋼の焼入れ温度範囲は比較的狭く，適正な均熱時間も短いので，特に注意を要する．

実作業においては，炉の温度測定は正確でなくてはならず，またメーター指示温度と被加熱材の温度とは時間的なずれがあり，このずれは炉内に入れる被加熱物の大きさや数によっても異なるため，焼入れ温度保持時間は経験的に把握しておくことが重要である．また加熱による酸化・脱炭を防止するために，雰囲気炉，ソルトバスあるいは真空炉が用いられている．

焼入れ温度からの冷却の際に，空冷では型の表面にスケールが付着する．したがって，ひずみの発生を特に嫌う場合以外には，油冷の方がよい．冷却油の温度は 60～80 ℃を標準とする．ただし，太物の場合には油焼入れでは焼割れを生じることがある．焼入れによる割れやひずみの発生を防止するためには，マルテンサイト変態が始まる Ms 点に近い温度に保持した塩浴または特殊な焼入れ油の中に焼入れ，表面と中心の温度が一様になるまで保持した後，空冷してマルテンサイトに変態させるマルクエンチを採用することを推奨する．

焼入れにより完全にマルテンサイトになることはなく，残留オーステナイトが存在する．残留オーステナイトは時間の経過とともにマルテンサイト化するので，置割れや変形の原因となる．焼入れした後，室温以下の低温に冷却して残留オーステナイトをマルテンサイトに変態させる操作を，サブゼロ処理という．サブゼロ処理は，液体窒素やドライアイスとアルコールによって－80 ℃付近に冷却して行う．この処理に当たっては，徐々に冷却するか，焼入れ後あらかじめ約 200 ℃で焼戻しを施すと，割れの発生を防止できる．

焼戻しは焼入れした型を Ac_1 変態点以下の適当な温度に加熱し，焼入れによって生じた内部応力を開放し，組織変化を通して硬さとじん性の調和のとれた特性を得るための熱処理である．焼入れ条件が同じであっても，焼戻し条件が異なると型の硬さやじん性などの特性は変化する．一般に，高合金工具鋼では 150～200 ℃（あるいは 500～550 ℃）で，高速度工具鋼では 550～600 ℃で焼戻しを行う．焼戻しは焼入れ直後に（冷やしきらずに）行うと焼割れを防止できる．焼戻し温度までの加熱は徐々に行う．1回の焼戻しでは不完全なこともあるので，2～3回繰り返して焼戻しを行うことを推奨する．

表9.11[27]～**表9.13**[29]に，熱処理によるひずみ，割れおよび硬さ不良に対する対策を示す．

表9.11　熱処理ひずみ防止のポイント[27]

No.	対　策　法	考　え　方	具体的な方法
1	材質の改善	(1) 焼入れ性の良い材料を用い，冷却速度の緩和による熱応力の低減 (2) 素材取り方法の検討 (3) プリハードン鋼の採用	(1) 焼入れ性の良い材料への変更 例：SK → SKS，SKS → SKD (2) 材料の方向性を知り，素材取りをする (3) マルエージング鋼など折出硬化鋼の採用
2	前処理の改善	(1) 素材の内部応力除去 (2) 加工応力の除去	(1) 素材調質の実施 (40 HS 程度) (2) 荒加工後，ひずみ取り焼なましの採用
3	形状の改善	(1) 均一加熱可能になるよう肉厚変動を小さく (2) 長尺材のように曲りが出やすいものは小分割に	(1) 例えば，対称形状にして熱処理後加工する (2) 熱処理前の長さを短かくし，1本当たりの変形を小さくし，後工程で組み合わせる
4	熱処理条件の改善	ひずみを小さくする熱処理条件への変更	(1) 特性を満たす範囲内で焼入れ温度を低くする (2) 部分的に硬化すればよいものはソルトによる部分加熱などを用いる
5	加熱冷却方法の改善	(1) 均一加熱とだれ防止 (2) 徐加熱の採用 (3) プレスクエンチの採用 (4) 均一冷却の実施	(1) a) 部品間隔，対熱源位置や支持の仕方に注意する b) 温度分布を確認し，有効域内で加熱すること (2) 適正な予熱を行い，できるだけ徐加熱をする (3) 形状に見合った Ms 点近傍を利用する (4) a) 冷却剤の流れは均一に行うこと b) 臨界冷却速度内でゆるい冷却条件を用いること c) 肉薄部はアスベスト等で保温を行い，内厚部は衝風冷却を実施する (5) 適正な熱浴温度，時間の検討が事前に必要である

表 9.12 焼割れの原因と対策[28]

原 因	作 業 因 子	対 策
焼入れ温度低すぎ	1. 焼入れ温度選定ミス（焼入れ温度低すぎ指示） 2. 焼入れ温度管理ミス（熱電対劣化，熱電対装入方法不十分） 3. 焼きむら（入材量，焼入れ方法不十分）	均一加熱できるよう適正間隔，入材温調整
焼入れ温度高すぎ	1. 焼入れ温度選定ミス（高すぎ指示） 2. 焼入れ温度管理ミス（熱電対劣化，熱電対装入方法ミス，装入量）	
冷却不十分	1. time lag（炉出し，焼入れ液までの時間）かかりすぎ 2. 冷却方法の選定ミス 3. スケール，ソルト付着（大気，ソルト加熱のとき） 4. 液温の管理 5. かくはん不十分 6. 液中からの引上げ温度高すぎ	出材方法合理化，熱処理設備レイアウト検討 酸化防止剤塗布，雰囲気炉使用，ソルト迅速除去 油温 60～80 ℃，水温 30 ℃以下 かくはん機設置 Ms＋約 50 ℃くらいで引上げ
焼戻し入材温度高すぎ	Ms 近傍で焼戻し入材	焼割れを生じない程度に下げる。通常 30～80 ℃
脱 炭	1. 素材脱炭残存 2. 焼入れ加熱による脱炭（大気炉，過熱）	最小削り代の厳守 雰囲気またはソルト加熱
異 材	前工程，熱処理工程での混入	作業記録票などの管理

表 9.13 硬さ不良の原因と対策[29]

原 因	作 業 因 子	対 策
形状不具合	コーナー R，刻印，孔位置など偏肉，薄肉	アスベスト詰め，面とり
過 熱	熱電対劣化，材料装入法	熱電対の交換，材料装入法の改善
脱 炭	過熱，大気加熱，素材脱炭残存	雰囲気またはソルト加熱，最小削り代厳守
冷却不十分	1. 冷却条件選定ミス 2. 過冷 ①かくはん中止，温度低すぎ ②液中からの引上げ低すぎ ③焼戻し入材温度低すぎ	焼入れ性考慮 臨界区域をすぎたら中止 Ms＋約 50 ℃で引上げ 冷やしきらぬこと，30～80 ℃で焼戻しに移行
素材ミクロ組織不良	球状化不十分，炭化物偏析	焼ならしあるいは球状化焼なまし施行

9.4.4 仕 上 げ 加 工

熱処理を施された型は，さらに研削加工あるいは放電加工により研磨代を見込んだ寸法に高い精度で仕上げられる．上下面の平行度や基準面の直角度は型の基本であり，これらの加工は平面研削で行われる．このほかに円筒研削，内面研削および成形研削が行われる．特殊な複雑形状を含む場合には放電加工が用いられている．

研削加工は型寿命に大きく影響するので，適正な研削条件で加工することが重要である．**表 9.14** に SKD 材の研削条件の例を示す．研削条件が適正でないと，研削焼けによる表面層の軟化，研削割れ，表面粗さの増大などが生じ，型寿命は大きく低下する．この研削加工異常層の厚さは 150 μm にも達することがある．最終的な研削加工は発熱の少なくなるような条件で行う必要がある．

表 9.14　SKD 材の外筒研削諸元

<table>
<tr><td rowspan="6">《研　削　条　件》
使　用　機　械　円筒研削盤
被研削材硬さ　80 HS
使用砥石
砥　粒　GC 系砥石
粒　度　荒研削用 46～100 番，仕上げ研削用 100 番以上
結合度　H～I
結合剤　ベークライトまたはビトリファイド</td><td>仕上げ精度 / 諸元</td><td>荒　研　削</td><td>仕上げ研削</td></tr>
<tr><td>砥石速度〔m/min〕</td><td>1 000～1 600</td><td>1 000～1 300</td></tr>
<tr><td>単位切込み量〔mm〕</td><td>0.01～0.02</td><td>0.005 以下</td></tr>
<tr><td>縦送り速度</td><td>工作物 1 回転につき砥石幅の 3/4～1/2</td><td>工作物 1 回転につき砥石幅の 1/2 以下</td></tr>
<tr><td>被研削物速度〔m/min〕</td><td>10～15</td><td>5～12</td></tr>
</table>

9.4.5 放 電 加 工

凸形に比べ凹形の複雑な立体形状（キャビティ）の加工は，従来の切削加工や研削加工では難しい．このような加工には，NC 切削加工機などによって凸形に成形した電極を用いた放電加工が広く応用されている．放電加工は被加工材の硬さに無関係であるため，調質した硬い状態の工具鋼ばかりでなく超硬合金の加工が可能である．高精度の電極を用いて加工すれば加工形状精度は高く，加工条件により仕上がり面粗さは 1 μm R_{max} 程度まで自由に選べる．したがって，キャビティ部分の仕上げ加工方法としても放電加工は応用されている．また放電加工には型彫り放電加工のほかに，細いワイヤーを電極としたワイヤー放電加工があり，型の製作に広く応用されている．

放電加工では電極と被加工材間の放電により，工具鋼の場合には，被加工材の表面には溶融再凝固層が形成され，このマルテンサイト層に多数のマイクロクラックが生じる．また超硬合金の場合には，マイクロクラックのほかに加工液による電解作用のためコバルトの溶出が生じる．この放電加工変質層の厚さは，通常 15～20 μm 程度であるが，条件によっては 100 μm にも達することがある．この異常層は型寿命に大きく影響するため，研磨仕上げにより完全に取り除かなくてはならない．この層は硬く，また精度を維持して研磨仕上げすることは非常に困難である．したがって，仕上げ放電加工では精度の高い電極を用い，荒取り放電加工とは条件を変えて加工することによって，変質層の厚さを 2～3 μm 程度に抑える．

近年は放電加工にも CAM が利用されており，ワークの位置出しと心出しを三次元モデル上で行い，加工プログラムが作成される．

9.4.6 直 彫 り 加 工[30)]

5 軸加工機などの多軸加工機による直彫り加工は，生産性向上と品質の安定化に有効な加工法である．放電加工では個々の金型形状・寸法に合わせた電極を製作する必要があるが，直彫りに加工転換できれば大量の電極製作と管理が不要となる．特に試作型で有効であり，形状が変更となった場合はプログラム変更のみで加工が可能となる．また放電硬化層がないため，ラップ仕上げ加工の削減と品質の安定化に有効である．切削工具としてダイヤモンド電着工具や PCD 工具が用いられ，超硬合金などの高硬度材料の加工も可能である．

9.4.7 研 磨 加 工

研削加工あるいは放電加工によって仕上げられた型は十分な疲労寿命を得るために，順次細かい砥粒を用いて研磨加工（ラッピング）が施される．研磨加工では，研削加工あるいは放電加工による表面の変質（異常）層を完全に取り除くと同時に，所定の寸法に仕上げる．ダイインサートやパンチの研磨加工はその寿命を左右するので特に重要であり，断面変化部は滑らかにつなげることが重要である．なお，パンチは実用時のかじりや焼付きの原因になることを防ぐために，必ず軸方向に磨くことが必要である．

9.4.8 ダイの組立

冷間・温間鍛造用ダイは，一般にダイインサートと補強リングからなり，締りばめにより組み立てられる．組立にはつぎの三つの方法がある．

〔1〕 焼きばめ

円筒状境界面の場合に用いられ，補強リングの内径を加熱により大きくして組み立てる方法で，所定の温度に達したら炉から取り出し，平らな台に置き，ダイインサートを素早くその中に挿入する．この際，無理な圧入はトラブルの原因となるため行わない．補強リングの加熱温度は焼戻し温度を超えてはならず，450℃以上の温度では酸化に対する対策が必要である．また補強リングの体積が大きい場合には，工具鋼製ダイインサートが焼戻し温度以上になる危険があることに注意する．

〔2〕 圧入

テーパー状境界面の場合に用いられ，テーパーおよび締め代によりダイインサートと補強リングの端面は一致せず段付き状になるが，これを液圧プレスで押し込んで，組み立てる方法である．締め具合の管理は各型部品を設計寸法に高精度に仕上げておき，端面が一致するまで圧入する方法や，ダイインサートの内径の変化率で行う方法がある．

〔3〕 加熱圧入

締め代が大きいテーパー圧入を行う場合に，圧入荷重を低くするために外側リングを加熱して圧入する方法である．加熱して内径を大きくすることにより圧入荷重はかなり減少するため，固着やリングの破壊の危険も少なくなる．

補強リングが複数個あるダイの組立は，外側から内側へと作業を進める．例えば，二重締まりばめダイの場合はつぎのようにする．

1） 外側リングと内側リングを組む．

2） 内側リング内径を，ダイインサートとの締め代に合うように研削する．

3） ダイインサートをはめる．

もしこの操作が逆の順序で行われると，ダイインサートを組み立てるとき内側リングには過大な応力が作用し，その結果，破壊や塑性変形の危険が伴う．

なお，いずれの方法で組み立てても，締まりばめによりダイインサートは変形するため，寸法精度が厳しい場合には，組み立てた後に最終的な仕上げ加工を行う必要がある．

9.5 型 の 保 守

鍛造型部品のうち，特に被加工材と直接接触する型部品（パンチ，ダイインサート，マンドレル，上型，下型）は厳しい条件のもとで使用されるため，他の加工方法に用いられる型部品に比べ寿命が短い．鍛造型の寿命はその保守によりある程度延長することが可能である．また，鍛造型は消耗品であるため標準型寿命を定め，その寿命に対してある程度のばらつきがあることを考慮して，鍛造品の生産量に合わせて型の補充と在庫量の調整を行う必要がある．標準型寿命は型材料，被加工材，加工温度，鍛造品の形状，鍛造方法，鍛造品に要求される精度などにより異なる．型の寿命の原因にはいろいろある[31),32)]．

鍛造型の点検は，定期的に型の目視チェックを行うだけでなく，鍛造品の表面や寸法をチェックすることにより行う．鍛造品の表面に線状きずが生じている場合には型表面にも焼付きやかじりが生じており，これを早期にラッピングして焼なましを施すことにより型寿命を延ばすことができる．型が摩耗すると，鍛造品の寸法が要求される範囲から外れ，型は寿命に至る．このような場合，さらに寿命を延ばすためには，型材料および硬さの変更，表面処理の実施，潤滑処理の改善，鍛造加工温度の変更などの対策がある．ダイの隅に潤滑剤のかすやスケールなどが溜まっていると鍛造品の肉の欠け原因となるので，ダイ内の清掃を定期的に行うことが必要である．

型にクラックが生じると鍛造品表面からそれを検出できることが多い．型寿命が割れで決まる場合には，始業時に型の余熱を行うことが，あるいは，寿命がくる前に型の焼戻し温度に近い温度で数時間加熱して応力を除去することが必要である[31)~33)]．冷間鍛造では始業初期のビレットを加熱することも効果的である．

9.6 表面処理の現状

鍛造成形条件の高負荷，高精度化により，型材料にはおもに耐摩耗性やしゅう動特性向上を目的とした表面処理が多く使われている．**表 9.15** に表面硬化を目的とした表面処理法の分類について示す．鍛造用金型には化学的方法であ

表 9.15 工具に用いられる表面処理法（表面硬化目的）

<table>
<tr><th colspan="2">分　類</th><th colspan="2">表面処理法</th><th>おもな形成層</th></tr>
<tr><td rowspan="6">化学的方法</td><td rowspan="4">拡　散</td><td>浸　炭</td><td>固体浸炭，ガス浸炭，イオン浸炭，
塩浴浸炭，真空浸炭</td><td>炭化物＋拡散層</td></tr>
<tr><td>窒　化</td><td>ガス窒化，ガス軟窒化，塩浴窒化，
イオン窒化，浸硫窒化</td><td>窒化物＋拡散層，
硫化物（浸硫窒化）</td></tr>
<tr><td>水蒸気処理</td><td></td><td>酸化物</td></tr>
<tr><td>溶融塩法</td><td>TRD</td><td>炭化物</td></tr>
<tr><td>蒸　着</td><td>化学蒸着
（CVD）</td><td></td><td>炭化物，窒化物，
酸化物</td></tr>
<tr><td>めっき</td><td></td><td>電気めっき，無電解めっき</td><td>めっき金属層</td></tr>
<tr><td rowspan="7">物理的方法</td><td rowspan="3">蒸　着</td><td>真空蒸着</td><td>活性化反応蒸着</td><td>炭化物，窒化物，
酸化物</td></tr>
<tr><td>スパッタリング</td><td>反応性スパッタリング，
高周波スパッタリング</td><td></td></tr>
<tr><td>物理蒸着
（PVD）</td><td>アークイオンプレーティング，
ホロカソードイオンプレーティグ</td><td></td></tr>
<tr><td>溶　射</td><td></td><td>ガス溶射，アーク溶射，プラズマ溶射</td><td>金属，炭化物，
酸化物</td></tr>
<tr><td>盛　金</td><td></td><td></td><td>金属混合層</td></tr>
<tr><td>イオン注入</td><td></td><td></td><td>合金層</td></tr>
<tr><td>表面熱処理</td><td></td><td>高周波焼入れ，火炎焼入れ，
レーザー焼入れ</td><td>焼入れ硬化層</td></tr>
</table>

る窒化，CVD，TRD，めっきや，物理的方法であるPVDや，溶射などがおもに使われる．**表9.16**には各種表面処理方法の特性として，耐摩耗性などを取り上げ，おのおの優劣を比較した．

表9.16 各種表面処理法の特性比較（(優) ◎>○>△>× (劣)）

	窒化	TRD・CVD	PVD	Crめっき	溶射
耐摩耗性	○～△	◎	◎	○～△	○
耐焼付き性	○～△	◎	◎～○	○～△	○
じん性	×	△	△	△	△
疲労強度	◎	△～×	△	△	△～×
耐ヒートクラック性	○	○～△	△	△	△
耐食性	○～△	◎	◎	○	○
膜の密着性	◎	○	△	×	×
熱処理変形	○	×	○	◎	◎
形状，大きさの制限	○	○	×	○	◎

窒化は温間・熱間鍛造金型に適用される代表的な表面処理であり，金属の表面から拡散により窒素を浸透させる表面硬化技術である．その方法には，塩浴窒化，ガス窒化，真空ガス窒化，イオン窒化（プラズマ窒化）などさまざまな方法があるが，いずれも熱間工具鋼の焼戻し温度以下で実施されるため，母材の硬さ低下や寸法変化が少ない等の利点がある．

図9.50に鋼種による窒化特性の違いを示す．同一条件の窒化でも鋼種によ

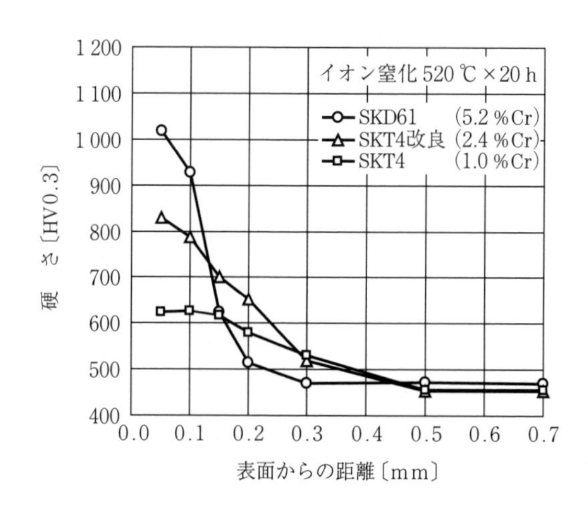

図9.50 窒化深さ

り窒化硬さや深さが異なる．母材の Cr 含有量が高いほうが窒化における最高硬さは高く，浅い傾向にある．

図 9.51 は，熱間工具鋼に適用されている窒化処理の性状を分類したものである[8]．目的や用途によって，適切な窒化のタイプを選択することで金型の寿命向上を図ることになる．鋳造金型などではタイプ D の薄め窒化なども適用されることがあるが，熱間鍛造型では，おもに耐摩耗性を重視して白色層（窒素化合物層）を有するタイプが使用されており，窒化層の上に滑り性のよい硫化物層を有するタイプ C（浸硫窒化）が選択されることも多い．

	タイプ A	タイプ B	タイプ C	タイプ D
形態と窒化深さ（窒化層性状は SKD61 に窒化の場合）	ε 相（白色層） 0.1 mm >1 000 HV	窒化層内の粒界 0.2 mm >1 000 HV	硫化物，酸化物の層 0.2 mm >1 000 HV	表面化合物層なし 0.05〜0.1 mm 600〜800 HV
耐ヒートクラック性	2	3	3	1
耐剝離性	2	3	3	1
耐摩耗性	2	2	1	3
耐溶損性	2	2	1	3

図 9.51　窒化層の性状と特性（1：優，2：良，3：並）

CVD，TRD は膜の密着性が良好で，昔から鍛造に用いられてきた．膜厚は 10 μm 程度である．処理温度が約 1 000 ℃と高いため，処理後に焼戻し，もしくは処理後に再度焼入れを行った後に焼戻しを行う必要がある．そのため処理後に寸法変化が起こる場合がある．

PVD は処理温度が 500 ℃程度と比較的低いため，処理後の寸法変化が起こりにくい．また最近の技術改善によって膜の密着性も向上しているため，近年では冷間鍛造型の適用が増えており，一部，温間・熱間鍛造型にも使われるようになっている．各表面処理メーカーが独自の膜を開発しているため，その種類は TiN，CrN，TiAlN など多い．例えば，Cr 系硬化層の上に MoS_2 系潤滑層をつけて熱間でのしゅう動特性を高めたもの[34]，一般的にはPVD膜厚は数μmであるが10 μm近くまで厚膜にして耐摩耗性を向上したもの，成膜方法を変更することで平滑な表面を得たもの[35]，厚膜に加えて適切な耐酸化性により独自のしゅう動特性を得て耐かじり性を向上させたもの[36]などがある．使用目的や工具の損傷状況に応じて適切な膜を選択することが必要となる．

SKD11などの冷間工具鋼はその焼戻し温度とPVD処理温度が近いため，PVD処理後に寸法変化が起こることもある．焼戻し温度をPVD処理温度よりも少なくとも20～30℃以上は高くすることが望ましい．

引用・参考文献

1）山田通・北嶋宣誠・松波宗治：塑性と加工，**12**-122（1971），197-204.
2）工藤英明：東京大学航空研究所集報，**1**-3（1959），212-246.
3）篠﨑吉太郎：絵とき鍛造加工の基礎のきそ，（2009），57，日刊工業新聞社.
4）Johnson, W.：J. Inst. Metals, 85（1956），403-408.
5）ICFG Data Sheet No.2/70：Calculation of pressure for cold extrusion of steel cans, Metal Forming, **37**-6（1970），174-175.
6）ICFG Data Sheet No.1/70：Calculation of pressure for cold forward extrusion of steel rods, Metal Forming, **37**-5（1970），145-146.
7）田村清・富田正一：塑性と加工，**18**-192（1977），28-34.
8）阿部行雄：日本塑性加工学会第148回塑性加工学講座テキスト，（2016），47-61.
9）内田憲正・田村庸：型技術者会議1995講演論文集，（1995），192-193.
10）浜小路正博：特殊鋼，**32**-7（1983），62-64.
11）阿部行雄：プレス技術，**52**-12（2014），50-53.
12）田村庸・奥野利夫：型技術，**4**-7（1989），96-97.
13）佐賀二郎・能島博人：塑性と加工，**14**-153（1973），838-846.
14）Mckenzie, J.：Sheet Metal Ind., **41**-445（1964），379.
15）松原茂夫：塑性と加工，**10**-101（1969），460-471.
16）工藤英明・松原茂夫：塑性と加工，**9**-86（1968），178-189.
17）松原茂夫：塑性と加工，**12**-124（1971），393-401.
18）平井恒夫・野々村泰三・木内晃・片山傳生：塑性と加工，**15**-165（1974），837-845.
19）Nehl, E.：Proc. 7 th ICFC, Birmingham,（1985），144.

20） 日本塑性加工学会冷間鍛造分科会資料，No.53-4（1978），1-7.
21） 吉村豹治・島崎定：塑性と加工，**24**-271（1983），781-785.
22） 吉田弘美：プレス技術，**24**-10（1986），19.
23） 水谷巌：日本塑性加工学会第 116 回塑性加工シンポジウムテキスト，（1988），11-21.
24） 鳥居強三：日本塑性加工学会冷間鍛造分科会第 4 回冷（温）間鍛造実務講座テキスト，（1973），118-148.
25） 吉田勝彦：日本塑性加工学会冷間鍛造分科会第 11 回冷（温）間鍛造実務講座テキスト，（1980），39-45.
26） AISI: Steel Products Manual "Tool Steel"，(1970)
27） 八十到雄：日本塑性加工学会第 67 回塑性加工シンポジウムテキスト，（1979），18-27.
28） 斎藤長男：型技術，**3**-10（1988），18-23.
29） 下村雅夫・川那辺祐・栗山十三：プレス技術，**25**-8（1987），38-42.
30） 村井映介：塑性と加工，**55**-644（2004），820-824.
31） 成瀬安秀：日本塑性加工学会第 67 回塑性加工シンポジウムテキスト，（1979），63-70.
32） 澤辺弘：日本塑性加工学会冷間鍛造分科会第 10 回冷（温）間鍛造実務講座テキスト，（1979），75-83.
33） ICFG Document No.6/82，日本塑性加工学会鍛造分科会資料，（1985）.
34） 井上謙一：日立金属技報，**22**（2006），16.
35） 石川剛史：素形材，**52**-6（2011），20-24.
36） 本多史明・井上謙一：日立金属技報，**31**（2015），40-47.

10 鍛造機械および周辺装置

10.1　鍛造機械の概要

機械の特徴を理解し，加工方法に適した鍛造機械を選ぶことは重要なことである．鍛造加工に使われている代表的な機械について以下に述べる．

〔1〕 機械プレス

冷間・温間・熱間鍛造の加工に使用されており，おのおのの加工法に合った機構のプレスが選ばれている．**図 10.1** は単発成形用の冷間鍛造プレス，**図 10.2** は多工程の成形が可能なトランスファープレスで，下死点近辺でスライ

図 10.1　冷間鍛造プレス（コマツ産機株式会社提供）

図 10.2　冷間鍛造用トランスファープレス（アイダエンジニアリング株式会社提供）

図 10.3　熱間鍛造プレス（住友重機械工業株式会社提供）

ドの下降速度が遅いナックル機構やリンク機構などが使われている．**図 10.3** は熱間鍛造プレスで，一般にクランク機構が使われている．

〔2〕 サーボプレス

機械プレスの駆動部にサーボモーターを使用した機械式のサーボプレスと，油圧プレスの駆動部にサーボモーターやサーボバルブを使用した油圧式のサーボプレスなどがある．**図 10.4** は，機械プレスの駆動源にサーボモーターを用いたサーボプレスである．サーボプレスは，機械プレスでは変更できないスライドの動き（モーション）と速度を自由に設定できることが最大の特徴である．

（a）リンク式（コマツ産機株式会社提供）

（b）クランク式（アイダエンジニアリング株式会社提供）

図 10.4　サ ー ボ プ レ ス

〔3〕 油 圧 プ レ ス

図 10.5 は油圧プレスで，スライドの高い位置から大きな加圧力が得られるため，加工ストロークの長い押出し加工（成形）に適している．機械プレスの

スライドストローク長さには限界があるため，一般に長尺物の加工には油圧プレスが使われている．生産速度は機械プレスに比べて遅いが，加圧機構をいくつも内蔵した多軸の油圧プレスも開発され，多品種少量生産や複合鍛造に使われている．

〔4〕　スクリュープレス

図 10.6 はスクリュープレスで，フライホイールに蓄えられたエネルギーを加圧時にすべて放出し成形を行うことから，機械プレスよりハンマーに似ている．このプレスは熱間鍛造や冷間コイニングに使用されている．操作にある程度の熟練が必要であったが，サーボモーターを搭載し直接スクリュー軸を回転させる機構の開発により，ラム（スライド）の速度を制御しながら加工することができるようになった．

図 10.5　油圧プレス（森鉄工株式会社提供）

図 10.6　サーボモーター駆動スクリュープレス（榎本機工株式会社提供）

〔5〕　ヘッダー，フォーマー

ヘッダーあるいは**図 10.7** のフォーマーは，コイル材を使用して切断から鍛造までを一貫して行うことと，高い生産性を誇ることから大量生産向きの機械である．冷間鍛造をはじめコイル材をインダクションヒーターで加熱しながら温・熱間での鍛造にも使われている．

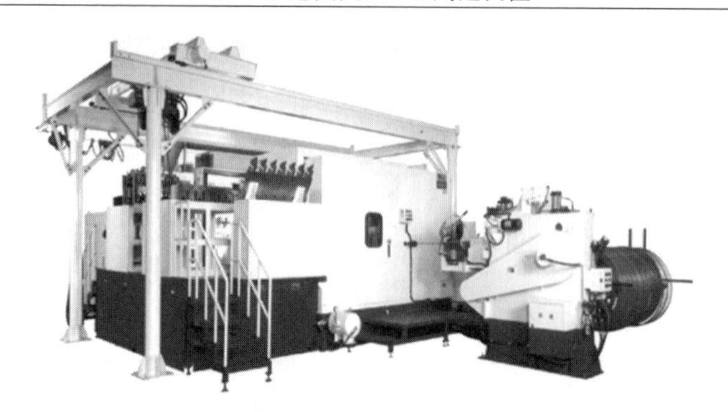

図 10.7　フォーマー（旭サナック株式会社提供）

〔6〕 **ハ ン マ ー**

図 10.8 はハンマーで，ラム（スライド）の落下による運動エネルギーにより成形する加工機である．ラムの落下速度と打撃回数を制御することにより目的とした鍛造品が得られる．作業者は変形量に応じたエネルギーを与えなければならず，高度な熟練が要求される．動力源に油圧を利用しサーボバルブで制御するなど，作業者の負担軽減も進んでいる．騒音，振動が大きいが，周辺技術によって対応がなされている．

図 10.8　ハンマー（株式会社大谷機械製作所提供）

10.2 機 械 プ レ ス

10.2.1 機構および構造

〔1〕 **機　　　構**

鍛造加工に使われるプレス機械には，**図 10.9** に示すようにクランク，ナックル，リンクなどの機構が用いられる．**図 10.10** はこれらの機構におけるクランク回転角度とスライドストローク，スライド速度の関係（モーションカー

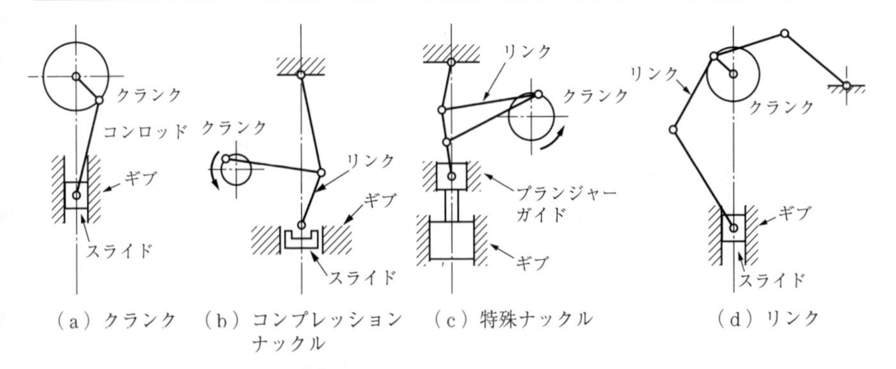

図 10.9 機械プレスのスライド駆動機構

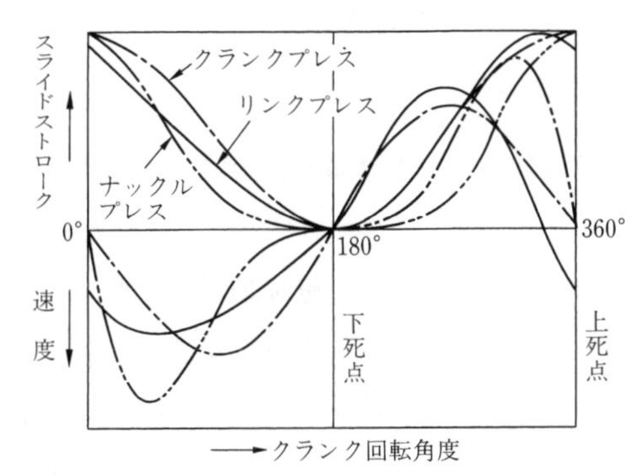

図 10.10 クランク回転角度とスライドストローク，スライド速度の関係

ブ）を比較したものである．クランク機構は下死点近くでの速度が速く，リンク機構やナックル機構では下降時の速度を遅くしながら上昇時の速度を速くすることによって，生産性を維持しながら大きな加圧能力にすることができる機構になっている．

〔2〕 構　　　造

図 10.11 にクランク機構の熱間鍛造用プレスの構造を示す．機械プレスの構造はクラウン，アプライト（サイドフレーム），ベッドとスライドに大別される．小型プレスのフレームは一体構造のものが多いが，大型プレスでは構造物が大きくなり製作と輸送の問題があるため，フレームは分割されタイロッドで締め付け組み立てる構造になっている．ベッドの上にはボルスターと呼ばれる台が置かれ，下型はこれに固定される．鍛造では狭い面積に大きな荷重が働く

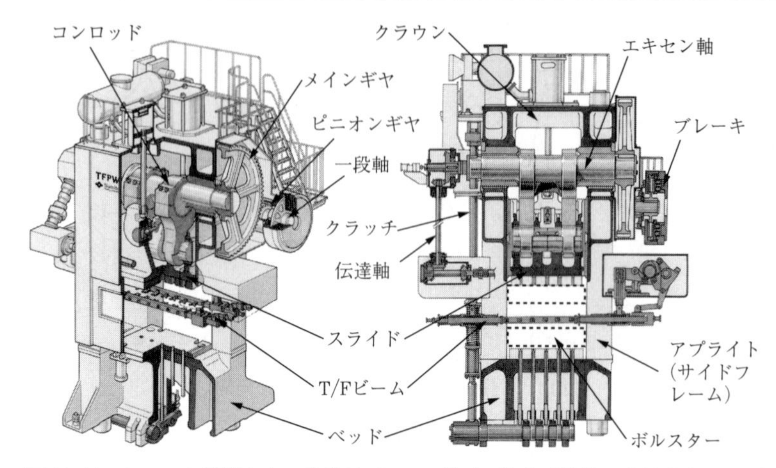

図 10.11　クランク機構をもつ鍛造用プレスの構造（住友重機械工業株式会社提供）

ので，ボルスター，スライドには熱処理された工具鋼や合金鋼のインサートプレートが取り付けられることがある．

モーターからのエネルギーは，フライホイールに回転運動エネルギーとして蓄積される．鍛造に必要なエネルギーは，クラッチ，クランク軸，コネクティングロッドを経てスライドに伝えられる．コネクティングロッドの下端はリストピンによってスライドに連結されポイント部と呼ばれ，コネクティングロッドの数によって1ポイント，2ポイントなどに分類される．この部分にスライドの高さを調整する機構が組み込まれている．スライド下面には上型が取り付けられる．フレームの内側にはギブと呼ばれるプレートが取り付けられ，スライドの上下運動をガイドする．このガイド面の数および配置，構造によっても剛性やプレスの精度が左右される．上・下型の横ずれは鍛造品の精度を低下させるとともに型に無理な力を与え寿命を低下させるため，スライドガイドの隙間は最小限の値に抑えることが必要である．代表的なスライドガイド面の配置方法を**図 10.12** に示す．負荷を受けたときのスライドの弾性変形，温・熱間鍛造での熱膨張による寸法変化がスライドガイド精度へ及ぼす影響が少ない構造が採用されている．

クラッチおよびブレーキは機械プレスの非常に重要な部分である．この性能

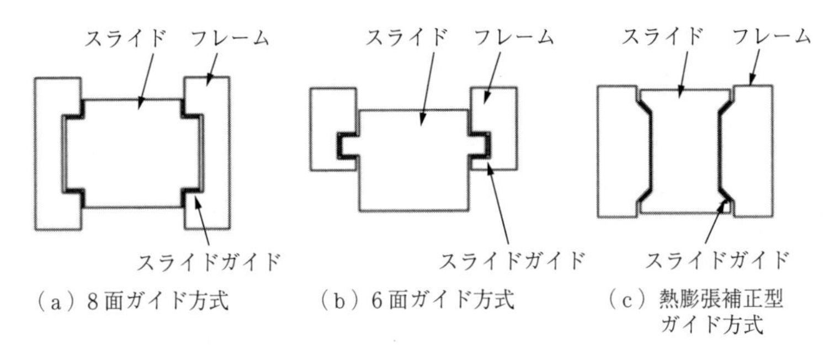

（a）8面ガイド方式　（b）6面ガイド方式　（c）熱膨張補正型ガイド方式

図 10.12 スライドガイド面の配置方法

は生産性に影響を及ぼす．また安全面からも信頼性の高いものでなければならない．現在では信頼性の高い湿式のクラッチ・ブレーキが使用されているが，一部大型プレスでは多板式摩擦クラッチ・ブレーキが使われている．

鍛造加工では，通常，成形後の製品は金型内に残るため，金型から取り出すためのノックアウト装置が必要である．ノックアウト装置は，プレスの駆動部分に設けられたカムによりレバー機構を介して駆動されるメカ式や，油圧を使用する方式が代表的である．いずれも作動タイミングの調整が可能であり，サーボプレスでのノックアウト装置には，ボールスクリューや油圧などを用いたサーボ駆動式が装備されることもある．

10.2.2 仕様および選定

機械プレスのおもな仕様と特性を下記に示す．

〔1〕 毎分ストローク数（spm）

生産速度と直接関係する重要な値である．毎分ストローク数はストローク長さ〔mm〕が短いほど多く，長いほど少なくなる．毎分ストローク数は連続運転か上死点停止を行う断続運転かによって異なり，前者より後者のほうが少ない．

〔2〕 ストローク長さ

機械プレスのスライドストローク長さは液圧プレスほど長くとれず，ロングストロークのものでも 500～700 mm 程度である．必要なストローク長さは成形方法，形状，型構造，自動化の方法などにより異なるが，一般的に手動やロボットなどによる断続運転の場合は製品長さの2倍，多工程のトランスファー成形など連続運転では3倍以上必要である．

〔3〕 **負 荷 能 力**

機械プレスに許される加圧力の大きさは，スライド，コンロッド，フレーム，ベッド，ボルスターなどの強度によって，**図10.13**のABCのように限定される．一方，クラッチ，伝導軸，減速歯車，クランク軸などのトルク負担能力から許される加圧力はDBEのようになる．その結果，許容できる加圧力はDBAのようになる．

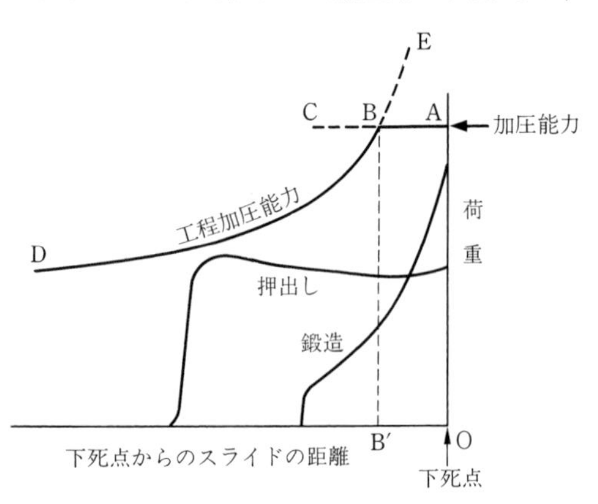

図10.13　機械プレスの負荷能力

直線ABで示される値を加圧能力または圧力能力，曲線BDで与えられる荷重を工程加圧能力と呼ぶ．線分ABの長さ（下死点からの距離）はプレス駆動部のトルク強度に依存するので，トルク能力と呼ばれる．そこで下死点から指定した距離においてどの大きさの加圧力を安全に与えられるかをもって，機械プレスの加圧能力が規定される．

加圧能力発生位置は熱間鍛造用プレスで5 mm程度，等速ジョイントのような長い部品を加工する温間鍛造用プレスでは20 mm程度，冷間鍛造用プレスでは標準ストロークのもので4～10 mm，ロングストロークでは10～30 mmである．機械プレスの選定に当たっては，成形開始から完了までの荷重が図10.13のようにプレスの能力線図DBA以下となるよう配慮しなければならない．特に高い位置からスライドに大きな荷重が負荷される押出し加工においては，工程加圧能力に注意することが必要である．工程加圧能力線図は，**図10.14**のようにスライド駆動機構によっても異なることに注意したい．

冷間鍛造では被加工材の化学成分，潤滑の良否，焼なましの硬さのばらつきなどによる荷重の変動があるため，プレスの加圧能力に余裕をもって機械を選ぶことが必要である．

多工程の加工では偏心荷重の発生は通常避けられない．偏心荷重が働くときは，偏心の程度に応じて許容荷重が加圧能力より低くなることに注意しなければならない．基本的に2ポイントのプレスを選定すべきである．1ポイントのプレスで多工程の加工を行う場合はプレス中心で主成形を行い，次工程で比較的荷重の小さな加工などの補助加工を行う程度にすべきである．

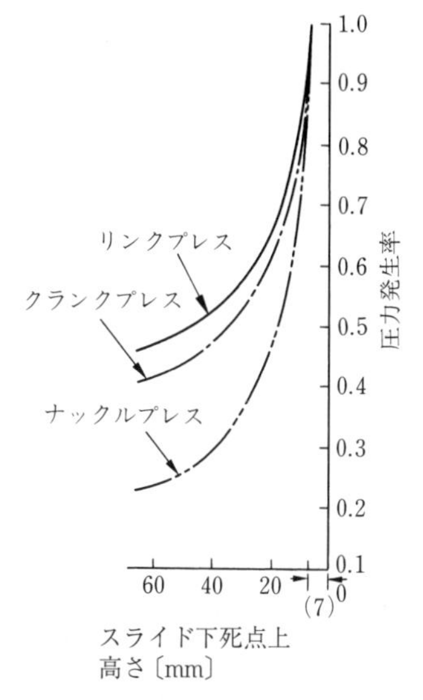

図 10.14 スライド駆動機構による工程加圧能力の相違

〔4〕 仕 事 能 力

1回の加工にどれだけのエネルギーを消費することが許されるかを表し，主電動機の容量，フライホイールの慣性モーメントおよび回転速度によって定まる．鍛造に必要な仕事量はフライホイールの回転エネルギーによってまかなわれる．一般に連続運転ではフライホイールの回転速度の低下を7.5～10%と設定されている．変速モーターを使ったプレスの場合，連続成形するときは毎分ストローク数が少なくなるに従い極端にエネルギーが下がる．

一般に連続加工で許される仕事量の目安は，加圧能力とトルク能力を表す下死点上の距離の積（図10.13におけるABB′O）で囲まれる面積）に等しいと考えてよい．

〔5〕 ダ イ ハ イ ト

スライドを機構の下死点，調整範囲の上端へセットしたときのスライド下端とボルスター上端の間隔を，ダイハイトと呼ぶ．材料の排出を考慮すると，金型の構成上，一般にはスライドストロークの2～3倍必要である．

〔6〕 ベッドノックアウト装置

鍛造プレスには成形品を金型内から抜き出すためにノックアウト装置，またはエジェクターが必要である．ベッドノックアウト能力は加圧能力の5%が一般的であるが，長い軸物の押出し加工や半密閉鍛造では10%程度必要である．ノックアウトストローク量は，一般にスライドストローク量の1/2あればよい．成形品の抜き出しはスライド駆動系からの動きを利用するもののほか，空気圧，油圧によるものがある．

10.3　サーボモーター駆動プレス

10.3.1　特　　　　徴

一般的な機械プレスは汎用モーターを駆動源としているが，サーボモーターを駆動源としたサーボモーター駆動プレス（以下，サーボプレス）が1998年に日本で開発された．おもな特徴を以下に記す．

〔1〕 スライドフリーモーション

従来の機械プレスはクランク機構，リンク機構などのスライド駆動機構によりスライドモーションは固定されるが，サーボプレスではサーボモーターのプログラムによりスライドモーションを任意に設定できる．機械プレスと同様のモーションを設定できるうえ，**図10.15**に示すような下死点保持モーションやステップモーション等のさまざまなモーションを1台のプレスで実現できる．例えば，円筒形状の後方押出しにて，成形領域のみ低速にすることにより，機械プレスに対して生産性を落とすことなく加工発熱を抑制し形状精度を向上させた事例[1)]や，フランジ付き軸部品にてスライドノックアウトと組み合わせた複動モーションにより，機械プレスでは複数工程を要する加工を1工程で成形し，工程短縮を実現できた事例[2)]等がある．

〔2〕 省エネルギー

サーボプレスでは駆動源にサーボモーターを使用しており，スライド減速時の回生電力により消費電力を低減することができる．回生電力をサーボプレス

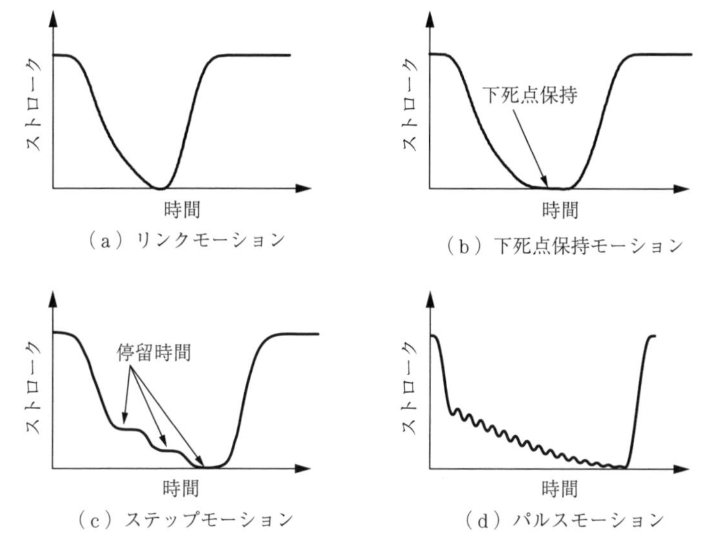

図 10.15　サーボプレスにおける代表的なスライドモーション

で再利用するため，**図 10.16** に示すようにプレスと電源の間に蓄電ユニットを設けて，プレスが発電した電力がプレスでそのまま消費されるシステムを構成している．蓄電方式については，コンデンサーの使用が一般的であるが，欧州ではフライホイールの慣性エネルギーとして蓄積する方式も採用されている．

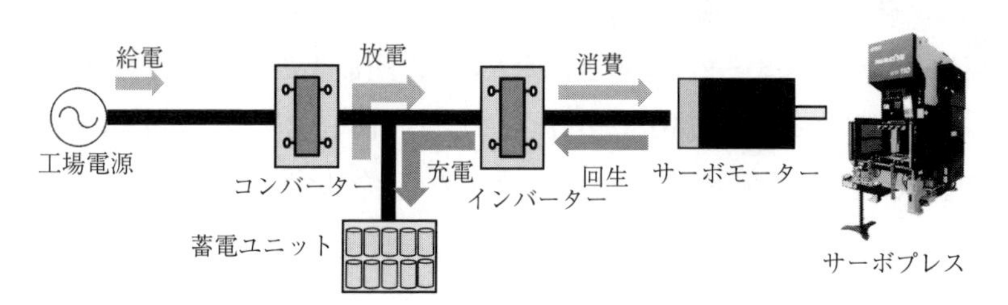

図 10.16　サーボプレスにおける電力回生システムの例

〔3〕　低回転・高仕事量

図 10.17 に，同一加圧能力（6 300 kN）をもつサーボプレスと機械プレスの仕事能力線図を示す．サーボプレスではサーボモーターがもつエネルギーがそのまま成形エネルギーに使用されており，スライド速度の上昇に伴い，モー

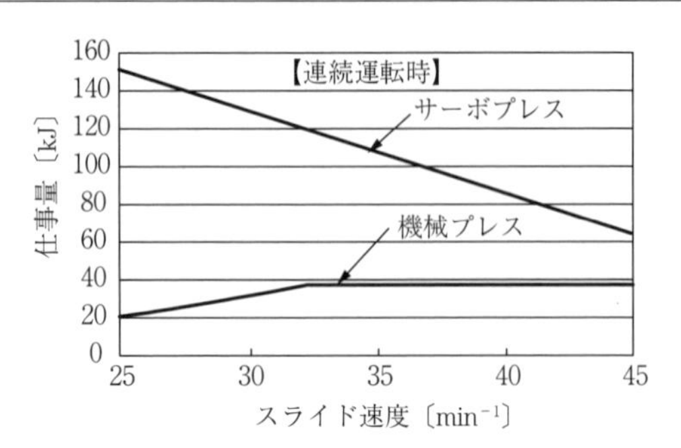

図 10.17　サーボプレスと機械プレスの仕事量の比較（加圧能力：6 300 kN）

ターのもつ回転エネルギーはスライドの上下運動に使用されるため，サーボプレスのモーター特性に依存する部分もあるが，一般には低速の方が大きな仕事能力をもつ．一方，機械プレスではフライホイールに蓄積された運動エネルギーが成形エネルギーとして放出されるため，低速度域では仕事能力が極端に下がる傾向がある．このようにサーボプレスと機械プレスで逆の傾向を示すので，注意が必要である．

10.3.2　機構および構造

〔1〕　機　　　構

駆動源をサーボモーターに置き換えているが通常はカバー等で覆われているため，サーボプレス（図 10.4）と機械プレス（図 10.1）で外観上の大きな違いはない．駆動系には**図 10.18** に示すようなリンク機構やクランク機構だけではなく，ボールスクリューなどの回転運動を往復運動に変換する機構が用いられている．

〔2〕　構　　　造

クラウン，スライド，ボルスター，ベッド，フレーム等の荷重伝達の基本構成は機械プレスと同様である．サーボプレスでは，モーターの動力伝達および遮断はサーボ信号によるためクラッチを有さず，成形エネルギーもサーボモーター自体の回転エネルギーによるためフライホールを有さないことが，機械プ

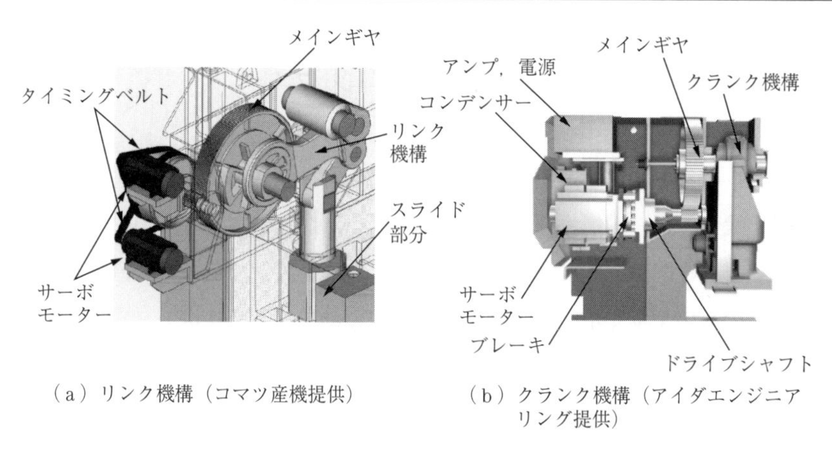

（a）リンク機構（コマツ産機提供）

（b）クランク機構（アイダエンジニアリング提供）

図 10.18 サーボプレスのスライド駆動部

レスに対する構造的な大きな特徴である．サーボモーターを駆動源とするため，モーター速度・位置あるいはスライド位置をフィードバック信号として，サーボモーターの回転数を電気的に制御する．**図 10.19** にサーボ制御系のシステム図の一例を示す．本システムではスライド位置をリニアセンサーで直接検知し，フィードバック信号として使用するだけではなく，スライドアジャスト（ダイハイト調整）にも使用することで，高精度な下死点制御を可能としている．

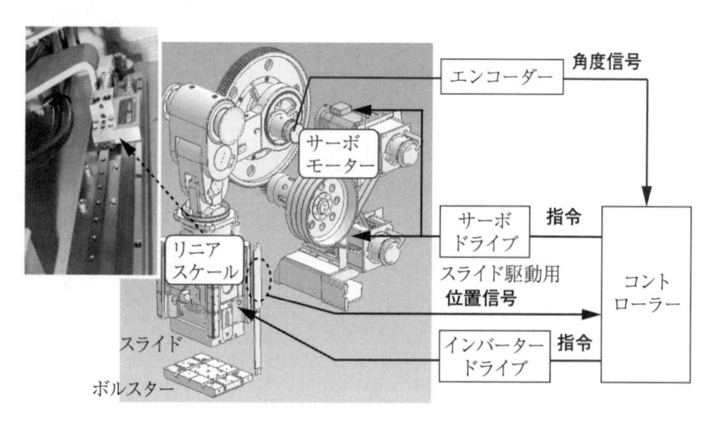

図 10.19 サーボ制御システム（コマツ産機株式会社提供）

10.4　油圧プレス

10.4.1　機構および構造

〔1〕 機　　構

油圧プレスは**図 10.20** に油圧回路を示すように，ポンプによって直接駆動される形式のものが多く用いられる．この形式の油圧プレスには

1） スライドストロークを長くすることができる．

2） ストロークの任意の位置で使用できる．

3） 加圧出力を任意に設定できる．

4） 全ストロークにおいて最大加圧能力を発揮することができる．

5） 加工の終期において加圧時間を長くとることができる．

6） 多数のシリンダーを設置することにより多軸化（4〜6 軸）することができる．

7） 機械プレスに比べて設備コストを抑えることができる．

などの特徴がある．

油圧プレスはいろいろな鍛造加工に幅広く使われている．スライドの下死点が定まらないので，上型を下型に突き当てたり，キスブロックを設けることに

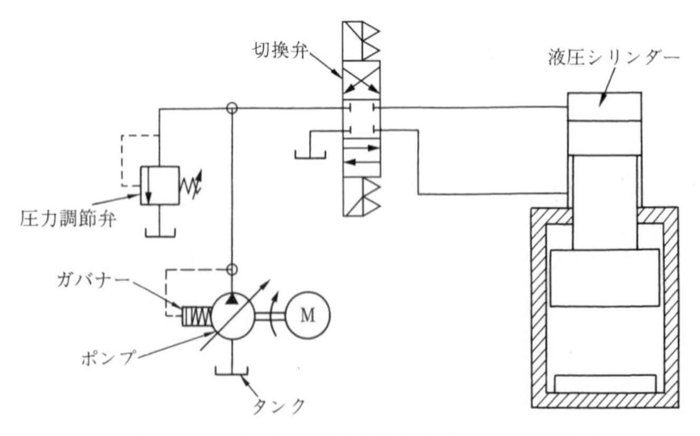

図 10.20　直接ポンプ駆動式油圧プレスの油圧回路

よってスライドの下死点を決めるか，**図 10.21**（a）のようにサーボバルブを使って制御する回路や，図（b）のサーボモーターによって制御する回路をもった油圧プレスが造られている．無負荷においてスライドを高速下降・上昇させるために，高圧油圧系とは別にプレフィル油圧系統を備えたものもある[3]．

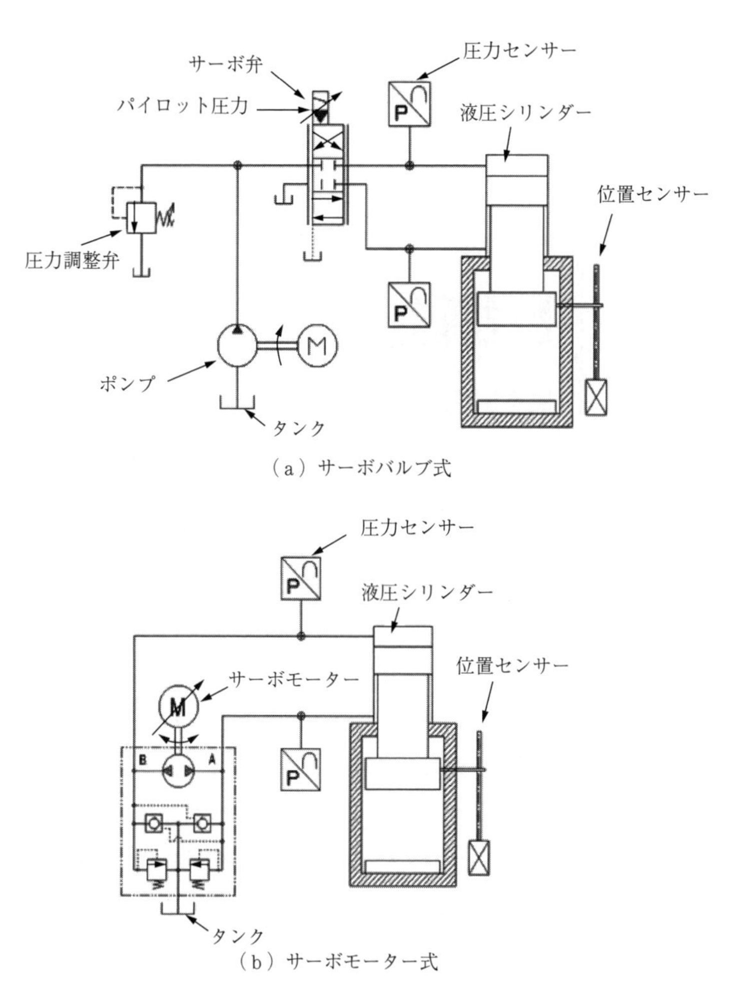

（a）サーボバルブ式

（b）サーボモーター式

図 10.21 油圧プレスの油圧制御回路（森鉄工株式会社提供）

〔2〕**構　　　造**

クラウン，フレーム，ベッド，スライドなど荷重支持部は，機械プレスと基本的には同じである．**図 10.22** は 5 軸制御の油圧プレスのシリンダーの配置を示す構造図で，スライド側にはメインシリンダーのピストンスライドインナーピストン，スライドノックアウトのピストンの 3 軸が設置されており，ベッド側には下方から加圧するためのベッドプレスピストンとベッドノックアウトピストンの 2 軸が設けられている．

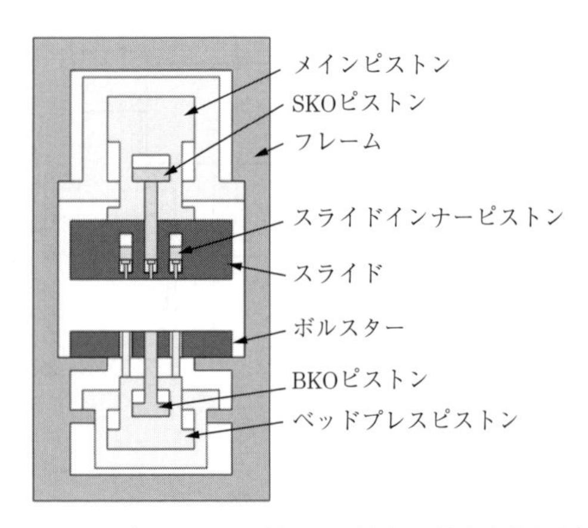

図 10.22　多軸プレスの構造図（森鉄工株式会社提供）

10.4.2　選　　　定

油圧プレスはタクトタイムが長く生産性が低いが，大物部品，特殊品の加工，長軸物の押出しに適し，多品種少量生産および多目的に使用するのに最も汎用性がある．また油圧プレスは機械プレスに比べてスライド駆動に自由度が高い．例えば，荷重を測定しつつストロークを制御するものが開発されている．稼働中の下死点位置を検出して，その後，6 サイクルの間のアイドルタイム中に目標値へ自動調整を行うものも開発されている [4]．左右または前後のスライドストロークの差から偏心荷重を検出し，設定値を超えたら緊急停止させること [5] や，加圧力とコラムの伸びの関係を求めておき，荷重の値と無関係に下死点位置を制御することも可能になっている[6]．スライドストロークを時間に対して三角波，正弦波とすることができる制御方法も開発されている[7]．

10.5　スクリュープレス

10.5.1　特　　徴

スクリュープレスはねじ機構により力を発生させるプレスであり，ねじを回転させる種々の機構が工夫され用いられている．駆動方法は，サーボモーターを使った直動タイプとクラッチ式のものがある．スクリュープレスでは，サーボモーターやフライホイールのエネルギーを消費しながら加工が行われる．加工エネルギー，ストロークの長さおよび位置を自由に選ぶことができるので，素材を一組の金型で予備成形，本成形，仕上げ成形など，異なる組合せの加工エネルギーを繰り返し与えることもできる．

製品の高さ精度を保証するためには，上・下金型の突き当てを行うことによりスライドを強制的に停止させる必要がある．これにより，機械プレスにおけるようなフレームの伸びなどによる製品高さのばらつきへの影響がなくなる．型鍛造，印圧などに使用されている．

10.5.2　機構および構造

最も基本的な構造をもつサーボモーター駆動のスクリュープレスを**図 10.23**に示す．サーボモーターで駆動することにより，従来のフリクションスクリュープレスに対しクラッチ・ブレーキが不要となることでメンテナンスが不要，回生電力の回収や摩擦ブレーキが不要になることで 30 %以上の省エネが可能であり，スライドを加速後に減速させることができるため，成形品の大きさに合わせた無理のない加工が可能などの利点がある．スクリュープレスはねじによって駆動し，スライドに水平面内のトルクが発生するため，逆ねじの 2 本のスクリューを使ったツインスクリュープレスにすることによって回転トルクを打ち消し，偏心荷重に強くする．これにより従来は中央での加工だけで

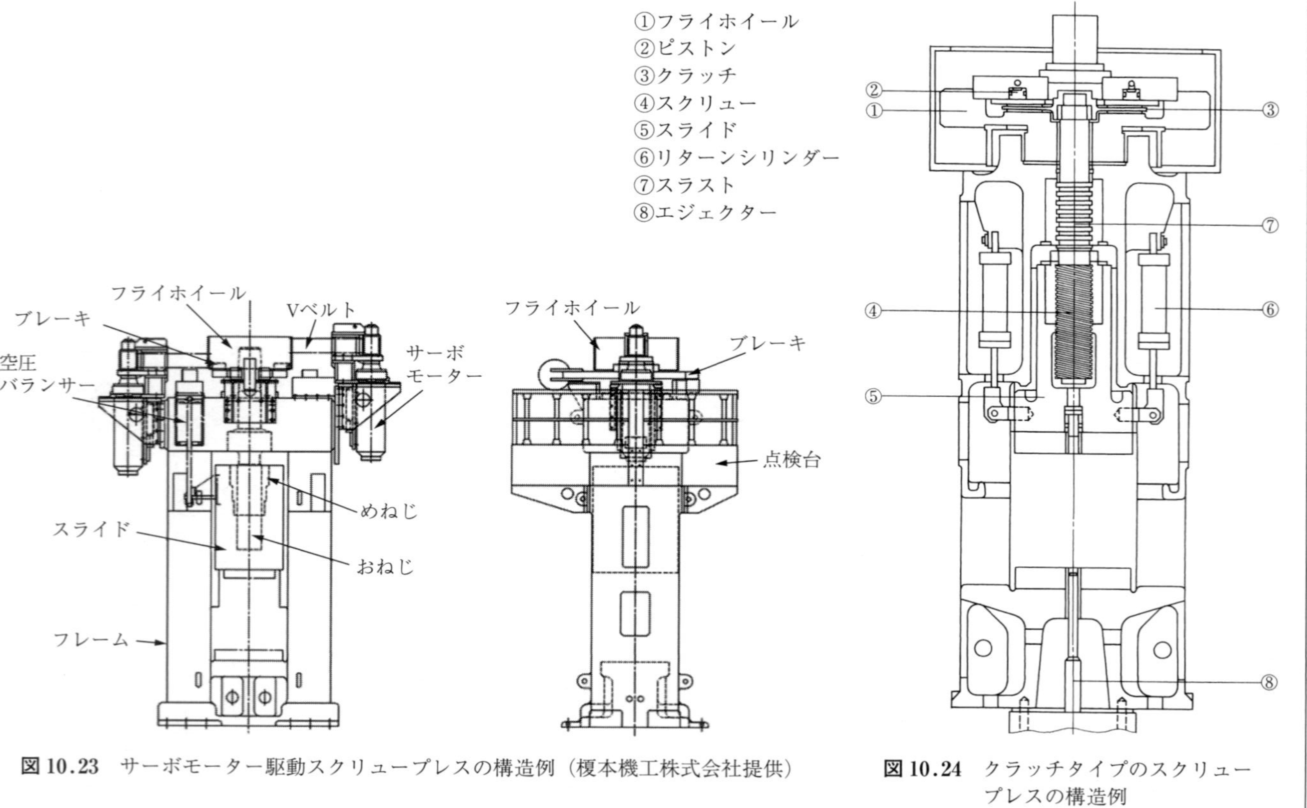

図 10.23 サーボモーター駆動スクリュープレスの構造例（榎本機工株式会社提供）

図 10.24 クラッチタイプのスクリュープレスの構造例

あったが，2〜3工程での加工も可能にした．また下型は1工程であるが，上型を2〜3工程設け，上型ベースをシフトさせながら多工程の加工を行う装置などの開発も行われている．

図10.24はフライホイールを常時回転させておき，スライドを下降・加速させるときクラッチを入れフライホイールの回転エネルギーを使用する形式のものである．このようなスクリュープレスはエネルギー原理の点では機械プレスと類似している．

10.6　ヘッダー，フォーマー

10.6.1　特　　徴

ヘッダー，フォーマーは横型プレスであり，駆動にはクランク機構が用いられる．丸棒のコイル材またはバー材の連続供給と設定した寸法での切断を行い，多工程で冷間，温間，熱間の鍛造成形を行う機械である．鍛造成形が行われた製品を素材として供給して多工程の成形を行うことも行われる．一般的には3工程以内の成形を行う機械をヘッダー，3工程以上の成形を行う機械をフォーマーと呼ぶ．

素材供給・切断装置，トランスファー機構などをすべて備えており，きわめて生産性の高い機械で大量生産に適する．リン酸塩皮膜処理を施したコイル材を使用して，切断面の潤滑のため油系潤滑剤を用いる．横型機の場合には，型に多量の油をかけても金型内に滞留する心配がなく都合がよい．

工程ごとに潤滑，焼なまし，冷間成形を繰り返す多工程の場合に比べて，被加工材の加工発熱による変形抵抗の低下によって成形が容易になるといわれている．加圧能力，あるいは仕事能力が不足する場合には素材を間欠送りとする方法も利用できる．

段取り替えにおいては型交換，ストロークおよびノックアウト調整に要する時間を可能な限り短縮することが重要である．パンチおよびダイの心合せをプレス内で行うと機械の停止時間を長く要するので，すべての工程をカセット化し外(そと)段取りを可能にしたり，各工程の加工荷重の管理，段取り替え情報の蓄積と指示などが行われている．

10.6.2　機構および構造

図 10.25 に示すように，クランクまたはエキセントリック軸の機構により駆動される横型[8)]のものが多い．エネルギー蓄積機構，スライドの駆動法など原理面では機械プレスと同様である．多工程の加工力の合力が偏心することは一般に避けられないので，フレーム，スライド，パンチホルダー，ダイホルダーなどは剛性が高く設計されることが普通である．スライドギブには耐摩耗性のため超硬合金を使うこともある．製品のノックアウト機構も同一のクランクから駆動される．

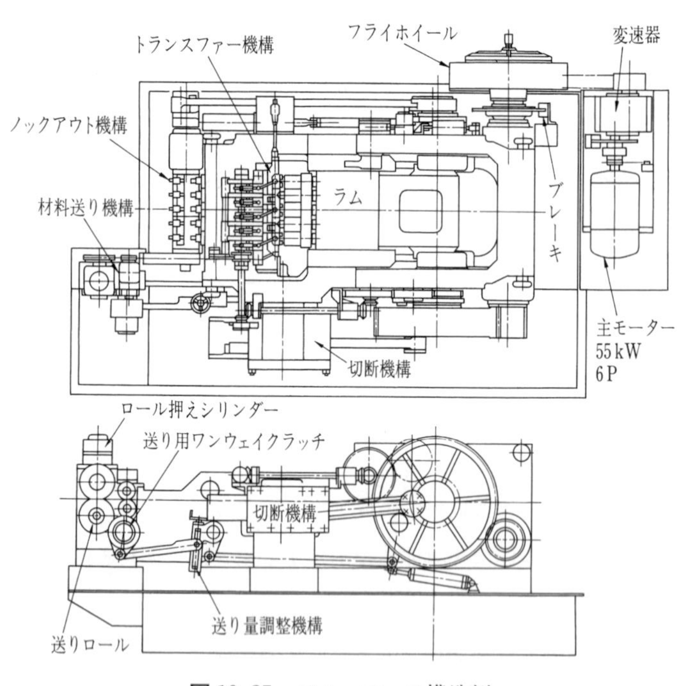

図 10.25　フォーマーの構造例

素材切断を除き，組み込める工具の段数は2〜6段のものが多い．**図10.26**に成形部の外観を示す．各工程の金型の最大寸法は機械によって決まっているため，工具設計では注意を要する．各段のパンチは加工による弾性変形量なども考慮した長さに設定している．

図10.26 フォーマー（6段）の成形部（旭サナック株式会社提供）

10.7 ハ ン マ ー

10.7.1 特徴および種類

熱間鍛造ではハンマーが古くから使われている．ハンマーは繰返し打撃によって変形を与えるものであり，ラム（スライド）の速度と質量によって衝突エネルギーが決まる．特に複雑な製品の鍛造には欠かせない機械であるが，ハンマー作業は素材の反転，転倒などを繰り返し行いながら成形を進めるので自動化が非常に難しく，衝突時の振動と騒音が大きいため公害対策が必要である．

ハンマーはつぎの4種類に分類できる．その中で多く使われているのは，エアードロップハンマーである．

〔1〕 ボードドロップハンマー

ラムに結合したボードをローラーによって上昇させた後，自由落下させラムが獲得した運動エネルギーによって被加工材を変形させる．

〔2〕 エアーリフトドロップハンマー

空気圧シリンダーを使用してラムを上昇させ自由落下させる．

〔3〕 エアードロップハンマー

図 10.27 はエアードロップハンマーの構造図であり，エアーリフトドロップハンマーと同じくラムの上昇に空気圧シリンダーを使うが，落下時にも圧縮空気を利用してラムに加速を与える．このため衝突エネルギーが大きくなり，変形量も大きくできる．打撃力は足踏みペダルの踏込み量により加減できるので，軽い仕事量の予備成形から大きな仕事量が必要な仕上げまで，作業者により自由にコントロールできるのが特徴である．3t 以下のハンマーでは時間当たりの生産数量を上げるためにストローク長さを短く，ラム径を大きくし，さらに戻りスピードを速くした高速エアードロップハンマーも使われている．

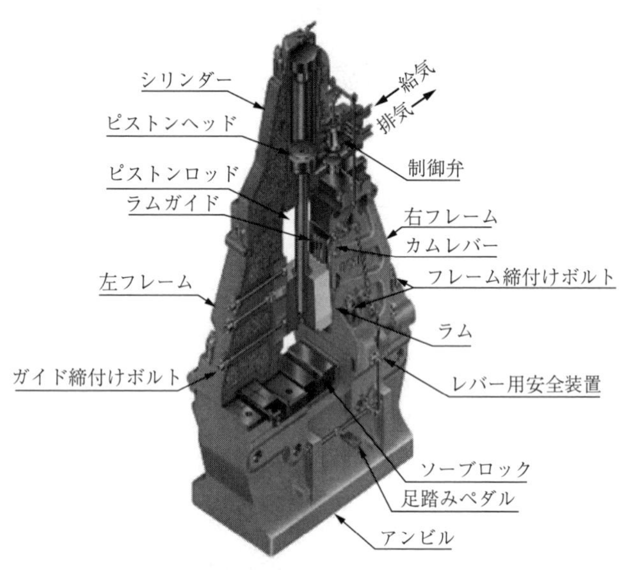

図 10.27　エアードロップハンマー（株式会社大谷機械製作所提供）

〔4〕 カウンターブローハンマー

前記の 3 種類はラムとアンビルの間で加圧するが，カウンターブローハンマーはアンビルの代りに運動する下ラムを設け，この両ラムをスチールベルトなどでつなぎ，上ラムの下降とともに下ラムを上昇させ中間で衝突させて成形を行う．そのためアンビル損失がなく効率がよい．床に伝わる振動も小さくなり作業環境が改善される．

〔5〕 スタンプ式油圧ドロップハンマー

ハンマーは作業者によって打撃力を精妙に調整しながら数回の打撃を繰り返しており，加工しようとする鍛造品の形状によって作業条件が大きく異なるため高度な熟練を要していたが，スタンプ式油圧ドロップハンマーではデータ化された作業条件を油圧によって制御することで，作業者の負担を軽減することができる．

10.7.2 能力とエネルギー

ハンマーの能力はプレスと異なり，力でなくその性質上エネルギーで表示するのが適当であるが，普通はラムの質量で表す．

ハンマーの衝突エネルギーEはつぎの式で表される．

$$E=\frac{W\cdot V^2}{2G}$$

ここで，Wはラムの重量〔kg·m·s^{-2}〕，Vは衝突速度〔m/s〕，Gは重力加速度〔m/s^2〕である．

ラムの反発，アンビルからの損失があるので，ラムのエネルギーはすべて成形に変換されるのではなく，成形品が得るエネルギーは効率ηをEに乗じた値となる．ηはカウンターブローハンマーでは約0.8，型鍛造の場合には0.3〜0.6である．

10.8 加 熱 装 置

温・熱間鍛造に使用する加熱装置は，鍛造素材の材質，加工温度，鍛造機械，生産量を考慮して選ぶ．加熱温度は鍛造品の品質，成形荷重に直接影響を与えるので，正確に管理され，かつ素材中心まで均一な温度であることが要求される．

熱源によって分類すると，液体またはガスを使用する燃焼炉と電気炉に分けられる．燃焼炉は鍛造素材材質，鍛造機械を問わず一般に使用できる．一方，電気炉の中でもインダクションヒーターはフォーマー，機械プレス，スクリュープレスによる温・熱間鍛造用に多く用いられる．

〔1〕 **バ ッ チ 炉**

バッチ炉（**図 10.28**）は汎用性があり，操作が簡単なこと，設備費が低いことにより広く使われている．この炉は材料の投入時，取出し時に扉を開放するため，熱効率は悪いが，炉の構造や排ガスの再利用による予熱によって，プッシャー炉なみの熱効率が得られる炉も実用化されている．

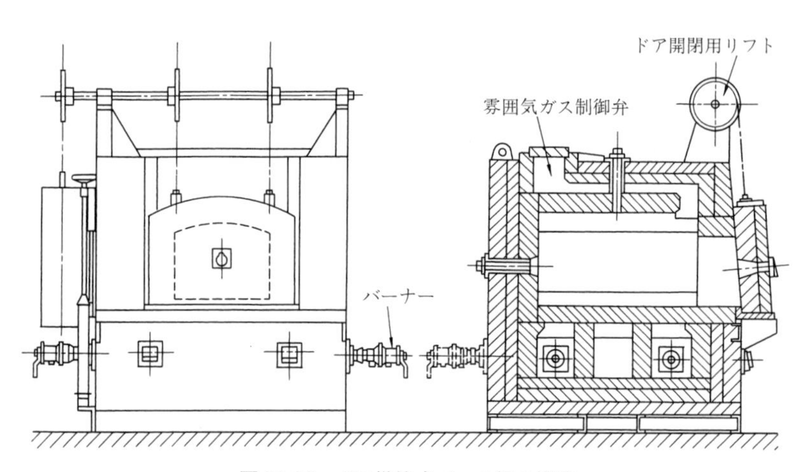

図 10.28　ガス燃焼式バッチ炉の構造

〔2〕 **プ ッ シ ャ ー 炉**

素材は排熱を利用して予熱されながら順次炉内に入り加熱される．素材の長いものは横に，短いものは縦に送られる．装入には空気圧または油圧シリンダー，カムなどを使った機械式のものや振動を利用したものもある．熱効率が比較的高く，自動化もしやすく設備費も低い利点がある．

〔3〕 **回転炉床式加熱炉**

この炉は素材の形状にかかわらず加熱できること，回転速度と炉の周囲に取り付けられたバーナーを調整することにより，タクトタイムや温度の制御ができることが特徴である（**図 10.29**）．炉壁や炉床にキャスター材を使用するこ

図 10.29　回転炉床式加熱炉（ファーネス重工株式会社提供）

とによりメンテナンスの間隔も長くでき，維持管理が容易になった．欠点は熱効率が悪く，回転部の隙間等のメンテナンスが必要なことである．

〔4〕 **全回転式加熱炉**

回転炉床式加熱炉は炉床のみが回転し外壁は固定しているため出入り口は一箇所でよいが，全回転式は炉床と外壁が一体で回転するため，素材の取出しは外壁に設けられたいくつかの扉を開閉することにより行われる．

〔5〕 **インダクションヒーター（誘導電気加熱炉）**

この炉は自動化された熱間鍛造用プレス，大型熱間フォーマー，温間鍛造における素材のコーティングと加熱に広く使われている（**図 10.30**）．段取替え時のコイル交換，結線替え，冷却管の交換，作業条件の設定，作業開始時の温

図 10.30　誘導電気加熱炉（三造パワーエレクトロニクス株式会社提供）

度補償制御，稼働中のプレス側のトラブルによる生産中断時の微速送り保温制御などが，前もってインプットされたプログラムにより行われる．加熱条件によっては二重周波数電源の採用などにより，オーバーヒートの防止と省エネルギー化が図られる．

この加熱炉では素材の中心部まで均一に急速加熱できるので，脱炭やスケールの発生が少ない，温度調節が簡単にできる，全体加熱のほか長い棒やパイプの部分加熱ができる，立上げ時間が非常に短く生産性が高いなど多くの長所があるが，炉および受電，変電設備費が高いことは短所である．

〔6〕 そ　の　他

線・棒材に通電しジュール熱により直接加熱することは，多段プレス，電気アプセッターに使われている．

10.9 搬　送　装　置

10.9.1 搬　送　計　画

〔1〕 工程計画への組込み

鍛造システムへの材料の送入出，工程間の搬送を確実・迅速に行うことが，高生産性，設備の保全，作業者の安全には求められている．トランスファーフィーダーなどによる自動化の場合には，作業者による鍛造の場合と異なり，工程レイアウトや金型構造の点で被加工材のクランプや下降，上昇を自動化に適するようにする必要がある．反転をなるべく避けること，フィーダーにより次の工程に搬送した材料が安定するようにダイの入り口部分にガイドを設けたりすることや，搬送中の素材を反転する場合には金型との干渉などの確認も必要であり，工程計画の段階でよく検討しておくことが重要である．

熱間鍛造では，高温に加熱した素材を加工終了までなるべく温度低下させないようにしたり，金型温度の上昇を防ぐためにもフィーダーのタイミングを適切に設定することが重要である．

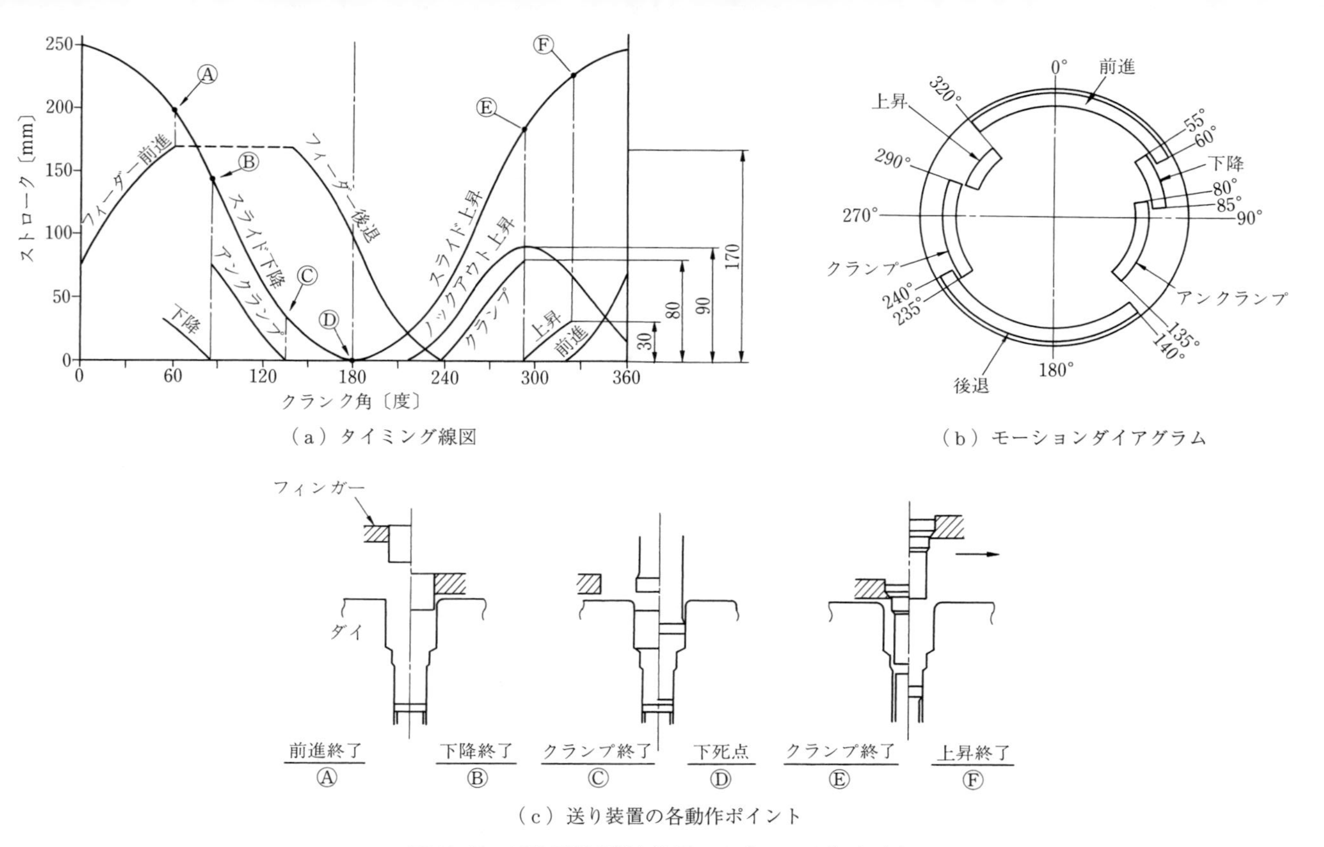

（a）タイミング線図

（b）モーションダイアグラム

（c）送り装置の各動作ポイント

図 10.31　三次元材料送り装置のタイミング計画の例

〔2〕 タイミング計画

自動化運転するためには，搬送装置のフィンガーで支えられる素材または製品と金型が干渉することなく安定して送られる必要がある．これらの動作のタイミングを検討するために，各搬送装置およびプレスのスライドの位置関係を把握することが必要である．クランク機構をもつプレス機械の場合には，クランク軸の回転位置を基準にすると便利である．一例として三次元送り装置のタイミング計画の例[9]を**図 10.31** に示す．

10.9.2 搬送機器および装置

〔1〕 整 列 装 置

ばら積みの素材または中間加工物を貯蔵し，整列し装入待機位置まで送り込む．エレベーター式（**図 10.32**），振動ボウル式，往復漏斗式などいろいろな方式[10]がある．

〔2〕 分 離 装 置

装入装置が所定の位置で素材を確実に必要数だけ受け取ることができるように，連続する素材を分離するために，ラチェット式，シャトル式，セクター式やスイング式（**図 10.33**）などがある．

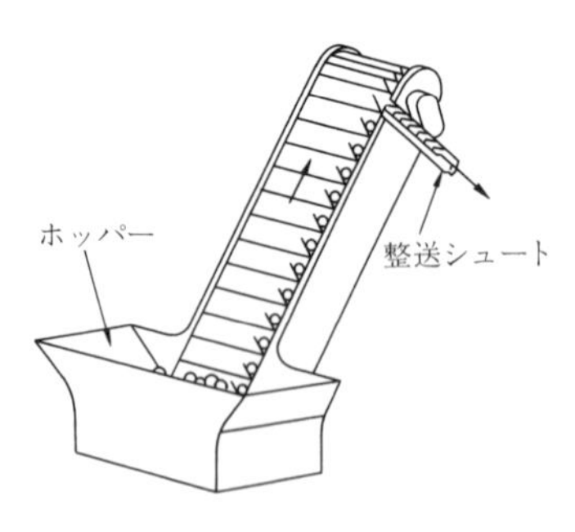

図 10.32　エレベーター式整列装置

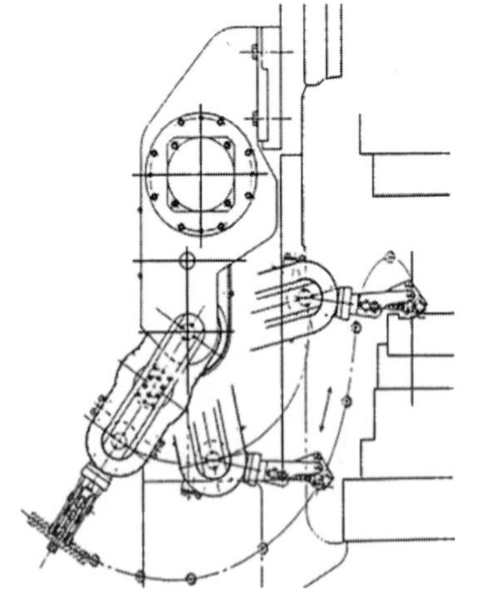

図 10.33　スイング式分離装置
（住友重機械工業株式会社提供）

〔3〕 装入・排出装置

代表的なものの一つはトランスファーフィーダーである．**図 10.34** に二次元フィーダーの作動を示す．フィードバーに取り付けたフィンガーによって素材をクランプして金型の中心上に送り，フィンガーを開き自由落下させるか，パンチの下降によって素材を型内に装入する．続いて加工中またはプレススライドの上昇中に，フィードバーを戻す動作を連続的に行う．

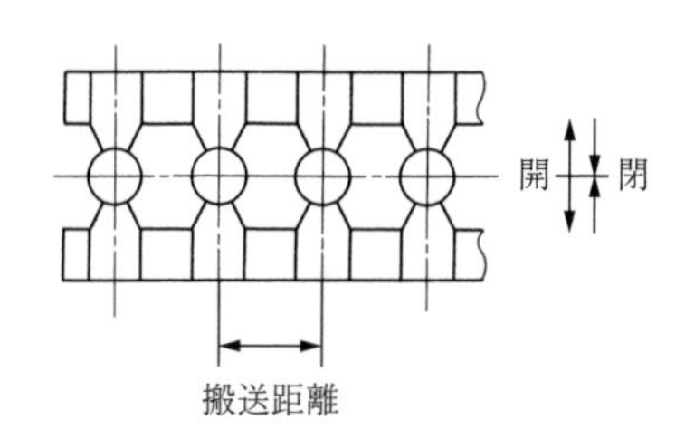

図 10.34　トランスファーフィーダーの動作

加工対象部品の多様化に対応できるサーボモーター駆動のフィーダーが多く使われている．

図 10.35 に三次元のサーボフィーダーの構造を示す．サーボモーター駆動のフィーダーは従来のカム機構のものと異なり，クランプストロークやリフトストロークが任意に変更できることで汎用性があり，いろいろな形状の鍛造品に対応できるようになっている．フィード用のサーボモーター 1 軸，クランプ用 2 軸，リフト用 2 軸の 5 台で制御しているが，異形の熱間鍛造品の搬送のためにフィードバーの送りのストロークやクランプストローク，リフトストロークを前・後のバーで変えることができるように，10 軸のサーボモーターを制御するフィーダーも開発されている．

図 10.36 に，コネクティングロッドの鍛造ラインにロボットを使用した例[11]を示す．サーボフィーダーに比べ生産性が低いため，生産量が少ない鍛造品の自動化やフィーダーでの搬送が難しい製品形状，作業者の手動による搬送が不可能な重量物の自動搬送用として，ロボットが広く利用されている．

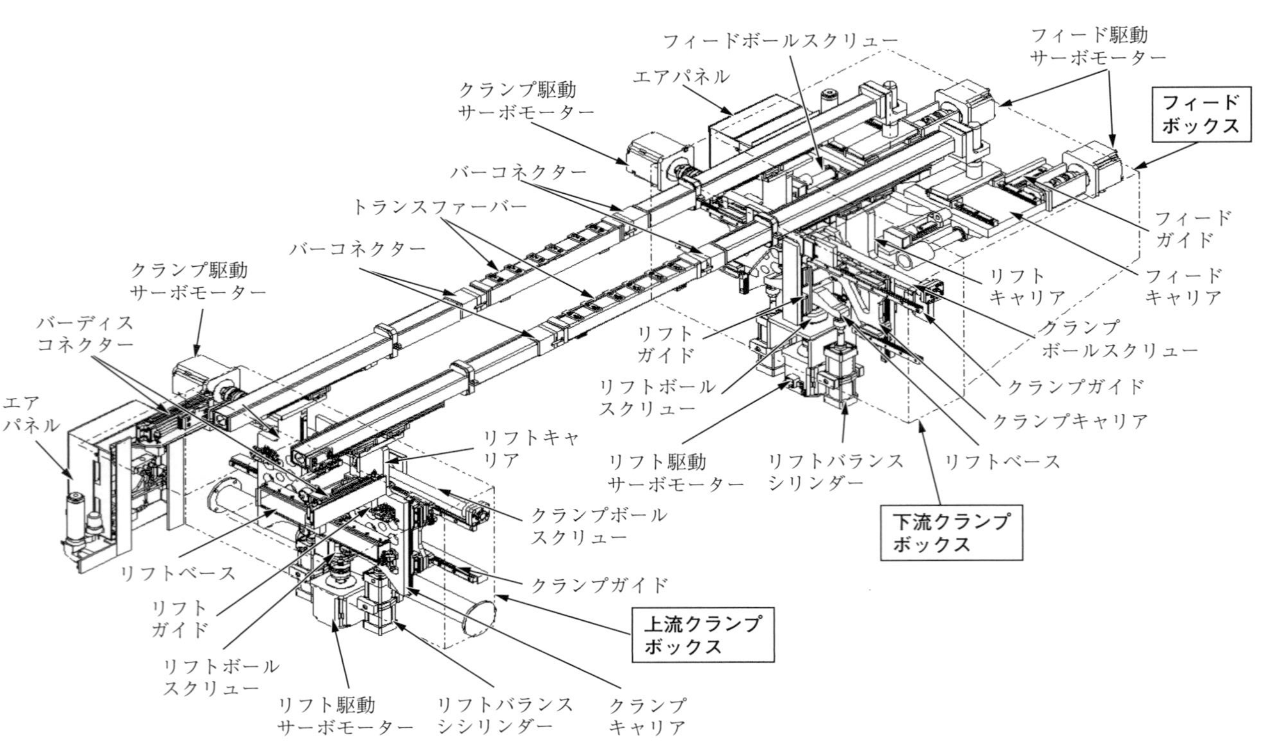

図 10.35　サーボモーター駆動の自動化装置（コマツ産機株式会社提供）

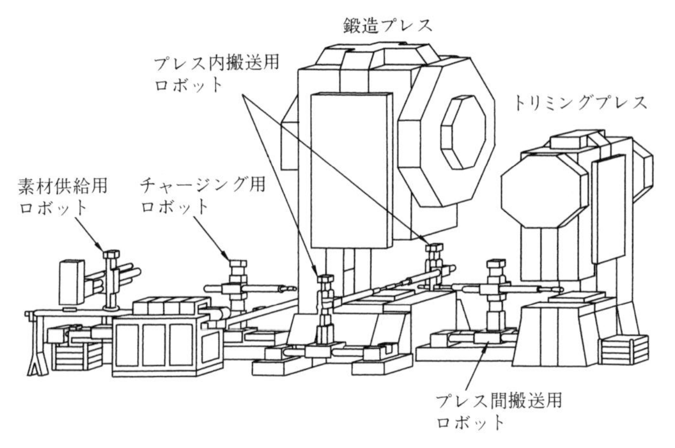

図 10.36 鍛造ラインでのロボット使用例

10.10 加工ラインおよびその運転・制御の現状

10.10.1 プレスラインおよびトータルシステム

図 10.37 は，乗用車用クランク軸を対象とした大型型鍛造プレスラインの例である．トランスファーフィーダー付き 60 MN 自動鍛造プレスを主機として，バー材を供給するバー材マガジン，バー材加熱用 2 800 kW ヒーター，ビレットシヤー，予備成形用鍛造ロールによって構成され，最高で 11.6〔秒/個〕の生産性を有する [12]．本ラインはバー材の供給から加熱，切断，鍛造まで完全に自動化されており，人手による操作は不要で，最小限に配置された作業者は外段取り作業などと並行して各設備の監視を行うのみでよい．

このような設備をもつ自動化ラインでは，多品種少量生産に対応できるように鍛造のスケジューリング，素材の追跡，搬送，設備のオンライン監視などを行うことが不可欠である．

10.10.2 金型交換装置

鍛造機械の高速運転化および多品種少量生産化には，金型交換時間の短縮は

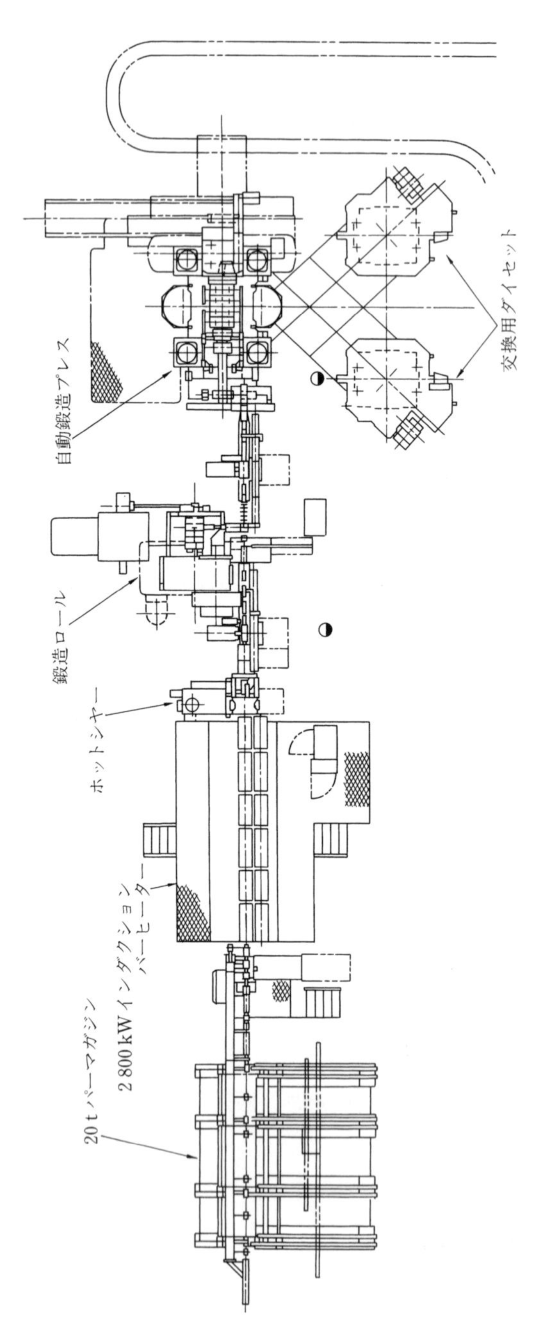

図 10.37　クランク軸用 60 MN 高速自動鍛造プレスライン

大きな課題である．ダイホルダーに金型をあらかじめ取り付け調整済み（外段取り）として，セットで交換する金型交換台車方式が広く普及している（**図 10.38**）[13]．短時間での金型交換を実現するためには，ダイホルダーのクランプ装置，押上げシリンダー，フィードバー自動着脱装置，型のテストや調整のためのマイクロインチング装置などプレス側のハードウェア，およびプレスの周囲に設置した金型交換用台車および吊り下げ装置を用いる．型交換に伴い材料フィード機構，潤滑ノズルなどの交換，油空圧や電力供給のための接続も短

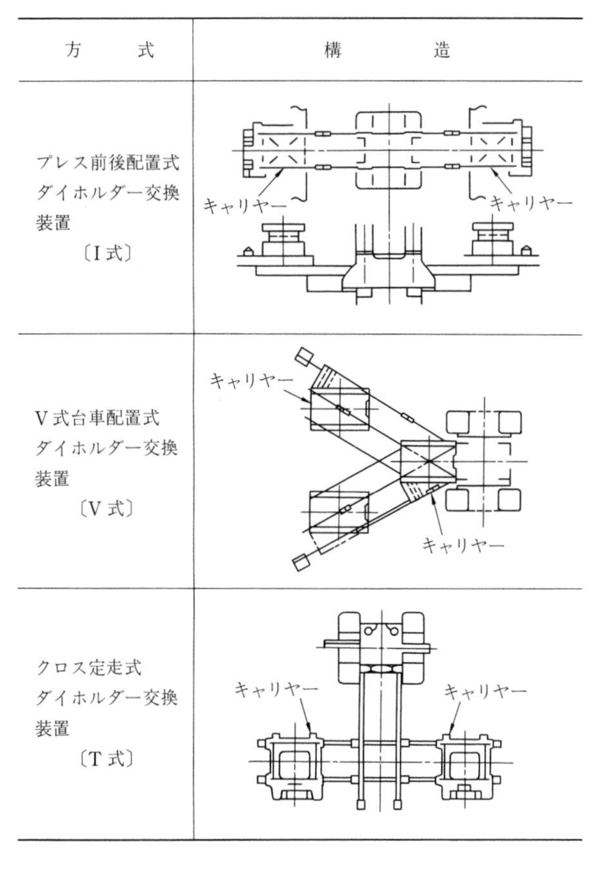

図 10.38　急速型交換のためのプレスと台車などの配置方法

時間にできなければならない．このようにして段取替えを数分間で実行できるものがある．

引用・参考文献

1) 安藤弘行：日本塑性加工学会第 314 回塑性加工シンポジウム，(2015)，1-8.
2) 山道顕・河本基一郎・安藤弘行：平成 28 年度塑性加工春季講演会講演論文集，(2016)，147-148.
3) 尾崎豊：日本塑性加工学会鍛造分科会第 19 回鍛造実務講座，(1989)，33-44.
4) 西川淳二：日本塑性加工学会第 143 回塑性加工シンポジウム，(1992)，71-79.
5) 立松武雄・高田与男・黒崎敏夫：神戸製鋼技報，**31**-1 (1981)，24-27.
6) 松下富春：日本塑性加工学会第 19 回鍛造実務講座，(1987)，40-56.
7) 田渡正史・伊藤保人・香川智章：住友重機械技報，**40**-118 (1992)，93-97.
8) 松井正廣：日本塑性加工学会第 12 回冷（温）間鍛造実務講座，(1981)，37-46.
9) 坂木雅治：日本塑性加工学会第 42 回塑性加工学講座，(1987)，117-124.
10) 村松勁：日本塑性加工学会第 8 回冷（温）間鍛造実務講座，(1977)，42-53.
11) 鍛造技術研究所：鍛造技術講座「鍛造作業の自動化 II」，(1984)，138.
12) 西川淳二・川口猛・尾崎豊・近藤剛一：住友重機械技報，**37**-110 (1980)，48-52.
13) 松井正廣：日本塑性加工学会第 15 回冷（温）間鍛造実務講座，(1985)，75-85.

11　後工程，後処理および検査

11.1　機　械　加　工

11.1.1　鍛造品の機械加工

鍛造品の機械加工は，以下の目的のために行われる．

1）鍛造では加工困難な形状を得る…アンダーカット部など

2）鍛造では保証困難な機能を得る…寸法精度，面性状，回転バランス，重量バランスなど

3）表面きず，脱炭層などの表面欠陥の除去や製品としての美観を得る．

〔1〕　鍛造基準面と切削代の設定

加工基準面は，一般に平面や円筒面を利用するが，特殊な場合には鍛造で加工されたセンター穴や機能面（歯形やボール溝など）を利用することもある（**図 11.1**）．基準面は鍛造品の扱いやすさと全体の切削代のバランスとから最

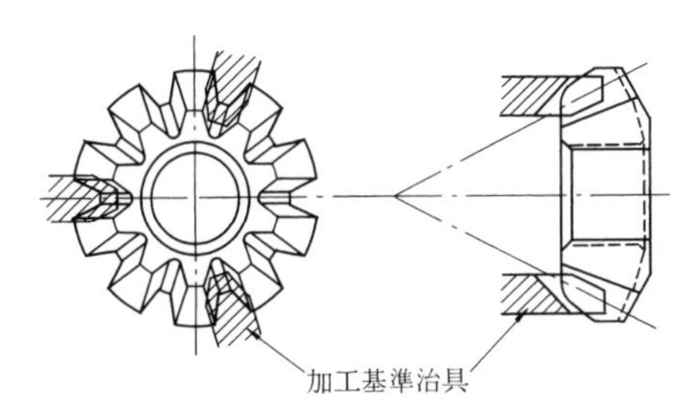

図 11.1　歯形加工基準の例（デファレンシャルピニオン）

適な位置を選ぶ．

〔2〕 **被　　削　　性**

鍛造品を量産するうえで最も関心がもたれるのはその被削性であるが，それは刃具の材質や形状により最適加工条件が追求される．

材料の硬さは低いほうが刃具寿命にはよいが，粘さがあると切粉（きりこ）のからみや構成刃先により被削性がよくない．そのような場合には，鍛造品を焼ならししたり，鍛造品自体にチップブレーカーを成形して切粉を断続的に発生させるようにする（**図 11.2**）．

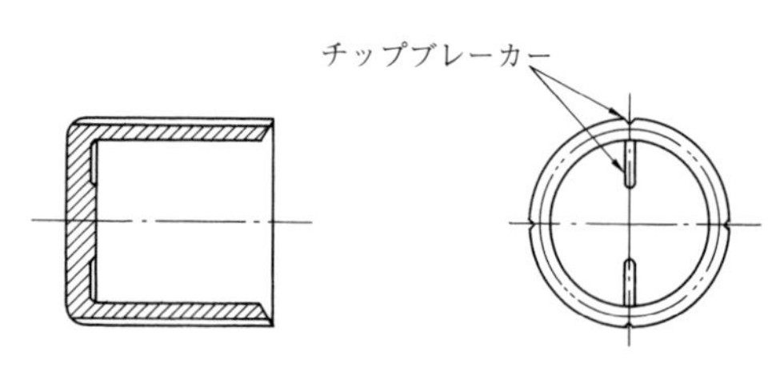

図 11.2　チップブレーカーのついた鍛造品

また材料に被削性向上元素（S, Pb, Se, Te, Bi, Ca）を添加することにより，切粉の状態を改善し被削性を向上できる．ただし鍛造加工性は低下するので，そのバランスが大切である（5.1.2 項〔7〕参照）．

11.1.2　鍛造加工前や中間の機械加工

鍛造品の後加工だけでなく，鍛造前の素材や中間工程の鍛造品にも，以下のニーズにより機械加工を行う場合がある．

〔1〕 **欠 陥 の 除 去**

素材の表面きずは鍛造加工限界を低下させたり，鍛造品表面の疲労限度を低下させたりするので除去することがある．この代表的なものはピーリングである．

〔2〕 **鍛造品の高精度化**

乗用車部品として使用量が多い等速ジョイント部品では，高精度な鍛造品を得るため鍛造工程の素材や中間工程として機械加工を入れるケースが多い．インナーレースでは，熱鍛工程と冷鍛工程の中間に機械加工工程を入れることで，厚さばらつきや重量ばらつきを補正し高精度なボール溝を冷鍛工程で仕上げることができる（**図 11.3** および 4.1.3 項〔5〕参照）．

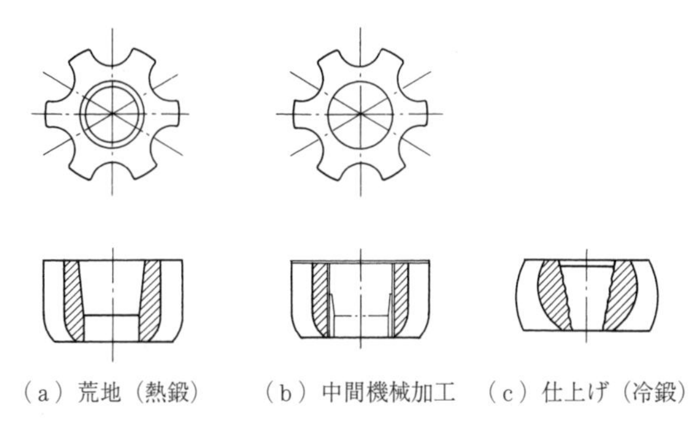

（a）荒地（熱鍛）　（b）中間機械加工　（c）仕上げ（冷鍛）

図 11.3　中間機械加工を含む等速ジョイントインナーレース加工工程

11.2 熱　処　理

11.2.1 鍛造品の熱処理

鋼の鍛造品の熱処理のおもなものに，つぎの三つがある．

〔1〕 焼 な ま し

焼なましはその目的に応じていくつかの種類に分類でき，加熱の仕方が異なるが，ここでは，冷間鍛造部品に対して一般に行われる球状化焼なましについて述べる．

球状化焼なましの主目的は冷間鍛造性を確保することである．冷間鍛造材料のような亜共析鋼に対する球状化は，A_1 変態点直上直下の温度で加熱冷却を繰り返す方法が最適で，層状の炭化物が固溶，析出を繰り返して球状化することにより，冷間鍛造性が著しく向上する．

一方，0.5% C 以下の炭素鋼や合金鋼は球状化焼なましをすると，機械加工工程で被削性が低下したり，その後の表面硬化熱処理工程で結晶粒が局部的に粗大化して焼入れひずみを発生したり，オーステナイトへの炭化物の固溶が不十分で焼入れ性が低下することがある．このような場合には冷間鍛造後に焼ならしを施すことがある．

〔2〕 焼　な　ら　し

鋼を Ac_3 点以上の適当な温度に加熱して一様なオーステナイトにした後，大気中で冷却する操作を焼ならしという．熱間鍛造時の高温加熱によって結晶粒は粗大化し，その後の鍛造比や鍛造終了温度の部分的な差によって，粒度が不均一になったり炭化物の局部的な凝集粗大化を起こす．これが表面硬化熱処理時にひずみを発生させたり，被削性の低下につながる．これらの異常組織を解消して，その機械的性質を改善することが焼ならしの主目的である．

焼ならしで注意すべき点は，Cr–Mo 鋼のように比較的焼入れ性のよい材料の場合，冷却速度が速いと，フェライト，パーライト以外に硬いベイナイトを生じ，被削性を著しく低下させることである．このような場合には，恒温焼なましを施してやる必要がある．

〔3〕 焼入れ焼戻し

部品の強度を確保するために，Ac_3 点以上の温度に加熱し一様なオーステナイトにした後，急冷することによりきわめて硬いマルテンサイト組織を得る．これを焼入れという．焼入れのままではもろいので，じん性を与えるために A_1 点以下の適当な温度に加熱することを焼戻しという．焼戻し脆性のある材料の場合は，焼戻し後に急冷する必要がある．

これまでに述べた 3 種類の代表的な鍛造熱処理は，鍛造後再加熱することにより行われるが，1970 年代に起きたオイルショック以来の省エネルギー活動により，鍛造時の残熱を利用した省エネルギー型熱処理と呼ぶべき熱処理の比率が高くなってきたので，その代表的なものについて述べる．

〔4〕 鍛造焼入れ[1)]

鍛造焼入れは鍛造時の保有熱を利用して，熱間鍛造後ただちに焼入れを行う熱処理であり，加工による効果と熱処理を合理的に組み合わせた加工熱処理に属するものである．鍛造焼入れと従来の焼入れとの違いを**図 11.4** のヒートパターンで示す．鍛造焼入れの効果として，再加熱エネルギーの削減（約 70%）

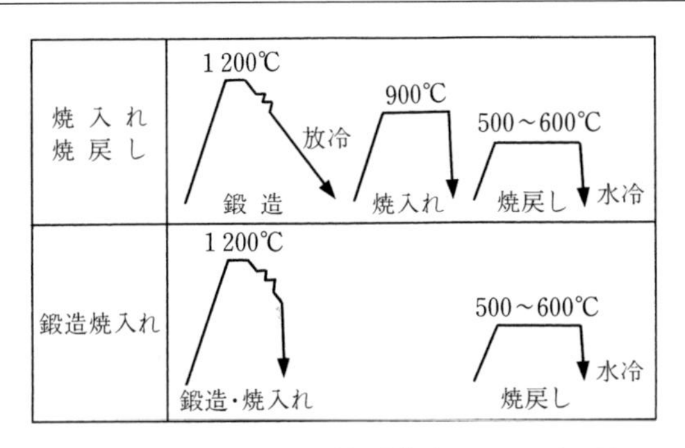

図 11.4　焼入れ焼戻しおよび鍛造焼入れのヒートパターン

はもとより，焼入れ性が大幅に向上することにより[2),3)]，合金鋼を安価な炭素鋼に置き換えることもでき，さらに，低炭素量の材料の使用も可能なため溶接品質も向上する．

一方注意すべき点は，焼入れ性向上に伴う焼割れや置割れの問題であり，型設計上の工夫による割れ感受性の低減や，型打ち温度，焼入れ温度，焼戻しまでの時間などの操業管理が重要である．

〔5〕 **鍛造恒温焼ならし**

熱間鍛造時の保有熱を利用し冷却過程でパーライト変態をさせる処理で，焼ならしや恒温焼なましに代わるものである．従来の焼ならしとの違いを**図 11.5** のヒートパターンで示す．鍛造恒温焼ならしを実施するに当たっては，省エネルギー効果を最大限に引き出すため，高速熱間鍛造機や高能率なプレス

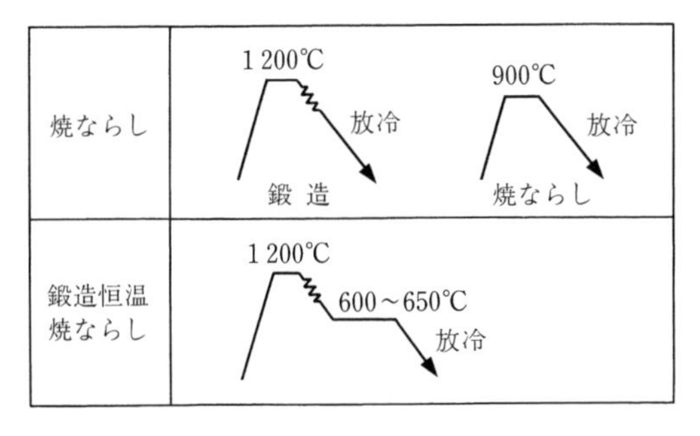

図 11.5　焼ならしおよび鍛造恒温焼ならしのヒートパターン

に炉を直結する．従来の焼ならしに比べて約1/6のエネルギーですみ，波及効果として，酸化皮膜（スケール）の発生が少ないため，スケール除去のショットブラストの時間を短縮したり，省略することができる．

〔6〕　**鍛　造　調　質**

一般に鍛造調質と呼ばれる処理は，炭素鋼にVやNbなどの元素を微量添加した材料（非調質鋼）を鍛造後に空冷するだけで従来の焼入れ焼戻しと同じ強度を得るもので，100％の省エネルギーになるのはもちろん，硬さのばらつきや曲りの低減の効果も大きい．注意点としては，型打ち温度と冷却速度を管理して硬さを安定させることである．**図11.6**にヒートパターンを示す．

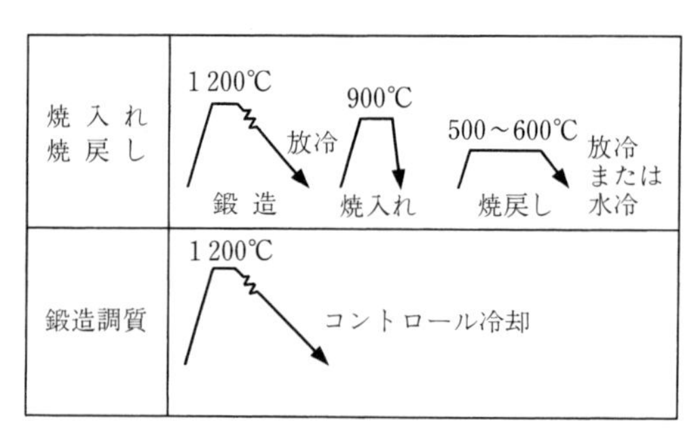

図11.6　焼入れ焼戻しおよび鍛造調質のヒートパターン

以上の省エネルギー型熱処理と従来の熱処理との消費エネルギー比較は，図4.7を参照されたい．

11.2.2　表面硬化熱処理

鍛造部品は機械加工後さらに必要な強度を得るために，表面硬化熱処理を施されるものが多い．表面硬化熱処理には数多くの種類があるが，ここではその代表的な処理をあげる．

〔1〕　**浸　炭　焼　入　れ**

肌焼鋼と呼ばれる低炭素合金鋼をAc_3点以上の高温に加熱し，浸炭性の雰囲気中で保持することにより部品表面層の炭素量を増加させた後に焼入れする処理をいう．一般に肌焼鋼は熱間または冷間鍛造で成形されるが，この加工と浸炭焼入れ時のひずみの発生とは密接なかかわりがある．浸炭のための加熱時には鍛造時の残留応力が解放されてひずみが発生するし，11.2.1 項で述べたように，局部的に結晶粒が粗大化（組織荒れ）すると部品の部位によって焼入れ性が異なってくるため，焼入れ時の変形のばらつきが大きくなる．

図 11.7 および**図 11.8** は，自動車用等速ジョイント部品のボール転動溝（図 4.6（a）参照）を浸炭焼入れした後の結晶粒分布状態，および溝径変化量とそのばらつきが前処理によってどう変るか示したものである[4]．冷間鍛造のままに比べて，恒温焼なましを行ったものはオーステナイト結晶粒が微細で，ひずみのばらつきが小さいことがわかる．

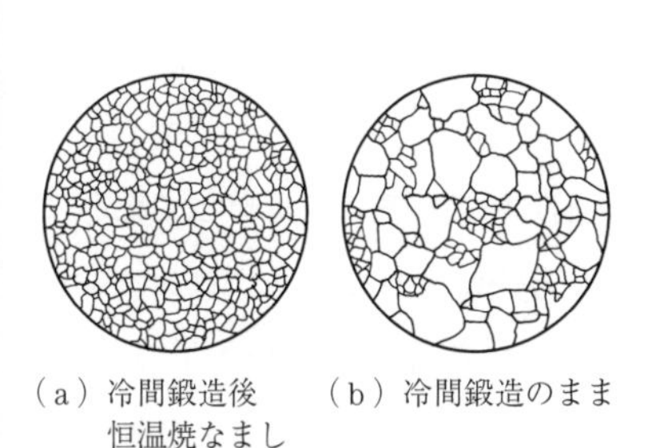

図 11.7　SCM 420 等速ジョイントボール転動溝の浸炭焼入れ後の結晶粒の分布状態[4]

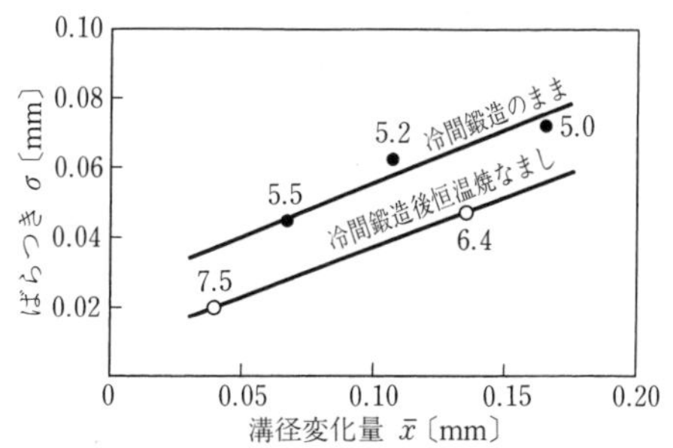

図 11.8　SCM 420 等速ジョイントボール転動溝径の浸炭焼入れ後のひずみに及ぼす前処理の影響（表中の数字は結晶粒度を表す）[4]

〔2〕 高周波焼入れ

高周波誘導電流によって鋼部品の表面を Ac_3 点以上の温度に急速加熱したのち急冷して硬化させる処理をいう．材料は中炭素鋼または中炭素合金鋼が多く使用される．浸炭焼入れに比べ加熱時間が短くかつ表面層だけが変態するので，一般にひずみは小さい．また，浸炭焼入れと同様に前加工の影響を受け，特に焼入れ前の組織が微細で炭化物が均一に分布していたほうがオーステナイト化の時間が短くてすむので，ひずみが小さい．そのため，鍛造品での焼入れ焼戻しは，部品の強度確保とともに高周波焼入れ時のひずみを低減する意味でも重要な熱処理となる．

11.3 表面処理

金属の表面処理は，めっきや塗装，溶射や金属浸透など広範囲にわたるが，ここでは鍛造に関連するスケールの除去とショットピーニングについてのべる．

11.3.1 スケールの除去

鍛造品のスケール除去には，酸洗いやショットブラストがよく使用される．酸洗いは廃液が公害の原因となるため中和して排出する必要があり，また非鉄鍛造品にはよく使われるが，鋼の場合はジョットブラストのほうが一般的である．

ショットブラストは，鋼球などの投射材を羽根車やエアノズルなどで部品にたたきつけて研掃する設備で，部品のかくはん方法によって，エプロンコンベヤー式や回転ドラム式などの種類がある．攪拌時の部品の変形やきずの問題，あるいは騒音や粉じんなど環境上留意すべき点がある．近年では部品を並べて処理する整列式や粉じんを抑制する湿式タイプがある．

11.3.2 ショットピーニング

部品の疲労強度を向上させる手法として，表面ロールやショットピーニングがある．これらは部品の表面に圧縮の残留応力を付与し疲労強度を大幅に向上させるもので，特にショットピーニングは複雑な形状の部品に対しても有効であり，ばねや浸炭焼入れ歯車などに広く用いられている．スケール除去のショットブラストに比べ，投射材の量，大きさ，硬さ，速度をより厳密に管理する必要がある．鍛造部品についても，コネクティングロッドの例からわかるように，鍛造のままの黒皮状態のものにピーニングをしても疲労強度は著しく向上する（**図 11.9**）．

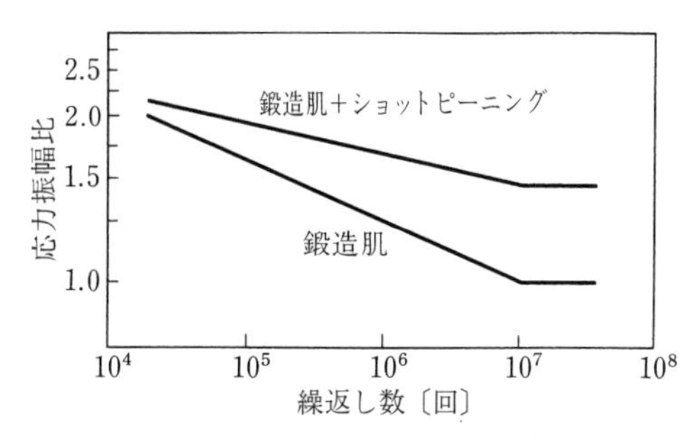

図 11.9 自動車用エンジンコネクティングロッドの S-N 線図（トヨタ自動車株式会社提供）

11.4 検査および品質管理

11.4.1 量産時の工程管理

鍛造部品は強度および信頼性を必要とする部品に用いられることが多いため，特に品質保証の重要性が高い．品質保証の基本的な考えは，「品質を工程の中で造り込む」ことである．

工程内で管理すべき項目を**図 11.10** に示す．工程内で品質を造り込むためには，作業者の動きを標準化させて極力ミスを防止すること，および自動化でき

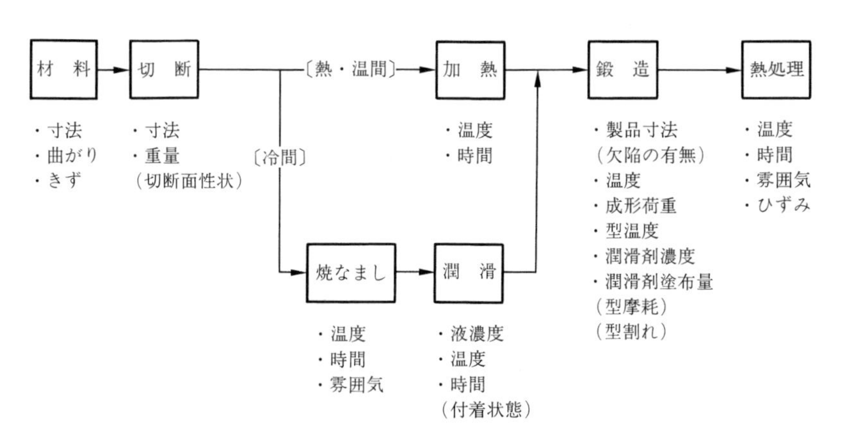

図 11.10 鍛造工程における管理項目（（ ）は主として目視で行う項目）

る項目はできるだけ自動化をして条件の変動を減らすことがポイントとなる．以下その内容を述べる．

〔1〕 作業標準

型整備作業，段取替え作業，型打ち作業などでは，すべて作業手順や作業要領を定めて，品質のばらつきや不良の発生を抑える．

〔2〕 自動管理

鍛造作業中に管理すべき項目は多いが，幸いなことに各要因の寄与度が調査され，また測定機器や制御機器の発達もあって，管理項目の中には線材の表面きず検査や，ビレットの切断重量検査など自動化されるものが増えている．

11.4.2 完成品の検査

熱間鍛造品の不良が，どの工程でどんな原因で発生しているかをまとめたものが**表11.1**である．完成品検査は最終的な確認のために行う．不良率が下がってくると抜取り検査では検出できなくなるため，自動化を推進して全数検査をすることが望ましい．以下，きずの検査方法を述べる．

〔1〕 表面きず検査

表面欠陥の探傷方法としては渦流探傷法と磁粉探傷法とが一般的によく使われている．後者は直接電流を通すか強磁界内に入れる方法で磁化した部品を，蛍光磁粉を含む液に浸せきすると，きずの部分に磁粉が引きつけられて鮮明に見えるようになる．目視で検査することが多いが，画像処理技術を利用した自動化も行われるようになってきた．

〔2〕 内部欠陥検査

鍛造品の内部欠陥としては，冷間鍛造におけるシェブロン割れやクロスロール鍛造におけるマンネスマン穴が代表的なものである．この場合は，超音波探傷法がよく使われる．リヤアクスルシャフトで採用している内部欠陥検査システムの例を**図11.11**に示す．この工程はひずみ矯正など他の工程と合わせてライン化され，冷間押出しプレスと直結して設置されている．

表 11.1 鍛造工程と発生する不良との関係（トヨタ自動車株式会社提供）

		不良名称																							
工程	要因	被削性不良	異材	打込みきず	スケールきず	当てきず	かじりきず	かぶさりきず	材料きず	しわきず	油きず	割れきず	亀甲割れ	焼過ぎ	焼割れ	肌あれ	脱炭	型ずれ	偏肉偏心	欠肉	寸法不良	曲りねじれ	硬さ不良	スケール残り	内部割れ
素材受入	成分	○	○									○	○		○								○		○
	表面状態								○	○						○									
素材切断	重量（長さ）																			○	○				
	切断面							○		○		○													
切断材加熱	温度，時間											○	○	○		○	○				○				○
鍛造	鍛造方案型設計						○	○		○		○						○	○	○		○			○
	作業方法			○		○												○				○			
	方の仕上げ，摩耗									○						○		○		○	○	○			
	型の潤滑油										○									○					
	スケール				○											○				○	○				
熱処理	温度，時間	○															○						○		
	冷却	○													○								○		
	積載	○																				○	○		
ショットブラスト	時間，投入量																					○		○	
	検査方法	か ミ 分	分	目，磁				目，磁								粗	ミ	ノゲ		目 ゲ	ゲノ		か	目	超

か：硬さ，ミ：ミクロ組織，分：成分分析，目：目視，磁：磁粉探傷法，超：超音波探傷法，ノ：ノギス，ゲ：ゲージ，粗：面粗さ

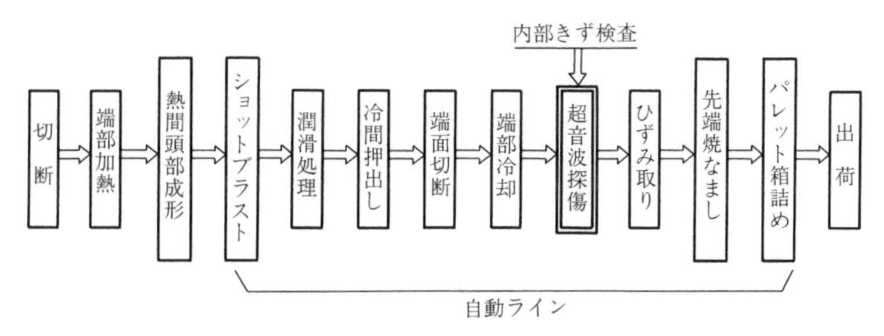

図 11.11 リヤアクスルシャフト用内部欠陥検査システム

引用・参考文献

1）牛谷憲二・森島達夫・久保嘉幸：鍛造技報，**11**-24（1986），38-46.
2）前田久義・河部寿雄・遠藤敬人：日本金属学会誌，**27**-9（1963），415-418.
3）中村衛：日本金属学会誌，**30**-2（1966），151-156.
4）高木勇・山田治樹：品質管理，**30**-5（1979），585-589.

12 鍛造のコンピュータシミュレーション

12.1　鍛造シミュレーションの概要と歴史

12.1.1　概　　　要

現在では鍛造用シミュレーションソフトウェアが多くの鍛造会社，製造会社の鍛造部門で使用されている．コンピュータ技術が導入されるまでは，鍛造現場での試行錯誤で不具合に対処していたことが多かったが，時代は移り，理論およびコンピュータの目覚しい進歩により，現実のものとなっている．剛塑性有限要素法の理論，市販プログラムの開発，現場の鍛造技術者のシミュレーション適用に関する技術の三つがあいまって，今日の発展をもたらしたといえるであろう．事前の予測精度もかなりのレベルに達している．

鍛造品の新部品開発を行うには，従来多くの試作を行い，試行錯誤を繰り返し，資源と時間をかけるのが常であった．シミュレーションの大きな目的は，これらの試行錯誤を可能な限り減らし，新部品製造の立上げ期間を短縮することである．特に要求品質を満足することは絶対的な条件であるが，鍛造以外のさまざまな工法に対して，競争力のある原価を達成するために，コストのミニマム化も同時に図っていく必要がある．

品質の安定，コストのミニマム化，立上げ期間の短縮というわゆるQCD（Quality，Cost，Delivery）の最適化が，現在のシミュレーション技術の大きな役割となっている．

12.1.2 歴　　史[1]

コンピュータシミュレーションの出現までは，金属の塑性加工に特殊な粘土（商品名：プラスティシン）を用いたモデル実験によりシミュレーションが行われていた．1950年代から，プラスティシンを用いてシミュレーションを行う技術が実用化されていた[2)~5)]．プラスティシンとは，鋼の熱間変形に応力-ひずみ関係が相似している油粘土材料である．木型，樹脂型を用いることにより熱間鍛造のシミュレーションが可能となる．素材形状と型形状を比較的自由に変えられるので，繰り返し試行錯誤を必要とする技術開発には，期間短縮に有効であった．

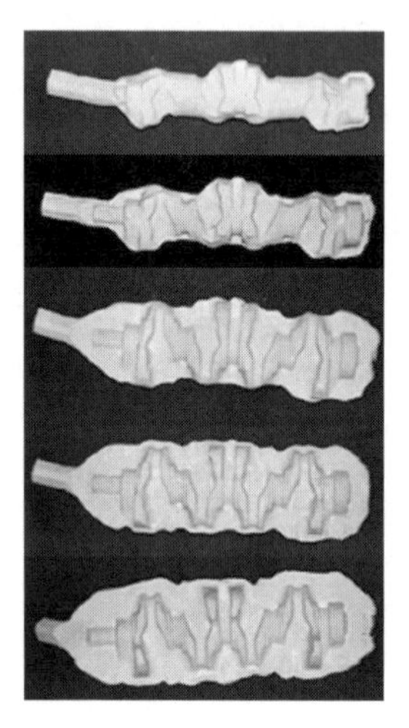

図 12.1　クランクシャフト鍛造の粘土シミュレーション[6)]

図 12.1 に粘土を用いたクランクシャフトのシミュレーション例[6)]を示す．鍛造中の金型内部での材料の変形挙動の把握は，金型の最適設計を行うための貴重な情報である．しかしながら，本手法で得られる情報は材料の流れの予測のみで，温度変化や金型の変形の情報は得られない．また金属製の型を製作するよりは早いが，木型，樹脂型の製作期間も決して短いとはいえない欠点もあった．

ここで新たに登場したのが，コンピュータを用いたシミュレーション技術である．1970年代になると大学をはじめとする公的研究機関により，おもに鍛造・押出しなどのバルクフォーミングの変形シミュレーションを行うための，剛塑性有限要素法（rigid-plastic finite element method）の定式化が確立される．剛塑性有限要素法の開発は，1970年代に米国のKobayashiらにより行われた．同研究は米国バッテル研究所のOhらに引き継がれ[7)]，1983年に鍛造用のFEMプログラムであるALPIDとして米国国防省向けに委託開発された[8)]．

1990年には，一般のユーザー向けにDEFORM™という製品に改良され，二次元の市販プログラムとしてリリースされた．また同時期にフランスではChenotらによりFORGE2が，日本では小坂田らによりRIPLS-FORGE[9),10)]や豊島らによりNASKA[11)]などが，剛塑性有限要素法を用いた二次元の鍛造シミュレーションプログラムとして開発された．

このように1990年代に入ると，鍛造の二次元シミュレーションが大手の鍛造会社あるいは自動車会社の鍛造部門に普及した．この時点で，二次元，あるいは軸対称の問題は数値解析の解を求めることができるようになり，金型の応力や材料内部のひずみ量などが得られないプラスティシンのモデル実験のシミュレーションの必要性は希薄になった．

その後，複数のソフトウェア会社により三次元鍛造シミュレーションソフトウェアが開発され，1995～97年にかけて商品化されてその後さまざまな機能が追加されている．2000年以降では材料データベースの拡充，リメッシュ機能の自動化，ユーザーのサブルーチン機能の拡充，高速計算への対応，結果表示の改良，最適化計算の導入などにより年々進化している．

12.2 鍛造シミュレーションのモデル化技術（プリプロセッシング）

目的を満たす有効な鍛造シミュレーションを実施するためには，正しいモデリング化が重要である．ここでは，鍛造シミュレーションの設定に必要なさまざまなモデリング化技術について説明する．

12.2.1 シミュレーションモデル

大規模の塑性変形を取り扱う鍛造シミュレーションの特性から，ここではおもに変形と時間経過を取り扱うモデリング方法について述べる．

有限要素法で物体の形状と変形を表現する代表的な方法として，ラグランジュ（Lagrangian）法とオイラー（Eulerian）法がある．

図12.2にラグランジュ法とオイラー法の概要を示す．図（a）のラグランジュ法はメッシュ（要素）の外形で物体の形状を表現し，メッシュの変形で直

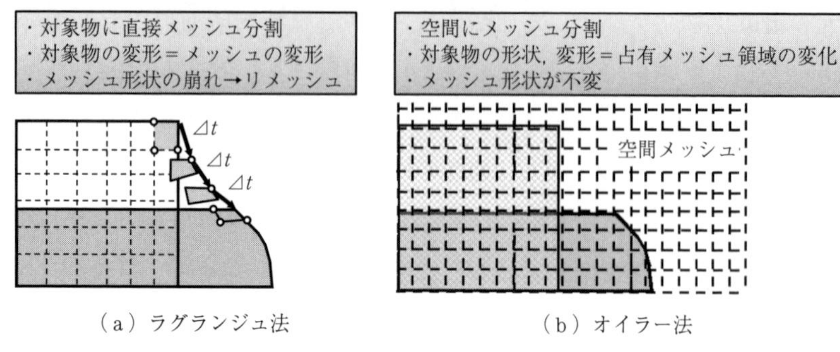

図 12.2　ラグランジュ法とオイラー法

接物体の変形を表現する．一方，図（b）のオイラー法は物体を含む空間をメッシュ分割して，物体が占める領域が物体の形状と変形を間接的に表現する．鍛造シミュレーションでは，大変形によるメッシュの崩れに対応するためにリメッシュ処理の開発が進み，直観的な形状表現が可能なラグランジュ法に採用されることが多い．

時間の経過に伴う状態の変化を解析する一般的な方法は，短い時間で刻んだステップごとに状態の変化を計算して結果を更新していくことである．各ステップでの状態変化の計算において前ステップの結果に関する取り扱いの違いにより，陰解法（implicit method）と陽解法（explicit method）に区別される．

図 12.3 に陰解法や陽解法が適用される加工速度（ひずみ速度）範囲を示す．鍛造工程のシミュレーションでは前ステップの結果を考慮するため，結果の信

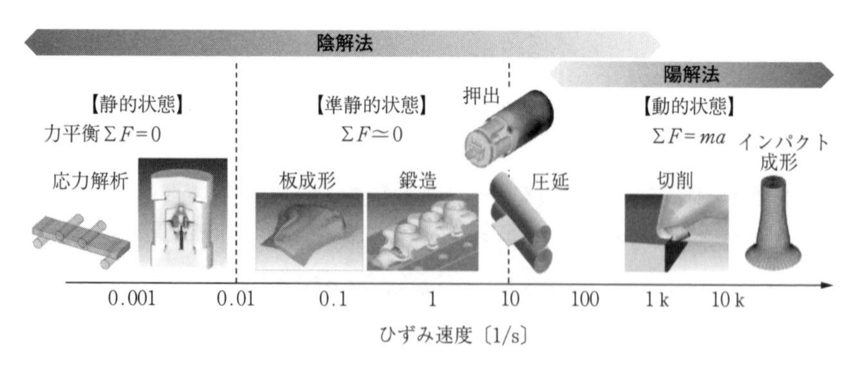

図 12.3　陰 解 法 と 陽 解 法

頼性が高く比較的大きい時間増分が適用できる陰解法が一般的に適用されている．

12.2.2 材料モデル

鍛造シミュレーションの材料モデルは，弾性変形と塑性変形の取り扱いによって次のように分類できる．各材料モデルの特徴を**図 12.4** に示す．

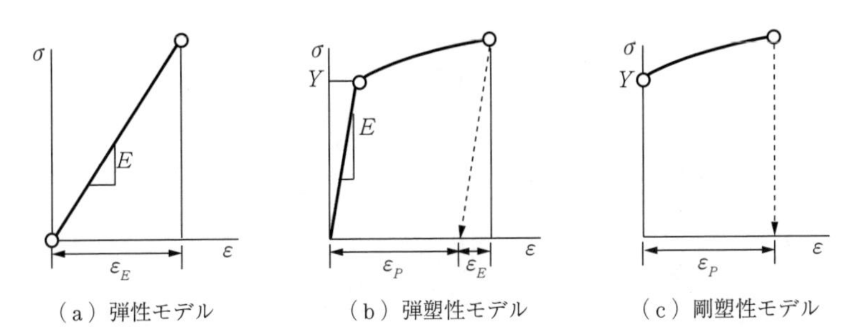

図 12.4 弾性，弾塑性，剛塑性モデル（ε：相当ひずみ，σ：相当応力，Y：降伏応力，ε_P：塑性ひずみ，ε_E：弾性ひずみ，E：ヤング率）

〔1〕 弾性モデル

弾性変形のみ対応するモデルである．金型の応力分析など，構造解析でおもに使用される．

〔2〕 弾塑性モデル

弾性変形と塑性変形を両方考慮するモデルである．除荷後の弾性変形や残留応力分布の計算に対応できる．計算量の増加と収束性の低下が短所である．

〔3〕 剛塑性モデル

弾性変形を無視して塑性変形のみ考慮するモデルである．計算の単純化により，弾塑性モデルと比べて効率と収束性が向上するが，除荷後の弾性変形挙動には対応できない．粉末鍛造工程など，多孔質素材の変形を取り扱う場合には，剛塑性モデルに相対密度の概念を加えて静水圧下の変形に対応させたモデルが一般的である[12]．

熱間鍛造のように素材と金型の温度変化が工程に及ぼす影響が大きい工程に

ついては，熱伝達を考慮した非等温シミュレーションモデルの適用が望ましいといえる．ただ，材料の熱物性値や熱伝達率，また温度とひずみ速度の影響を考慮した変形抵抗データを備える必要があり，等温シミュレーションと比べて解析精度の管理が難しい．等温と非等温シミュレーションの違いを**図 12.5** にまとめる．

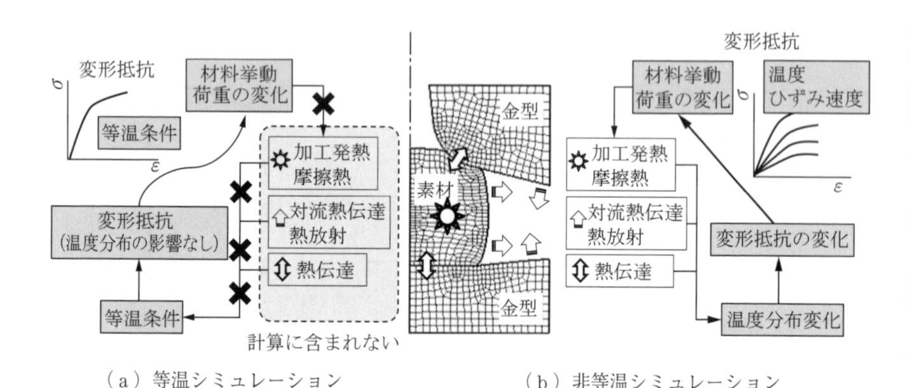

（a）等温シミュレーション　　（b）非等温シミュレーション

図 12.5　等温と非等温シミュレーションの違い

12.2.3　形状モデル

形状モデルの種類と概要を**図 12.6** に示す．長手方向の断面形状，状態変数，境界条件が変らないと仮定できる場合，図（a）平面ひずみモデルもしくは平面応力モデルが適用できる．断面形状，状態変数，境界条件が回転軸に対して

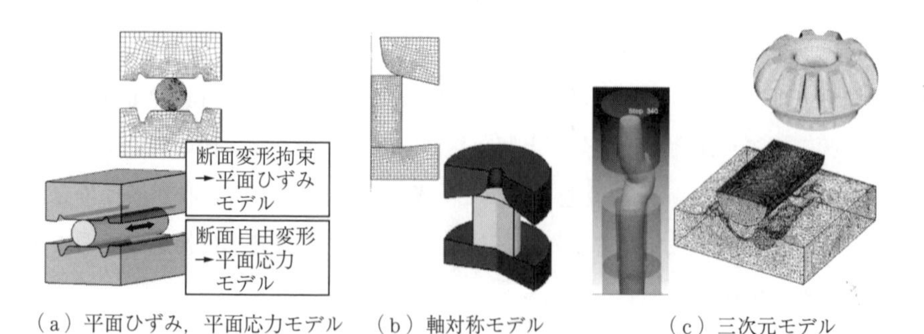

（a）平面ひずみ，平面応力モデル　（b）軸対称モデル　（c）三次元モデル

図 12.6　二次元および三次元形状モデル

不変な場合は，図（b）軸対称モデルが適用できる．形状が二次元モデルの条件を満足したとしてもその他の条件が満足しない場合は，図（c）三次元モデルを利用する．なお，三次元モデルの場合，計算時間を短縮するために対称条件（鏡面対称もしくは回転対称）を積極的に適用した分割モデルを扱うケースが多い．

12.2.4 境界モデル

鍛造シミュレーションのおもな境界条件を**図 12.7** に示す．成形シミュレーションの場合，変位，速度，荷重を直接指定する一般的な図（a）拘束境界条件以外も，金型と素材の接触や対称面を取り扱うための境界条件が必要となる．特に，金型と素材の接触による摩擦の取り扱いは解析の精度に大きく影響するため，実測との照合が必要である．

図（b）摩擦則にはクーロン摩擦とせん断摩擦の代表的なモデルがあり，せん断摩擦係数の場合，冷間鍛造では 0.05〜0.15，潤滑状態の良好な熱間鍛造では 0.1〜0.4，無潤滑条件では 0.7〜1.0 の値が適用される場合が多い[13]．非等温シミュレーションの場合は，図（c）温度を拘束する境界条件と境界の熱伝達による熱流束を指定する境界条件が必要となる．対流熱伝達と接触熱伝達の場合は熱伝達率，放射熱伝達の場合は放射率の設定を行う．

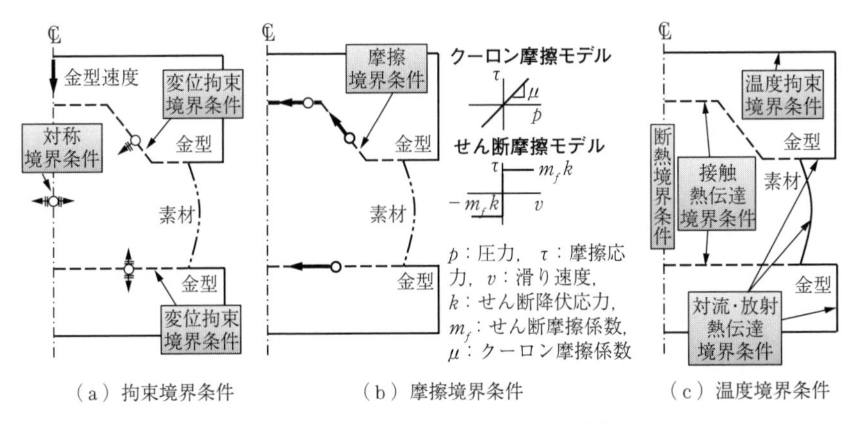

（a）拘束境界条件　（b）摩擦境界条件　（c）温度境界条件

図 12.7 鍛造シミュレーションの境界条件

12.3 数値計算手法と評価（ソルバーとポストプロセッシング）

12.3.1 計算の仕組み

陰解法とラグランジュ法を用いた鍛造シミュレーションにおける計算の流れを**図 12.8** に示す．工程時間を細かく刻んで，時間ステップごとに有限要素数式化を行って解を求め，形状や状態変数などを更新するプロセスを繰り返しながら進める．塑性変形がもつ非線形性により，各ステップの解を計算するソルバーも反復計算による収束プロセスを要し，さらにメッシュの形状が崩れてしまった場合はリメッシュプロセスが介入することから，一般的な構造解析と比べて計算モデルのメッシュ数に対する計算効率が低く，並列計算など大規模計算モデル向けの効率向上方法の効果も比較的少ない．

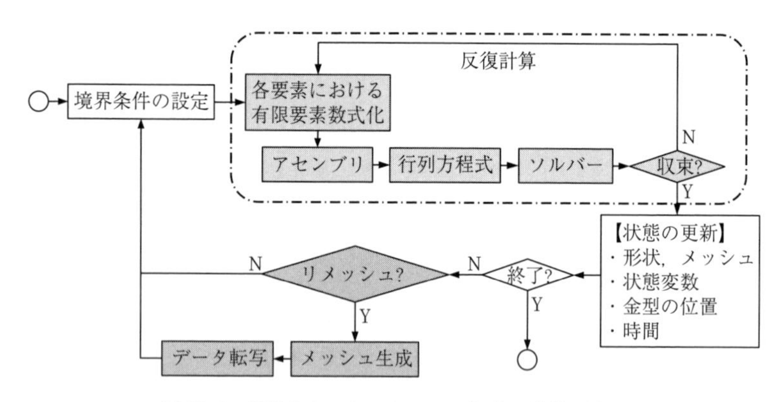

図 12.8　鍛造シミュレーションにおける計算の流れ

鍛造シミュレーションの計算速度を向上するためのさまざまな取組みが進められており，いくつかの手法を**図 12.9** に紹介する．ソルバーの改善は根本的な手段として継続的に行われている．初期のバンドソルバー（band solver）やスカイラインソルバー（skyline solver）から，スパースソルバー（sparse solver）や CG ソルバー（conjugate gradient solver）など，大規模な行列方程

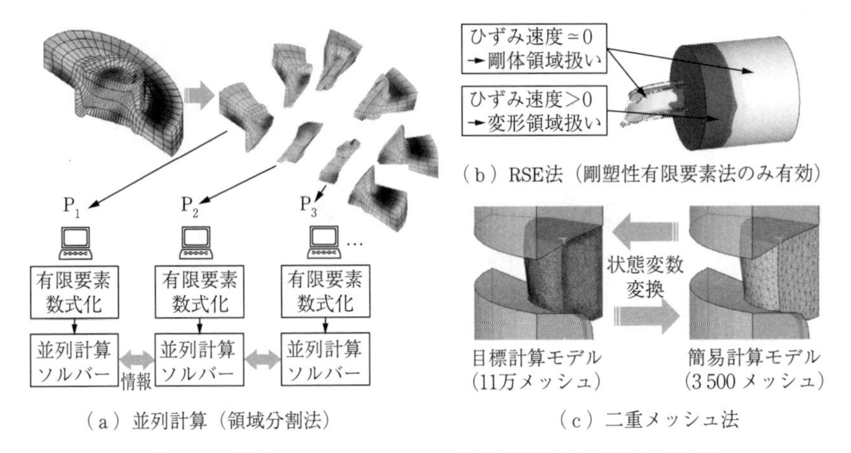

図 12.9　鍛造シミュレーションの計算速度向上に向けた取組み

式に適したソルバーが適用されてきた．最近は，マルチコア CPU の計算環境に適した，図（a）の並列計算技法が積極的に適用されている．並列計算と相性のよいソルバーの改善や領域分割法（domain decomposition method，DDM）のような並列化技法の開発が盛んに行われている．

一方，剛塑性有限要素法で変形しない領域の計算を単純化させ計算モデルのサイズを減らす，図（b）の RSE（rigid super element）法や，粗いメッシュモデルと細かいメッシュモデルを巧みに使い分けて計算時間を短縮する，図（c）の二重メッシュ法（dual mesh method，DMM）など，計算アルゴリズム全般を改善して効率を向上する案も提案されている[14),15)]．

このようなさまざまな開発の効果と計算環境の改善により鍛造シミュレーションの計算効率は年々向上しているが，一方，大規模な計算モデルを対象として扱うニーズも少なくないことから，解析精度と計算時間は適切にバランスがとれるように考慮することが鍛造シミュレーション業務では現在でも必要とされている．**図 12.10** は，鍛造シミュレーションの目的から求められる解析精度を考慮し，部分的に適切なメッシュサイズを与えてメッシュを構成した例となる．

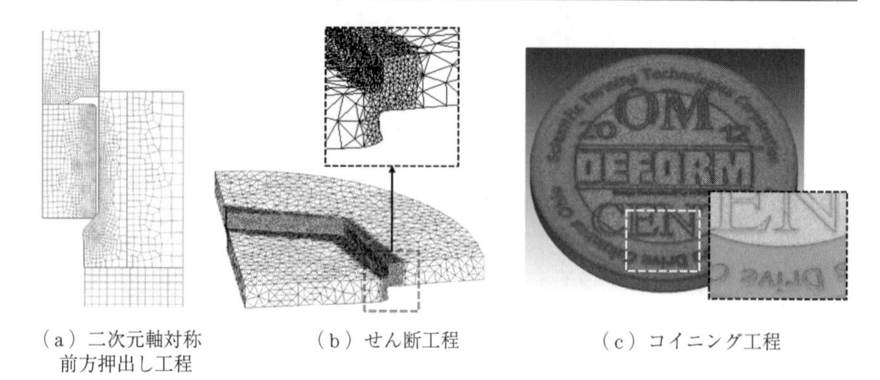

（a）二次元軸対称前方押出し工程　（b）せん断工程　（c）コイニング工程

図 12.10　計算効率と精度のバランスをとったメッシュ分割の例

12.3.2　シミュレーション手順

鍛造工程を設計する際の鍛造シミュレーションの実務的な手順を**図 12.11**に示す．はじめに鍛造シミュレーションの目的，重要な設計パラメータ，評価に必要な結果項目と要求精度などを明確にする．つぎに鍛造レイアウト図，組図，単品図などの設計図面を中心に設計情報を収集して，鍛造シミュレーションに必要な工程情報（素材，金型形状，成形速度，潤滑条件など）および材質情報を確認する．

収集した情報に基づいて，鍛造シミュレーションの目的を満たすための適切

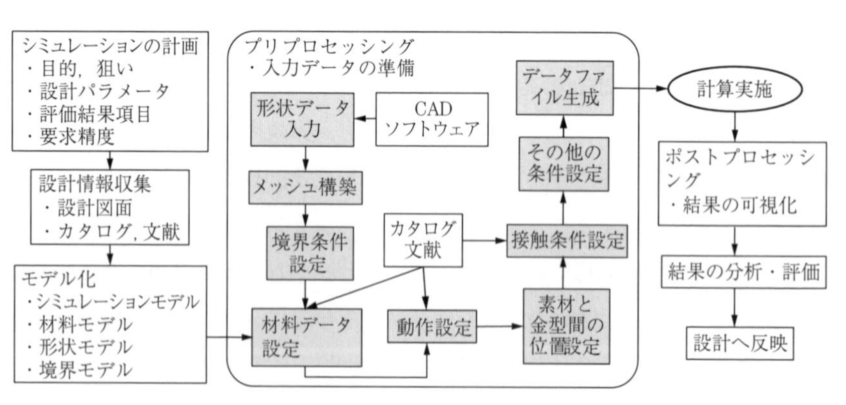

図 12.11　実務的なシミュレーションの手順

なシミュレーションモデルを選定してモデル化を進める．鍛造シミュレーションにおけるさまざまなシミュレーションモデルの詳細については，12.2節で記述したとおりモデル化では「いかに単純化できるか」がポイントであり，目的を満たす最も単純なモデルを選定することが基本である．

モデル化した対象工程は，プリプロセッサーを用いて鍛造シミュレーションに必要なデータとして入力する．一般的な入力手順は，（素材や金型における）①形状データの入力，②メッシュ構築，③境界条件設定，④動作設定，⑤位置設定，⑥接触判定の条件設定，⑦シミュレーションの条件設定の順で行われる．選定したシミュレーションモデルの特性と12.3.1項で記述した計算の仕組みをよく理解して，効率と精度のバランスを考慮した設定を行うことが重要である．

各データの入力後はシミュレーションの実行となる．実行中にはリメッシュの不具合など，異常がないか計算状況を確認する．シミュレーションが終了した後は，ポストプロセッサーを用いて結果の確認と評価を可視化（グラフ，アニメーションなど）する．シミュレーションの目的と関連した結果項目をわかりやすい形式で出力することが重要である．可視化した結果の評価には，多角的な分析と解釈が必要とされる．

金型設計に鍛造シミュレーションを適用した開発の流れを**図12.12**に示す．設計の段階では事前検証にシミュレーションを適用することで問題点の洗い出しを行い，リスク低減を図る．また，実機で不具合が発生した際は鍛造シミュ

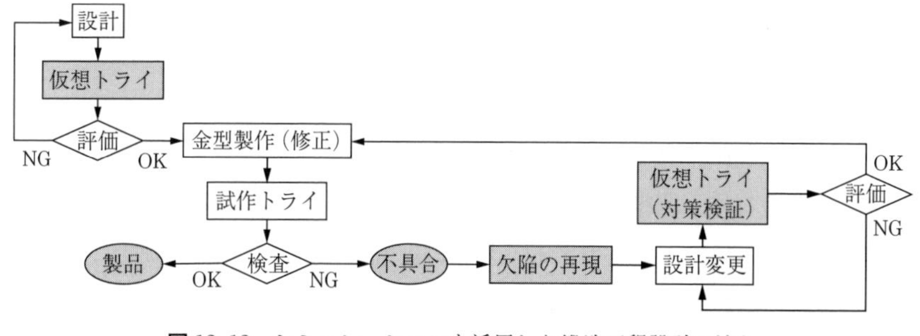

図12.12　シミュレーションを活用した鍛造工程設計の流れ

レーションによる再現を試み，不具合の発生メカニズムの解明と対策効果の検証を実施する．いずれも，実機でのトライ回数を最少化するためであり，開発のリードタイム短縮とコスト低減を目的としている．

12.3.3　シミュレーション結果の評価

鍛造シミュレーションの結果から得られるおもな情報を種類別にまとめると，次のように整理できる．

〔1〕 鍛造加工の成形シミュレーション

① **節点における座標，変位，速度**（**ベクトル**）　素材の変形挙動を可視化するために基本となる情報である．巻込みや未充てんなど形状の不具合の評価に活用される．

② **要素におけるひずみ**（**相当，テンソル**），**ひずみ速度**（**相当，テンソル**），**応力**（**相当，主方向成分，テンソル**），**延性破壊ダメージ値，その他の状態変数**　変形した素材のさまざまな状態を表す情報である．相当ひずみは変形程度の全般的な評価に，相当ひずみ速度は変形可否の判断，特にデッドメタルの領域確認に使用される．応力成分や主応力成分は，延性破壊ダメージ値とともに素材の延性破壊を判断する情報として使用される場合が多い．

③ **接触境界における節点力**（**ベクトル**），**要素エッジの接触面圧**　接触境界における節点力と面圧ともに，金型への負荷状況を表す情報であり，金型による成形可否や寿命を間接的に評価する際に用いられる場合が多い．

④ **成形荷重，成形エネルギー，素材の体積変化など**　荷重とエネルギーは対象工程で要求される成形能力を予測する手段として重要である．素材の体積変化は，解析精度を判断する間接的な指標として使われる場合がある．

〔2〕 金型の弾性応力シミュレーション

① **節点における座標，変位**（**ベクトル**）　型開きや干渉，製品の寸法変化など，弾性変形により発生する不具合の評価に使われる．

② **要素におけるひずみ**（**相当，テンソル**），**応力**（**相当，主方向成分，テンソル**）　主応力成分，特に最大主応力は金型の疲労破壊など，破損の危険

性を評価するときにおもに利用される．過剰な圧縮負荷による塑性変形や圧壊については，最小主応力と相当応力を確認することが一般的である．いずれもその他の応力成分を含めた情報分析を行うことが評価の妥当性を裏づける．

〔3〕 非等温シミュレーション

節点における温度，温度増分，境界の要素エッジにおける熱流束　いずれも素材もしくは金型の温度分布や熱量など，熱伝達に関する状況を把握するために必要である．素材のミクロ組織の状態予測や熱間鍛造工程における金型の摩耗予測など，温度が関与するさまざまな現象の評価に欠かせない情報である．

図 12.13 に成形シミュレーションの結果例を，また**図 12.14** には金型応力シミュレーションの結果例[16]を示す．また，**図 12.15** には非等温シミュレーションの結果から得られた温度情報を活用した鍛造シミュレーション結果例[17]を示す．

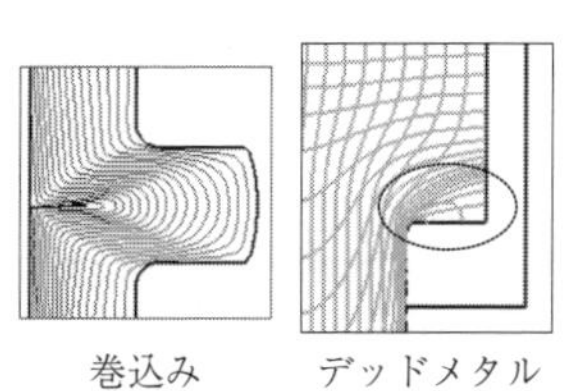

（a）鍛流線の可視化

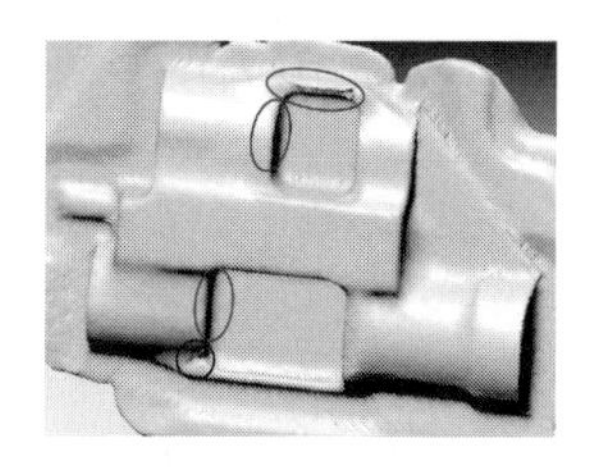

（b）オフセット面を用いた表面欠陥の可視化

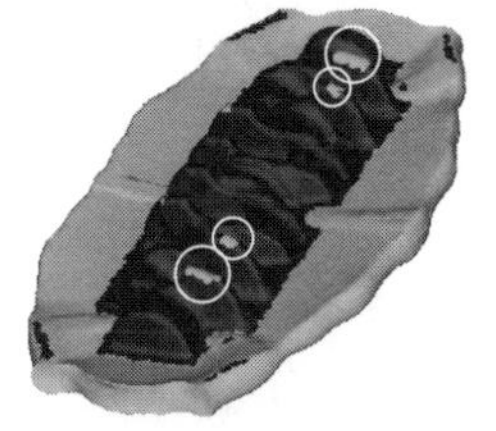

（c）未充てん部位の可視化

図 12.13　成形シミュレーションの結果に現れる変形挙動と評価

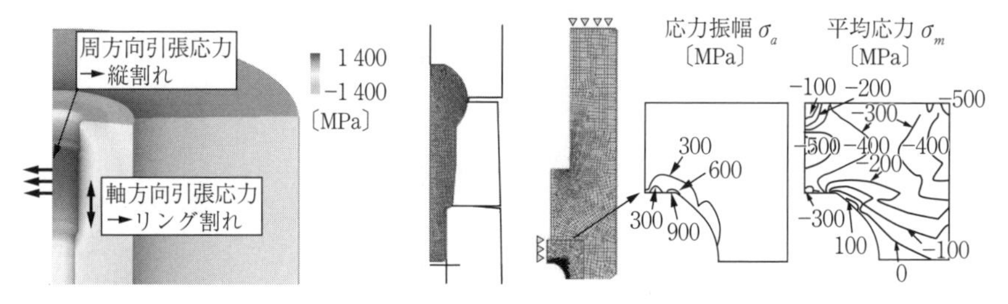

図 12.14　金型の応力シミュレーション結果を用いた負荷状況の評価[16]

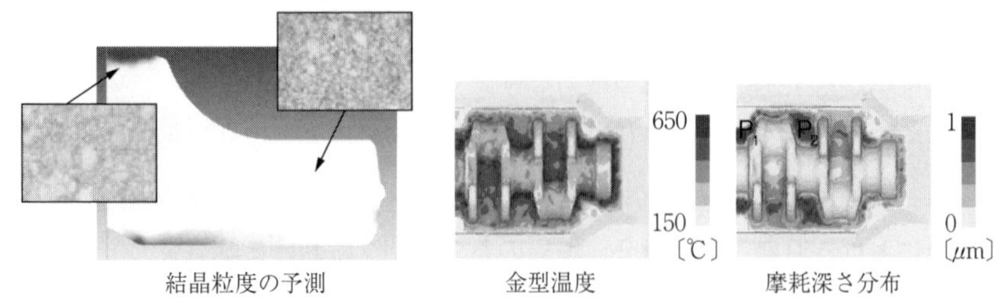

（a）ミクロ組織予測[17]　　（b）熱間鍛造金型の摩耗予測

図 12.15　温度情報を活用したシミュレーション結果の例[17]

12.3.4　ユーザー関数機能

汎用の鍛造シミュレーションソフトウェアには，さまざまな材料モデルや境界モデルなどに対応できる付加機能をもつものが多い．しかし，すべてのモデルに対応できるとはいえず，ソフトウェアで対応していないモデルやユーザーが独自に開発したモデルなどに対応するよう，別途のプログラミングを用いてモデルを具現して，シミュレーションに適用するユーザー関数機能を採用する

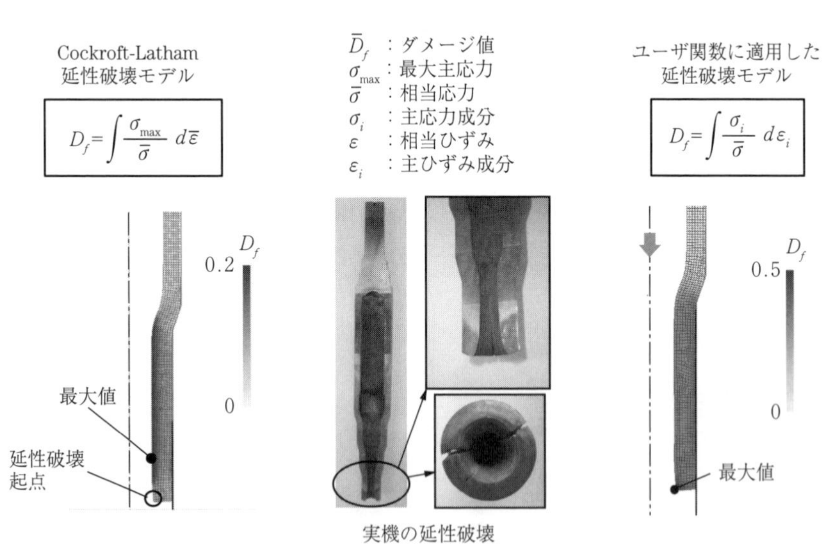

図 12.16　ユーザー関数機能を用いた延性破壊モデルの適用事例[18]

汎用ソフトウェアも多い.

一般的には，FORTRAN などのプログラミング言語で構成されたユーザーサブルーチンを修正・追記して，既存ソフトウェアのライブラリーと一緒にコンパイルすることで，ユーザー関数機能で定義したモデルを適用することができる．鍛造シミュレーションの場合，特殊な変形抵抗モデルや延性破壊モデルなどに対応させるために利用される場合が多い.

図 12.16 にユーザー関数機能を用いて特殊な延性破壊モデルを組み込み，適用した鍛造シミュレーション事例[18]を紹介する.

12.4　周辺工程のシミュレーション

製品の製造プロセス全体の中で，一般的に鍛造は途中の製造工程の一つであり，熱処理や切削など，さまざまな周辺工程と密接に関係している．最近は，統合プロセスモデリング（integrated process modeling）の概念が台頭し，鍛造工程のみではなくその周辺工程まで一貫したシミュレーションモデルに基づいてシミュレーションできる環境を実現するための研究開発が加速している．

図 12.17 に鍛造と周辺工程のシミュレーションの現状について示す.

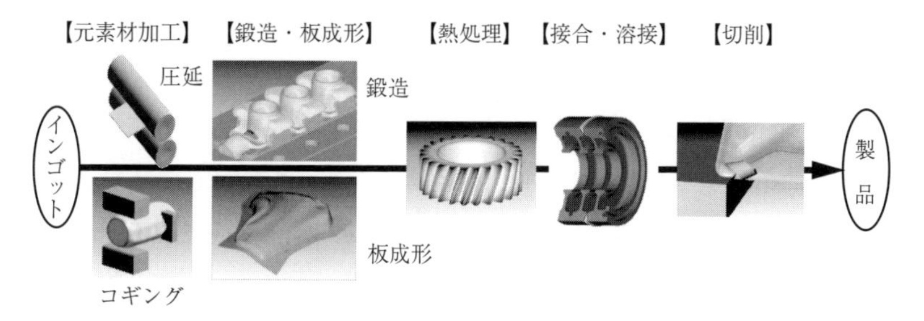

図 12.17　製造工程全般におけるシミュレーションの取扱い

12.4.1　熱処理シミュレーション

熱処理工程は，製品を適切に加熱・冷却することにより素材の相変態やミクロ組織の変化を制御して，機械的性質を変化させる工程である．**図 12.18** に，熱処理シミュレーションを構成するシミュレーションモジュールとその関係を示す．

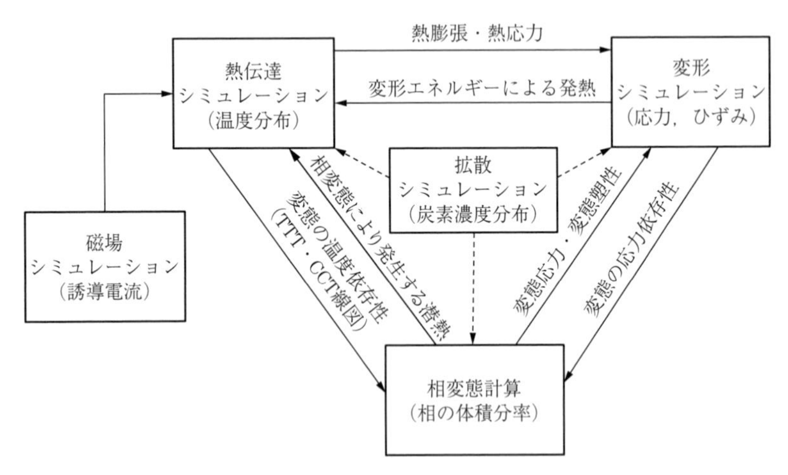

図 12.18　熱処理シミュレーションの構成

製品の加熱・冷却挙動を解析するための熱伝達シミュレーションモジュールと相変態挙動を予測するための相変態計算モジュール，またそれに伴う弾塑性変形を取り扱うための変形シミュレーションモジュールが，お互いに関与する構造となっている．浸炭工程が加わる場合は，炭素濃度の変化を解析するための拡散シミュレーションモジュールも適用される．最近は磁場シミュレーションモジュールを適用した誘導加熱シミュレーションも可能になっている．

表 12.1 に，上述した各シミュレーションモジュールに対して必要な材料物性値をまとめた．複数のシミュレーションモジュールで構成されるため，鍛造シミュレーションと比べて必要な材料物性値の種類が多く，正確なデータをそろえることが難しい．相当材や類似材の物性データの代用や，商用データベースの活用などが必要である．

熱処理シミュレーションの結果から得られる情報を**図 12.19** にまとめる[19]．

表 12.1　熱処理シミュレーションに必要な物性データ

	物性値	単　位	おもな関数パラメータ
熱伝達	熱伝導率	W/(m·K)	温度，炭素濃度
	熱容量	J/(m³·K)	温度，炭素濃度
	潜　熱	J/m³	温度，炭素濃度
	熱伝達率	W/(m²·K)	温度，位置
弾塑性変形	ヤング率	Pa	温度，炭素濃度
	ポアソン比		温度，炭素濃度
	熱膨張率	1/K	温度，炭素濃度
	変形抵抗	Pa	ひずみ，ひずみ速度，温度，炭素濃度
	変態膨張率		温度，炭素濃度
	変態塑性係数	1/Pa	温度，炭素濃度

	物性値	単　位	おもな関数パラメータ
相変態	拡散型： TTT 線図または CCT 線図 ・オーステナイト ・パーライト ・ベイナイト		温度 炭素濃度 応力
	無拡散型： Ms 点，M50 点 ・マルテンサイト		温度 炭素濃度 応力
拡散	拡散係数	m²/s	温度 炭素濃度
	炭素侵入係数	m²/s	温度 炭素濃度

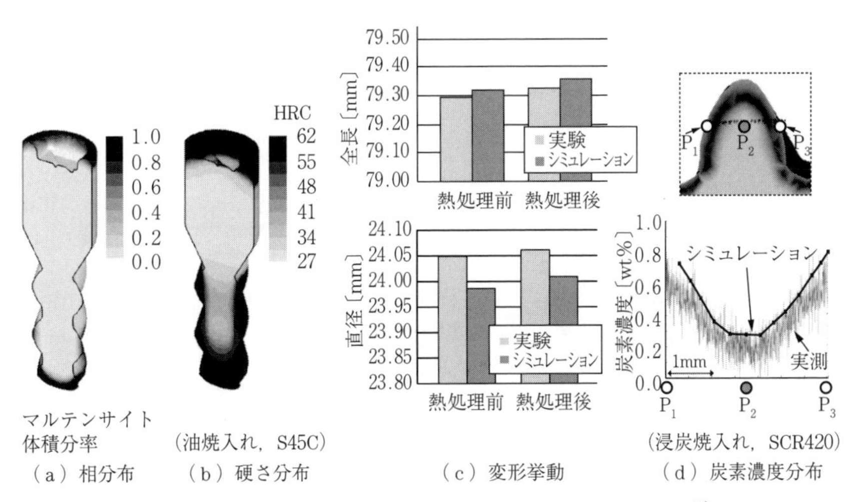

（a）相分布　（b）硬さ分布　（c）変形挙動　（d）炭素濃度分布

図 12.19　熱処理シミュレーションの結果から得られる情報 [19]

熱処理工程中の製品の温度変化履歴から，熱処理後の製品における材質（各相の体積分率，ミクロ組織分布など）や硬さ分布，浸炭工程が加わる場合は炭素濃度分布，また，変形挙動や残留応力分布などの情報が確認できる．**図 12.20** には誘導加熱シミュレーションの例 [20] を紹介する．

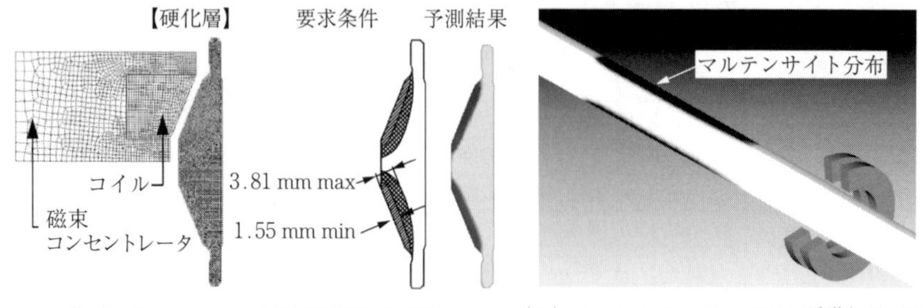

（a）インナーレースの誘導加熱工程[20]　（b）シャフトのスキャニング誘導加熱工程

図 12.20　誘導加熱シミュレーションの例[20]

12.4.2　切削シミュレーション

切削工程の代表的なシミュレーションとして，切削時における切りくずの変形挙動を解析する切削シミュレーションと，切削後における製品の弾性変形を予測する切削後変形シミュレーションがある．**図 12.21** にそれぞれのシミュレーションの概要と特徴[21]を示す．

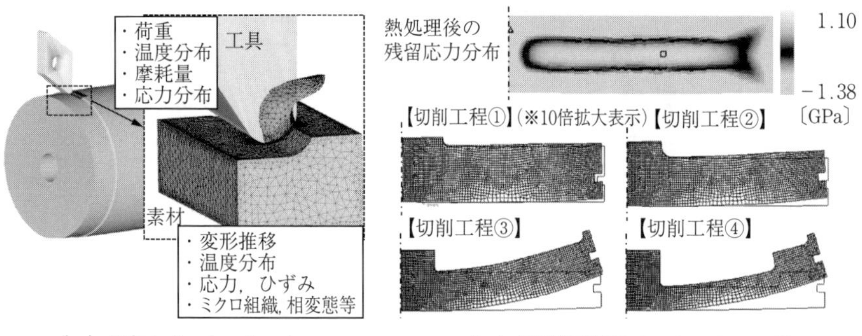

（a）切削シミュレーション　（b）切削後変形シミュレーション[21]

図 12.21　切削工程のシミュレーションの分類と特徴[21]

切削工具と接触して被削材が変形することから，切削シミュレーションは鍛造シミュレーションと類似な解析手法が適用されているが，**図 12.22** に示すように非常に速い変形速度に対応する変形抵抗データの取得が難しいことや，適切な摩擦モデルと熱伝達モデル，切りくず破断モデルの指定が難しいこと，頻

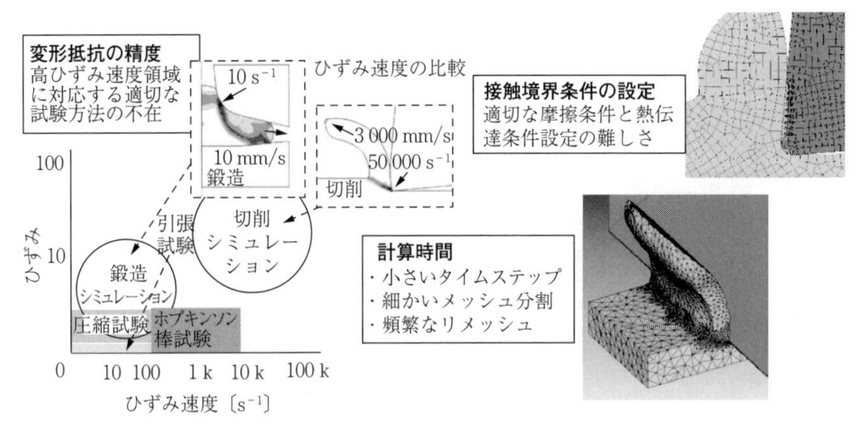

図 12.22 切削シミュレーションの課題

繁なリメッシングによる計算時間の増加など，実用化に向けた課題はまだ多い．最適化アルゴリズムを用いて切削シミュレーションに対応する変形抵抗を求める研究[22]など，実用化に向けた開発が活発に行われている．

図 12.21（b）に示す切削後変形シミュレーション[21]は，熱処理などの工程によって生成された残留応力をもつ素材が部分的に削られることで応力の平衡状態が崩れ，弾性変形を起こす現象を解析するシミュレーションである．ブーリアン演算を用いて素材から切削領域を除去した後，弾性シミュレーションを実施して残留応力の変化と弾性変形を予測する．

12.4.3 接合・溶接シミュレーション

図 12.23 に，さまざまな接合や溶接工程におけるシミュレーション事例[23)〜25)]を紹介する．

図（a）の部材の塑性変形を利用したメカニカルジョイニング工程のシミュレーション例では，塑性変形による加工硬化の影響を考慮して接合力を予測している．また，図（b）の摩擦溶接工程のシミュレーション例では，軸対称モデルと近似したシミュレーションモデルを採用して，回転方向のトルクと軸方向の接触圧力による摩擦発熱挙動と塑性変形挙動を解析している．図（c）

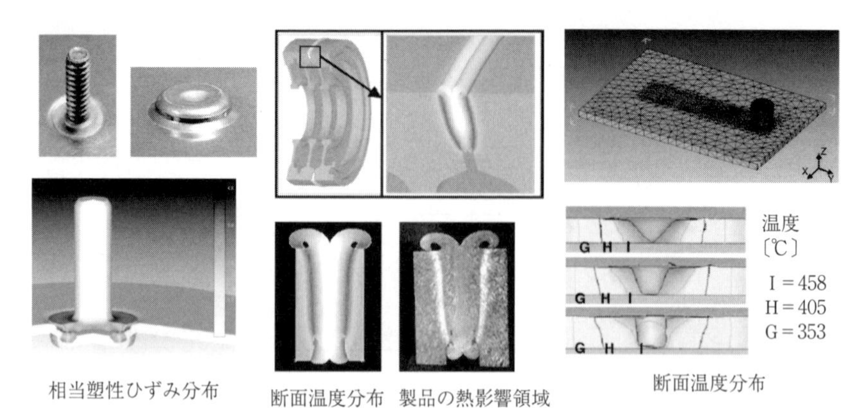

（a）ボルトのメカニカルジョイニング[23]　（b）航空機エンジンディスクのイナシャー溶接[24]　（c）摩擦攪拌溶接（FSW）[25]

図 12.23　接合・溶接工程のシミュレーション事例[23)～25)]

摩擦攪拌溶接（friction stir welding，FSW）のシミュレーション事例[25]も報告されている．

12.5　コリレーション

12.5.1　モデリングとコリレーション

コリレーションとは，シミュレーションと実際の結果が合うように，モデリングや解析条件のチューニングを行うことである．ハードウェア，ソフトウェア，金型モデル，材料モデルのほかに，シミュレーションではさらに物理的なデータ，あるいは解析上のパラメータを用意しなければならない．加工パターン，速度，材料の変形抵抗特性，金型と材料の間の摩擦係数，さまざまな境界条件などが，実際の変形をどの程度再現できる入力データになっているかが，解析結果の精度を左右する．計算テクニック上のパラメータも，解析時間，解析精度に大きな影響を与える．

シミュレーション適用のためには，パラメータチューニングといわれる作業が重要である．ここで重要なことは，シミュレーションにより何を求めるかである．目的が異なれば，モデリングに要求される精度もおのずと変ってくる．無視できる項目もあれば，十二分に考慮しなければならない項目も出てくる．目的とするアウトプットの変化に対して，各パラメータの感度を評価し，それを現実と計算結果が合うようにチューニングする必要がある．このチューニングを効率的に行うことがシミュレーションの有効性の鍵である[1]．

12.5.2 実験によるコリレーション例

比較的簡易な冷間押出し成形を例としてコリレーションについてのべる．**図 12.24** はコリレーション用に作った単純な前方押出しの事例[26]である．シミュレーションに用いた摩擦係数が異なると，押出された材料の先端形状が異なっている．一方，実験結果は摩擦係数が高いほうが正確な形状を表している．

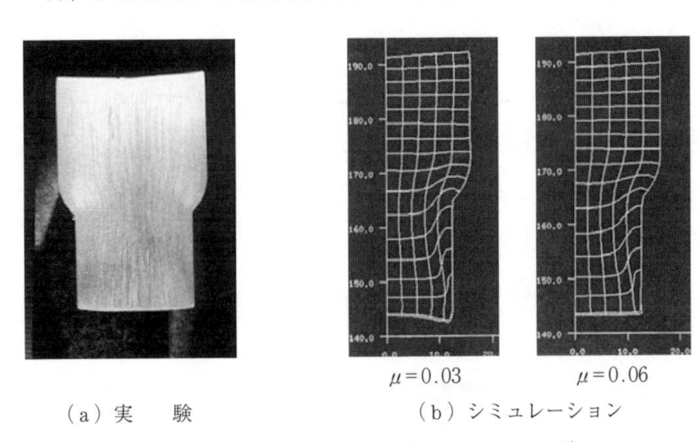

（a）実　　験　　（b）シミュレーション

図 12.24　前方押出し実験とシミュレーション[26]

図 12.25 は，同じ実験での金型のある位置のひずみのストロークに対する変化を計測したものである．この場合も摩擦係数が高いほうが実験と合っている．このことは，摩擦係数を同定するためにリング圧縮試験やスパイクテストが存在することを考えても理解できる．言い換えると摩擦係数が不正確であると変形も実際と異なり，結果として金型のひずみや応力も不正確になる．

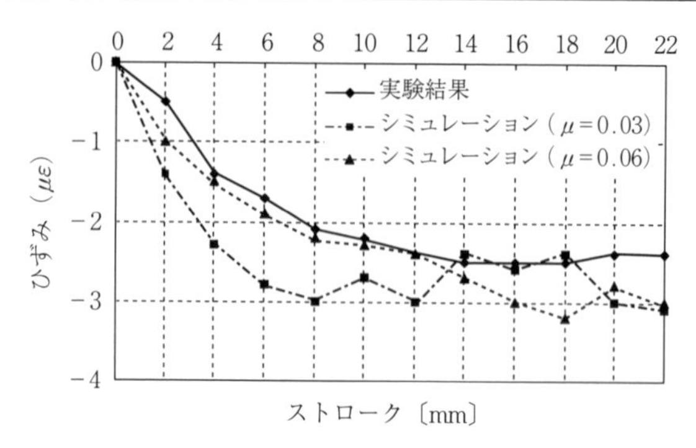

図 12.25　金型のひずみに与える摩擦係数の影響

12.5.3　実生産のコリレーション

前項の冷間押出しの例は形状も比較的簡易で，二次元シミュレーションであることからパラメータも少なくコリレーションも比較的容易であるが，三次元鍛造のパラメータチューニングは容易ではない．しかしながら，品質工学[27]などを用いながら解析精度に影響のある因子を求めると，前項と同様に摩擦係数が大きく影響することがわかった．ここではナックルスピンドルの粗地変形シミュレーションを例に記述する[28]．

〔1〕　解析誤差の定義

図 12.26 に粗地鍛造の工程サンプルと実工程との比較を示す．見た目には途

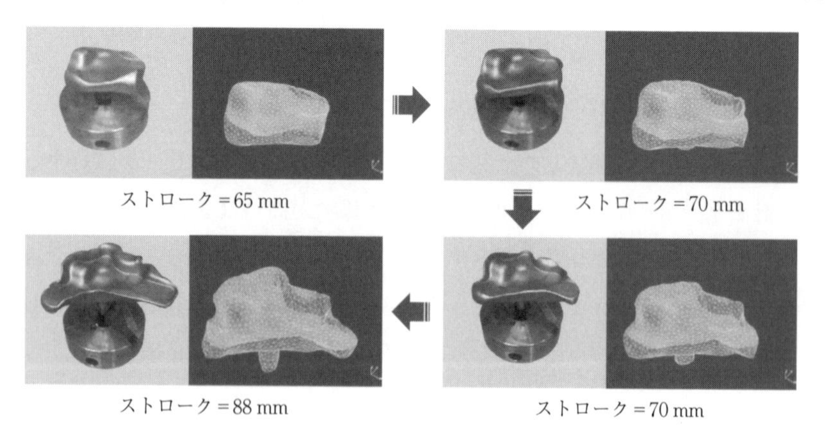

図 12.26　実機の鍛造品とシミュレーション結果による変形挙動の比較

中工程の形状も最終形状も，シミュレーション結果は細部にわたって実際の変形をよく再現しているといえる．しかしながら変形度の定量的比較により，計算による変形精度を論じる必要がある．

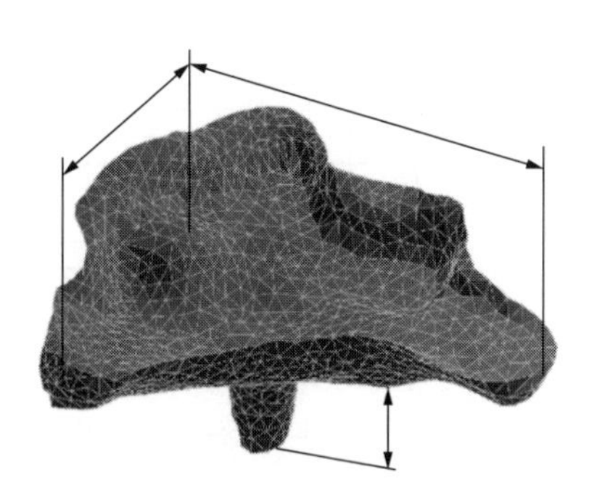

図 12.27　ナックルスピンドルの予備成形体の寸法

図 12.27 に示すようなアッパーアーム，サイドアーム，シャフトの，直交座標系の3方向に伸びる先端の相対位置を評価することにした．実測値とシミュレーション結果から求めた値から，シャフト長さを横軸におき，アッパーアームおよびサイドアームの長さをプロットしたものが**図 12.28** である．

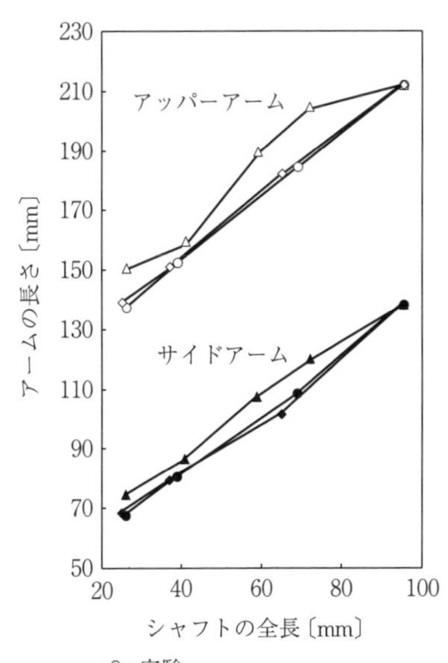

図 12.28　シャフト長さに対するアッパーおよびサイドアームの長さ変化比較

これらの変形精度を定量的に把握するために，この曲線どうしの差として定義した．この乖離率をシミュレーション精度と定義して，さまざまな因子について影響度を確認した．その結果，シミュレーションのパラメーターの一つである金型と材料の間のせん断摩擦係数の影響度が高いことがわかった．

〔2〕　抽出した要因についての確認実験

せん断摩擦係数のシミュレーション精度への影響を調べるため，せん断摩擦係数を0.2から1.0まで0.1刻みに9通りのシミュレーションを実施した結果を**図 12.29** に示す．この最適化

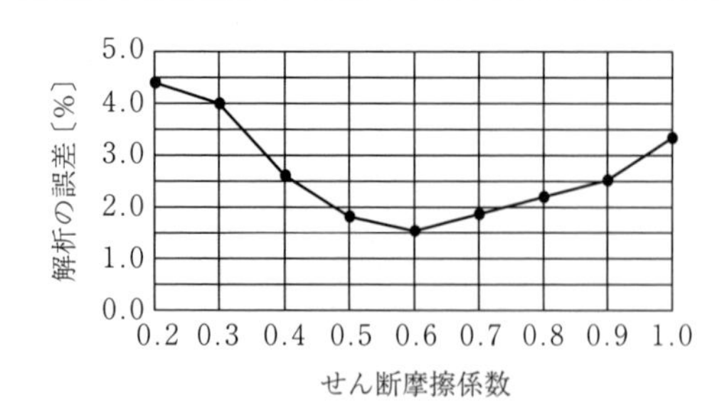

図 12.29　せん断摩擦係数の変更によるシミュレーション誤差の最適化

により，せん断摩擦係数が 0.6 のときに最も解析誤差が小さいことが判明した．今回の最適化により，最終的に解析誤差は，5.0%から 1.5%に改善された．最適化後の変形精度の変化は図 12.28 にも示している．

12.6　鍛造シミュレーションの活用事例

12.6.1　金型の疲労寿命評価

精密冷間鍛造に用いられる金型は，非常に高い応力負荷を反復的に受けるため，初期破損や疲労破壊などによる短寿命の問題が発生しやすい．金型寿命を改善するためには，成形中の金型の応力負荷を把握し，金型の損傷メカニズムとの整合性を確認したうえで，危険箇所の応力負荷を低減できる対策案を検討する必要がある．

図 12.30 に，冷間閉そく鍛造工程における金型寿命の改善に向けたシミュレーション事例を紹介する．本事例では，素材の接触面圧を成形シミュレーションの結果から求め，負荷境界条件として金型側に与えた応力シミュレー

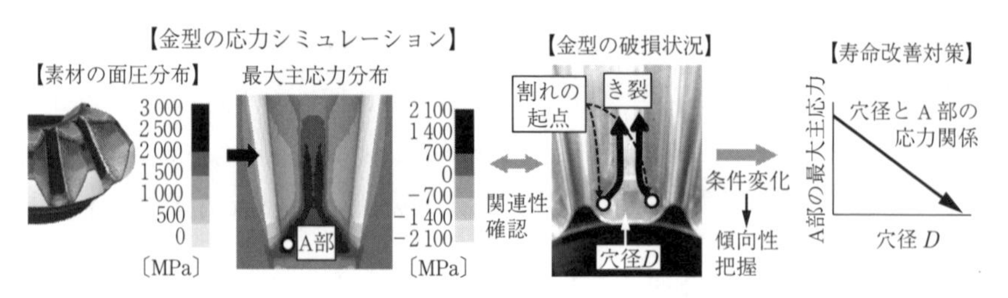

図 12.30　ベベルギヤ金型の寿命向上に向けたシミュレーションの活用

ションを実施し，金型の応力分布を評価した．実機の金型割れの起点となっているベベルギヤ形状部の破面底部に最も高い引張応力が現れていて，引張応力負荷による金型の割れであることがわかる．また，対策検証としてインサートの内径変更の効果を確認したところ，危険部位における引張応力が低減できる．このような設計パラメーター変更に伴う傾向を金型の設計に適用することは，金型寿命向上の実現につながるシミュレーションの活用といえる．

図 12.31 に，金型の応力シミュレーションに疲労寿命理論を適用した金型疲労寿命の予測事例を示す．金型の寿命数を分布として表示することで，短寿命の危険部位およびその寿命数が評価できる．また，危険部位の応力成分を表示することで，割れの形態や進展方向を予測することができる．実機の金型破損と比較しても，破損位置と破壊形態が正しく求められており，寿命数も同等のレベルで評価できている．

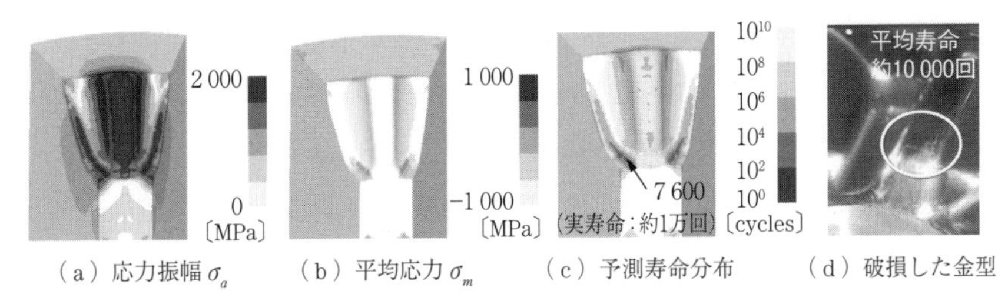

（a）応力振幅 σ_a　（b）平均応力 σ_m　（c）予測寿命分布　（d）破損した金型

図 12.31　疲労寿命予測モデルと連携した定量的な金型寿命予測への応用

12.6.2　金型の組付け評価

金型は一般的に成形を担う形状部（インサート）と補強リング（ケース），スペーサーで構成される．補強リングの内径は形状部の外径より小さく設定（締め代）し，お互いの弾性変形により形状部に圧縮応力を発生させるようになっている．形状部と補強リングを組み付ける方法として，焼ばめ法と圧入法が一般的に使用されている．本項では，組付け方法の違いによる金型の初期状態の変化を確認したシミュレーション事例を紹介する．

図 12.32 に各シミュレーションの条件を示す．組付け方法の影響を考慮して

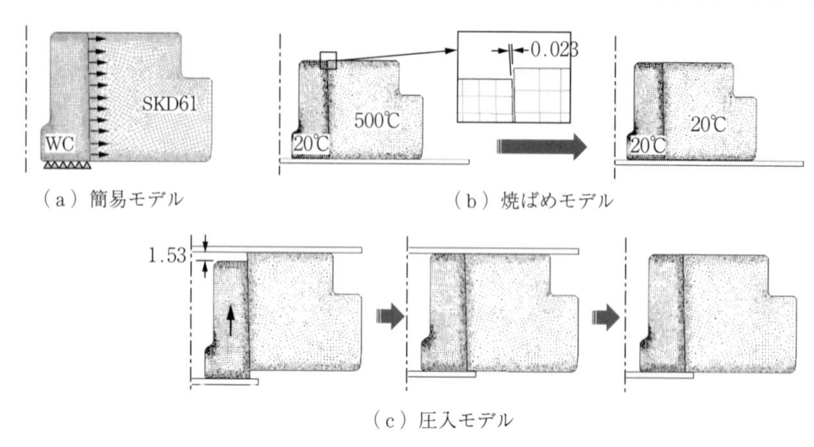

（a）簡易モデル　　（b）焼ばめモデル

（c）圧入モデル

図 12.32　組付け方法によるシミュレーション条件

いない簡易モデルの場合は，形状部と補強リング間の接触面に一定変位（締め代）を境界条件で与えて弾性変形を計算している．焼ばめモデルでは，非等温シミュレーションモデルを採用して，補強リングの加熱による熱膨張とその後の空冷による熱収縮を考慮し，弾性変形を計算する．圧入モデルでは，補強リングに形状部を挿入する過程を時間分割して弾性シミュレーションしている．

図 12.33 に，シミュレーションモデルの違いによる形状部内径側の周方向応力および半径方向の変位量の変化を示す．中心部と比べて，上下面付近でシミュレーションモデル間の差が大きくなる傾向が確認できる．特に，簡易モデルと圧入モデルに比べて，焼ばめモデルの場合は上下部の圧縮応力の低下傾向

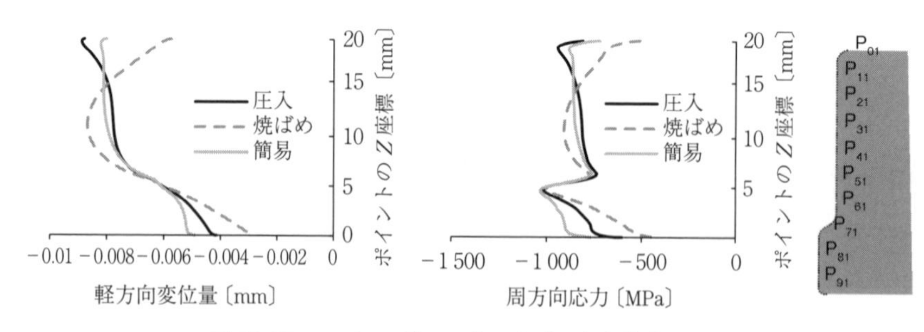

図 12.33　モデルの違いによる変形，応力挙動の比較

が強くなっている．温度変化による軸方向の熱収縮の影響を受け，形状部と補強リング間の接触状態の変化傾向が変ることがおもな原因と考えられる．

12.6.3　素材の延性破壊評価

延性破壊による素材の破断現象を予測するため，Cockcroft-Latham 延性破壊式に基づいたシェブロンクラックの予測事例[29]や空孔を考慮した新しい延性破壊予測式の提案およびせん断工程への適用[30]など，さまざまな研究が行われている．適切な延性破壊モデルの選定と正確な限界ダメージ値の設定が重要であるが，対象工程によって適切な試験方法が異なることや延性破壊の正確な発生時期を把握することが難しいことから，限界ダメージ値に基づいた定量的な延性破壊発生の判断より，相対比較に基づいた定性的な傾向評価が一般的となっている．

図 12.34 に前方押出し成形におけるシェブロンクラックの評価事例を示す．シェブロンクラックが発生する工程条件における延性破壊ダメージ値を確認したうえで，工程条件を変更しながら同じ部位における延性破壊ダメージ値の変化を評価している．本事例では，押出し角度を 22.5°から 5°に変更することで

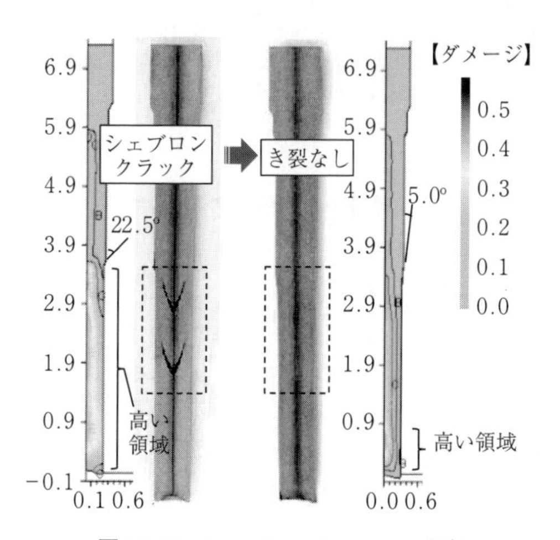

図 12.34　シェブロンクラックの評価

延性破壊ダメージ値が大幅減少することが確認され，問題の解決へと導かれた．

延性破壊モデルを考慮した鍛造シミュレーションでは，板材のせん断工程における破断面の評価へも活用されている．せん断工程中に発生するき裂の取り扱いは，延性破壊ダメージ値が限界値を超えた部位に対して対象メッシュを除去（要素除去法）する，もしくはメッシュとメッシュの間のエッジを分離するなどの方法を用いて再現される．

図 12.35 に代表的なせん断工程のシミュレーション事例を示す．Cockcroft-Latham 延性破壊モデルを適用して，製品におけるせん断面と破断面の割合，だれ量などの形状評価が行われている．

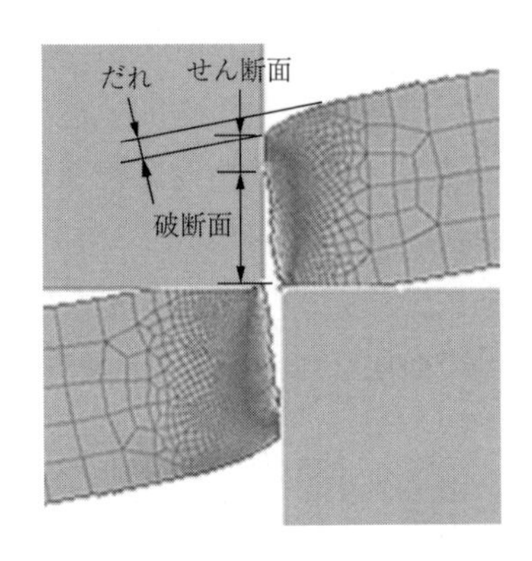

図 12.35　せん断工程の破断面評価

引用・参考文献

1）藤川真一郎：塑性と加工，**40**–460（1999），410–413.
2）Green, A.P.：Philosophical Magazine, Series 7，**42**–327（1951），365–373.
3）Cook, P.M.：Metal Treatment & Drop Forging，**20**–97（1953），541–548.
4）粟野泰吉：塑性と加工，**1**–3（1960），203–210.
5）粟野泰吉・団野敦：塑性と加工，**9**–88（1968），285–295.
6）吉田裕次・藤川真一郎・西村文孝・西山三郎：型技術，**11**–8（1996），110–111.
7）Oh, S.I., Lahoti, G.D. & Altan, T.：Proc. 9 th NAMRC，（1981），83–88.
8）Oh, S.I.：Int. J. Mech. Sci.，**24**–8（1984），479–493.

9) 小坂田宏造・坊覚・森謙一郎：第34回塑性加工連合講演論文集，(1983)，531-534.

10) 小坂田宏造・坊覚・真鍋圭司：第35回塑性加工連合講演論文集，(1984)，41-44.

11) 森賀幹夫・津田統・豊島史郎・松下富春・安井健一・石外伸也：材料とプロセス，**1**-5 (1988)，1375.

12) Shima, S. & Oyane, M.：Int. J. Mech. Sci.，**18**-6 (1976)，285-291.

13) Altan, T., Oh, S.I. & Gegel, H.L.：Metal Forming: Fundamentals and Applications, American Society for Metals，(1983).

14) Andrietti, S., Chenot, J.L., Bernacki, M., Bouchard, P.O., Foument, L., Hachem, E. & Perchat, E.：Computer Methods in Materials Science，**15**-2 (2015)，265-293.

15) Munshi, M., Shah, K., Cho, H. & Altan, T.：Proc. ICTP 2005，(2005)，CD-ROM.

16) Kim, S.Y., Kubota, S. & Yamanaka, M.：Steel Research International，**81**-9 (2010)，294-297.

17) Shankar, R.：DEFORM Application #508, Scientific Forming Technologies Corporation，(2007).

18) 渡邊敦夫・藤川真一郎・志賀則幸：第66回塑性加工連合講演論文集，(2015)，265-266.

19) Kim, S.Y., Kubota, S. & Yamanaka, M.：Journal of Materials Processing Technology, **201**-1-3 (2008)，25-31.

20) Oh, S.I., Walters, J. & Wu, W.T.：ASM Handbook，**14A** (2005)，617-639.

21) Yanling, Y., Wu, W.T., Srivatsa, S., Semiatin, S.L. & Gayda, J.：AIP Conference Proceedings (Proc. 8 th Int. Conf. NUMIFORM)，712 (2004)，400-405.

22) Wahab, N., Sasahara, H., Baba, S., Hiratsuka, Y. & Nakamura, T.：International Journal of Modeling and Optimization，**5**-2 (2015)，140-144.

23) Miller, J.B. & Walters, J.：Fastener Technology International，(2007)，36-38.

24) Lee, K., Samant, A. & Wu, W.T.：Proc. 7 th Int. Conf. NUMIFORM，(2001)，1095-1100.

25) Buffa, G., Hua, J., Shivpuri, R. & Fratini, L.：Materials Science and Engineering A, **419**-1-2 (2006)，381-388.

26) 藤川真一郎：JFA，**4** (2003)，2-11.

27) 田口玄一：品質工学講座，(1988)，73，日本規格協会.

28) 藤川真一郎：塑性と加工，**40**-466 (1999)，1061-1065.

29) 石川孝司・高柳聡・吉田佳典・湯川伸樹・伊藤克浩・池田実：塑性と加工，**42**-488 (2001)，949-953.

30) 吉田佳典・湯川伸樹・石川孝司・細野定一・村瀬道徳：塑性と加工，**44**-510 (2003)，735-739.

索　　引

鍛造――目指すは高機能ネットショイプ――

Forging Technology ―― Toward Products with Net Shape and High Function ――

2018 年 10 月 26 日 初版第 1 刷発行
2025 年 5 月 15 日 初版第 2 刷発行

検印省略

編　　者	一般社団法人 日本塑性加工学会
発 行 者	株式会社　コロナ社 代表者　牛来真也
印 刷 所	萩原印刷株式会社
製 本 所	有限会社　愛千製本所

112-0011 東京都文京区千石 4-46-10
発行所 株式会社 **コロナ社**
CORONA PUBLISHING CO., LTD.
Tokyo Japan
振替 00140-8-14844・電話(03)3941-3131(代)
ホームページ https://www.coronasha.co.jp

ISBN 978-4-339-04379-2 C3353 Printed in Japan (高橋)